空调维修
自学手册

孙立群 贾大会 编著

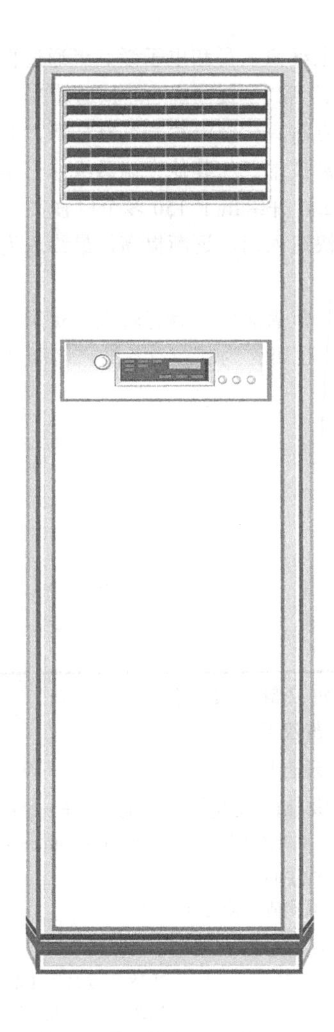

人民邮电出版社
北京

图书在版编目（CIP）数据

空调维修自学手册 / 孙立群，贾大会编著. -- 北京：人民邮电出版社，2018.6（2020.8重印）
ISBN 978-7-115-48487-1

Ⅰ. ①空… Ⅱ. ①孙… ②贾… Ⅲ. ①空气调节器－维修－技术手册 Ⅳ. ①TM925.120.7-62

中国版本图书馆CIP数据核字(2018)第097557号

内容提要

这是一本使制冷维修人员、家电维修人员和电子爱好者通过自学，快速掌握普通空调器（定频空调器）维修技术的书。本书通过"入门篇"、"提高篇"和"精通篇"，循序渐进、由浅入深地介绍了空调器的工作原理，以及典型故障的检修方法、检修流程和维修技巧，并且介绍了空调器的维修规律和维修捷径，还介绍了空调器的安装、移机技术。与其他空调器维修书籍不同的是，本书还特别介绍了新型空调器电脑板的原理和故障检修方法，并给出了150多个检修实例和60多种型号空调器的故障代码。本书可指导维修人员和电子爱好者快速入门，逐渐提高，最终成为空调器维修的行家里手，还可帮助维修从业人员进一步精通维修技能。

本书内容通俗易懂，图文并茂，覆盖面广，具有较强的实用性和可操作性，适合广大制冷、家电维修人员和电子爱好者阅读或参考，也可作为制冷设备维修培训班、职业类学校的教材。

◆ 编　　著　孙立群　贾大会
责任编辑　黄汉兵
责任印制　彭志环
◆ 人民邮电出版社出版发行　　北京市丰台区成寿寺路11号
邮编　100164　　电子邮件　315@ptpress.com.cn
网址　http://www.ptpress.com.cn
北京捷迅佳彩印刷有限公司印刷
◆ 开本：787×1092　1/16
印张：17.5　　2018年6月第1版
字数：436千字　　2020年8月北京第5次印刷

定价：58.00元

读者服务热线：(010)81055493　印装质量热线：(010)81055316
反盗版热线：(010)81055315

前　言

随着人们生活水平的不断提高，普通空调（定频空调器）走进了千家万户，并且越来越普及，随之而来的维修问题也越来越突出，这就对制冷维修人员、家电维修人员和电子爱好者提出了新的要求。因此，为了让读者通过自学掌握空调的安装和维修技术，我们编写了此书。

本书旨在介绍空调器的基本工作原理、检修方法和检修技巧，指导维修人员和电子爱好者快速入门，逐步提高，最终成为空调维修的行家里手。

本书按照循序渐进的原则将全书内容分为“入门篇”、“提高篇”和“精通篇”。

“入门篇”主要介绍空调器的制冷原理、特点和使用空调器制冷、制热、通风、除霜和除湿系统的基本工作原理及典型故障，以及空调器主要器件的识别、原理与检测，空调器维修、安装常用工具和使用技巧。掌握本篇内容即可了解空调器的构成、故障特征，为今后的维修工作打下坚实的基础。

“提高篇”主要介绍空调器安装、移机技术、四通阀和压缩机更换技术，空调器典型故障特点和检修流程。掌握本篇内容就可以进一步提高空调安装、维修技能。

“精通篇”不仅介绍了电子元器件的识别、检测与更换，空调器电脑板电路图的识别，还介绍了长虹、海尔、海信和格力等知名品牌空调器的电脑板电路分析与故障检修流程。另外，给出150多个检修实例和60多种型号空调器的故障代码。掌握本篇内容，您就可在检修中对号入座，快速排除故障，并可进一步提高有关空调器的理论水平和故障检修能力，快速成为空调器的维修高手。

本书力求做到深入浅出、点面结合、图文并茂、通俗易懂、好学实用。

本书由孙立群编著，参加编写的还有李杰、孙立新、李瑞梅、孙立刚、陈立新、孙立杰、葛春生、王忠富、傅靖博、陈志敏、刘艳萍、赵月茹和孙昊等同志，在此向他们表示衷心的感谢。

编　者

目　录

入门篇

提高篇

精通篇

第一章　空调基础知识

空调（空调器）不仅外表美观，而且能够给用户的室内降温、加热（冷暖式）、除湿和净化空气，为人们创造舒适的生活、工作和学习环境。随着人们生活水平的日益提高，空调正迅速走进千家万户。

第一节　空调的分类

一、按结构分类

空调按结构分类可分为整体式和分体式两种。

1. 整体式空调

整体式空调主要包括窗式空调和移动式空调两大类。

（1）窗式空调

窗式空调是集制冷、通风、散热、控制于一体的整体式空调，也是应用最多的整体式空调。典型的窗式空调如图 1-1 所示。

图 1-1　典型窗式空调

（2）移动式空调

移动式空调与窗式空调相比，最大的区别是可以移动。它的下面安装了 4 个可以滚动的脚轮，因此不用安装，可以根据需要在室内移动。典型的移动式空调如图 1-2 所示。

2. 分体式空调

分体式空调的制冷、散热、通风系统是分开安装的，主要由室内机和室外机两部分构成。分体式空调主要包括壁挂式、落地式、吊顶式和嵌入式四大类。

图 1-2　典型移动式空调

（1）壁挂式空调

壁挂式空调是因为它的室内机挂在墙壁上而得名。壁挂式空调的室内机不仅体积小，而且富有装饰性。典型的壁挂式空调的室内机如图 1-3 所示。典型的壁挂式空调的室外机如图 1-4 所示。

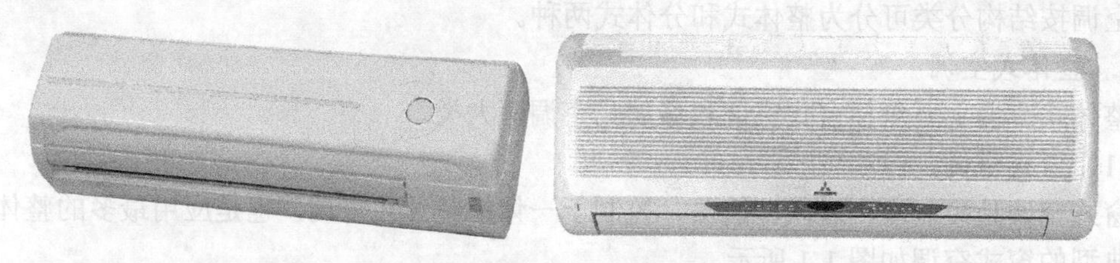

图 1-3　典型壁挂式空调的室内机

图 1-4　典型壁挂式空调的室外机

目前，国内的壁挂式空调已生产了一拖一至一拖六等多种类型，即 1 台室外机可以和 1～6 台室内机组合使用。当然，所带的室内机越多则需要室外机的功率也越大。

（2）落地式空调

图 1-5 典型落地式空调的室内机

落地式空调是因为此类空调的室内机不用安装，直接放到室内的地面上而得名。又因此类空调的室内机的外形像一个立柜，所以通常将落地式空调的室内机称为柜机。由于落地式空调的功率相对较大，所以此类空调随着住宅面积的不断增大而越来越普及。典型的落地式空调的室内机如图 1-5 所示。而落地式空调的室外机外形和壁挂式空调室外机基本一样。

（3）吊顶式空调

吊顶式空调是因为它的室内机吊到室内天花板上而得名。吊顶式空调不仅节省空间，而且还富于装饰性。吊顶式空调根据安装位置又分为普通吊顶式和墙角吊顶式两种。典型的吊顶式空调的室内机如图 1-6 所示。而吊顶式空调的室外机外形和壁挂式空调室外机基本一样。

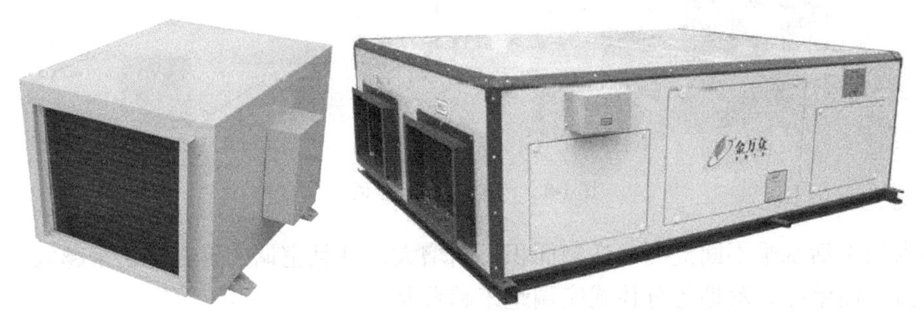
图 1-6 典型吊顶式空调的室内机

（4）嵌入式空调

嵌入式空调和吊顶式空调基本一样，但它是嵌入在天花板内的。嵌入式空调根据安装位置又分为 1 方向嵌入式、2 方向嵌入式和 4 方向嵌入式 3 种。典型的嵌入式空调的室内机及其安装示意图如图 1-7 所示。而嵌入式空调的室外机外形和壁挂式空调室外机基本一样。

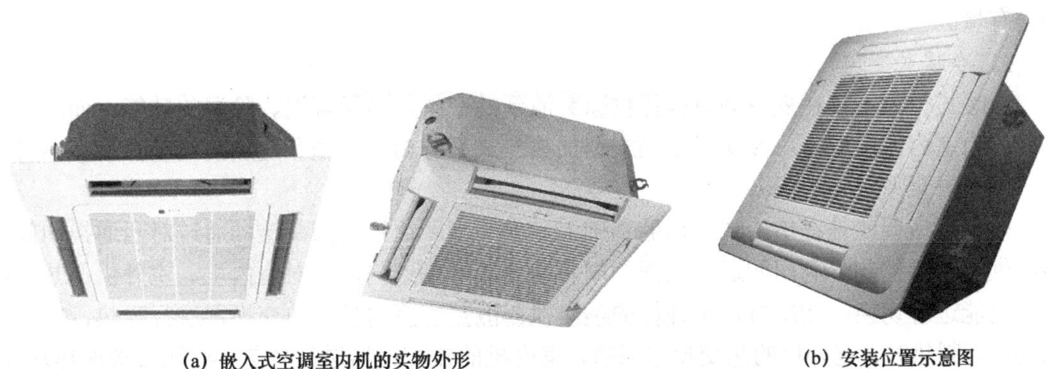
(a) 嵌入式空调室内机的实物外形　　(b) 安装位置示意图

图 1-7 典型嵌入式空调的室内机

（5）一拖多组合式空调

一拖多组合式空调就是1台室外机带多台室内机。室内机可以有吊顶式、壁挂式和嵌入式等多种组合，如图1-8所示。

图1-8　一拖多组合式空调

随着人们生活水平不断提高，住宅面积不断增大，并且空调的价格也越来越低，窗式空调已被淘汰，而壁挂、落地等分体式空调越来越普及。

二、按基本功能分类

空调按功能分类可分为单冷式和冷暖式两种。

1. 单冷式空调

单冷式空调仅能够将室内的热、湿空气转移到室外，再为室内提供凉爽的新鲜空气，实现降温、除湿的功能。单冷式空调具有结构简单、价格低的优点，所以在空调市场仍有一定的占有量。

2. 冷暖式空调

冷暖式空调不仅在夏季为室内提供凉爽清新的空气，实现降温、除湿的功能，而且在冬季时可为室内加温取暖。冷暖式空调根据加热方式又分为热泵型和电加热辅助热泵型两种。

（1）热泵型空调

热泵型空调就是在单冷式空调的基础上，安装了四通换向阀。这样通过对四通换向阀线圈的供电进行控制，利用四通换向阀的阀芯改变制冷剂走向，可对室内机、室外机的热交换器的功能进行切换。制冷时，室外机的热交换器散热，室内机的热交换器进行吸热，实现降温功能。制热时，室外机的热交换器吸热，室内机的热交换器进行散热，实现取暖加热功能。热泵型空调耗电量较小，降低了使用成本。

（2）电加热辅助热泵型空调

电加热辅助热泵型空调就是在热泵型空调的基础上安装辅助电加热器，在制热期间，利用加热器对室外的空气进行加热，提高了室外热交换器的工作效率。

三、按辅助功能分类

空调按辅助功能可分为有氧式、环绕风式和绿色空调等多种。

1. 有氧式空调

有氧式空调和普通空调相比，不仅可以为室内降温，而且可以为室内提供足够的氧气，从而提高室内的空气质量。目前，有氧式空调主要包括换气式和富氧膜式两大类。

（1）换气式空调

换气式空调的进风口采用了防尘技术，确保进风口吸入的新风含有大量氧气，通过新风为室内提供有氧空气，从而提高了室内的空气质量。

（2）富氧膜式空调

富氧膜式空调采用了富氧膜技术，当空气的压力达到要求后，空气中的氧气通过富氧膜的速度比其他气体速度快，为室内提供了大量的氧气，提高了室内空气质量。

2. 环绕风式空调

环绕风式空调不仅室内机的导风（摆风）电机采用了步进电机或同步电机，而且采用微处理器对电机的转速进行控制，可随时调节室内机吹出的风量，实现自然风效果，从而解决了普通空调因送风范围窄、不均匀，造成室内温度冷热不均的问题。

3. 绿色空调

绿色空调是能够净化室内空气的新型空调。它根据采用的技术和材料不同主要分为 6 种。

（1）采用冷触媒技术

此类空调的室内机中安装了低温吸附材料，在常温下就可对空气内的有害物质进行吸收、分解，完成室内空气的净化处理功能。这种低温材料不需要更换，所以使用寿命较长。

（2）采用光触媒技术

此类空调的室内机中安装了光触媒材料，它表面的化合物通过微弱的光合作用产生用于净化空气的气体。该气体不仅可吸收与分解空气中的氟、醛和有机酸等有害物质，而且有消毒灭菌的功能。不过，由于光触媒的表面被灰尘覆盖后，会影响光合作用，所以要定期清洗光触媒的表面。

（3）采用静电除尘技术

此类空调室内机的过滤网采用了静电处理技术，对空气中的烟尘、花粉和化学物质等有害物质具有较强的清除作用。

（4）采用活性炭除尘技术

此类空调室内机的过滤网利用活性炭对空气中的微尘、异味进行过滤吸收，改善了室内空气质量。

（5）采用换新风技术

此类空调室内机不仅可清除室内的烟尘、花粉、细菌和化学物质等有害物质，而且可将室内的污浊空气排到室外，并且为室内提供大量的氧气，大大提高了室内空气的质量。

提示 所谓的换新风就是在室内机底盘上安装了换气扇，通过排气管将室内污浊的空气排到室外，通过进气管将室外的新鲜空气吸入室内，从而实现换新风的目的。

（6）采用负离子分解技术

此类空调的室内机中安装了负离子发生器（离子集尘器）。所谓的负离子发生器就是高压发生器。该发生器通过倍压整流产生极高的脉冲电压，而高脉冲电压对空气放电后，就会从空气中的氧气里分出大量的负离子。负离子不仅对室内空气中的细菌有灭杀的作用，而且对空气中的烟尘、化学物质等有害物质具有较强的清除作用。因此，通过负离子技术使室内空气清新，从而提高了空气质量。不过，由于负离子易被异性电荷中和，所以影响了它的使用效果。

提示 当负离子发生器上灰尘沉积到一定程度时，空调的显示屏上的健康灯就会闪烁，提示用户清洗负离子发生器。

四、按制冷方式分类

空调按制冷方式可分为气体压缩式、太阳能制冷式等多种。

1. 气体压缩式

气体压缩式空调是利用压缩机控制制冷剂在系统内蒸发时吸收箱内热量实现降温的。气体压缩式空调具有技术成熟、制冷效果好和寿命长等优点，目前大部分空调都采用此类制冷方式。

2. 太阳能制冷式

太阳能制冷式空调利用太阳能作为能源，太阳能不仅蕴藏丰富，而且无污染，所以是目前发展最快的能源。

太阳能式空调收集太阳能后将容器内的氨从液体中蒸发出来，并在另一个容器内冷却后进入空调的管道里，液态氨进入室内机的蒸发器后就可以吸收室内的热量，从而实现降温的目的。典型的太阳能式空调如图 1-9 所示。

图 1-9 典型太阳能式空调

五、按供电方式分类

空调按供电方式可分为单相电供电式和三相电供电式两种。

1. 单相电供电式空调

我国的单相电（即 1 根线是零线、1 根线是火线）的电压为 220V，频率为 50Hz。普通空调多采用单相电供电方式。此类空调的压缩机采用单相异步电机。

2. 三相电供电式空调

我国的三相电（即 3 根线都是火线）的电压为 380V，频率为 50Hz。只有部分大功率的落地式空调和中央空调采用三相电供电方式。

六、按采用的制冷剂分类

空调按采用的制冷剂可分为有氟空调和无氟空调两种。

1. 有氟空调

此类空调采用的制冷剂多为氟利昂22（F22或R22）、混合工质R502等。

2. 无氟空调

无氟空调采用的制冷剂多为R407c、R410a。

第二节 空调的型号编制、铭牌与主要参数

一、空调的型号编制

为了能够一眼就辨认出空调的结构特征，了解空调的编号特点对于选购和维修空调是十分必要的。

1. 国产空调的型号编制

国产空调的型号按GB/T 7725—2004标准编制，一般由8个部分组成，各部分的含义如图1-10所示。

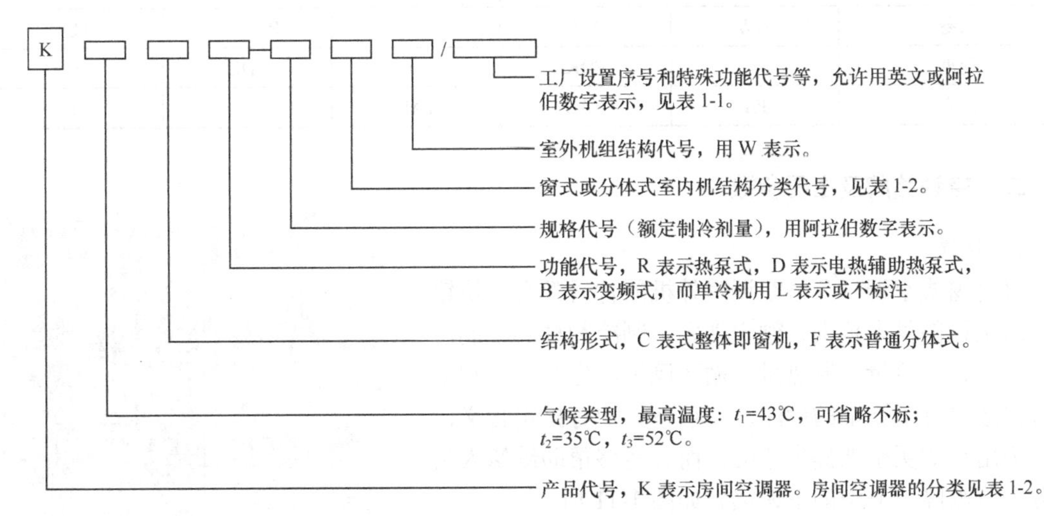

图1-10 国产空调型号编制

表1-1 空调的功能代号与含义

功能代号	S		—	M	H	R1	R2
含　义	三相电电源		低静压风管	中静压风管	高静压风管	制冷剂为R407c	制冷剂为R410a
功能代号	BP	BDP	Y	J	Q	X	F
含　义	变频	直流变频	氧吧	高压静电集尘	加湿功能	换新风	负离子

注：特殊代号由工厂自行规定，因此本表仅作参考。

表 1-2　　房间空调的分类及结构类型代号与含义

代　号	C	F	W	L	G	T	D	Q
含　义	窗式空调	分体式空调	分体式空调室外机	柜式/落地式	壁挂式	台式	吊顶式	嵌入式
				分体式空调室内机				

市场上的空调种类繁多，产品不断更新换代，为了让大家更好地了解空调型号编制的特点，下面通过一些典型的空调型号进行介绍。

海尔 KFR-35 型，表示该空调是热泵分体式空调，其制冷量为 3 500W。

格力 KFR-32GW 型，表示该空调是热泵、壁挂分体式空调，其制冷量为 3 200W。

春兰 KFD-70LW 型，表示该空调是电热落地分体式空调，其制冷量为 7 000W。

海信 KFR-26GW/BP 型，表示该空调是热泵、壁挂分体式变频空调，其制冷量为 2 600W。

长虹 KFR-28GW/BP 型，表示该空调是热泵、壁挂分体式变频空调，其制冷量为 2 800W。

2. 国外空调的型号编制

国外空调的型号编制多没有统一标准，由生产厂家自己进行编制，表 1-3 给出了典型日本空调型号开头字母的含义。

表 1-3　　典型日本空调型号的编制

空调结构 / 牌号	窗　式	壁 挂 式	落 地 式	吊 顶 式	柜　式
松下	CW	CS　BV	BV　CS	CS	CS
三菱	MW	MS	—	PE　PJ	PS
三菱重工	—	FDK	—	FDE	—
日立	PA	RAS	PAS	—	RP

二、空调铭牌及主要参数

1. 铭牌

每台窗式空调、分体空调室外机的背后都有一块铭牌，对空调的供电范围、额定功率、制冷剂种类、制冷剂注入量、制冷量、制热量、循环风量、生产日期和编号等参数进行了详细的标注，每项参数均有指定含义，不仅为用户购买空调提供帮助，而且能够帮助维修人员排除一些故障。典型的空调铭牌如图 1-11 所示。

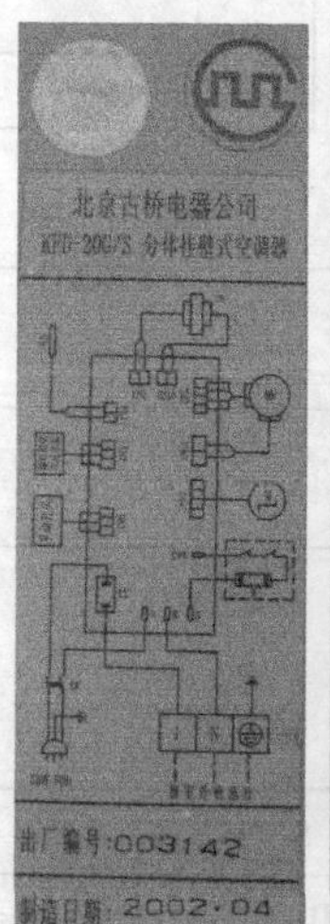

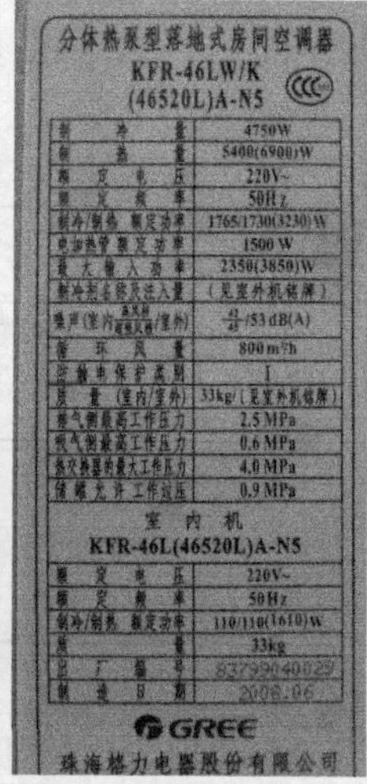

图 1-11　典型的空调铭牌

2. 主要参数

下面对铭牌上的主要参数进行介绍。

（1）额定功率

空调的额定功率也称为输入电功率、耗电功率，是指空调在工作时所消耗的电功率，单位是瓦（W）或千瓦（kW）。

（2）制冷量

空调工作在制冷状态时，每小时从室内吸收的热量为空调制冷量，单位是 W。

提示 虽然制冷量的单位 W 与空调额定功率的单位 W 相同，但两者的含义却截然不同。比如，有一台空调的制冷量为 2 800W，而它的输入电功率却不足 1 000W。

另外，有的维修人员将匹用作制冷量的单位。该单位是一个俗称单位，是由功率的单位“马力”转变来的，现在已被废除。许多维修人员将制冷量低于 2 200W 的空调俗称为小 1 匹，而将超过 2 600W 的空调俗称为大 1 匹。

（3）制热量

空调工作在制热状态时，每小时为室内提供的热量为空调的制热量，单位也是 W。

由于空调铭牌上标注的制热量是在室内温度为 21℃，室外干球温度为 7℃、湿球温度为 6℃时测得，所以当用户所在地区环境温度低于室外测定值，或室内温度高于室内温度测定值时，空调的制热量会相应降低。

提示 所谓干球温度是指利用温度计测量空气温度时，它的球部在干燥状态下测得的温度值。所谓湿球温度是指利用温度计测量空气温度时，它的球部在包裹潮湿的棉纱状态下测得的温度值。

（4）循环风量

循环风量是指空调在新风门（进风门）和排风门完全关闭的情况下，每小时流过蒸发器的风量，也就是为室内提供的风量。循环风量通常用 *G* 表示，单位是立方米/小时（m^3/h）。

（5）除湿量

除湿量是指空调工作在制冷状态时，室内的湿空气每小时被蒸发器凝结的冷凝水量，也就是每小时从室内排出的水分量。除湿量通常用 *d* 表示，单位是千克/小时（kg/h）或升/小时（L/h）。

（6）性能系数

空调的性能系数也称能效比和制冷系数，是指空调单位额定功率时的制冷量，即能量与制冷效率的比率。能效比通常用 *EER* 表示，它是“Energy and Efficiency Rate”的缩写。

（7）噪声指标

噪声指标是指空调运行时产生噪声的大小，单位是分贝（dB）。

提示 由于整体式空调的压缩机、散热风扇都安装在室内，所以噪声大一些，为 54dB 左右。分体式空调将压缩机、散热风扇安装在室外，所以噪声小一些，一般为 43dB 左右。而变频空调因采用无刷电机，并且具有软启动功能，所以噪声更低。

（8）环境温度

空调的工作环境温度也是一项重要参数。冷风型（单冷型）为−18～43℃，环境温度过高时不能正常工作；热泵型为 5～43℃，低于 0℃时不能正常工作；热泵辅助电加热型为−5～43℃。

提示 大部分空调在上述环境之外的一定范围内也可以运转，但制冷、制热效果会有所下降。

第三节　空调的选购与使用

一、空调的选购

选购空调时除了要选购正规厂家的合格产品，还要注意以下事项。

1. 制冷量的选择

选择空调制冷量大小时，除了要考虑房间的面积大小、保温性能、是否朝阳、是否装修过，还要考虑人口的多少。通常每平方米住宅面积需要的制冷量为120～175W，而每个人需要的制冷量为150W。这样面积为15m^{2}的住宅选择制冷量为2 200W左右的空调即可。

提示　由于空调的实际制冷量比铭牌上标注的制冷量值要小8%左右，因此购买时要选择制冷量略大一些的产品。

2. 功能的选择

选择空调功能时，除了要考虑个人喜好，决定是选择普通空调，还是选择变频空调，还要根据使用地区的地理环境来决定是选择单冷型空调，还是选择冷暖型空调。

3. 能效比的选择

购买空调时，要选择能效比高的产品。

提示　节能型空调的能效比应大于或等于3。不过，空调铭牌上一般未标注能效比的数值，但可通过制冷量和额定功率的数值进行换算后得到。能效比、制冷量、额定功率的关系是：能效比=制冷量÷额定功率。

比如，需要购买的空调制冷量为3 200W，而它的额定功率为1 000W，那它的能效比为3 200÷1 000=3.2。这样，计算出来的性能系数比实际运行的性能系数要大一些，因为实际的制冷量比铭牌上的标注值要小8%。因此，大部分空调实测的性能系数一般也只有铭牌标注值的92%左右。

4. 适应气候的选择

由于不同的空调都只能在一定的环境温度下工作，所以应选择符合当地气候的空调，以免空调出现工作异常的现象。

5. 外观的选择

选择符合房间布局的外观，还要检查空调的铭牌和标志是否齐全，室内机和室外机的表面是否光滑平整、有无划痕、漆膜是否脱落，遥控器等附件是否完整无损。

6. 耗电量的选择

耗电量是使用空调的主要费用，所以选择耗电量低的空调不仅意味着省钱，而且还节约了能源。因此购买空调最好选择超级节能型产品。

二、空调的使用

1. 摆放（安装）位置的选择

摆放（安装）空调时应注意的几点：一是防高温，若空调的工作环境温度过高或通风不畅，使室外热交换器的吸热、散热效果差，导致压缩机运行时间大大延长，不仅增大了耗电量，而且降低了压缩机的使用寿命；二是防低温，若空调的工作环境温度过低，压缩机内用于降温和润滑的润滑油（又称冷冻机油）容易变稠，黏度增大，导致压缩机内电机的负荷增大，容易产生启动不畅，甚至会引起电机绕组过流损坏；三是防湿，若空调的工作环境湿度过大，不仅容易导致空调许多部件生锈，而且容易导致压缩机的接线端子与过载保护器的接触部位受潮，轻则影响压缩机正常工作，重则容易产生漏电等故障。

2. 供电系统的选择

家用空调采用 200V/50Hz 单相电供电方式，供电范围多为 180～240V，若电压过高或过低，轻则导致空调的压缩机不能正常工作，重则容易导致压缩机损坏。另外，由于空调的压缩机运行电流较大，所以不仅要采用大功率的 3 孔（内有接地线）优质插座为空调供电，而且要求用户家的电源线的容量也要符合要求，并且电源线间或电源线与插座的连接要牢固，否则电源线路不良时不仅可能会导致空调工作异常，甚至可能会发生火灾。

提示　由于交流稳压电源也是电子产品，存在一定的故障率，所以用户家市电电压能够满足空调的供电范围时，千万不要使用稳压器，以免它发生故障为空调提供的电压过高时，可能会导致压缩机过压损坏。

第四节　热力学、电磁学基础知识

一、热力学基础知识

1. 物质的三状态

自然界的物体都是由大量的分子组成。分子间有的表现为互相排斥，有的表现为互相吸引。因此，在不同的分子间的吸引力和排斥力作用下，物质分成固态、液态和气态 3 种状态。虽然物质的 3 种状态的表现形式不同，但在压强和温度变化到一定程度时，物质的状态就会发生变化。比如，水在 1 个标准大气压下，温度在 0～99℃时为液态，当加热到 100℃后就会变成气态（水蒸气），而在 0℃以下就会凝固变成冰（固态）。

2. 压强与压力

（1）压强

单位面积所受到的压力为压强，用 p 表示，单位有帕斯卡（简称帕，用 Pa 表示）、兆帕（用 MPa 表示）和标准大气压等。

（2）压力

物体表面所受的垂直作用力称为压力，用 F 表示。压力又包括标准大气压力、绝对压力和表压力 3 种。

标准大气压力：标准大气压力是指在地球 45° 纬度、气温为 0℃时，空气对海平面的作用力，其值约为 0.1MPa。

绝对压力：绝对压力是把绝对真空状态下作为 0 值，标准大气压力作为 1 值，筒体内壁实际受到的压力。

表压力：把标准大气压力作为 0 值，高于标准大气压力时为正压，低于标准大气压力时为负压。压力表指示的压力称为表压力。表压力的单位为 MPa，如兆帕制压力表指示"1"，应读作 1MPa。

上述 3 种压力之间的关系是：绝对压力=表压力+标准大气压力≈表压力+1。

3. 温度和温标

温度反映了物体的冷热程度，是物体分子热运动平均动能的标志。

测量温度的标尺为温标，常用的温标有摄氏温标、华氏温标和绝对温标，其中绝对温标为国际单位制温标。日常生活中还有一种露点温标。

（1）摄氏温标

标准大气压下，纯水制成冰的凝固点为 0 度，纯水沸腾的温度定为 100 度。从冰的熔点到水的沸点之间分成 100 等份，每一等份间隔为 1 度。摄氏温度单位符号用℃表示。我国日常生活所讲的温度均为摄氏温度。

（2）华氏温标

在标准大气压下，纯水的冰点是 32 度，沸点是 212 度。从冰点至沸点之间划分成 180 等份，每一等份间隔为 1 度。华氏温标单位符号用 F 表示。英国、美国等国家用华氏温标。

（3）绝对温标

绝对温标又称热力学温标，通常在制冷工程计算中使用。标准大气压把纯水制成冰的熔点温度定为 273.15 度，纯水沸腾的温度定为 373.15 度。从冰的熔点到水的沸点之间分成 100 等份，每一等份间隔为 1 度。绝对温度用 T 表示，单位符号用 K 表示。摄氏温标、华氏温标、绝对温标 3 种温标间的换算关系是：摄氏温度（℃）=5/9[华氏温度−32]；绝对温度（K）=摄氏温度+273。

4. 饱和温度和饱和压力

液体沸腾时所维持不变的温度称为在某压力下的饱和温度，而与饱和温度相对应的某一压力称为该项温度的饱和压力。

物体的饱和温度和饱和压力都是随着对应的压力表和温度的增大而升高的，一定的饱和温度对应着一定不变的饱和压力。比如，水在平原地区（即一个大气压力下）的沸点是 100℃，而高原地区因环境压力相对减小，水的沸点也相对下降。

5. 汽化和凝结

（1）汽化

物质从液态转变为气态的过程叫汽化，汽化有蒸发和沸腾两种方法。

蒸发：在任何温度下，液体表面发生的汽化现象叫蒸发，蒸发过程是一个吸热的过程。

沸腾：液体在一定压力下，被加热到某一温度时，液体内部产生大量气体，气泡上升到液体表面破裂而沸腾。液体在一定压力下沸腾时的温度叫沸点。同一物质的沸点与压力成正比，不同物质的沸点不同。

（2）凝结

当蒸气在一定压力下冷却到一定温度时，它就会由蒸气状态转变为液化状态。这种冷却过程称为凝结。冬天玻璃窗上的水珠就是水蒸气遇冷降温后凝结的水。空调的冷凝器就是使制冷剂散热降温而冷却为液态。

制冷和制热都是从低环境温度的物体中吸取热量，并将热量转移给环境介质的过程。对于空调而言，制冷是使制冷剂吸取室内空气的热量，转移到室外，实现降温的目的；制热则是使制冷剂吸取室外空气的热量，转移到室内，实现升温的目的。

6. 过热蒸气与过热度

在一定的压力下，温度高于饱和温度的蒸气，称为过热蒸气。压缩机排气管处，甚至压缩机的吸入口的蒸气温度，一般都高于饱和温度，故都属于过热蒸气。过热蒸气的温度超过饱和温度的数值称为过热度。

7. 过冷液体与过冷度

在一定的压力下，温度低于饱和温度的液体，称为过冷液体。过冷液体的温度低于饱和温度的数值称为过冷度。

8. 热传递

热传递不但在冷热不同的物体中进行，而且也在同一物体中冷热程度不同的部位进行。热传递有传导、对流和辐射 3 种方式。

（1）传导

在受热不均匀的物体中，通过分子运动，将热能从较热的一端传播至较冷的一端。

（2）对流

对流分自然对流和强制对流两种。液体或气体因本身分子的比重（又称相对密度）变化而形成的对流称为自然对流。在压力的作用下使液体或气体的流速加快形成的对流称为强制对流。空调就是通过风扇的旋转使室内的空气形成对流，利用蒸发器将室内流动的热空气吸收，实现了制冷。

（3）辐射

自然界中的一切物体，只要温度在绝对温度零度以上，都以电磁波的形式时刻不停地向外传送热量，这种传送能量的方式称为辐射。温度越高，辐射越强。空调冷凝器的散热就采用了辐射方式。

二、电磁学基础知识

1. 交流电

交流电是指正、负方向变化的电压或电流，用符号 AC 或～表示。交流电正、负方向各变化一次所需的时间称为周期，用字母 T 表示。周期的倒数为频率，单位为赫兹（Hz）。交流电分为单相电和三相电，我国民用电为单相电，频率为 50Hz，电压为 220V，通常用 AC 220V 或～220V 表示。而部分工业用电为三相电，电压为 380V，频率为 50Hz，通常用 AC 380V 或～380V 表示。

2. 直流电

直流电是稳定和单方向变化的电，全称为恒稳直流电，简称直流电，用符号 DC 或+、−表示。直流电压有正、负之分，以零为界，零以上的电压称为正电压，计作+V，也可省略前面的+，用V表示；零以下的电压称为负电压，用$-V$表示。

3. 电压、电流、电阻之间的关系

电压是指电路中两点之间的压差。电压用U表示，单位为伏，用V表示。

电阻是电路或器件两点之间的阻值，用R表示。电阻的单位有欧姆（Ω）、千欧（kΩ）、兆姆（MΩ）几种。三者换算关系为：1MΩ=1 000kΩ=1 000 000Ω。

电流是器件或导线流过的电子量，用I表示，单位是安培（A）、毫安（mA）、微安（μA）。换算关系为：1A=1 000mA=1 000 000μA。

U、I、R三者之间的关系通过欧姆定律就可以了解，欧姆定律的公式为$U=I\times R$。通过公式可以发现，流过电阻R的电流I与其两端电压U的大小成正比，而与它的阻值R的大小成反比。

电机运转、加热丝发热、继电器动作都必须有足够的电流才能实现。这就要求该器件能够得到正常的工作电压和足够的工作电流。这也要求电路不能存在开路或短路现象。

4. 电与磁的关系

线圈流过电流会产生磁场，磁场强度由线圈流过电流的大小决定。因磁场可对金属物产生吸引力使之移动（即电磁引力），所以空调利用这个特性，在驱动电路中设置电磁继电器、四通换向阀等器件，通过控制这些器件的线圈有无电流，从而实现相应的控制。

5. 功和功率

（1）功

功是克服外力移动物体时所消耗的能量，其常用符号是W，单位为焦耳（J）。它与牛顿·米（N·m）或瓦·秒（W·s）的换算关系是：1J=1N·m=1W·s。

压缩机压缩制冷剂时，必须推动活塞才能克服作用于活塞上的气体力，所以压缩制冷剂就必须消耗功。

（2）功率

单位时间内消耗的功称为功率，用符号P表示，单位为瓦特（W）。

第五节　制冷原理与制冷剂

一、制冷原理

制冷剂在压缩机产生的机械能的作用下，在制冷系统内循环流动，并重复工作在气态、液态。在这个相互转换的过程中，制冷剂通过室内热交换器（蒸发器）不断地吸收室内的热量，并通过室外热交换器（冷凝器）将热量转移到室外，这样就降低了室内的温度，从而实现降温、除湿功能。

提示　若需要制热时，通过四通阀的控制，将制冷剂流向与制冷时相反的方向，室外热交换器用于制冷剂吸热汽化，而室内热交换器用于制冷剂散热冷凝，这样通过散热就可以为室内加热。

二、对制冷剂的性能要求

制冷剂就是空调的血液，它是一种化学物质，它在制冷系统中的变化是物理变化，只起吸热和排热的作用，本身性质并不改变，如果制冷系统未发生泄漏，制冷剂是不损耗的，可长期循环使用，只有在发生泄漏后才需要加注。对制冷剂的性能要求：一是制冷剂的正常汽化温度（沸点）要足够低，以满足冷却量的要求；二是要求制冷剂在蒸发器中的压力要高于大气压，在冷凝器中的压力低于 1.2～1.5MPa；三是制冷剂单位容积的产冷量要尽可能大，导热效率要高；四是制冷剂应较易溶于压缩机的冷冻油中；五是制冷剂的比重和黏度应尽可能小，以保证制冷剂循环流动时流畅；六是它的渗透能力必须极低，一旦发生渗漏，应容易查找；七是制冷剂的化学性质应保持稳定，并且在高温下应不易分解；八是制冷剂应无毒、无异味。

三、制冷剂的种类和特性

空调采用的制冷剂分有氟和无氟两类，常见制冷剂型号是 R22、R502、R407c 等。下面简单介绍它们的特性。

（1）制冷剂 R22

R22 的标准蒸发温度为−40.8℃，蒸发压力为 0.625MPa，凝固温度为−160℃，冷凝压力一般不超过 1.6MPa，使用范围为−50～+10℃。

（2）制冷剂 R502

R502 属于混合工质制冷剂，它由 48.8%的制冷剂 R22 和 51.2%的制冷剂 R115 混合而成。R502 标准蒸发温度为−45.6℃。在相同温度条件下，R502 的单位容积制冷量比 R22 和 R115 两者高，并具有两者的优点。另外，R502 的汽化潜热大，气体密度大，制冷剂循环量大，在较低的蒸发温度范围内可获得较高的制冷系数。

（3）无氟制冷剂 R407c

它属于非共性混合工质制冷剂，由 R12、R125 和 R134a 3 种制冷剂混合而成，3 种成分的比例为 23%、25%和 52%。R407c 的标准蒸发温度为−43.8℃，蒸发压力为 0.636MPa，冷凝压力为 2.32MPa。

提示　由于 R407C 是混合非共沸工质，为了保证其混合成分不发生改变，所以 R407C 必须液态充注。如果 R407C 的系统发生制冷剂泄漏，且系统的性能发生明显的改变，其系统内剩余的 R407C 不能回收循环使用，必须清空系统内的剩余 R407C 制冷剂，重新充注新的 R407C 制冷剂。

空调与电冰箱相比，除制冷剂型号不同外，制冷剂的加注量是电冰箱的几倍，甚至几十倍，家用空调制冷剂加注量一般为 800～4 000g，如长虹 KFR－28GW/BMF 型空调加注的制冷剂 R22 为 830g，长虹 KFR－75LW/DA 型空调的加注量为 2 900g。而电冰箱制冷系统加注的制冷剂量一般不足 200g，目前的电冰箱制冷剂量多为几十克。

第二章　空调的工作原理

随着窗式空调（空调器）逐渐退出市场，分体式空调越来越普及，本章以分体式空调为例介绍空调的工作原理。

第一节　制冷（热）系统工作原理

一、单冷式（冷风型）空调制冷系统

1．一拖一空调

（1）构成

单冷式一拖一空调的制冷系统由压缩机、冷凝器、干燥过滤器、毛细管、截止阀和蒸发器构成。

（2）工作原理

图 2-1 所示是单冷式一拖一空调的制冷原理。压缩机工作后，它的汽缸将低温、低压的制冷剂压缩成高温、高压的过热气体后排出，通过排气管进入冷凝器中。高温、高压的制冷剂气体通过冷凝器散热，温度不断下降，逐渐被冷却为中温、高压的饱和蒸气，并进一步冷却为饱和液体，温度不再下降，此时的温度叫冷凝温度。制冷剂在整个冷凝过程中的压力几乎不变。经冷凝后的制冷剂饱和液体经干燥过滤器滤除水分和杂质后流入毛细管，通过它进

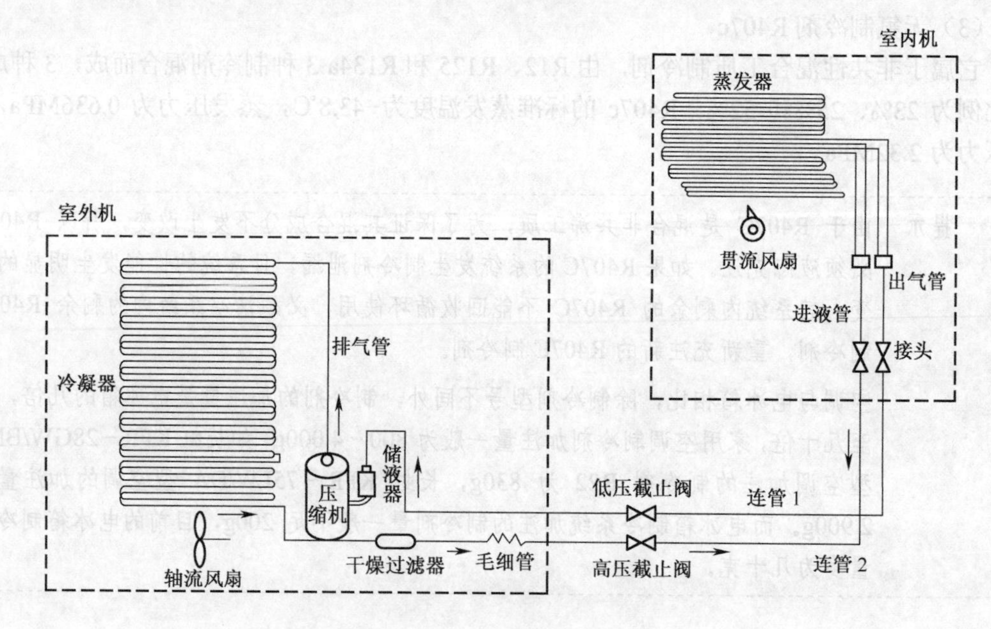

图 2-1　单冷式一拖一空调的制冷原理图

行节流降压，制冷剂变为中温、低压的湿蒸气，再经高压截止阀、连管 2 进入蒸发器，通过蒸发器吸收热量完成汽化，不仅降低了室内的温度，而且使制冷剂变成低温、低压的气体。从蒸发器出来的制冷剂通过连管 1、低压截止阀、储液器（气液分离器）再次回到压缩机。至此完成一个制冷循环。重复以上过程，将室内的热量转移到室外，从而实现室内降温的目的。

制冷剂在制冷系统内不同部位的状态、温度及压力不同，见表 2-1。

表 2-1　　制冷时制冷剂在各部位的状态、温度及压力变化情况

器　件	制冷剂状态	温 度 状 态	压 力 状 态
压缩机	气→气	低温→高温	低压→高压
冷凝器	气→液	高温→中温	高压（一定）
干燥过滤器	液	—	高压（一定）
毛细管	液→液	—	高压→低压
蒸发器	液→气	中温→低温	低压（一定）

2. 一拖二空调

（1）构成

单冷式一拖二空调与单冷式一拖一空调相比，除了多安装了一个蒸发器，还安装了两个控制蒸发器的电磁阀，即 A 电磁阀和 B 电磁阀，如图 2-2 所示。

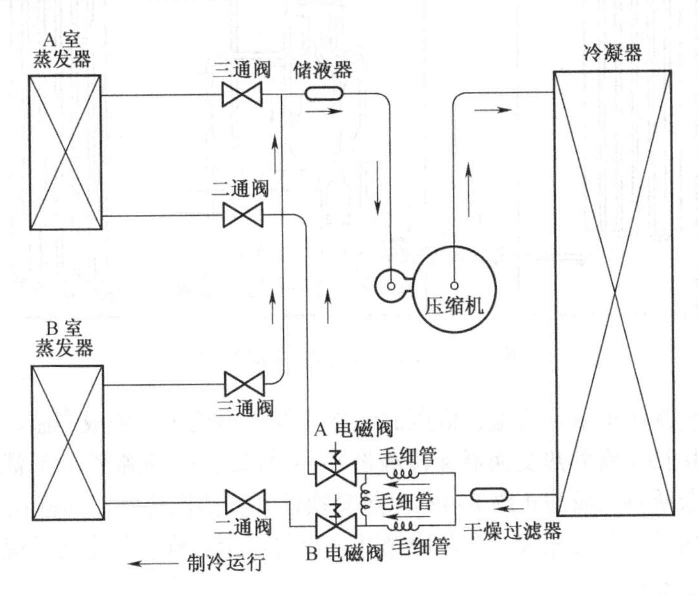

图 2-2　单冷式一拖二空调的制冷原理图

（2）工作原理

压缩机工作后，将低温、低压的制冷剂压缩成高温、高压的过热气体后排出，通过冷凝器散热，逐渐被冷却为常温、高压的饱和蒸气，再利用干燥过滤器滤除水分和杂质后，分两路输出：一路通过一根毛细管进行节流降压后变为常温、低压的湿蒸气，再经 A 电磁阀、二通阀进入 A 室蒸发器，利用蒸发器吸收热量进行汽化，不仅为 A 室降温，而且使制冷剂变成低温、低压的气体，再经三通阀、储液器（气液分离器）回到压缩机；另一路通过另一根毛细管进行节流降压后，再经B电磁阀、二通阀进入B室蒸发器，通过蒸发器为B室降温，同时使制冷剂变成低温、低压的气体，再经三通阀、储液器（气液分离器）再次回到压缩机。至此完成一个制冷循环。重复以上过程，将A、B室的热量转移到室外，从而实现室内降温的目的。另外，利用对A电磁阀和B电磁阀的控制，可实现A室或B室的单独降温。

二、冷暖式空调制冷（热）系统

目前，冷暖式空调器以热泵型空调的制冷（热）系统为主。热泵型空调跟单冷式空调相比，最大的区别是安装了四通换向阀（简称为四通阀）。通过四通阀改变制冷剂走向，可对室内机、室外机的热交换器的功能进行切换，实现制冷、制热功能。

1. 制冷过程

图2-3所示是典型热泵型空调的制冷系统原理图。图2-3中的箭头→表示制冷剂的流动方向。

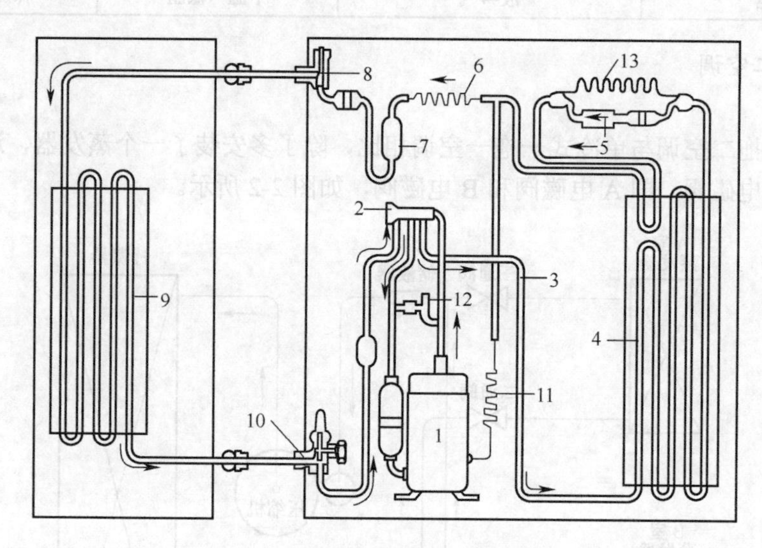

图2-3　典型热泵型空调的制冷原理图

该机工作在制冷状态后，低温、低压的制冷剂经压缩机1压缩成高温、高压的过热气体→四通换向阀2切换→室外热交换器4冷凝散热→单向阀5→毛细管6节流降压→干燥过滤器7滤除水分和杂质→二通截止阀8→室内热交换器9吸热汽化→三通截止阀10→四通换向阀2，返回到压缩机，至此完成一个制冷循环。重复以上过程，将室内的热量转移到室外，就实现了室内降温的目的。

2. 制热过程

图2-4所示是典型热泵型空调的制热系统原理图。图2-4中的箭头→表示制冷剂的流动方向。

该机工作在制热状态后，低温、低压的制冷剂经压缩机1压缩成高温、高压的过热气体→四通换向阀2切换→三通截止阀3传输→室内热交换器4冷凝器散热→二通截止阀5→干燥过滤器6滤除水分和杂质→毛细管7、8节流降压→室外热交换器9吸热汽化→四通换向阀

2，返回到压缩机，至此完成一个制热循环。重复以上过程，将室外的热量转移到室内，就实现了室内升温的目的。

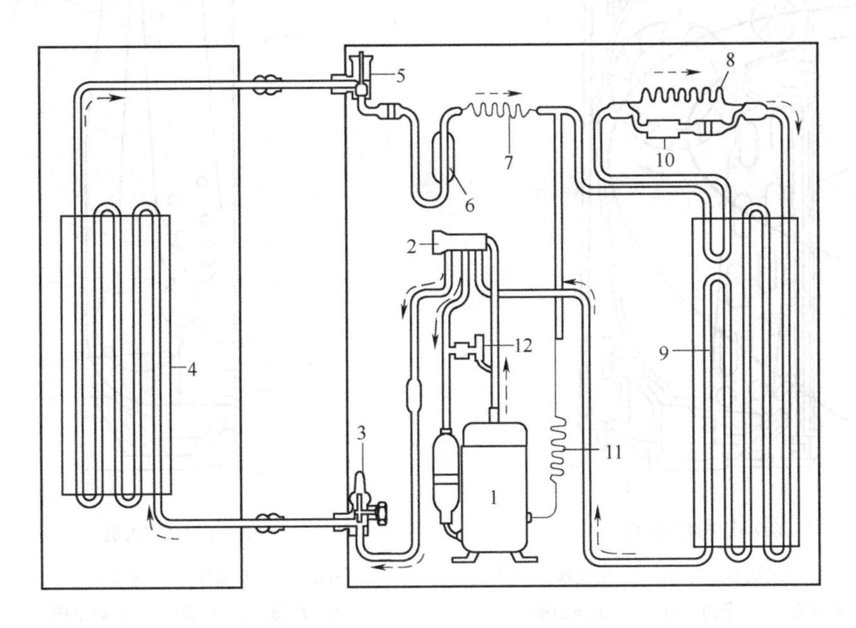

图 2-4　典型热泵型空调的制热原理示意图

提示　双通电磁阀双通电磁阀 12（仅部分空调安装此部件）用于除湿控制。它安装在压缩机排气管路和吸气管路两端。空调处于正常的制冷、制热状态时，电脑板不为该电磁阀供电，它处于关闭状态，热交换器满负荷工作，空调处于正常的制冷、制热状态。当空调处于除湿工作状态后，电脑板输出控制信号，为双通电磁阀 12 供电，于是压缩机输出的一部分制冷剂直接通过它返回，只有一部分制冷剂通过热交换器进行吸热或散热，从而满足除湿工作的需要。

第二节　通风系统工作原理

一、分体壁挂式空调的通风系统

分体壁挂式空调的通风系统主要由进、出风格栅，轴流风扇，贯流风扇，空气过滤网，风扇电机和风道组成。

1. 室内机通风系统

壁挂式空调的室内机的通风系统有上出风和下出风两种，如图 2-5 所示。上出风室内机的安装位置应低一些，下出风室内机的安装位置要高一些，目前常见的壁挂机多采用下出风方式。

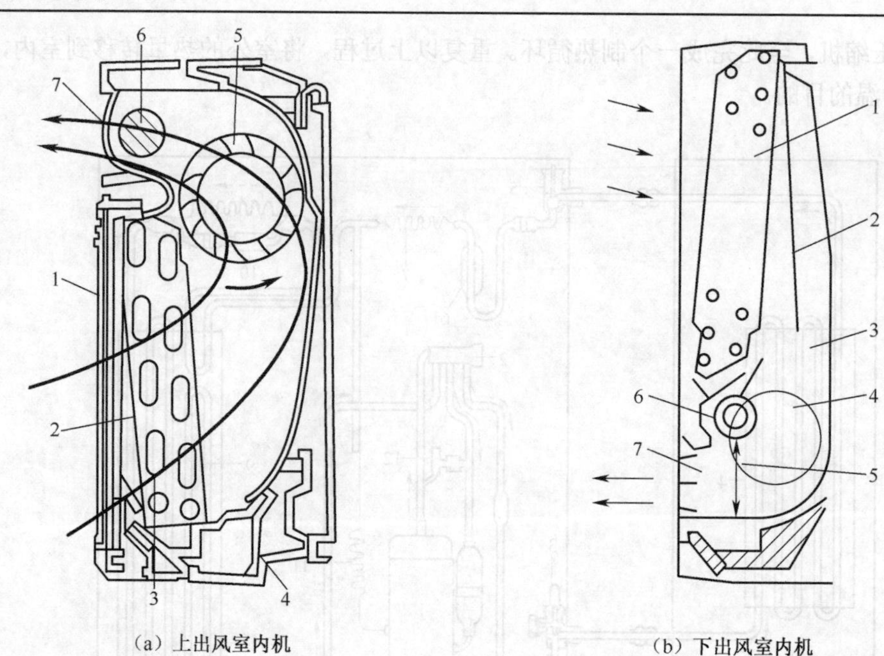

（a）上出风室内机

1—面板；2—空气过滤器；3—室内热交换器；4—箱体；5—贯流风扇；6—导向叶片；7—出风格栅

（b）下出风室内机

1—蒸发器；2—整流片；3—旋转涡；4—轴流风扇；5—风道；6—气袋；7—出风格栅

图 2-5　壁挂式空调室内机通风系统

空调工作后，室内机里面的塑封风扇电机驱动贯流风扇开始运转，将室内的空气吸入室内机，被吸入的空气首先通过空气过滤器进行除尘、灭菌、除臭后，利用室内机的热交换器进行热交换而成为冷空气或热空气。冷空气或热空气沿风道经导风电机带动的摇风装置和出风格栅将冷空气或热空气吹向室内。这样，室内空气经通风系统不断地吸入和吹出，不仅使室内空气的温度、湿度发生变化，而且使室内空气变得清新舒适。

2. 室外机通风系统

壁挂式空调室外机的通风系统如图 2-6 所示。

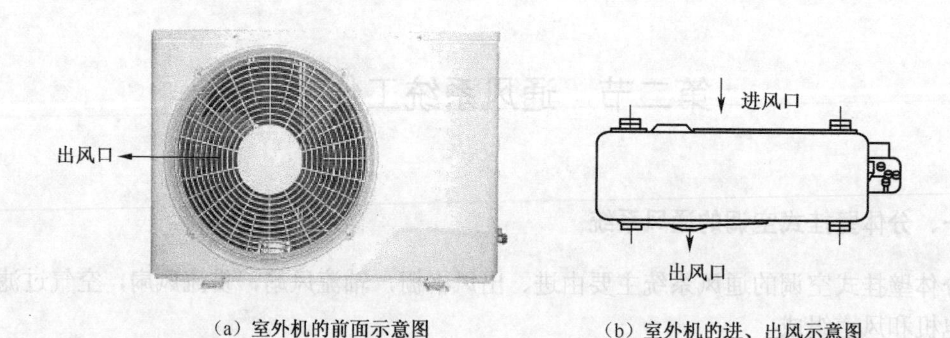

（a）室外机的前面示意图　　（b）室外机的进、出风示意图

图 2-6　壁挂式空调室外机通风系统图

空调工作后，室外机里面的铁壳风扇电机驱动轴流风扇开始旋转，将室外的空气从进风口吸入室外机，并吹向冷凝器为其散热或吸热（制热状态），热空气或冷空气通过出风口排出，使室外热交换器完成热交换，从而实现室外通风系统的功能。

二、分体柜式空调的通风系统

分体柜式空调室外机通风系统与壁挂式室外机通风系统相同，下面仅介绍室内机的通风系统。

图 2-7 所示是室内机（柜机）通风示意图。空调工作后，室内机里面的铁壳风扇电机驱动离心风扇开始运转，将室内的空气从面板下部的进风口吸入室内机，被吸入的空气首先通过空气过滤器净化后，利用室内机的热交换器进行热交换而成为冷空气或热空气。冷空气或热空气沿风道经上面的出风口吹向室内。这样，室内空气经通风系统不断地吸入和吹出，不仅使室内空气的温度、湿度发生变化，而且使室内空气变得清新舒适。

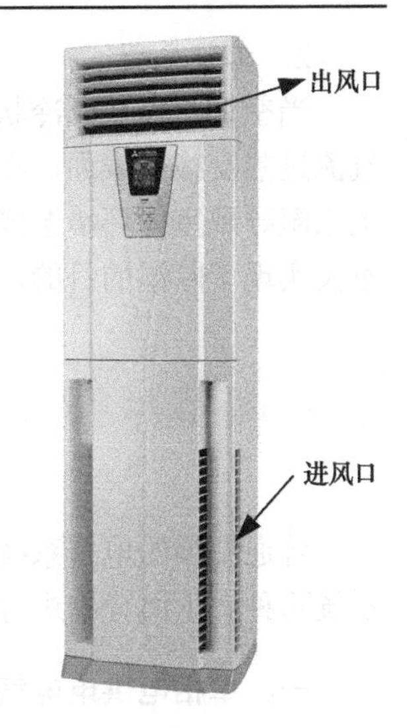

图 2-7　柜机通风示意图

第三节　除霜、除湿工作原理

一、除霜原理

1. 作用

冷暖式空调在制热状态下，当室外环境温度低于 5℃时，室外热交换器的蒸发温度就会低于 0℃，导致空气中的水分凝结在室外热交换器的表面而形成霜，并且随着室外热交换器吸热时间的延长，霜层会越来越厚，这将严重影响制热效果。为此，需要对室外蒸发器进行除霜。

2. 除霜方法与工作原理

冷暖式空调除霜的方法主要采用停机除霜方式。

（1）停机除霜

停机除霜方式就是首先让压缩机、风扇电机停止，随后通过四通换向阀切换制冷剂的流向，也就是使空调工作在制冷状态（但室外、室内风扇电机不转），利用压缩机排出来的高温、高压制冷剂进入室外热交换器，通过汽化散热的方式将其表面的霜融化，实现除霜的目的。大部分冷暖式空调采用此类除霜方式。

（2）不停机除霜

不停机除霜方式就是空调在制热状态下，从压缩机排出来的一部分高温、高压制冷剂通过旁通电磁阀流入室外热交换器，完成除霜。只有少部分冷暖式空调采用此类除霜方式。

二、除湿原理

1. 作用

空气中的湿度过大，会使人感觉到不舒服。为了提高人们的生活、工作环境，需要对室内的湿度进行干燥处理。

2. 工作原理

当空调工作在制冷状态时，若室内热交换器的表面温度低于室内空气露点时，室内热空气流过热交换器表面，在它的表面上凝结成大量的冷凝水，使室内空气的湿度下降。为了避免除湿导致室内环境温度波动过大，可以降低室内风扇的转速，并使压缩机间歇运行，这样不仅实现了除湿的目的，而且提高了舒适性。

第四节 电气系统工作原理

普通空调的电气系统根据供电方式的不同，分为单相电供电电气系统和三相电供电电气系统两种。下面分别进行介绍。而系统控制（微处理器控制）部分在“精通篇”进行介绍。

一、单相电供电电气系统

典型单相电供电电气系统根据启动方式主要有电容式启动和电压式启动两种方式启动器。下面以目前流行的电容启动方式为例进行介绍。电路见图 2-8 所示。

启动电容（运转电容）串联在压缩机的启动绕组（辅助绕组）CS 回路中，压缩机的主绕组 CR 和启动绕组的布局与冰箱压缩机是一样的，即空间位置成 90° 排列，利用电容与启动绕组形成了一个电阻、电感、电容的串联电路。当电源同时加在运行绕组和启动绕组的串联电路上时，由于电容、电感的移相作用，启动绕组上的电压、电流都滞后于运行绕组，随着电源周期的变化，在转子与定子之间形成一个旋转磁场，产生旋转力矩，促使转子转动起来。转子正常旋转后，由于电容的耦合作用，所以启动绕组始终有电流通过，使电机的旋转磁场一直保持，这样就可以使电机有较大的转矩，从而提高了电机的带载能力，增大了功率因数。

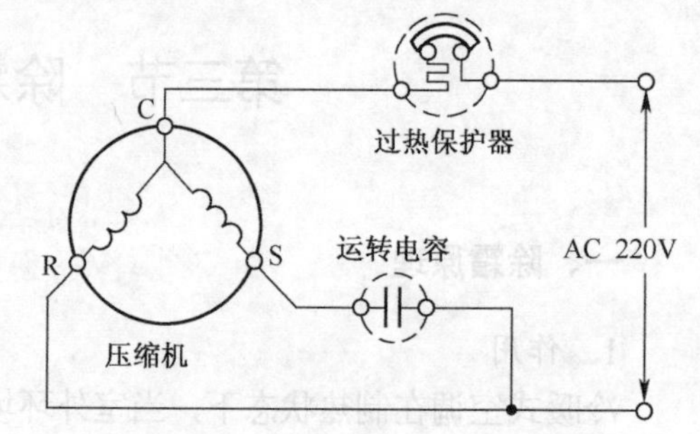

图 2-8 电容式启动电路的原理图

提示 虽然该电容在电机启动瞬间起到了启动的作用，但由于它始终参与工作，所以确切地讲，应称它为运行电容或运转电容，而不应称为启动电容。由于运转电容具有滤波的作用，所以电机的运转噪声低、振动较小。但此类启动方式也存在启动转矩较小的缺点。

当压缩机运行电流正常时，过载保护器为接通状态，压缩机正常工作。当压缩机因供电异常、启动器异常等原因引起工作电流过大或工作温度过高时，过载保护器动作，切断压缩机的供电回路，压缩机停止工作，以免压缩机过热损坏，实现压缩机过热保护。

二、三相电供电电气系统

三相电柜式空调与普通单相电空调的本质区别就是，它采用了三相电（交流 380V）供电方式的压缩机，而室外机接线端子板输入的 R、S、T 三相电（火线，又称相线）需要通过交流接触器为压缩机供电，也就是交流接触器内的 3 对触点动作闭合时，压缩机才能得到 380V 供电而运转。交流接触器触点闭合的条件是它的线圈有 220V 供电电压，而这个 220V 电压的有无受电脑板（控制板）输出的压缩机供电信号的控制。只有在室内机或室外机电脑板检测到三相电的相序正常后，才能输出压缩机运行指令，220V 电压加到交流接触器的线圈，交流接触器内的触点才能吸合，使压缩机旋转。若三相电的相序异常，则电脑板不输出压缩机运转信号，交流接触器不能吸合，压缩机不运转。这与单相电空调的压缩机工作方式有本质差别。图 2-9 所示是华宝 KFR-160LW/A3SG3 三相电空调的室外机电气接线图。

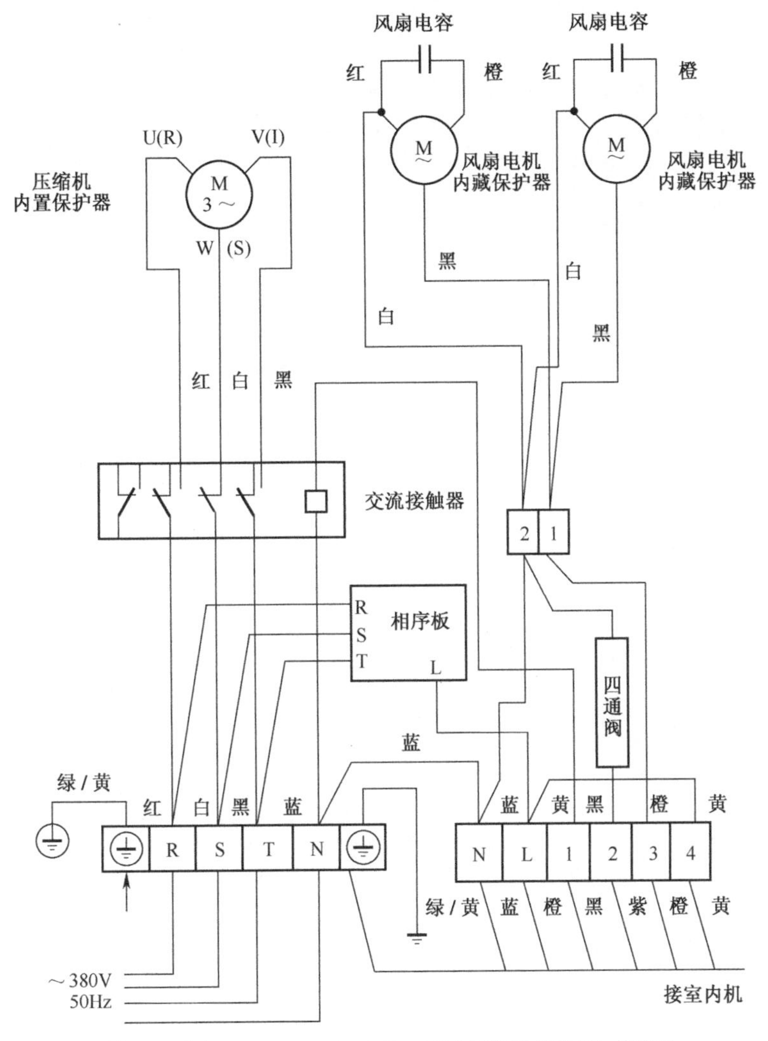

图 2-9 华宝 KFR-160LW/A3SG3 三相电空调室外机电气接线图

室外机 6 位端子板上的 R 为 R 相火线，S 为 S 相火线，T 为 T 相火线，N 为零线，而两侧的都是接地线。其中，S 相、R 相、T 相火线供电不仅输入到交流接触器的 3 个输入端子上，而且送到相序板。当相序板检测 R、S、T 三相电相序正确并将该信息送给室内机电脑板后，室内机电脑板输出压缩机运转指令，使继电器的触点闭合，为交流接触器的线圈提供220V交流电压，该线圈产生磁场，使交流接触器的3对触点闭合，接通压缩机的三相电输入到压缩机U、V、W的3个端子上，压缩机开始运转。

此类压缩机过热保护原理和单相电供电系统的压缩机过热保护原理相同，不再介绍。

第三章　空调主要器件的识别、原理与检测

本章通过实物外形示意图、内部结构图和简单的文字介绍了空调（空调器）主要器件，并且还介绍了这些器件的作用、工作原理、典型故障及故障检测方法，掌握本章内容对学习空调维修技术至关重要。

第一节　全封闭型压缩机

一、作用

压缩机是空调制冷（热）系统的能量核心，它从管路吸收低压、低温制冷剂后，对其进行压缩产生高压、高温的制冷剂，再通过热功能交换，实现制冷（热）的目的。目前空调中的压缩机都采用全封闭结构，它将提供能量的电动机和压缩制冷剂的压缩机构以及用于降温和润滑的冷冻润滑油共同密封在一个铁质容器内。空调采用的压缩机外形示意图及其电路图形符号如图 3-1 所示。

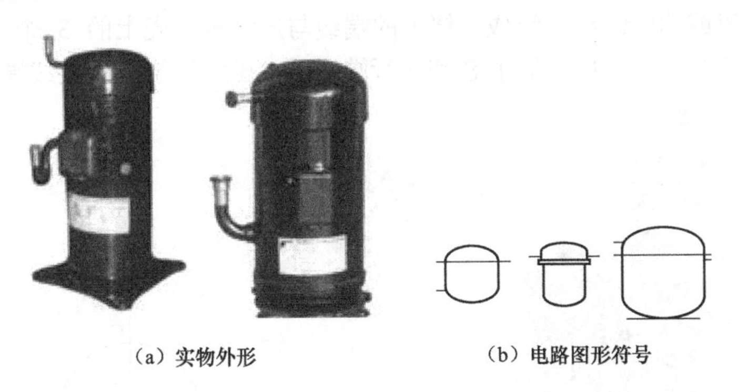

（a）实物外形　　（b）电路图形符号

图 3-1　全封闭压缩机

压缩机上的两个管口分别是排气管口（又称高压管口）和吸气管口（又称低压管口）。通常情况下（制冷期间），排气管口为细管口，用于排出被压缩机压缩成高温高压的气态制冷剂；低压管口为粗管口，用于吸入来自冷凝器的低压低温气体制冷剂。

另外，在压缩机的外壳上还贴有铭牌，铭牌上一般标有制冷剂种类及重量、额定电压、额定功率和额定频率等主要参数，如图 3-2 所示。

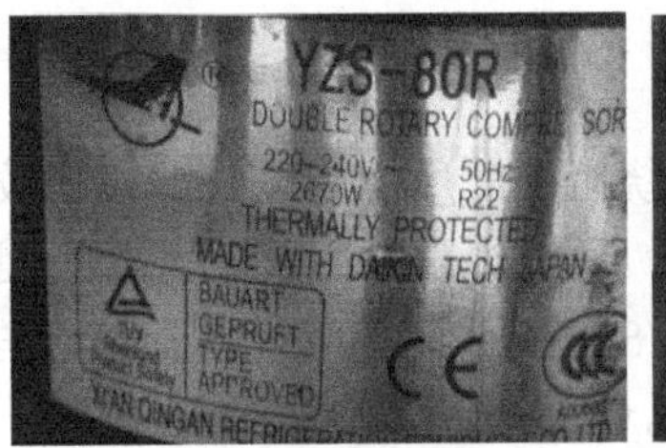

图 3-2　压缩机铭牌示意图

二、分类

1. 按机械结构分类

压缩机按机械结构分类有往复式、旋转式和涡旋式 3 种。其中往复式压缩机主要应用在早期空调中，现已淘汰；旋转式压缩机是目前的主流产品；涡旋式压缩机主要应用在高档空调中。

2. 按制冷剂类型分类

压缩机根据采用的制冷剂不同，分为 R22 型压缩机、R502 型压缩机和 R407c 型压缩机等。通过察看压缩机外壳上的铭牌就可确认压缩机的种类。

3. 按供电电压分类

压缩机根据供电的不同，可分为交流供电和直流供电两种。而交流供电又分为 220V 单相电供电和 380V 三相电供电两种。

4. 按电机转速分类

压缩机按电机转速的不同，可分为定频型和变频型两类。所谓定频型就是压缩机电机始终以一种转速工作，而变频型就是压缩机电机的转速可以改变。

三、压缩机的电机

定频空调压缩机内的电机主要采用单相异步电机或三相异步电机。

1. 单相异步电机

空调压缩机中的单相异步电机由定子和转子构成。定子由铁芯和运行绕组（主绕组）、启动绕组（辅助绕组或称副绕组）组成。绕组的端线与压缩机外壳上的 3 个接线端子相接，3 个端子分别是公用端子 C、启动端子 S 和运行端子 R。压缩机绕组的接线端子实物及绕组电路图形符号如图 3-3 所示。

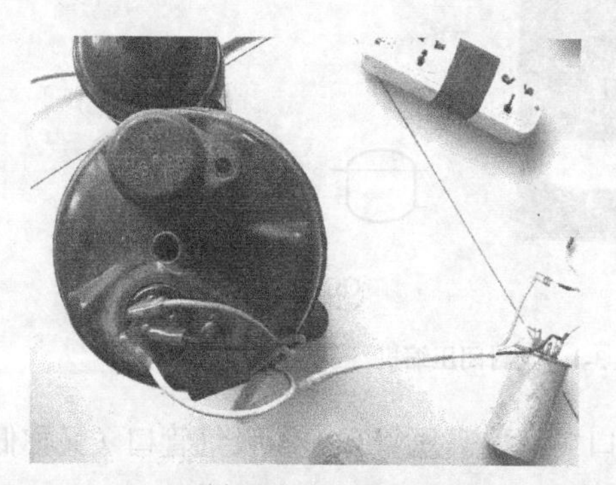

（a）压缩机绕组引出端子示意图

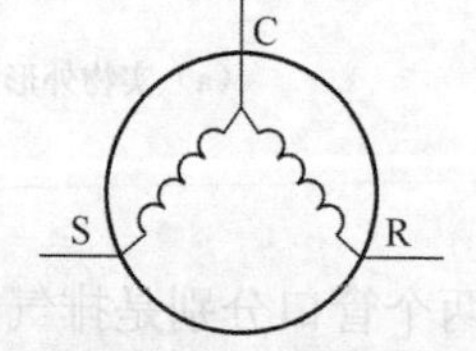

（b）绕组电路图形符号

图 3-3　压缩机绕组的接线端子实物及绕组电路图形符号

因压缩机运行绕组 CR 所用漆包线的线径较粗，所以电阻的阻值较小；启动绕组 CS 所用漆包线线径较细，所以电阻的阻值较大。又因运行绕组与启动绕组串联在一起，所以运行端子 R 与启动端子 S 之间的阻值等于运行绕组与启动绕组的阻值之和，即 $R_{RS}=R_{CR}+R_{CS}$。

2. 三相异步电机

空调压缩机中的三相（三相电）异步电机由定子和转子构成。其中，定子由铁芯和 3 个完全相同的绕组构成。而 3 个绕组可以接成△形或 Y 形，并且它们在空间分布上互为 120°。

当3个绕组输入三相对称电流时，就会在定子与转子的气隙空间产生磁场使转子旋转。因功率因数、效率、转矩比较高，所以无需通过启动装置三相异步电机就可以启动运转。

三相异步电机的绕组端线与压缩机外壳上的3个接线端子相接，3个端子之间阻值相等。典型三相异步电机的主要参数见表3-1。

表3-1　典型三相异步电机的主要参数

品牌和型号	额定功率/W	冷冻油及数量/mL	绕组阻值/Ω	逆相保护器型号
300DH-47C2X7J3	2 750	SUNISO-4SGI/1 200	R_{CR}：3.22 R_{CS}：3.22	JZH-5510
500DHN-80C2	4 550	SUNISO-4SGI/1 400	R_{CR}：3.22 R_{CS}：3.22	

四、常见故障与检修

1. 常见故障

压缩机常见的故障主要是不运转且无声响、不运转有声响、噪声大和排气量小。

2. 故障原因及检测

（1）不运转且无“嗡嗡”声响

引起该故障的原因是内部电机绕组开路。通过用万用表200Ω电阻挡测外壳接线柱间或绕组的引线间阻值就可以判断压缩机绕组的阻值是否正常，如图3-4所示。若阻值为无穷大或过大，说明绕组开路；若阻值过小，说明绕组短路。

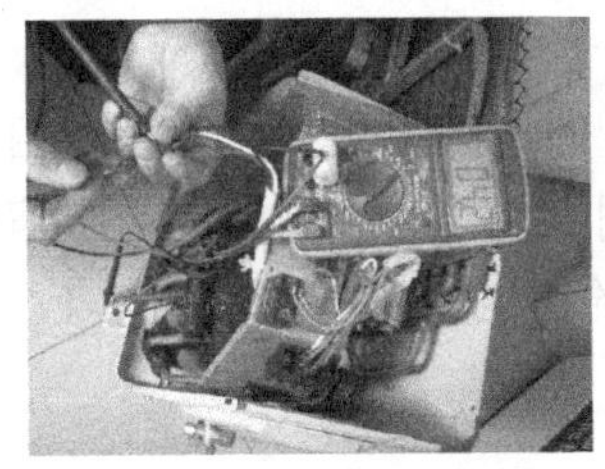

（a）运行绕组

（b）启动绕组

（c）运行绕组+启动绕组

图3-4　压缩机绕组检测示意图

注意　有的压缩机内置过热保护器，当压缩机过热时过热保护器会断开，这时若测量压缩机CR或CS端子之间电阻，为无穷大。因此，测量电机绕组阻值时要在压缩机的温度下降到与环境温度相近后再进行，否则初学者可能会误判压缩机电机绕组开路。

提示　功率不同的压缩机的绕组的阻值有所不同。压缩机电机的绕组开路后，压缩机的外壳不发热。

（2）不运转且有“嗡嗡”的低频声响

引起该故障的原因主要是电机的绕组短路或机械系统出现卡缸、抱轴故障。绕组短路时不仅有“嗡嗡”声响，而且压缩机的外壳温度在短时间内就很高，不久就会引起过载（热）

保护器动作。

对于该故障，用万用表电阻挡测接线柱间的阻值，若阻值异常，说明压缩机内的电机绕组短路；若阻值正常，多为机械系统出现卡缸、抱轴故障。

方法与技巧　怀疑压缩机卡缸时，停机后用锤子直接敲打压缩机外壳，然后为空调通电，若压缩机能够正常运转，说明卡缸故障排除，加入一些冷冻润滑油可继续使用；若敲击无效，为压缩机加注一些冷冻润滑油后若能运转，说明故障是由于缺冷冻润滑油引起的；若还不能运转，则需要更换压缩机。

（3）噪声大

噪声大多因压缩机内的机械系统磨损或冷冻润滑油老化所致。

（4）排气量小

确认制冷系统无泄漏，制冷系统的其他器件正常后，为制冷系统注入一些制冷剂，插上电源使空调运转 3min 左右，观察压力表的数值，若数值无变化，确认压缩机的高、低压管口未发生漏气故障时，则说明压缩机排气性能差或不排气。

方法与技巧　若压缩机的高、低压管口或其与管路的焊接部位有油渍，基本可说明该部位有漏点。为该部位涂上洗涤灵后若出现气泡，即可确认此处确有漏点。

五、压缩机的选用与代换

当压缩机损坏后，维修时最好采用相同规格、相同型号的压缩机更换。若没有相同规格、相同型号的压缩机更换，也可以采用相同结构、相同制冷剂、相同功率或相近的压缩机代换，以免产生代换后不能正常工作的故障。部分可以互相代换的压缩机型号参见表 2-1。

第二节　制冷（热）系统主要器件

一、热交换器

热交换器是空调制冷（热）系统不可缺少的器件，分体式的热交换器包括室内机热交换器和室外机热交换器两种。

1. 作用

对于单冷式空调，室内机中的热交换器为蒸发器，它主要用于吸收室内空气的热量，使其内部的制冷剂通过吸热汽化；室外机中的热交换器为冷凝器，使其内部的制冷剂通过散热凝结为液体。对于热泵冷暖型空调在制冷状态时，热交换器的功能与单冷式空调相同；在制热状态时，室内机的热交换器变为冷凝器进行散热，为室内升温，而室外机的热交换器变成蒸发器进行吸热。

2. 构成

虽然冷凝器和蒸发器的外形不同，但它们的构成是一样的。目前，空调热交换器多采用翅片盘管式结构，如图 3-5 所示。

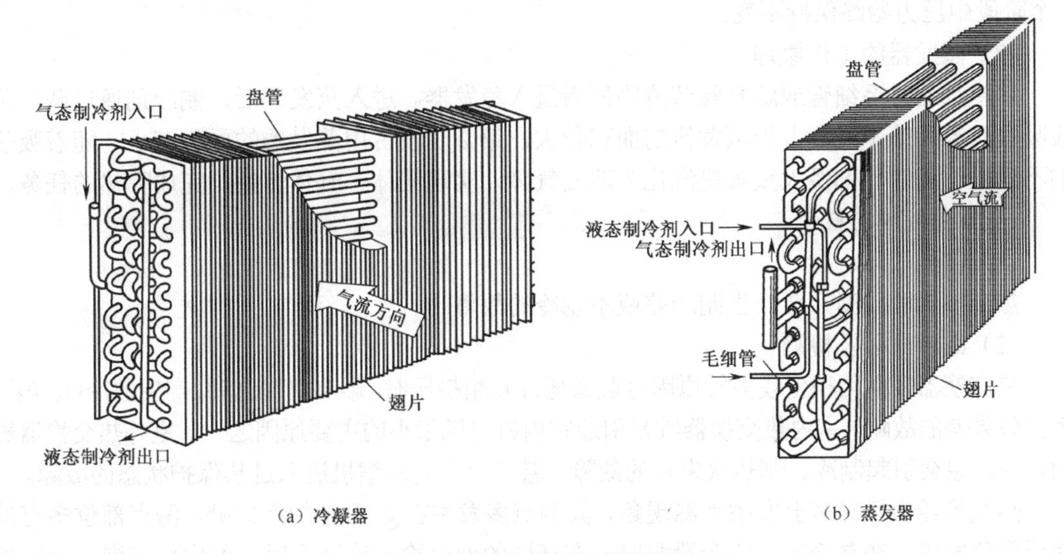

（a）冷凝器　　（b）蒸发器

图 3-5　空调热交换器结构示意图

盘管（冷凝管或蒸发管）由直径为 10mm 左右的铜管弯制而成，翅片（散热片）多由铝片制成，间距为 1～2mm。翅片间距越小，换热效率越高，效果越好，不过，若间距过小会影响空气流动，反而降低了换热效果。因蒸发器表面形成的冷凝水会通过翅片的空隙排出，所以其翅片间距要比冷凝器的略大。空调热交换器的翅片有平板式、波纹式和缝隙式等多种，如图 3-6 所示。

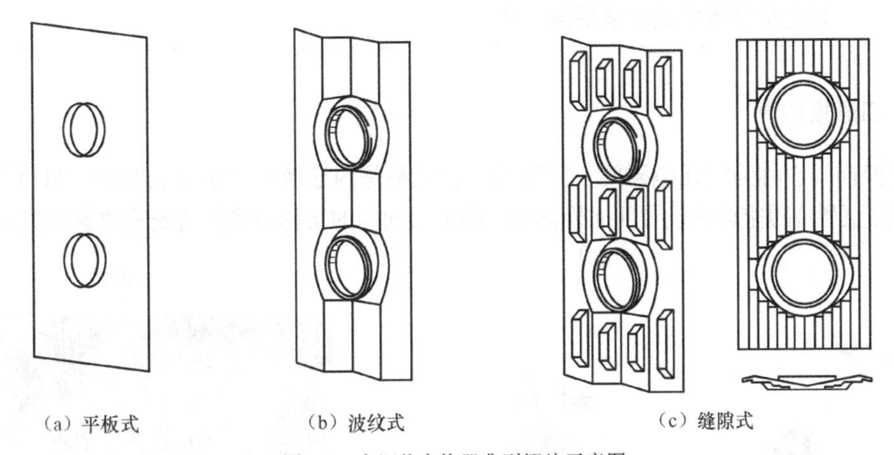

（a）平板式　　（b）波纹式　　（c）缝隙式

图 3-6　空调热交换器典型翅片示意图

3. 工作原理

（1）冷凝器的工作原理

压缩机排出的高温、高压气态制冷剂，通过管路进入冷凝器。进入冷凝器后，制冷剂通过 3 个阶段散热冷却。第 1 阶段占用冷凝器的初端（散热面积较小），制冷剂经散热冷却为干饱和蒸气；第 2 阶段占用冷凝器的散热面积较大（冷凝器中间部分），大幅度提高了散热能力，制冷剂冷却为饱和液体，实现气体—液体转换；第 3 阶段占用冷凝器的末端（散热面积较小）

继续散热，最终使制冷剂冷却为过冷液体，完成散热冷凝的任务。不过，制冷剂在冷凝器的3个阶段中压力始终保持不变。

（2）蒸发器的工作原理

制冷剂通过毛细管或膨胀阀节流降压后进入蒸发器。进入蒸发器后，制冷剂通过两个阶段吸热升温。第1阶段占用蒸发器的面积较大，第2阶段占用蒸发器的面积较小。随着吸热的不断进行，制冷剂经大量吸热汽化为蒸发气体，实现液体—气体转换，完成吸热的任务。

4. 常见故障与检修

（1）常见故障

热交换器脏或漏，会产生制冷差或不制冷的故障。

（2）故障原因及检测

热交换器表面因积尘较多等原因过脏或翅片互相挤压时，影响空气流动，产生散冷（吸热）、散热效果差的故障。室内热交换器脏是引起室内机出风量小的主要原因之一。室外热交换器表面过脏，也会引起制冷、制热效果差的故障，甚至会引起压缩机进入过热保护状态的故障。

热交换器损坏时多会发生泄漏现象，其漏点多发生在U形管的焊口处。漏点部位多有油渍或颜色发黑，在制冷剂未完全泄漏时，在怀疑的部位涂上洗涤灵后，若出现气泡，就可确认该处泄漏，而对于制冷剂完全泄漏的机型，则需要为制冷系统加注少量制冷剂或打压后，再通过涂抹洗涤灵来确认。

提示 因室内热交换器多用作蒸发器，不仅工作环境好于室外机，而且工作压力小、工作温度低，所以它很少发生泄漏故障，其故障率不足整机的5%。而室外热交换器不仅工作环境恶劣，而且工作压力大、温度高，还会受到压缩机振动的影响，所以发生泄漏的故障率要高一些。

二、四通换向阀

四通换向阀也称为四通电磁阀、四通阀，它们都是四通换向电磁阀的简称。只有热泵型、电热辅助热泵型冷暖空调才设置四通换向阀，四通换向阀的实物外形及其安装位置如图3-7所示。

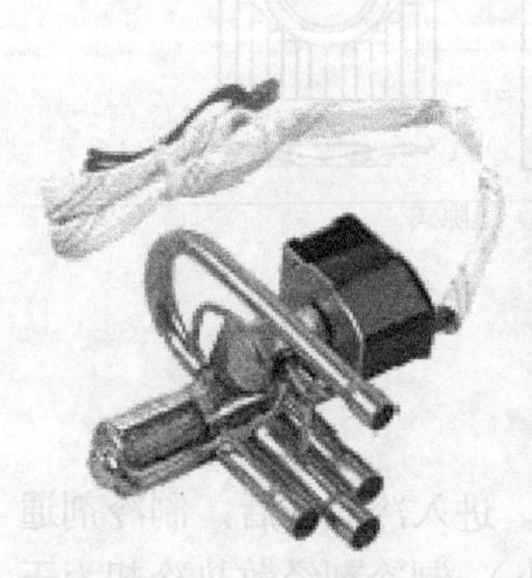

（a）实物外形

（b）四通换向阀的安装位置

图3-7 四通换向阀

1. 作用

四通换向阀的作用主要是通过切换压缩机排出的高压高温制冷剂走向，改变室内、室外热交换器的功能，实现制冷、制热功能的切换。

2. 构成

四通换向阀由电磁导向阀和换向阀两部分组成，其内部结构如图 3-8 所示。其中，导向阀由阀体和电磁线圈两部分组成。阀体内部设置了弹簧阀芯和衔铁，阀体外部有 C、D、E 3 个阀孔，它们通过 C、D、E 3 根导向毛细管与换向阀连接。换向阀的阀体内设一个半圆形滑块和两个带小孔的活塞，阀体外有 4 个管口，它们分别通过管路与压缩机排气管、吸气管、及室内、室外热交换器连接。

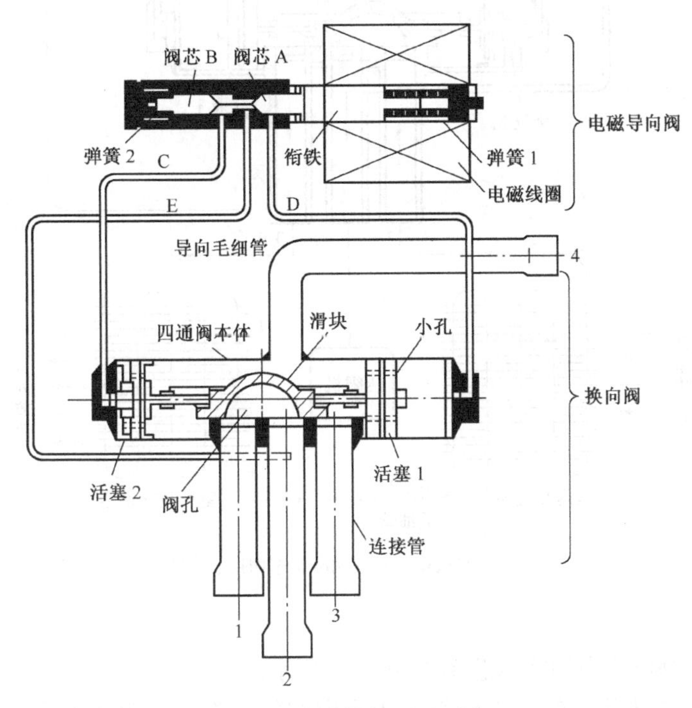

图 3-8　四通换向阀内部结构

3. 工作原理

（1）制冷状态

四通换向阀的制冷状态切换示意图如图 3-9 所示。

当空调设置于制冷状态时，电气系统不为导向阀的线圈提供驱动电压，线圈不能产生磁场，衔铁不动作。此时，弹簧 1 的弹力大于弹簧 2，推动阀芯 A、B 一起向左移动，于是阀芯 A 使导向毛细管 D 关闭，而阀芯 B 使导向毛细管 C 与 E 接通。由于换向阀的活塞 2 通过 C 管、导向阀、E 管接压缩机的回气管，所以活塞 2 因左侧压力减小而带动滑块左移，将管口 4 与管口 3 接通，管口 2 与管口 1 接通，此时室内热交换器作为蒸发器，室外热交换器作为冷凝器。这样压缩机排出的高压高温气体经换向阀的管口 4 和管口 3 进入室外热交换器，利用室外交换器开始散热，再经毛细管进入室内热交换器，利用室内蒸发器吸热汽化后，经管口 1 和管口 2 构成的回路返回压缩机。周而复始，空调工作在制冷状态。

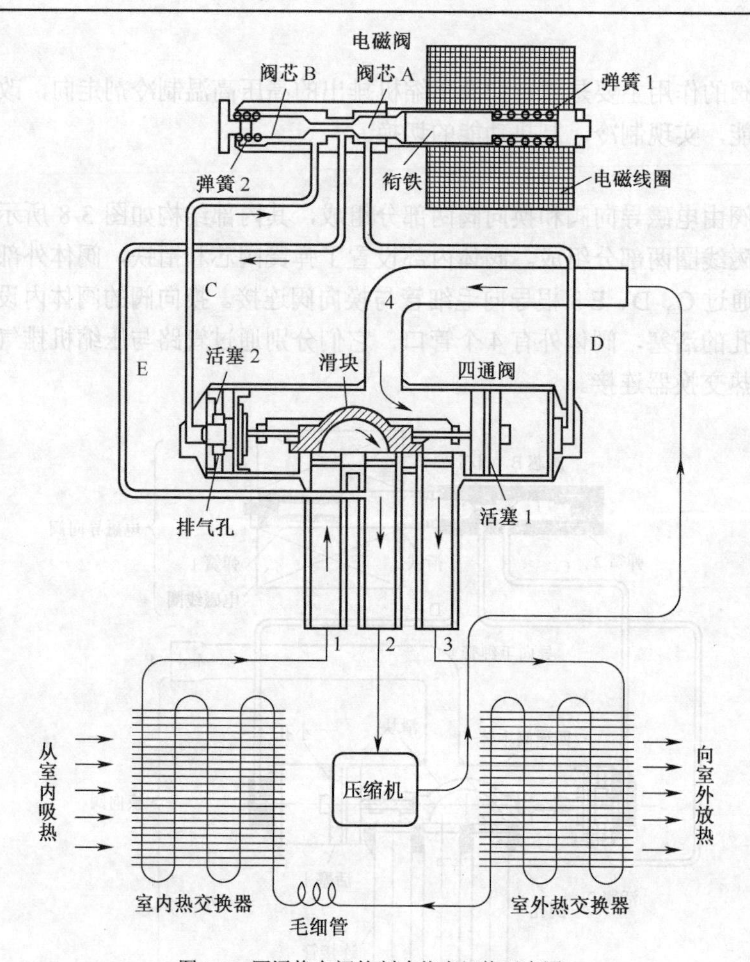

图 3-9　四通换向阀的制冷状态切换示意图

（2）制热状态

四通换向阀的制热状态切换示意图如图 3-10 所示。

当空调设置于制热状态时，电气系统为导向阀的线圈提供驱动电压，线圈产生磁场，使衔铁右移。阀芯 A、B 在衔铁和弹簧 2 的作用下一起向右移动，阀芯 A 使导向毛细管 D、E 接通，而阀芯 B 将导向毛细管 C 关闭。由于换向阀的活塞 1 通过 D 管、导向阀、E 管接压缩机的回气管，所以活塞 1 因右侧压力减小而带动滑块右移，将管口 4 与管口 1 接通，管口 3 与管口 2 接通，此时室内热交换器作为冷凝器，室外热交换器作为蒸发器。这样压缩机排出的高压高温气体经换向阀的管口 4 和管口 1 构成的回路进入室内热交换器，利用室内热交换器开始散热，再经毛细管节流降压后进入室外热交换器，利用室外热交换器吸热汽化，随后通过管口 3 和管口 2 构成的回路返回压缩机。周而复始，空调工作在制热状态。

4. 四通阀的检测

（1）触摸法检测

对于四通电磁阀可采用摸它左、右两端毛细管温度进行判断，若两根毛细管都烫手，说明换向阀换向损坏，而正常时是一根热、一根凉。

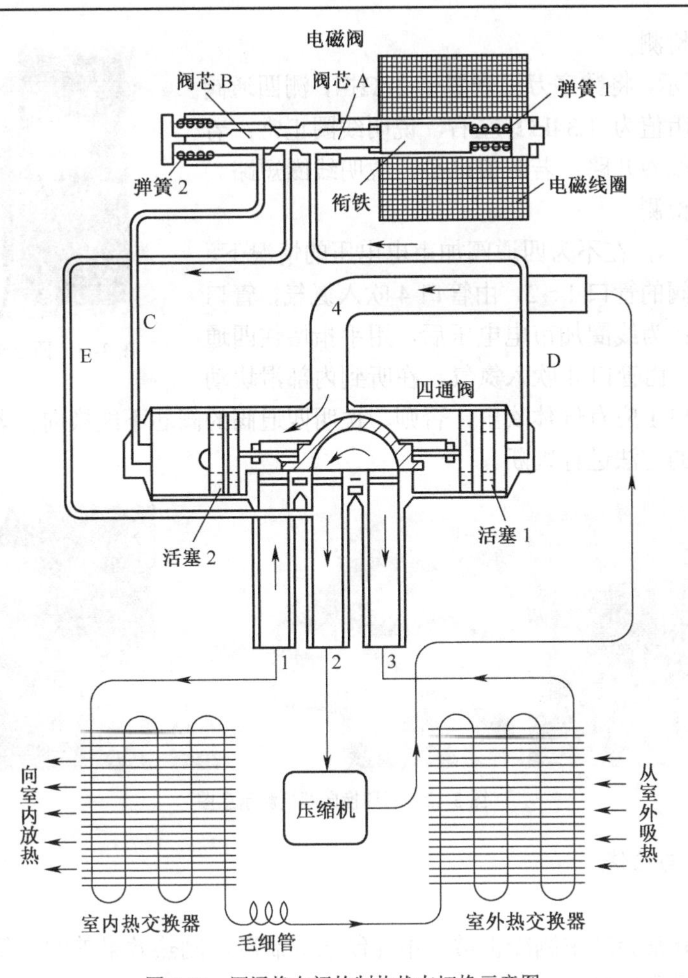

图 3-10 四通换向阀的制热状态切换示意图

（2）供电检测

还可以采用交流电压挡测量线圈两端电压的方法进行判断，为四通换向阀的线圈加驱动电压后，若不能听到导向阀内的衔铁发出“咔嗒”的动作声，说明线圈异常，或换向阀损坏，或系统发生堵塞，或制冷剂严重泄漏。另外，通电后若线圈过热，说明线圈有匝间短路的现象。

通过截止阀泄放制冷剂时，系统内能够排出大量的制冷剂，说明故障毛细管或过滤器堵塞或四通换向阀损坏；否则，说明制冷剂泄漏。对于四通换向阀的准确判断，可在拆卸四通换向阀后进一步检测来进行。

注意 拆卸或安装四通换向阀时，必须要利用湿毛巾为它散热降温，以免阀体受热变形，影响空调正常工作。

方法与技巧 部分维修人员在拆卸四通换向阀时，先焊开与其连接的管路，将四通换向阀的阀体浸入一个装有水的容器内，再焊开与四通换向阀管口连接的管路。这种拆卸方法对四通换向阀几乎没有伤害，但比较麻烦。

（3）线圈的检测

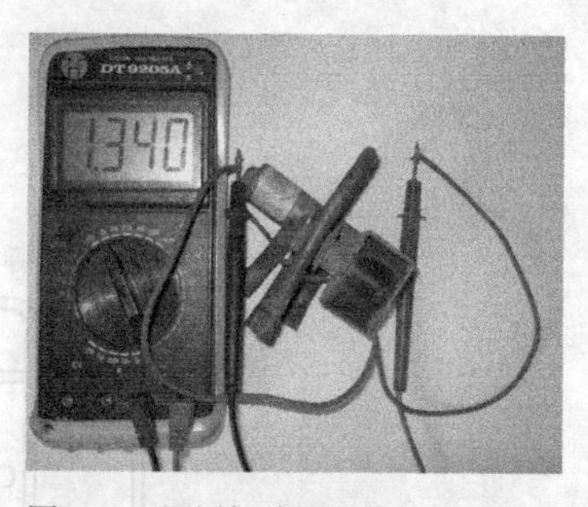

图 3-11　四通阀线圈阻值检测示意图

如图 3-11 所示，将数字万用表置于 2kΩ挡，测四通阀线圈的阻值，若阻值为 1.34kΩ 左右，说明线圈正常；若阻值过大，说明线圈开路；若阻值过小，说明线圈短路。

（4）阀芯的检测

如图 3-12 所示，在不为四通阀加市电电压的情况下，用手指堵住四通阀的管口 1、2，由管口 4 吹入氮气，管口 3 应有气体吹出；为线圈加市电电压后，用手指堵住四通阀的管口 2 和 3，由管口 4 吹入氮气，在听到内部滑块动作声的同时，管口 1 应有气体吹出，否则，说明四通阀的阀芯不能换向。若没有氮气，也可以用嘴为其吹气的方法进行判断。

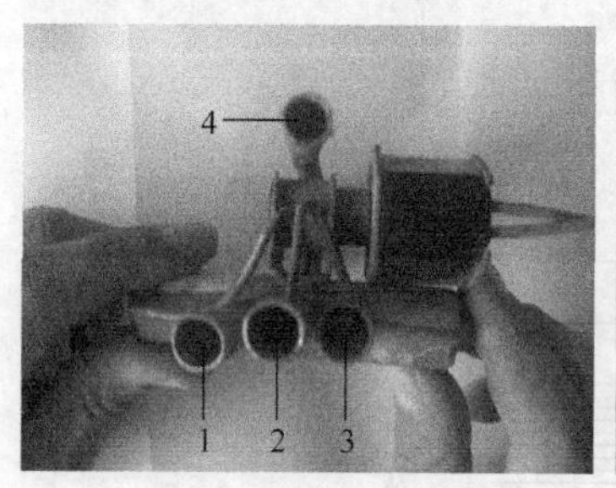

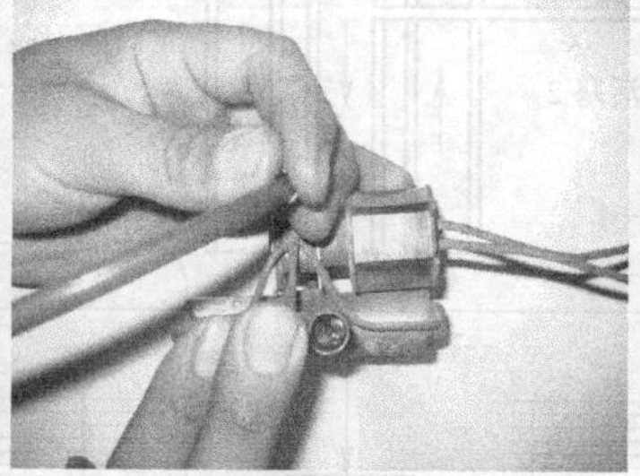
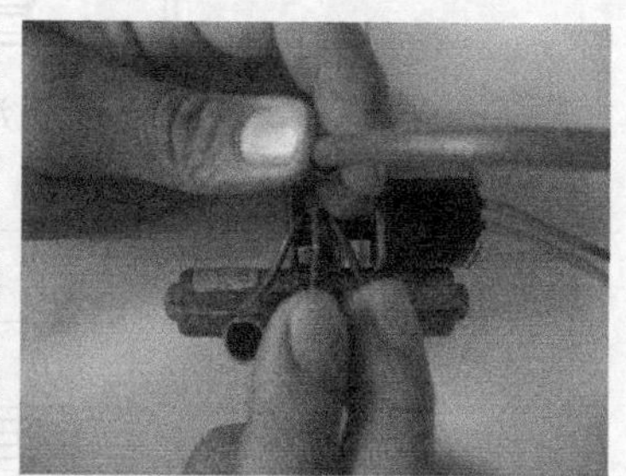
图 3-12　四通换向阀检测示意图

5. 常见故障与检修

（1）常见故障

四通换向阀异常会产生制冷正常，不能制热或制冷、制热效果差的故障。

（2）故障原因及检测

因四通换向阀的线圈没有供电或线圈使导向阀内的衔铁不能动作，就会产生制冷正常、不能制热的故障。而导向阀内的衔铁动作不畅、阀芯或弹簧异常会产生制冷、制热效果差的故障。换向阀内的活塞、滑块异常将会产生制冷、制热效果差的故障，也会产生不能制冷或制热的故障。而阀芯磨损、阀体变形可能会导致压缩机排出的气体直接返回到压缩机，即串气故障。

三、截止阀

截止阀（手动截止阀）是一种管路通、断控制阀，即通过手动来实现管路通、断的控制。只有分体空调才使用手动截止阀，空调采用的手动截止阀有高压截止阀和低压截止阀两种。它们安装在室外机的入口、出口处，如图 3-13 所示。

提示　人们通常将手动截止阀称为截止阀，因为后面要介绍的单向阀、双通电磁阀也属于截止阀，只不过它们采用自动控制方式，而这里介绍的截止阀属于手动控制方式，所以称其为手动截止阀比较合适。

1. 高压、低压截止阀的作用

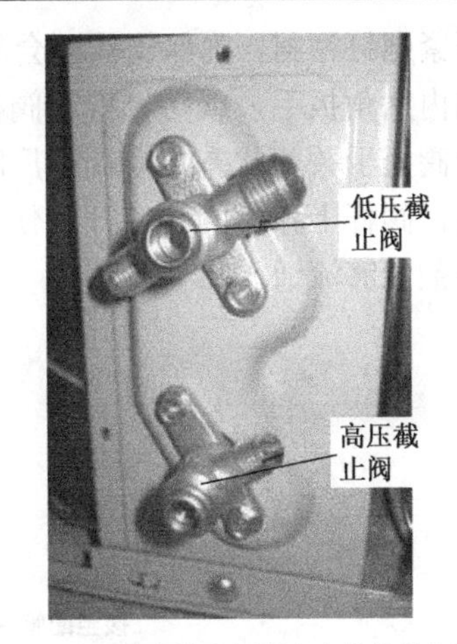

图 3-13　手动截止阀所在室外机的位置

高压截止阀通常用于室外机的排气管与室内机连接配管（细铜管）的连接，低压截止阀用于室外机吸气管与室内机连接配管（粗铜管）的连接。这样，空调出厂前工厂为室外机加注适量的制冷剂，然后通过关闭高压、低压截止阀存储制冷剂。空调安装的最后一道工序就是将高压、低压截止阀打开，使室外机内的制冷管路通过连接配管与室内机制冷管路接通，形成一个完整的制冷剂循环系统。维修室内机及连接配管时，又可利用高压、低压截止阀将制冷剂回收到室外机内。也正是因为安装了低压截止阀，维修分体式空调的制冷系统不必像维修电冰箱的制冷系统那样复杂，而是变得简单，这都是因为通过低压截止阀就可以将制冷系统与维修设备连接起来，从而完成打压、抽空和加注制冷剂的操作。

提示　由于低压截止阀有维修功能，所以许多维修人员将它们称为维修阀。

2. 高压、低压截止阀的选用

高压截止阀只负责室外机高压管与细连接配管的连接，通常采用二通截止阀即可（只有少数空调采用三通截止阀）；低压截止阀不仅要将低压管路（粗管）与室外机管路连接，还要在维修时能与真空泵、制冷剂瓶等维修设备连接，所以必须使用三通截止阀。典型的二通截止阀、三通截止阀的实物外形如图 3-14 所示。

（a）二通截止阀

（b）三通截止阀

图 3-14　二通、三通截止阀的实物示意图

3. 工作原理

（1）二通截止阀

二通截止阀的内部结构示意图如图 3-15 所示。二通截止阀是由定位调整口和两条相互垂直的管路组成。其中一个管口与室外机管路相连，另一个管口通过扩口螺母与室内机组的细配管相连。定位调整口阀杆有阀孔座，阀杆上套了石墨石棉绳（或耐油橡胶）密封圈，再用

压紧螺钉密封，确保气体不会从阀杆处泄漏。拧开阀杆封帽（带有垫圈铜帽），插入相应尺寸的内六角扳手，就可以拧动阀杆上的压紧螺钉。顺时针拧动时，阀杆下移，阀孔闭合，该截止阀处于关闭状态，空调出厂时就关闭截止阀，使制冷剂存储在室外机机组内；逆时针拧动时，阀杆上移，阀孔打开，使截止阀的两个管口连通，空调安装后就需要打开截止阀，使制冷剂能够流通。

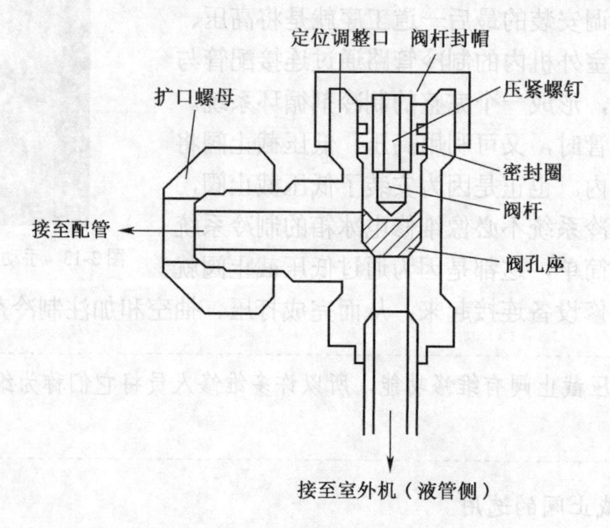

图 3-15 二通截止阀的内部结构示意图

（2）三通截止阀

三通截止阀就是控制 3 个管口通、断的截止阀，在二通截止阀的基础上加了 1 个维修管口。三通截止阀有两种：一种是维修管口内有气门销的三通截止阀，如图 3-16 所示；另一种是维修管口内无气门销的三通截止阀，如图 3-17 所示。

① 有气门销的三通截止阀。它有两个管路连接口、一个阀门开闭控制口、一个维修口。通常情况下，维修口内的气门销（阀针）自动将维修口与其他管口断开，并为管口盖好防尘阀帽。维修时，用螺丝刀向里按压气门销，自动将维修管口与室外机的配管接通。室外机连接口与配管管口的通、断控制与二通截止阀相同，也是通过在阀门开闭调节口插入内六角扳手进行调节。

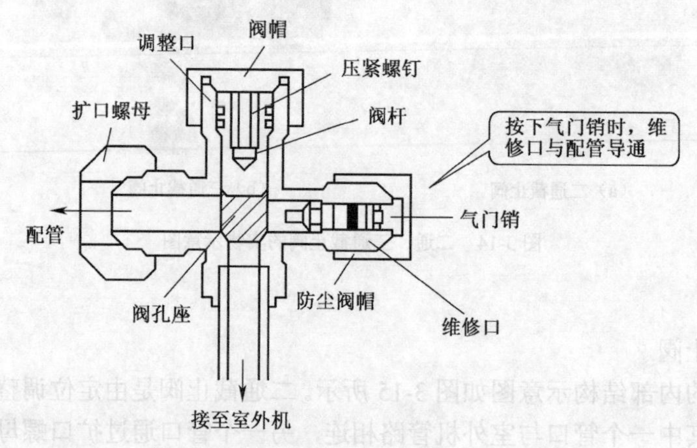

图 3-16 有气门销的三通截止阀结构示意图

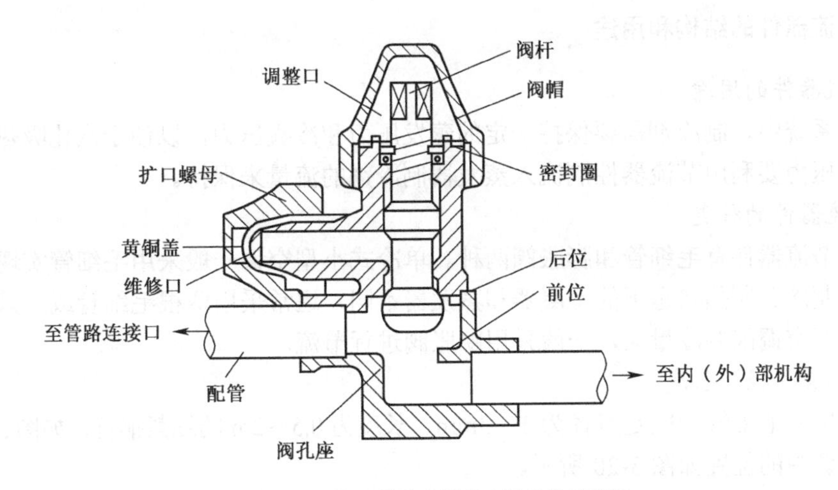

图 3-17　无气门销的三通截止阀结构示意图

② 无气门销的三通截止阀。它内部有两条呈现“之”字形的水平连接管路、一个调整口、一个维修管口。这种截止阀 3 个管口之间的通、断由阀杆位置决定，而旋转阀杆时可改变阀杆的位置。阀杆处于前位（关闭）时，3 个管口全部关断，室外机出厂时就处于该位置，这样可防止室外机组存储的制冷剂泄漏，如图 3-18（a）所示；阀杆处于中位（气洗位）时，3 个管口之间都接通，此时通过维修口可为系统抽空和加注制冷剂，如图 3-18（b）所示；阀杆处于后位（安装位）时，配管管口与室外机连接管口接通，与维修口断开，空调安装后就处于这个位置，使制冷剂能够在室内机与室外机之间循环流动，如图 3-18（c）所示。

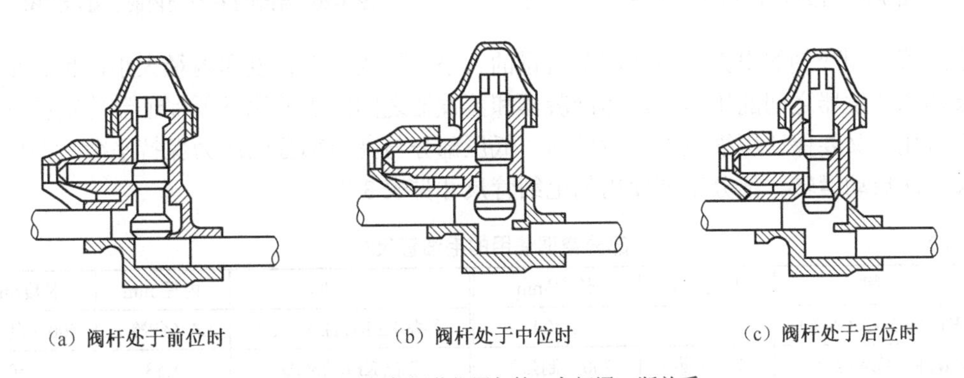

（a）阀杆处于前位时　（b）阀杆处于中位时　（c）阀杆处于后位时

图 3-18　阀杆调节位置与管口之间通、断关系

4. 常见故障与检修

（1）常见故障

二通截止阀、三通截止阀密封不严，会产生制冷效果差的故障，甚至不制冷的故障。

（2）故障原因及检测

二通、三通截止阀质量差或其阀门未完全关闭，是导致制冷剂泄漏的主要原因，当然在拆机时操作不当也会引起制冷剂泄漏。

二通、三通截止阀的故障比较好判断，漏气部位会有油渍、灰尘，通过查看或涂抹洗涤灵就可以确认。二通、三通截止阀损坏后，应更换同规格的截止阀。

四、节流器件的结构和用途

1. 节流器件的用途

在空调系统中，制冷剂需要保持一定的蒸发压力和冷凝压力，以便于汽化吸热、冷凝散热。其蒸发压力要利用节流器控制流入蒸发器制冷剂的流量来保持。

2. 节流器件的种类

空调的节流器件有毛细管和膨胀阀两种。单冷式小型空调一般采用毛细管实现节流；热泵型空调因制冷、制热状态下的冷凝器和蒸发器不同，通常采用两根毛细管或一只膨胀阀进行节流；大型空调因制冷量大，一般采用膨胀阀进行节流。

3. 毛细管管径和长度

空调常用的毛细管一般是直径为 1～3mm、长度为 0.5～2m 的细紫铜管，如图 3-19 所示。毛细管在空调中的位置如图 3-20 所示。

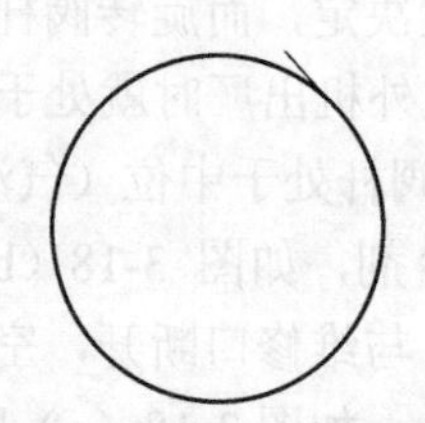

图 3-19 毛细管实物外形示意图

图 3-20 毛细管在空调内的位置示意图

毛细管对制冷剂的阻力大小（即节流量的大小）取决于其长度和内径大小，也就是控制了冷凝器和蒸发器之间的压差比。而冷凝器和蒸发器之间的压差比既要保证制冷剂在蒸发器内完全汽化，又要保证压缩机停止运转后，低压部分与高压部分的压力保持平衡，确保压缩机能够再次启动运转。部分空调使用的毛细管尺寸见表 3-2。

表 3-2 部分空调使用的毛细管尺寸

品　牌	内径/mm	长度/mm	品　牌	内径/mm	长度/mm
科龙 KF（R）-26GW/Q	2.7	1 700	科龙 KFR-71LW/R1Y	1.4（制冷）	400（制冷）
科龙 KFR-71LW/R1Y	1.7（制热）	700（制热）	宝花 KFR-35GW	1.53	350
宝花 KFR-71LW	1.53	600	宝花 KC-25D	1.18	530

4. 膨胀阀

膨胀阀包括电子膨胀阀和热力膨胀阀两种。

（1）电子膨胀阀

电子膨胀阀主要由步进电机和针形阀组成，针形阀由阀杆、阀针和节流孔组成，它的实物外形及内部构成如图 3-21 所示。步进电机运转后改变针形阀开启度，使制冷剂流量根据空调的工作状态自动调节，提高了蒸发器的工作效率，保证空调实现最佳的制冷效果。

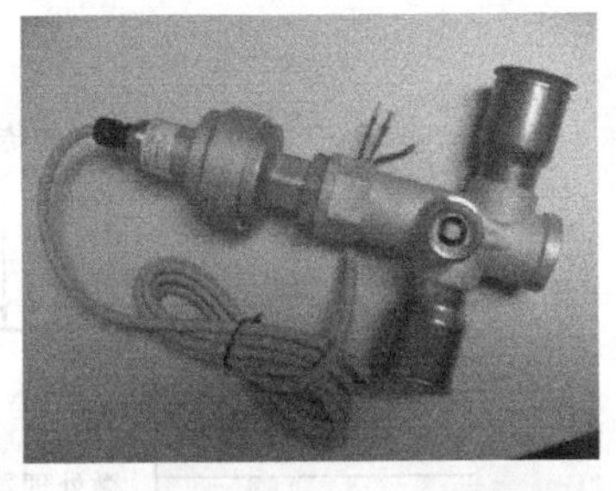
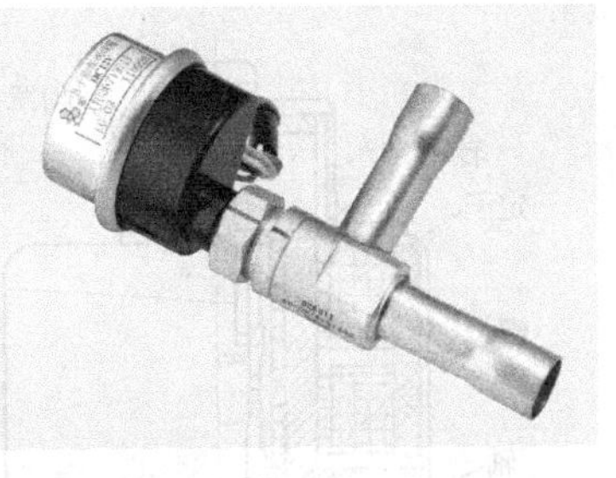

（a）电子膨胀阀的实物外形

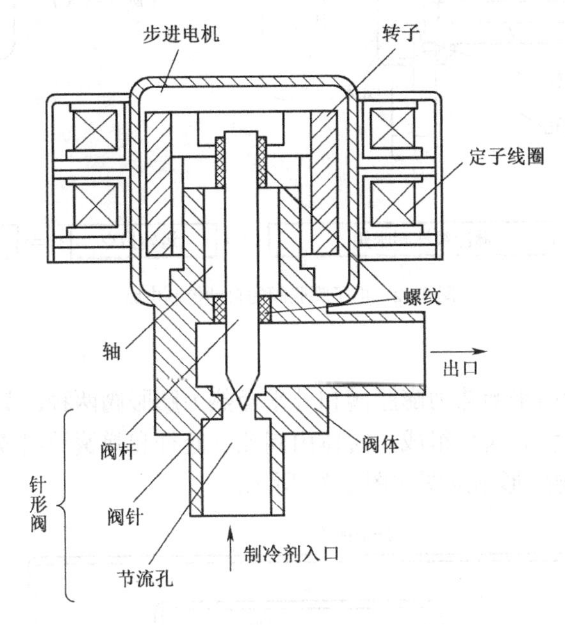

（a）电子膨胀阀的内部构成

图 3-21　电子膨胀阀的实物外形与构成示意图

图 3-22 所示是电子膨胀阀的自动控制电路。传感器（负温度系数热敏电阻）对蒸发器出口管温度进行检测，产生的检测信号被微处理器（CPU）识别后，为电子膨胀阀上步进电机的定子线圈提供相应序列运转指令，使线圈产生磁场驱动转子正转或反转。一个脉冲信号使电机转动一圈。而电机转速由 CPU 输出脉冲频率来决定，频率越高转速越快。

当蒸发器出口管的温度升高，被传感器检测后提供给 CPU，CPU 控制电机反转，带动阀杆和阀针向上移动，节流孔开大，增大了制冷剂的流量；当蒸发器出口管的温度下降，被传感器检测后提供给 CPU，CPU 控制电机正转，带动阀杆和阀针向下移动，节流孔变小，减小了制冷剂的流量。这样，根据空调制冷（热）效果来调节制冷剂的流量，进而调节冷凝器和蒸发器的压差比，提高了蒸发器的工作效率，实现了制冷（热）效果的最佳自动控制。

提示　部分采用了电子膨胀阀作为节流器件的空调，在化霜时不用停机，利用压缩机排气的热量先为室内热交换器供热，余下的热量为室外热交换器供热，将热交换器翅片上的霜融化。而采用其他节流器件的空调则很难实现该功能。

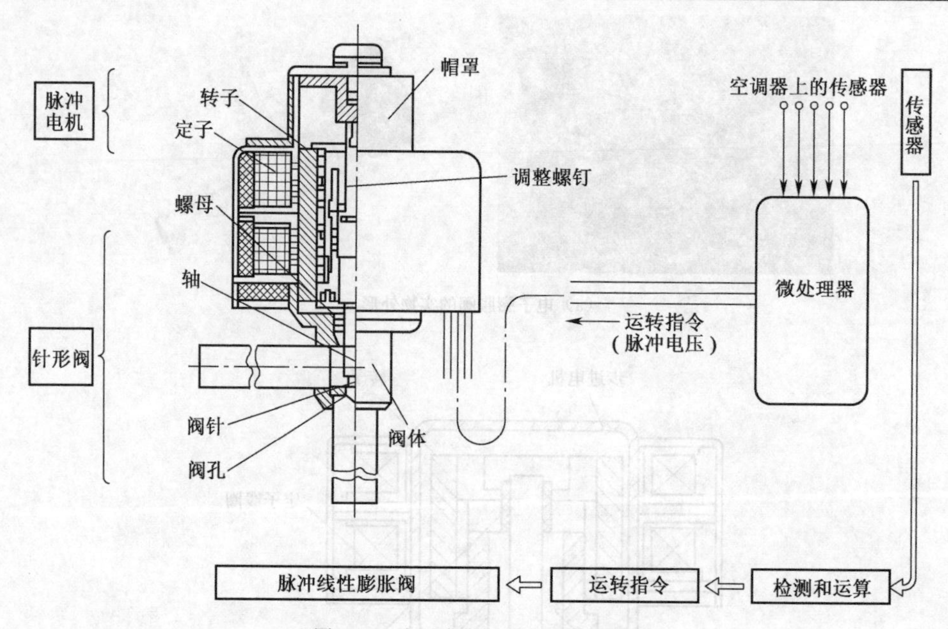

图 3-22　电子膨胀阀的自动控制电路

（2）热力膨胀阀

热力膨胀阀又包括内平衡热力膨胀阀和外平衡热力膨胀阀两种。其中，外平衡热力膨胀阀主要由感温包、毛细管和阀体组成，阀体由阀孔、阀杆和弹簧等组成，它的内部构成示意图如图 3-23 所示，实物外形示意图如图 3-24 所示。

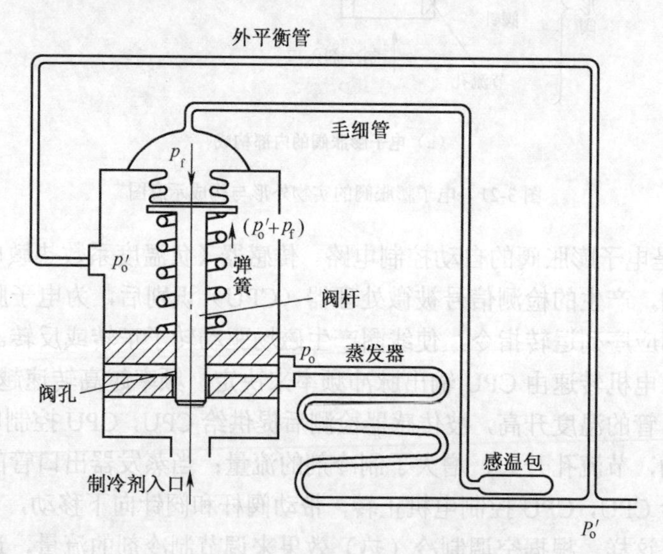

图 3-23　外平衡热力膨胀阀的内部构成示意图

外平衡热力膨胀阀的一个管口接在蒸发器进口管，另一个管口通过一段外平衡管接在蒸发器的出口管上，以便为膨胀阀提供平衡压力，而它的感温包也紧贴在蒸发器出口管上。当蒸发器出口管的温度升高，被感温包检测后，感温包内的感温剂的体积增大，通过毛细管为波纹管提供的压力增大，波纹管伸长，使阀孔增大，制冷剂的流量增加；当蒸发器出口管的温度下降，被感温包检测后，感温包内的感温剂的体积缩小，通过毛细管为波纹管提供的压力减小，在弹簧的作用下波纹管缩短，使阀孔关小，减小了制冷剂的流量。这样，根据空调制冷（热）效果来调节制冷剂的流量，进而调节冷凝器和蒸发器压差比，提高了蒸发器的工作效率，实现了制冷（热）效果的最佳自动控制。

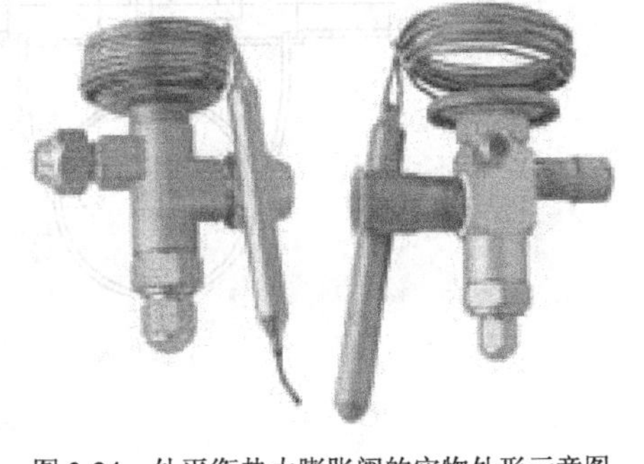

图 3-24　外平衡热力膨胀阀的实物外形示意图

5. 常见故障与检修

（1）常见故障

节流器件常见故障现象是制冷剂泄漏或堵塞，导致不制冷或制冷效果差。

（2）故障原因及检测

毛细管泄漏制冷剂主要是由于腐蚀、磨损或折断所致。膨胀阀泄漏制冷剂主要是由于膨胀阀管口与管路连接部位安装或焊接不当所致。一般的泄漏点通过查看就可以发现，若不能确认，也可以利用洗涤灵、肥皂水查漏来验证。

堵塞包括冰堵、脏堵和焊堵 3 种。系统内水分过大是引起冰堵的主要原因，灰尘、油垢等杂质是引起脏堵的主要原因，而焊堵主要是因为焊接不当所致。

热力膨胀阀异常引起制冷效果差的故障时，可先检查感温包是否脱离检测位置，若正常，再更换热膨胀阀。同样，对于采用电子膨胀阀的电路要先检测传感器是否正常，再检查其电机输入的电压是否正常，若正常，更换该膨胀阀，否则检查 CPU 电路。

提示　膨胀阀进气口的过滤网脏引起堵塞时，可用酒精将它清洗干净后再次使用，而不必更换。

五、单向阀

单向阀又称为止逆阀，典型的单向阀如图 3-25 所示。单向阀的表面用箭头标注有制冷剂的流向。

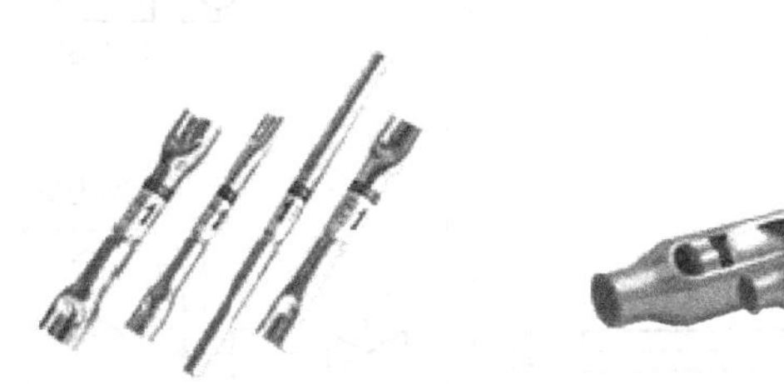

图 3-25　单向阀实物示意图

1. 构成与工作原理

单向阀有球形阀和针形阀两种，如图 3-26 所示。按阀体标注箭头正向流入制冷剂时，钢珠（或阀针）受制冷剂推动作用向左移动，使制冷剂通过；反之，当制冷剂按箭头反方向流入时，钢珠（或阀针）受制冷剂推动右移并顶住阀座（或阀体），使制冷剂无法通过，实现截止控制功能。因此，单向阀也是一种截止阀。

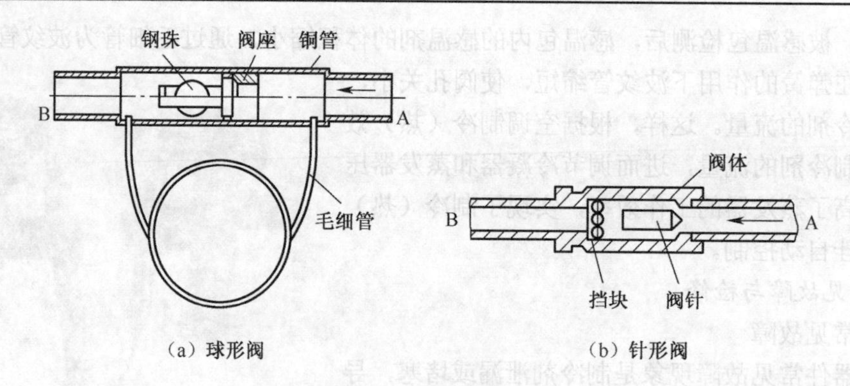

图 3-26　单向阀的结构

2. 作用

热泵型空调因制冷、制热的条件差别较大，所以需要通过设置单向阀来保证制冷、制热的效果。

单向阀在制冷系统中的作用如图 3-27 所示。单向阀与辅助毛细管并联，用于控制辅助毛细管是否参与对制冷剂的节流降压。当空调工作在制冷状态时，高、低压压差较小，使单向阀导通，将辅助毛细管短路，节流降压功能由主毛细管完成；当空调工作在制热状态时，与辅助毛细管并联的单向阀截止，辅助毛细管与主毛细管串联后共同为制冷剂节流降压，这样增大了制冷系统高、低压管路的压差，降低了室外热交换器（蒸发器）的压力，使制冷剂在温度较低的环境下也能完全蒸发为气体，确保室外热交换器从室外空气中吸收更多的热量，使制热效果达到最佳。

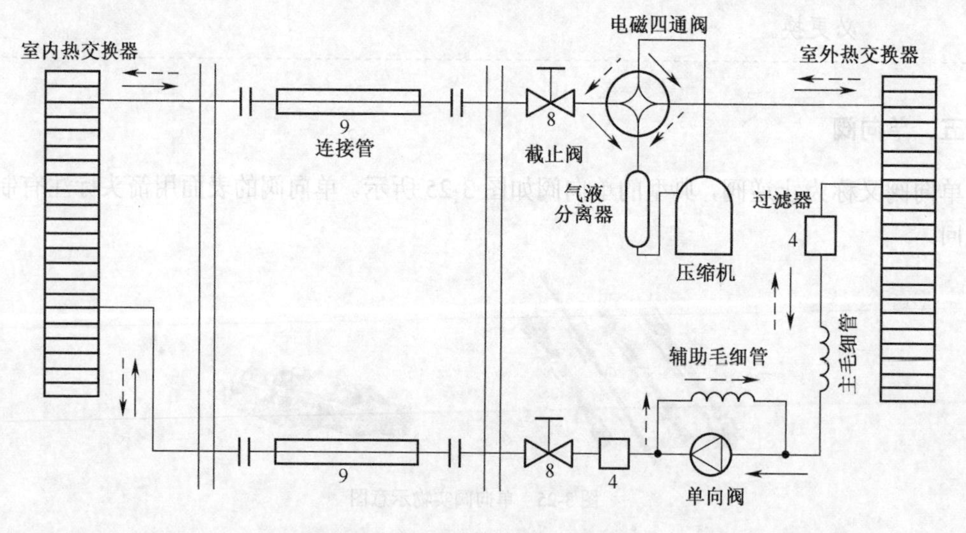

图 3-27　单向阀在制冷系统中的作用

3. 常见故障与检修

（1）常见故障

单向阀的故障率极低，它的损坏形式主要有始终接通或始终关断两种。始终接通后虽然不影响制冷，但会产生制热效果差的故障。而始终关断后不影响制热，但会产生制冷效果差的故障。

（2）故障原因及检测

单向阀异常多因它内部的挡块、阀针等损坏所致。单向阀正常时，用手晃动可以听到钢珠或阀针撞击阀体的声音。沿单向阀表面标注的箭头方向吹入气体，另一管口应有气体吹出，否则说明单向阀始终不能接通；如果沿箭头反方向吹入气体，另一管口应无气体吹出，否则说明单向阀始终接通或漏气。

六、干燥过滤器

1. 作用

干燥过滤器简称过滤器，它安装在室外热交换器和毛细管之间，主要用于吸收制冷系统中残留的水分和灰尘、油垢、金属等异物，以避免制冷剂中的杂质和水分进入毛细管，产生冰堵或脏堵，导致制冷系统不能正常工作。另外，系统中的水分会使压缩机内的润滑油老化，制冷剂分解，金属和绝缘材料水解。而系统中的灰尘会磨损压缩机汽缸的镜面，缩短压缩机的使用寿命。干燥过滤器的实物外形如图 3-28 所示。

2. 构成

干燥过滤器采用一次性封闭结构，它主要由吸湿剂（干燥剂）、滤网、入口、出口和外壳构成，如图 3-29 所示。

图 3-28　干燥过滤器实物外形示意图

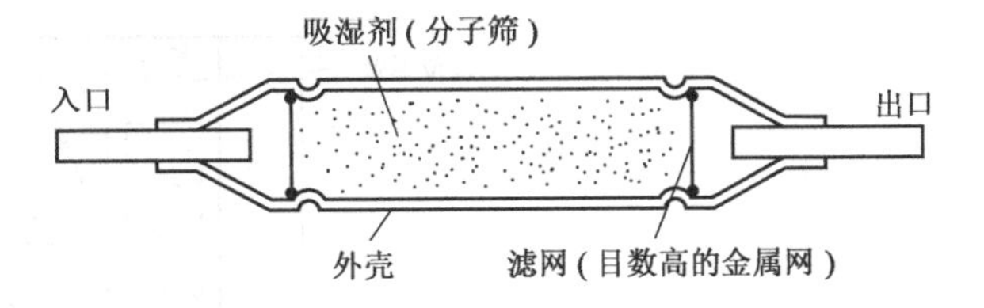

图 3-29　干燥过滤器结构

注意　只有使用干燥过滤器时才能打开包装，否则干燥过滤器会吸收空气中的水分和微尘，降低性能；干燥过滤器与毛细管连接时，应将毛细管平直插入过滤器的管口内，插入长度为 1.5cm 左右，以免损坏毛细管。

3. 常见故障与检修

（1）常见故障

干燥过滤器损坏常见的故障是堵塞，导致不制冷或制冷差。干燥过滤器的脏堵和焊堵故障，均是由维修不当引起。若干燥过滤器结露、结霜，并且用手摸干燥过滤器表面的温度较低，就可怀疑干燥过滤器堵塞。压缩机正常运转后，用克丝钳在距干燥过滤器管口 1cm 处的位置夹出一道沟，再用克丝钳夹住毛细管扭动，直至毛细管掰断为止。掰断毛细管，如果干燥过滤器侧的毛细管无气体排出，说明干燥过滤器异常。

注意　掰断毛细管时，应保证毛细管的管口畅通，以免误判。当毛细管排出制冷剂时，要避免喷到手和脸等皮肤上，以免被冻伤。为了降低维修成本和减少对环境的污染，最好先将制冷剂回收后，再掰断毛细管。

（2）故障原因及检测

干燥过滤器损坏主要是由于吸收过多水分引起它内部的干燥剂失效或干燥剂老化，也有的是在焊接干燥过滤器、毛细管时，毛细管将干燥过滤器内的过滤网捅漏。若晃动干燥过滤器时，不能发出清脆的颗粒撞击声，则说明干燥剂失效；若能倒出干燥剂颗粒，则说明过滤网被捅漏。

七、双通电磁阀

双通电磁阀是一种可以电动控制通、断的截止阀。双通电磁阀有两种：一种是两个端口水平安装的普通电磁阀，另一种是两个端口垂直安装的旁通电磁阀，如图 3-30 所示。

（a）普通电磁阀　　（b）旁通电磁阀

图 3-30　双通电磁阀实物示意图

1. 构成和工作原理

双通电磁阀由电磁线圈、复位弹簧、阀杆和阀体构成，如图 3-31 所示。电磁线圈没有供电时不能产生磁场，阀杆在复位弹簧的作用下将管口封闭，制冷剂因管路被切断而停止流动；当电磁线圈有供电后，线圈产生磁场将阀杆吸起，两个管口接通，制冷剂能够通过。

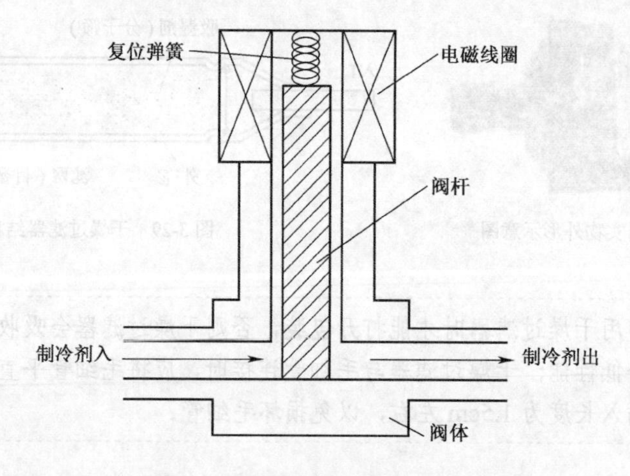

图 3-31　双通电磁阀的构成示意图

2. 双通电磁阀的应用

普通电磁阀多应用在一拖二或部分三相电空调中。而旁通电磁阀多应用在具有除湿功能的空调中。

（1）普通电磁阀

普通电磁阀的应用方框图如图 3-32 所示。当室外机内的电脑板检测到室内机 A、室内机

B 的温度高于设置温度时，电脑板输出控制信号使电磁阀 A、B 的电磁线圈得到供电，于是电磁阀 A、B 的阀门打开，使制冷剂能够通过室内机 A、B 的蒸发器吸热，室内机 A、B 开始降温。当室内机 A 或室内机 B 温度降到设置值，被传感器检测后送给电脑板，于是电脑板输出控制信号使电磁阀 A 或电磁阀 B 的线圈的供电电路被切断，即切断了制冷剂通路，于是室内机 A 或室内机 B 停止制冷，从而实现了切换控制。

（2）旁通电磁阀

旁通电磁阀的应用方框图如图 3-33 所示。压缩机排出的制冷剂一路通过室外热交换器、干燥过滤器、毛细管和室内热交换器构成的回路返回压缩机，另一路通过旁通电磁阀、毛细管直接返回压缩机。

空调处于制冷、制热状态时，电脑板不为旁通电磁阀的线圈供电，使它处于关闭状态，热交换器满负荷工作，空调处于正常的制冷、制热状态。空调处于除湿状态时，电脑板输出控制信号，为旁通电磁阀的线圈供电，使旁通电磁阀打开，于是压缩机输出的一部分制冷剂通过毛细管节流降压后，从压缩机的吸气管口直接返回到压缩机，以减少制冷剂在蒸发器中的流量，使蒸发器内的制冷剂更好地被汽化，从而提高蒸发器的温度，满足除湿的需要。

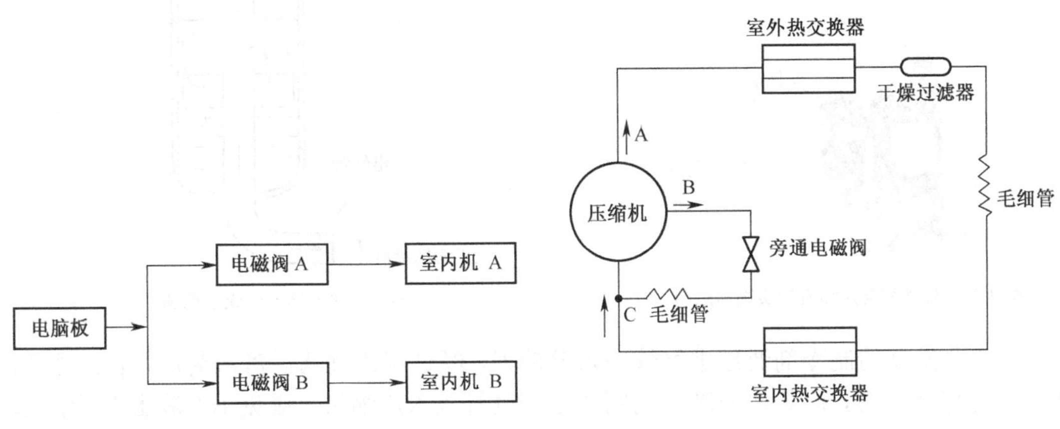

图 3-32　普通电磁阀的应用方框图

图 3-33　旁通电磁阀的应用方框图

另外，当空调在超高温天气下运行时，压缩机会过热。此时，若打开旁通电磁阀，压缩机排出的高压制冷剂会通过毛细管节流后，返回到压缩机，对压缩机进行降温，虽然制冷性能有所下降，但却提高了空调工作的安全性和可靠性。

3. 常见故障与检修

（1）常见故障

双通电磁阀的故障率极低，它的损坏形式主要有始终接通或始终截止两种。

（2）故障原因及检测

为双通电磁阀的线圈通电、断电，若不能听到阀芯吸合、释放所发出的声音，则说明电磁阀的线圈损坏或阀芯未工作。

八、储液器

储液器也称为气液分离器，俗称储液罐。对于旋转式压缩机，它会直接安装在外壳的一侧，如图 3-34 所示。

1. 作用

储液器的主要作用是存储液态制冷剂。当环境温度低时，参与系统循环的制冷剂减少，过量的制冷剂就存储到储液器内；环境温度高时，参与系统循环的制冷剂增加，储液器内的制冷剂开始参与循环，确保不同环境温度时制冷效果最佳。另外，它还可以防止制冷剂的液—液循环，导致“液击”压缩机的现象。

2. 构成与工作原理

旋转式压缩机配套的储液器由进气管、出气管、过滤网和筒体（外壳）构成，如图 3-35 所示。

图 3-34 储液器与压缩机的实物示意图

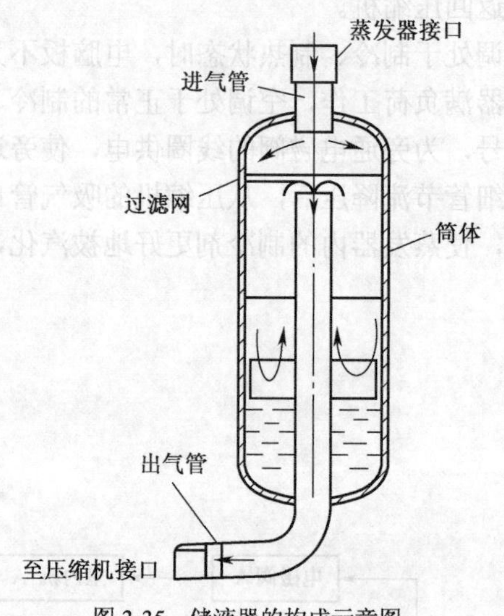

图 3-35 储液器的构成示意图

来自蒸发器的制冷剂通过进气管进入储液器，经过滤器过滤后落入筒底，若是液体制冷剂就存储在筒内，而其他的制冷剂则通过出气管进入压缩机，避免了“液击”压缩机的现象。

3. 常见故障与检修

（1）常见故障

储液器的故障率极低，它的损坏形式主要是管口的焊接部位（焊口）泄漏制冷剂，导致制冷效果差、不制冷。

（2）故障原因及检测

检查储液器管口的焊口有无油污，若有油污，则说明这个焊接部位泄漏。

第三节 电气系统主要器件

空调电气系统器件的主要作用是启动压缩机运转，并通过检测温度对压缩机运行时间进行控制，又通过设置过载、过压等保护功能来保证压缩机等器件可靠的运行。

一、启动电容

1. 作用

启动电容用于在加电瞬间接通压缩机电机启动绕组回路，使启动绕组有电流流过，产生与运行绕组方向不同的磁场，合成为旋转磁场，使电机转子旋转。待转子旋转后，又将电机的启动绕组断开，以便再次启动电机。

电容式启动器就是启动器采用的是电容。电容的全称是电容器，它是存储电荷的容器。其主要的特性：一是通交流电，隔直流电；二是两端电压不能突变；三是电容对交流电的容抗与交流电的频率成反比关系。空调压缩机启动电容采用耐压为 400V 或 450V、容量为 20～60μF 的无极性电容。典型的启动电容实物如图 3-36（a）所示，其电路图形符号如图 3-36（b）所示。

（a）典型启动电容实物示意图

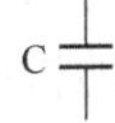

（b）电容电路图形符号

图 3-36　电容实物及其电路图形符号

2. 启动电容的检测

压缩机启动电容是故障率较高的元件，下面以 30μF/450V 的电容为例介绍压缩机启动电容（运转电容）的检测方法。首先，用螺丝刀的金属部位短接电容的引脚，为电容放电后，取下电容就可以用数字万用表的 200μF 电容挡进行测量，如图 3-37 所示。若数值偏离过大，则说明电容容量不足或漏电。

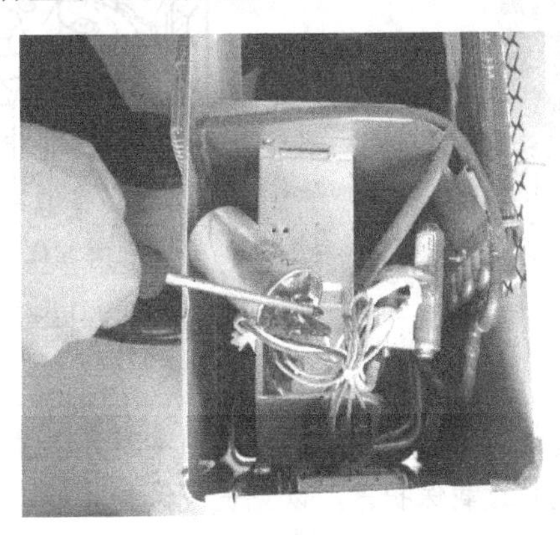

（a）放电

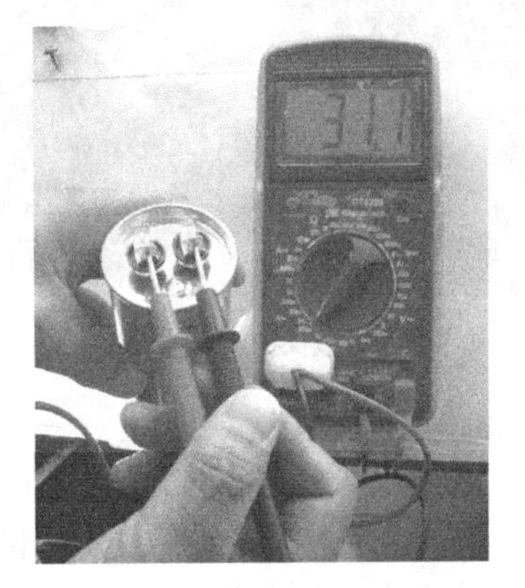

（b）测量

图 3-37　压缩机电机启动电容检测示意图

3. 常见故障与检修

启动器异常引起压缩机不能启动运转，并引起过载保护器动作的故障原因主要是启动器开路；启动器异常引起压缩机能启动，但工作不久，过载保护器就动作的故障原因是启动器短路；启动器异常引起压缩机有时能启动，有时不能启动的故障原因是接触不良。

检测电压继电器时，可为压缩机回路通电和断电，应能听到继电器的触点吸合、释放发出的声音，若没有声音，则说明继电器异常；若继电器的触点不断的吸合、释放，多为触点接触不良。

检查启动电容（运转电容）时，首先查看它是否裂开或引脚有无锈迹、腐蚀的现象，若有，说明该电容损坏；若外观正常，则用电容表测电容的容量或用正常的电容代换检查。

二、过载保护器

过载保护器全称是压缩机过载过热保护器。顾名思义，它就是为了防止压缩机不被过热、过流损坏而设置的保护性器件。

1. 分类

空调采用的过载保护器主要有外置式和内藏式两种。部分老式空调有的使用启动器、过载保护器一体式的。常见的过载保护器实物外形如图 3-38 所示。

2. 构成和工作原理

下面以最常用的碟形过载保护器为例介绍过载保护器的构成和工作原理。

碟形过载保护器的构成示意图如图 3-39 所示，它由电阻加热丝、碟形双金属片及一对通断触点构成。它串联于压缩机供电电路，开口端紧贴在压缩机外壳上。当电流过大时，电阻丝温度升高，烘烤双金属片使它反向弯曲，使触点分离，切断压缩机的供电回路。同理，当某种原因使压缩机外壳的温度过高时，双金属片受热变形，使触点分离，切断供电电路，也会实现保护压缩机的目的。

图 3-38 过载保护器实物示意图

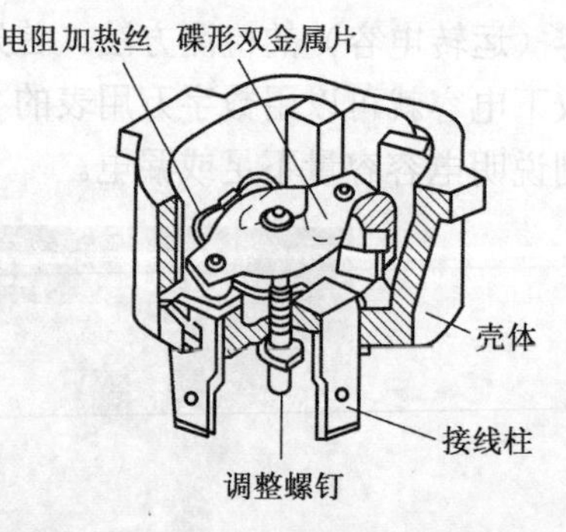

图 3-39 碟形过载保护器的构成示意图

提示 压缩机功率不同，配套使用的过载保护器型号不同，接通和断开温度也不同，维修时应更换型号相同或规格相近的过载保护器，以免丧失保护功能，给压缩机带来危害。

3. 过载保护器的检测

测量过载保护器时采用数字万用表的二极管挡，如图 3-40 所示。当过载保护器未过热时，它的接线端子间的阻值应为 0；若它受热后阻值仍然过小，则说明短路，失去了保护功能；若它未过热时，阻值为无穷大（显示屏显示 1），说明开路；若阻值忽大忽小，则说明它接触不良。

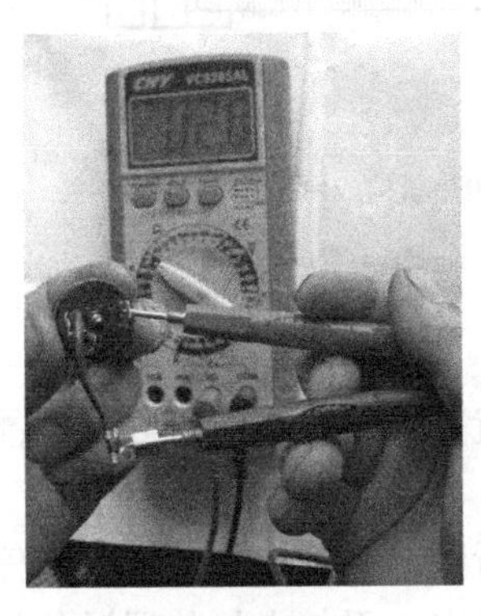
（a）触点接通时的阻值

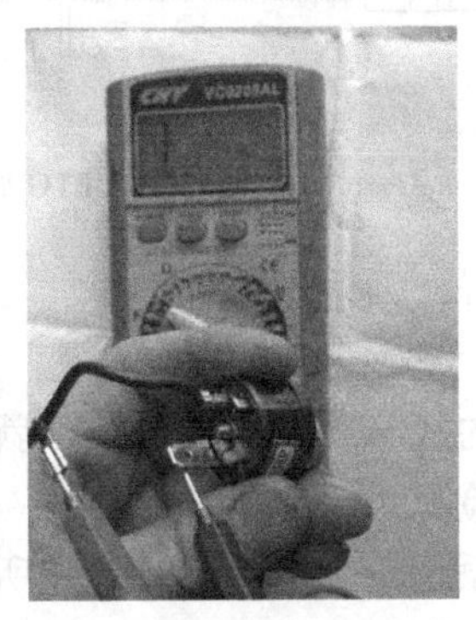
（b）触点断开时的阻值

图 3-40 过载保护器的检测示意图

4. 常见故障与检修

（1）常见故障

过载保护器损坏后的故障现象一个是触点开路，使压缩机不能启动；另一个是触点短路（粘连），丧失对压缩机的保护功能。

提示 虽然过载保护器短路后，空调能够正常运转，但在市电电压升高等异常情况下，容易导致压缩机的绕组过流损坏。

（2）故障原因

过载保护器损坏的一个原因是质量问题，另一个原因是过热引起疲劳损坏。

三、电加热器

1. 作用及分类

电加热器就是在获得供电后开始发热的器件。空调采用的电加热器按功能可分为取暖加热器和辅助加热器两种。取暖加热器的功率一般为 900～2 000W，辅助加热器的功率一般为 200～300W。

2. 工作原理

由于取暖加热器、辅助加热器的工作原理基本相同，下面以取暖加热器为例进行介绍。

电加热冷暖式空调是通过设置的加热器加热，并在室内机风扇的配合下，为室内提供热量，实现取暖的目的。目前，空调采用的多为 PTC 加热器。PTC 型是一种新型的加热器，其构成如图 3-41 所示。PTC 型加热器采用正温度系数（PTC）热敏电阻作为发热器件，具有寿命长、加热快、效率高、自动恒温、适应供电范围强和绝缘性能好等优点。另外，该发热器的散热片是利用铝合金做成波纹形，再经粘、焊而成的。

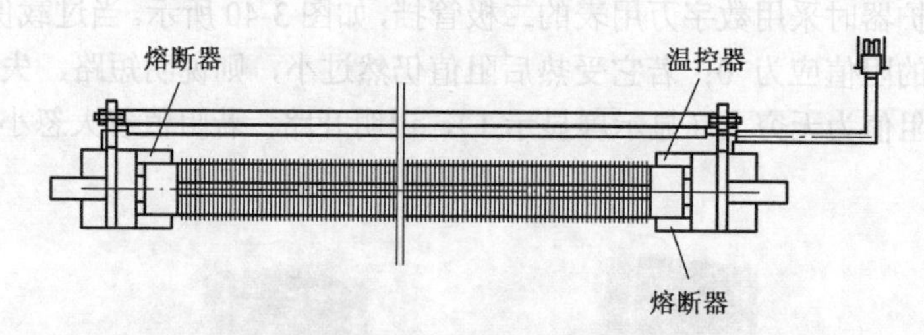

图 3-41　PTC 加热器构成示意图

3. 常见故障与检修

（1）常见故障

电加热器损坏后的故障现象比较单一，就是电阻丝烧断，导致不能加热的故障。

（2）故障原因及检测

电加热器损坏的原因一个是由于质量差所致，另一个是由于风扇停转，导致电加热器过热，而加热回路中的超温熔断器未进入保护状态，引起电加热器过热损坏。因此，维修电加热器损坏的故障时，还应检查风扇电机和超温熔断器是否正常，以免故障再次发生。

检测 PTC 加热器时，首先查看它的接头有无锈蚀和松动现象，若有，修复或更换；若正常，用万用表的 R×10Ω挡测它的接线端子间的阻值，若阻值为无穷大，则说明它已开路。

四、超温熔断器

超温熔断器也称过热熔断器或温度保险丝，常见的超温熔断器如图 3-42 所示。

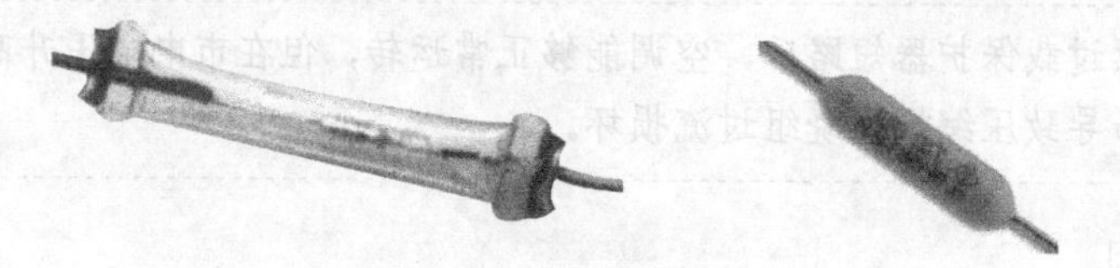

图 3-42　超温熔断器实物示意图

1. 作用

超温熔断器的作用就是当它检测到的温度达到标称值后，它内部的熔体自动熔断，切断发热源的供电电路，使发热源停止工作，实现超温保护。

2. 常见故障与检修

（1）常见故障

超温熔断器损坏后，电加热器或风扇电机因无供电而不工作，导致电加热器不能加热或风扇电机不旋转的故障。

（2）故障原因与检测

超温熔断器熔断一个是由于它内部的熔体误熔断，另一个是受它保护的器件过热，引起它过热熔断所致。检测超温熔断器时，用数字万用表的通断测量管挡测它的两个接线端子间阻值，若蜂鸣器鸣叫且数值较小，说明它正常；若蜂鸣器不鸣叫，且数值为无穷大，则说明它已开路。

五、交流接触器

交流接触器是根据电磁感应原理做成的广泛使用的电力自动控制开关，通常三相电空调需要通过交流接触器为其供电。常见的交流接触器实物如图 3-43 所示。

图 3-43 交流接触器实物示意图

1. 构成与特点

交流接触器由铁芯、触点和线圈构成，如图 3-44 所示。主触点用来控制 380V 供电回路的通、断，辅助触点（图中未画出）用来执行控制指令。主触点一般只有常开触点，而辅助触点通常由两对常开触点和常闭触点构成。

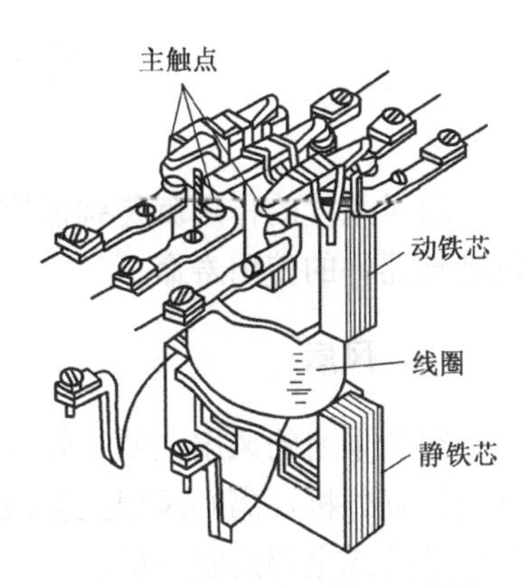

图 3-44 交流接触器构成示意图

交流接触器的触点由银钨合金制成，具有良好的导电性和耐高温烧蚀性。交流接触器的动作动力来源于衔铁（电磁铁），电磁铁由两个 E 字形铁芯构成，其中一半是静铁芯，在其上面套有线圈。工作电压有多种可供选择。为了使磁力稳定，衔铁的吸合面安装了短路环，交流接触器在断电后，依靠弹簧复位。另一半是动铁芯，用于控制触点的通、断。

2. 工作原理

当线圈没有供电时，线圈不产生磁场，动铁芯不动作，触点处于断开状态，交流接触器不能为压缩机供电；当线圈有电压输入时，线圈产生的磁场使触点吸合，交流接触器开始为压缩机供电，压缩机开始工作。

3. 交流接触器的检测

交流接触器异常后，一是触点不能闭合，使压缩机不工作；二是触点接触不良使压缩机等器件有时能工作，有时不能工作。

交流接触器工作异常一个原因是自身故障，另一个是线圈的供电电路异常。对于触点不能吸合的故障，用数字万用表的交流电压挡测线圈两端有无 220V 的供电，若没有供电，查供电电路；若有供电，说明交流接触器的线圈或触点部分异常。确认后供电正常后，测交流接触器线圈的阻值是否正常，若阻值为无穷大，说明线圈开路；若阻值为 500Ω 左右，如图 3-45 所示，说明触点或控制部分异常。

4. 常见故障与检修

（1）常见故障

交流接触器异常后，它的触点不能吸合，使压缩机等器件不工作。而它的触点接触不良，会使压缩机等器件有时能工作，有时不能工作。

（2）故障原因与检测

交流接触器工作异常一个原因是自身故障，另一个原因是供电电路异常。触点不能吸合的故障多因线圈没有供电或线圈异常所致，而触点接触不良多因触点烧蚀所致。对于触点不能吸合的故障，用数字万用表的电压挡测线圈两端供电，若无电压，再查供电电路，由此可判断是自身线圈故障还是供电电路异常。

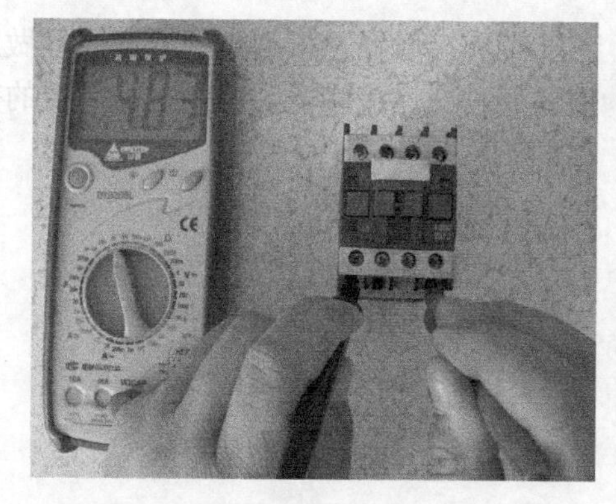

图 3-45　万用表检测交流接触器的阻值

第四节　通风系统主要器件

通风系统的作用就是强制空气对流循环，这不仅有利于热交换器完成热量交换，而且可以延长器件的使用寿命。

一、风扇

空调采用的风扇主要有轴流风扇、离心风扇和贯流风扇 3 种。轴流风扇主要应用于分体空调的室外机，离心风扇主要应用于窗式空调和柜式空调的室内机，而贯流风扇主要应用于分体壁挂式空调的室内机。

1. 轴流风扇

轴流风扇的进风侧压力低，出风侧压力高，空气始终沿轴向流动。轴流风扇多由 ABS 塑料注塑成型或用铝材压制而成，它的叶片数量一般为 4～8 片。轴流风扇具有成本低、风量大和省电等优点，但也存在噪声大的缺点。因此，空调仅室外机采用轴流风扇为室外热交换器和压缩机等器件进行强制散热。轴流风扇实物及其在室外机内的位置如图 3-46 所示。

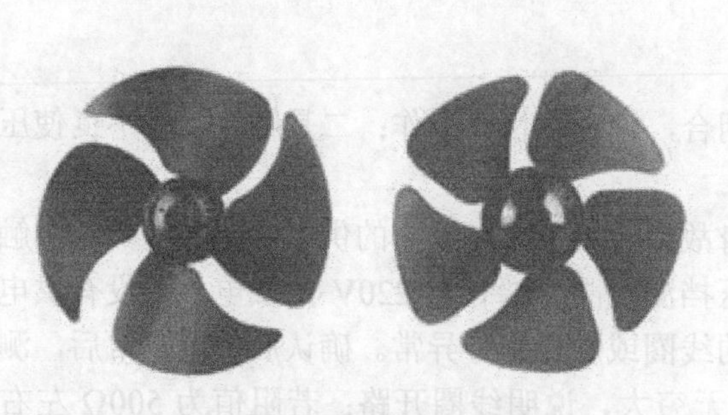

（a）轴流风扇实物外形

（b）轴流风扇的安装位置

图 3-46　轴流风扇实物及其在室外机内的位置示意图

2. 离心风扇

离心风扇旋转时会产生离心力，在中心部位形成负压区，将气流沿轴向吸入风扇内，然后沿径向朝四周扩散，所以被称为离心风扇。典型的离心风扇实物如图 3-47 所示。

图 3-47　典型离心风扇实物示意图

离心风扇由叶片、叶轮、轮圈和轴承组成。叶片倾斜向前，并且均匀安装在两个轮圈之间，如图 3-48（a）所示。离心风扇安装在带有风舌的塑料涡壳内，被吸入风扇的空气在形成气流后通过风舌排出，如图 3-48（b）所示。因此，室内机利用离心风扇将室内的空气吸入，经蒸发冷却后排出，实现降温除湿的目的。

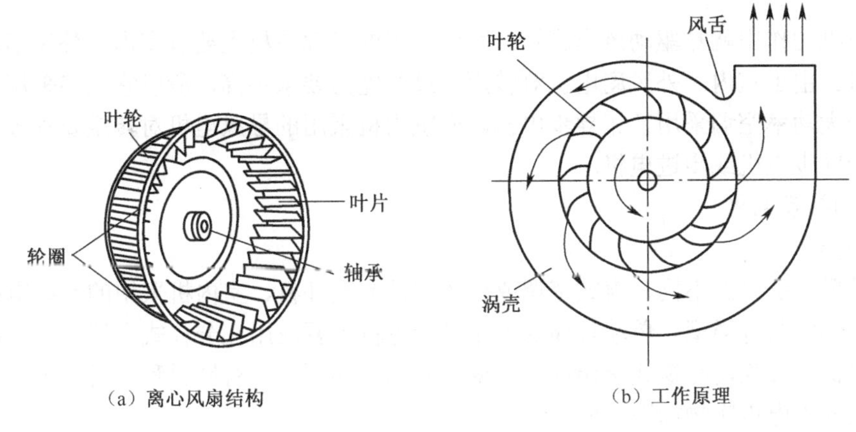

（a）离心风扇结构　　（b）工作原理

图 3-48　离心风扇结构及工作原理示意图

3. 贯流风扇

贯流风扇主要应用在室内机中，其实物外形如图 3-49 所示。贯流风扇类似细长圆筒，它轴向尺寸较长而直径较细，主要由叶片、叶轮、防震圈（减震圈）和轴承组成。贯流风扇的叶片采用前倾斜方式，气流沿叶轮垂直进入，贯穿叶轮后，从另一侧排出，实现了室内空气的热交换。为了调节气流流动的方向，一般会将贯流风扇安装在两端封闭的涡壳内，于是被吸入风扇的空气在形成气流后通过风舌排出，如图 3-50 所示。由于贯流风扇噪声小，所以被广泛地应用在壁挂式空调的室内机中。

图 3-49　贯流风扇实物示意图

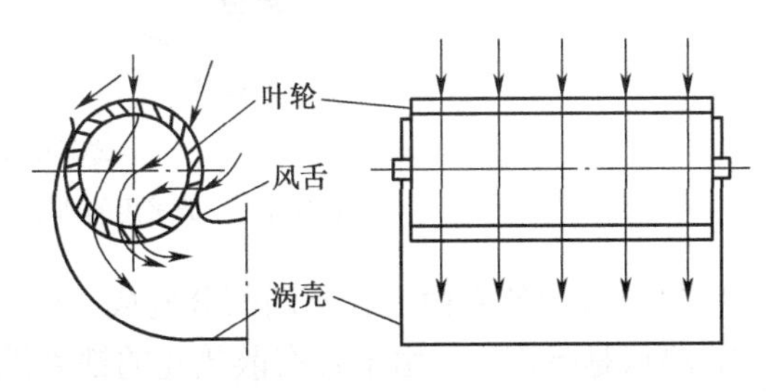

图 3-50　贯流风扇工作原理示意图

4. 常见故障与检修

（1）常见故障

风扇异常会产生风量小或噪声大的故障。

（2）检测

对于风量小故障，首先检查它表面或空气流动通道有无灰尘等异物，使空气流动不畅；其次检查它的固定螺钉是否松动，导致风扇不能和电机的转子同步旋转。

对于噪声大故障，首先检查风扇是否与其他器件或异物摩擦，其次检查风扇的减震圈、轴承是否老化或缺油。老化时要用相同规格、型号的器件更换；若缺油时，需要为其加注润滑油。

二、风扇电机

风扇电机的作用就是驱动风扇旋转。空调采用的风扇电机主要有室内、外风扇电机和室内导风电机。由于室内、外风扇电机对转矩和过载能力要求不高，所以它们多采用单相异步电机，部分大功率空调采用三相异步电机。而室内机采用的导风电机对转矩要求较高，多采用精度高的同步电机或步进电机。

1. 单相异步电机

（1）分类

根据排风、送风的不同，窗式空调或分体空调的室外机、室内机采用的风扇电机有单端轴伸和双端轴伸两种类型。单端轴伸的单相异步电机主要应用在分体式空调内，双端轴伸的单相异步电机主要应用在窗式空调内。根据外壳的材料不同，有铁封和塑封两种。空调采用的典型单相异步电机实物如图 3-51 所示。

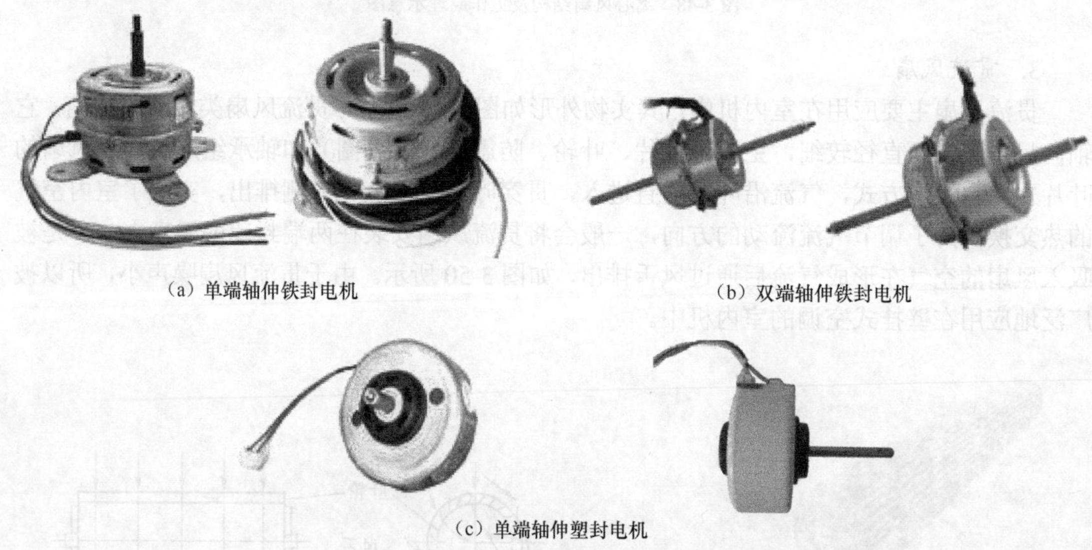

（a）单端轴伸铁封电机

（b）双端轴伸铁封电机

（c）单端轴伸塑封电机

图 3-51　空调采用的典型单相异步电机实物示意图

铁封电机的外壳由上、下两部分构成，两部分通过螺钉紧固。其优点是维修电机时便于拆卸，缺点是噪声大。由于带有散热孔的铁壳散热效果好，所以铁封电机的功率较大。因此，空调不仅利用铁封电机驱动室外机的轴流风扇，而且利用它驱动窗式空调、分体柜机的离心风扇。由于铁封电机功率较大，为了防止电机过热损坏，所以一般都需要设置过热保护电路。有的热保护护器件安装在电机内部，而有的电机内部无保护器件，则需要安装在供电回路中。因此，更换电机时要注意电机是否内置保护器件。

塑封电机的外壳是由树脂在高温下定形而成。优点是电机噪声小、免维护，缺点是功率小。因此，塑封电机多应用于室内机，用于驱动贯流风扇。

（2）运转及保护

空调的轴流、离心和贯流风扇电机均采用电容运转式 PSC（PSC 是 Permanent Split Condenser 的英文缩写）。所谓的电容运转式就是在电机的辅助绕组（启动绕组）CS 回路中串联一只无极性的运转电容，如图 3-52 所示。风扇电机采用的运转电容实物如图 3-53 所示。

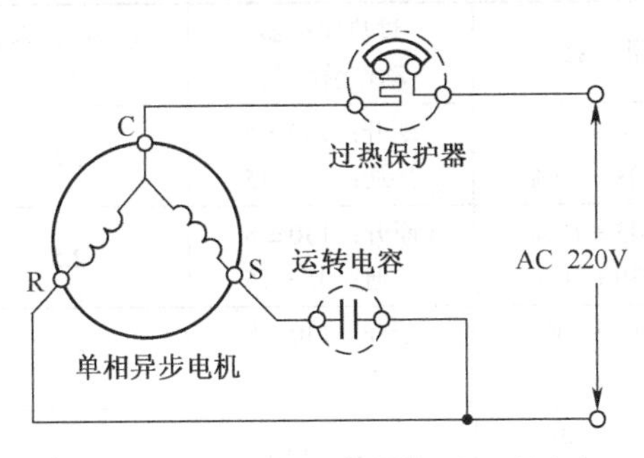

图 3-52　单相异步电机中串联一只运转电容

图 3-53　运转电容实物示意图

电机从启动到正常运转后，运转电容都参与工作，使电机运行稳定、可靠，并且还提高了功率因数和工作效率，但也存在启动转矩小、空载电流大的缺点。因此，为了防止电机过载（或过热）损坏，需要在供电回路安装过载（过热）保护器。一旦电机过热或过载时，保护器断开，使电机因供电回路被切断，避免了电机因过载或过热而损坏。

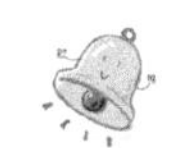

提示　风扇运转电容的容量为 1～4μF，耐压为 400V 或 450V。另外，电机过载时必然会导致电机过热。

（3）调速控制

轴流、贯流和离心风扇电机根据使用的需要，通常有单速、双速和高速 3 种调速方式。调速方法多采用定子绕组抽头法，如图 3-54 所示。所谓定子绕组抽头调速法就是通过改变定子绕组的匝数来改变磁通量的大小，进而改变转子的转速，从而实现调速控制。

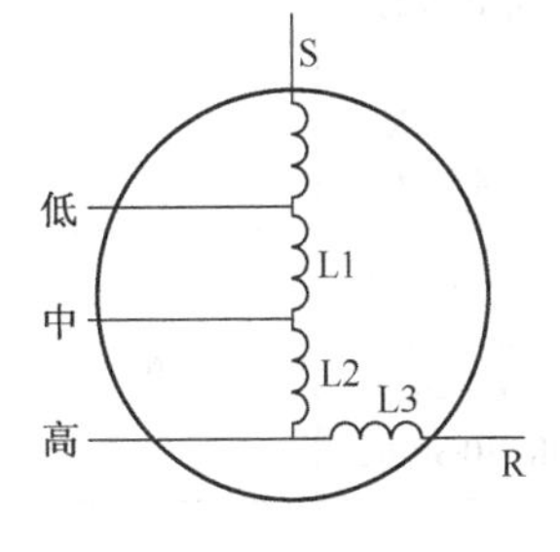

图 3-54　风扇电机调速定子绕组抽头法

单片机通过控制供电电路为电机的哪个抽头供电，即通过运行绕组的匝数不同，来产生不同强度的旋转磁场，也就改变了转子转动速度。当 220V 由高速抽头输入时，运行绕组匝数最少（L3 绕组），形成的旋转磁场最强，转速最高；当 220V 由中速抽头输入时，运行绕组匝数为 L2 绕组与 L3 绕组匝数之和，产生的磁场使电机运转在中速；当 220V 由低速抽头输入时，运行绕组匝最多（L1、L2、L3 绕组匝数之和），形成的旋转磁场最弱，转速最低。

提示 若空调仅设计了低速、高速挡时，只要将电机的中间抽头悬空即可。随着单片机控制技术的发展，目前许多空调利用单片机控制风扇电机供电电路内的双向晶闸管导通角大小，通过改变电机绕组供电电压的高低，实现电机转速的调整。

（4）风扇电机的主要参数

典型单相室外轴流风扇电机的主要参数见表 3-3，典型单相室内贯流风扇电机的主要参数见表 3-4。表中运转电容的最高耐压值均为 AC 450V。

表 3-3　典型单相室外轴流风扇电机的主要参数

品 牌 型 号	额定功率/W	最高转速/（r/min）	线圈阻值/Ω	过热保护器动作温度/℃	运转电容容量/μF
YDK30-6Z	21	685	黑棕：330 ± 10% 棕白：208 ± 10%	断开：130 ± 5 接通：82 ± 15	2.5
威灵 YDK27-6C	18	690	白灰：345 ± 10% 白红：230 ± 10%	断开：130 ± 8 接通：95 ± 15	2.5
威灵 YDK27-6B	20	720	白灰：310 ± 10% 白红：221 ± 15%	断开：130 ± 8 接通：90 ± 15	2.5
威灵/人洋/鹤山 DG13Z1-10	25	—	主绕组：450 副绕组：248	断开：130	1.5
威灵/人洋/鹤山 DG13Z1-12	75	—	主绕组：450 副绕组：248	断开：130	3
和鑫 FYK-01-D	20	720	白灰：324 ± 15% 白红：221 ± 15%	断开：140 ± 5 接通：82 ± 15	2.5
和鑫 FYK-02-D	18	690	白灰：324 ± 15% 白红：221 ± 15%	断开：140 ± 5 接通：82 ± 15	2.5
荣佳 YFK25-6B	20	720	白棕：214 ± 10% 白红：218 ± 10%	断开：130 ± 5 接通：85 ± 15	2.5
荣佳 YFK20	18	690	白棕：220 ± 15% 白橙：208 ± 10%	断开：130 ± 5 接通：85 ± 15	2.5
FYK-G09-D YFK40-6B YDK29-6X YDK94/30-6C	40	820	白灰：139 ± 15% 棕灰：189 ± 15% 紫橙：18 ± 15% 橙粉：11 ± 15%	断开：140 ± 5 接通：90 ± 15	3
FYK-G013-D YFK60-6B-1 YDK65-6A YDK120/30-6G	60	780	白灰：97 ± 15% 棕白：36 ± 15% 紫橙：14 ± 15% 橙粉：10 ± 15%	断开：140 ± 5 接通：85 ± 15	3

表 3-4　典型单相室内贯流风扇电机的主要参数

品 牌 型 号	额定功率/W	最高转速/（r/ min）	线圈阻值/Ω	过热保护器动作温度/℃	运转电容容量/μF
RPS12B	19.4	1 300	白灰：460 白红：298	断开：100±5 接通：85±5	1

续表

品牌型号	额定功率/W	最高转速/（r/ min）	线圈阻值/Ω	过热保护器动作温度/℃	运转电容容量/μF
威灵 RPS10N	10	1 200	白灰：487±15% 白粉：303±15%		1
威灵 RPG15	10	1 150	红黑：318±15% 黑白：338±10%	—	1
威灵/人洋/鹤山 DG13L1-07	15	—	主绕组：450 副绕组：248	—	3
和鑫 YFNS10C4	10	1 200	白灰：528 ± 15% 白橙：352 ± 15%	—	1
和鑫 YFNG11CA4	10	1 200	红黑：426 ± 15% 黑白：600 ± 15%	—	1
卧龙 YYW10-4A	10	1 200	红黑：390 ± 10% 黑白：390 ± 10%		1
YDK120/25-8G YDK120/25-8D YDK120/25-8B-1 （离心风扇）	30	425	白灰：145 ± 15% 白紫：37.5 ± 15% 橙紫：23 ± 15% 橙黄：64 ± 15% 黄粉：67 ± 15%	断开：140±5 接通：90±15	3
FYK-G018-D YDK35-8E YFK50-8D-1 （离心风扇，用于柜机）	50	505	白灰：112 ± 15% 白紫：31 ± 15% 橙紫：22 ± 15% 橙黄：51 ± 15% 黄粉：40 ± 15%	断开：140±5 接通：90±15	4
YDK145/32-8 YDK-014-D YDK45/-10 （离心风扇，用于柜机）	45	390	白棕：136 白粉：191 白紫：35 橙黄：95 橙紫：15.6 黄粉：44	断开：130±8 接通：90±15	4.5
YDK145/32-8 YDK-028-D YDK115/-10 （离心风扇，用于柜机）	100	490	白棕：44.3 白粉：37.5 白紫：12 橙黄：37.5 橙紫：8.4 黄粉：13.5	断开：130±8 接通：79±15	4.5

2. 步进电机

步进电机是将脉冲信号转变为角位移或线位移的开环控制器件。在非超载的情况下，电机的转速、停止的位置只取决于脉冲信号的频率和脉冲数，而不受负载变化的影响，即给电机加一个脉冲信号，电机则转过一个步距角。这一线性关系的存在，加上步进电机只有周期性的误差而无累积误差等特点，使得在速度、位置等控制领域用步进电机来控制变得非常简单。空调采用的典型步进电机如图 3-55 所示。步进电机通过红、橙、黄、蓝、灰 5 根导线与控制电路相接，其中红线为 5V 或 12V 电源线，其他 4 根是脉冲驱动信号线。

步机电机绕组的连接示意图如图 3-56 所示。空调的电脑板为步进电机的绕组输入不同的相序驱动信号后，绕组产生的磁场可以驱动转子正转或反转，而改变驱动信号的频率可改变电机的转速，频率高时电机转速快，频率低时电机转速慢。

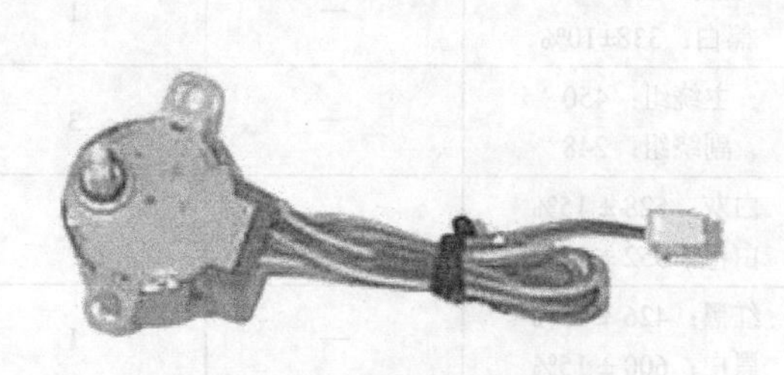

图 3-55　典型步进电机实物示意图

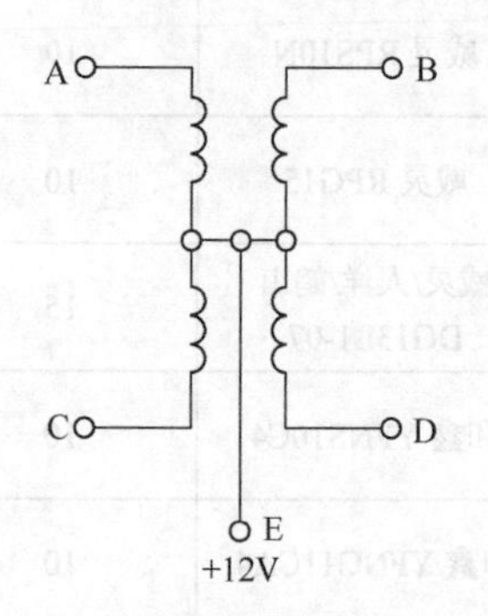

图 3-56　步进电机绕组的连接示意图

3. 同步电机

空调采用的同步电机和步进电机的外形基本相同，但它只有两根引出线，如图 3-57 所示。同步电机属于交流电机，定子绕组与异步电机相同。它的转子旋转速度与定子绕组所产生的旋转磁场的速度是一样的，所以称为同步电机。正由于这样，同步电机的电流在相位上是超前于电压的，即同步电机是一个容性负载。为此，很多时候，同步电机是可以改进供电系统的功率因数的。同步电机和其他类型的电机一样，由固定的定子和可旋转的转子两大部分组成。

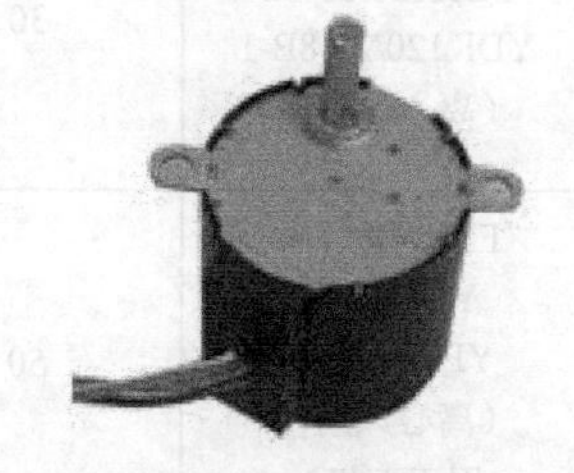

图 3-57　同步电机实物示意图

空调采用的典型同步电机、步进电机的主要参数见表 3-5。

表 3-5　典型同步电机、步进电机的主要参数

型　号	额定电压/V	绕组阻值/Ω
24BYJ48-E7	12（直流）	300±7%
24BYJ48-J	12（直流）	380±7%
DG13B1-01	12（直流）	200±7%
MP24GA1	12（直流）	
M12B（柜机）	220 交流	11.15±7%
DG13T1-01	220～240（交流）	200±7%
50TYZ-JF3	220（交流）	10.5±7%

4. 风扇电机、运转电容的检测

检测电机时，首先查看它的接头有无锈蚀和松动现象，若有，修复或更换；若正常，再进行阻值的检测。另外，绕组短路后，不仅电机会产生转动无力、噪声大等异常现象，而且电机外壳的表面会发热，甚至会发出焦味。

注意　测量电机绕组的阻值时，不同功率的电机的阻值有所不同，维修时要引起注意，不要误判。

（1）轴流风扇电机的检测

① 绕组通断的检测

测量轴流风扇电机绕组时，将数字万用表置于 2kΩ挡，两个表笔分别接绕组两个接线端子，显示屏显示的数值就是该绕组的阻值，如图 3-58 所示。若阻值为无穷大，则说明它已开路；若阻值过小，说明绕组短路。

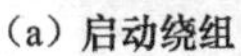
（a）启动绕组

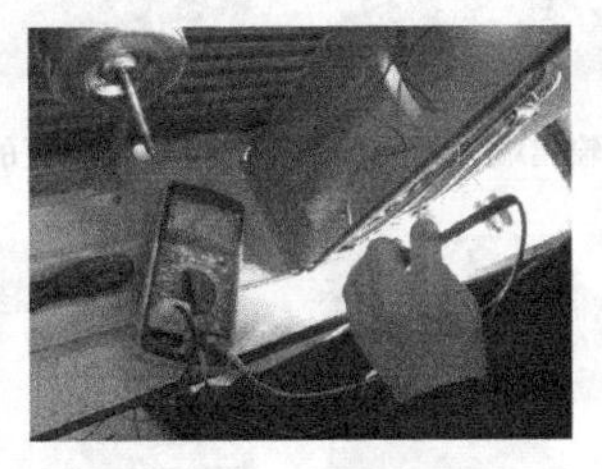
（b）运行绕组

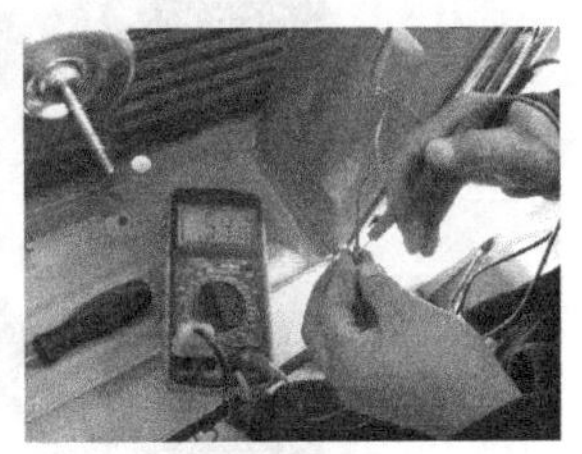
（c）运行绕组+启动绕组

图 3-58　轴流风扇电机的检测示意图

② 绕组是否漏电的检测

将数字万用表置于 200MΩ 挡或指针万用表置于 R×10kΩ挡，一个表笔接电机的绕组引出线，另一个表笔接在电机的外壳上，正常时阻值应为无穷大，否则说明它已漏电。

（2）贯流风扇电机的检测

① 电机绕组通断的检测

测量贯流风扇电机绕组阻值时，先将数字万用表置于 2kΩ挡，两个表笔分别接绕组两个接线端子，表盘上指示的数值就是该绕组的阻值，如图 3-59 所示。若阻值为无穷大，则说明它已开路。若阻值过小，则说明绕组短路。

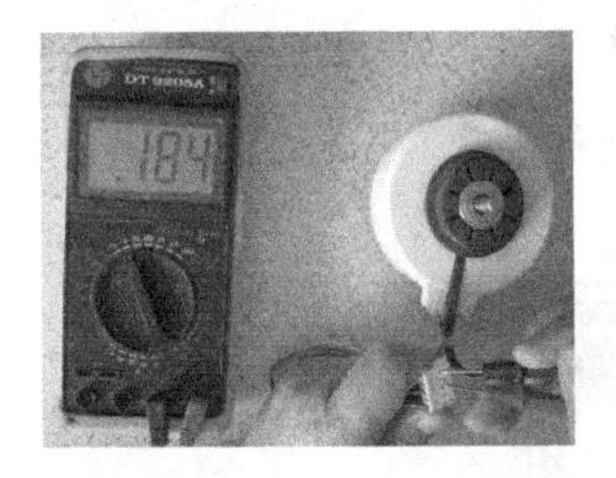

（a）运行绕组

（b）启动绕组

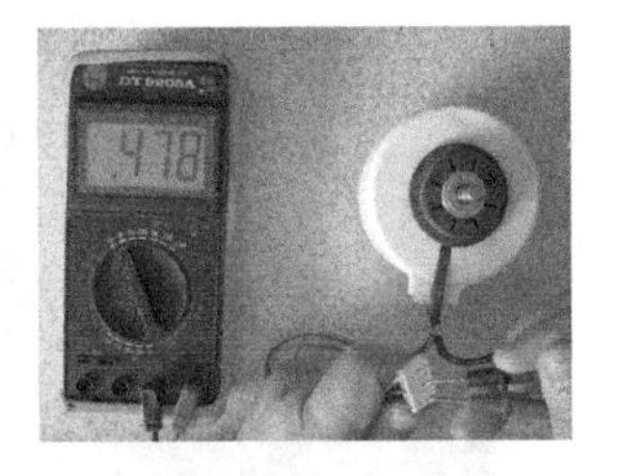

（c）运行绕组+启动绕组

图 3-59　贯流风扇电机的检测示意图

② 传感器的检测

首先，将大头针等插入电机的传感器输出插孔内，再将数字万用表置于二极管挡，表笔接在信号输出端、电源端与接地端的引脚上，所测的阻值如图 3-60 所示。

（3）同步电机的检测

由于同步电机的 4 个绕组的阻值相同，所以下面介绍单一绕组的阻值和两个绕组间阻值的检测方法，如图 3-61 所示。

测量单一绕组的阻值时，只要将表笔接在红线（电源线）和这个绕组的信号输入线即可；而测两个绕组的阻值时，只要将表笔接至非红线的两根线上即可。

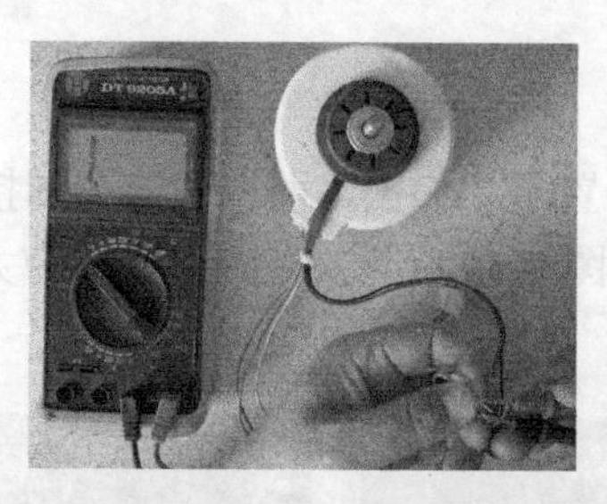
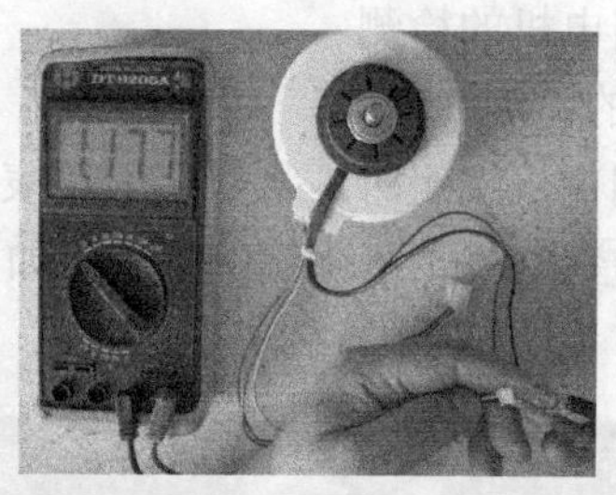

（a）输出端与地线间的正、反向的阻值的测量

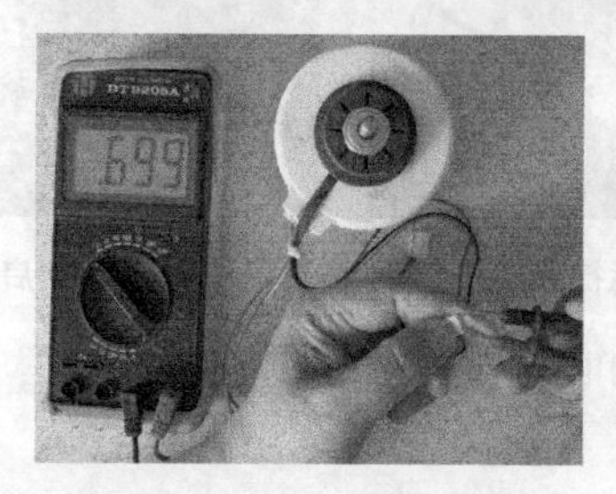
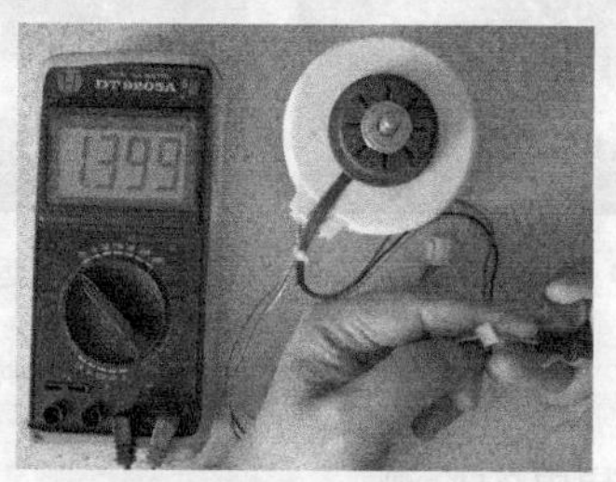

（b）电源端与地线间的正、反向的阻值的测量

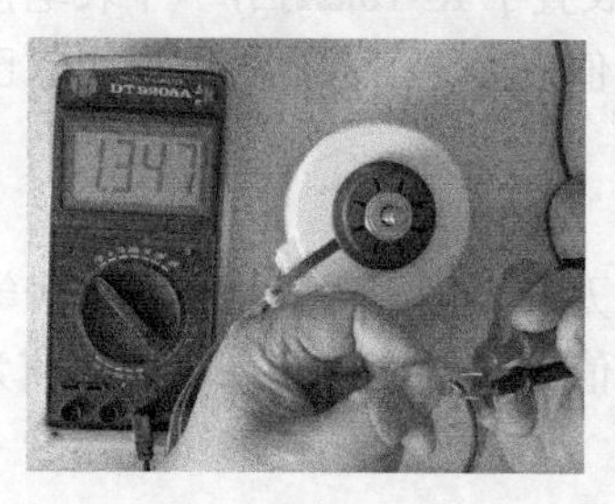
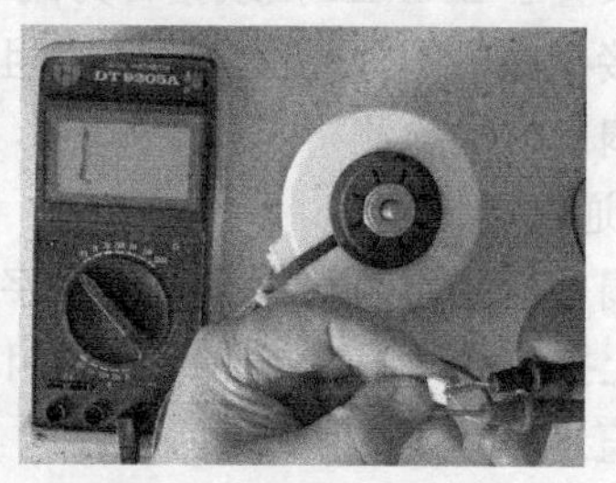

（c）电源端与输出端间阻值的测量

图 3-60　贯流风扇电机传感器的检测示意图

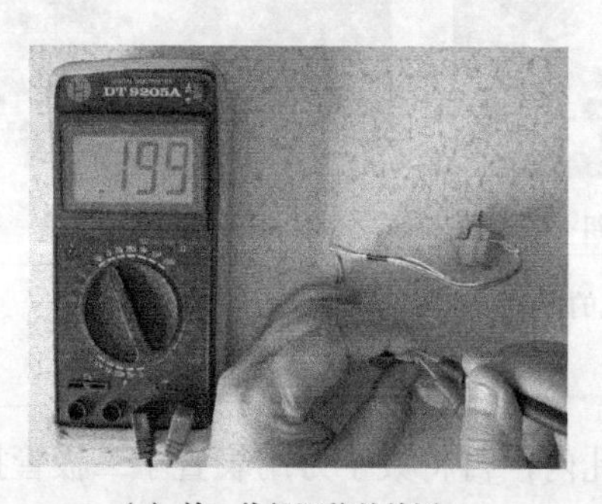

（a）单一绕组阻值的检测

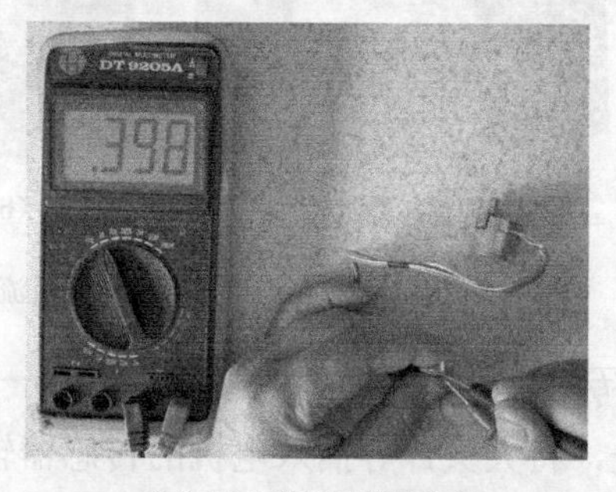

（b）两个绕组阻值的检测

图 3-61　同步电机的检测示意图

（4）运转电容的检测

下面以 2μF/450V 的电容为例介绍轴流风扇电机运转电容（启动电容）的检测。首先，用螺丝刀的金属部位短接电容的引脚，为电容放电，随后用数字万用表的 200μF 电容挡进行测量即可，如图 3-62 所示。

5. 常见故障与检修

（1）常见故障

风扇电机异常会产生风扇电机不转、转速慢或噪声大的故障。

（2）检测

单相异步电机或同步电机出现不转故障时，首先用万用表交流电压挡检测它的引线间有无供电，若有市电电压输入，则说明它内部的绕组开路，再用电阻挡测量其绕组的阻值，若为无穷大，就可确认绕组开路；若没有供电，则检查供电及其控制电路。转速慢故障有两种表现：一种是在拨动扇叶时转动灵活，另一种是阻力大。对于转动灵活的故障原因是电机绕组异常或供电系统不正常，导致供电不足所致；对于转动不灵活的故障原因多为轴承缺油。

步进电机的 4 个绕组的阻值是相等的，检测时若阻值不一样，则说明绕组或接线异常。

三、过热保护器

风扇电机采用的过热保护器属于双金属片型保护器，与压缩机采用的过载保护器原理是一样的。常见的过热保护器实物如图 3-63 所示。

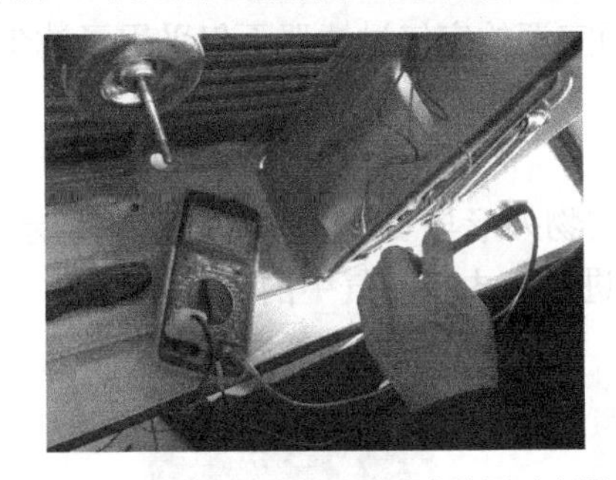

图 3-62　轴流风扇电机启动电容检测示意图

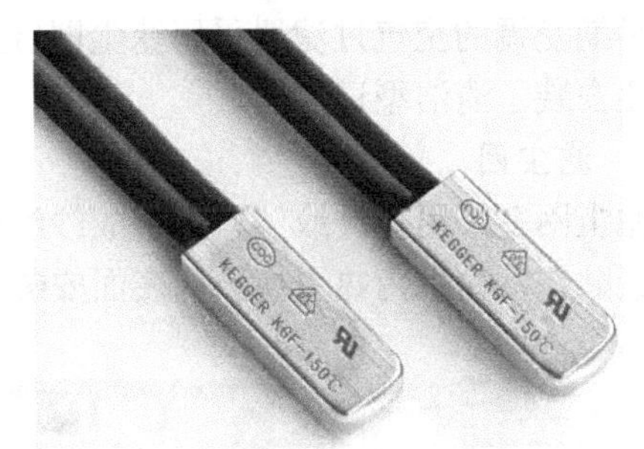

图 3-63　过热保护器实物示意图

1. 作用

过热保护器的作用就是当它检测到的温度达到标称值后，它内部的触点自动断开，切断发热源的供电电路，使电机停止工作，实现过热保护；当电机温度下降后它内部的触点会再次吸合。不过，若电机故障未排除，它还会动作。

2. 常见故障与检修

（1）常见故障

过热保护器损坏后开路，电加热器或风扇电机因无供电而不工作，产生电加热器不能加热或风扇电机不旋转的故障。

（2）故障原因与检测

过热保护器熔断一个是由于它内部的熔体误熔断；另一个是受它保护的器件过热，引起它过热熔断所致。检测过热保护器时，用万用表的蜂鸣挡测它的两个接线端子间阻值，蜂鸣器若鸣叫，说明它正常；若不鸣叫，且阻值为无穷大，则说明它已开路。

3. 过载保护器的检测

如图 3-64（a）所示，未受热时，用万用表的二极管挡测它的接线端子间的阻值，若阻值为 0，并且蜂鸣器鸣叫，说明内部触点接通；若阻值为无穷大，则说明它已开路。

如图 3-64（b）所示，为它加热后，阻值应变为无穷大，说明达到温度后触点能断开；

若阻值仍然为 0，则说明它内部的触点粘连。

（a）常温下

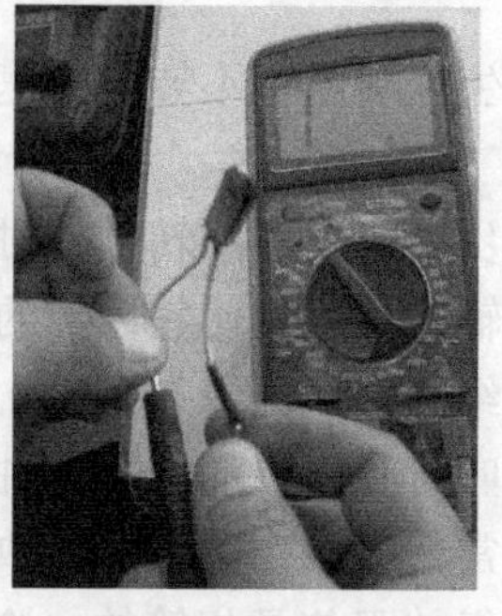

（b）受热后

图 3-64　空调风扇电机过载保护器检测示意图

四、空气过滤器

早期空调的空气过滤器采用滤尘网（过滤网），近期空调的空气过滤器不仅采用了滤尘网，而且还安装了清洁型过滤器。

1. 滤尘网

滤尘网多采用化纤或塑料加工成纱纶网状，它的实物外形与安装位置如图 3-65 所示。滤尘网紧贴在室内机内热交换器的表面安装，可以滤除进入室内机空气中的尘土。

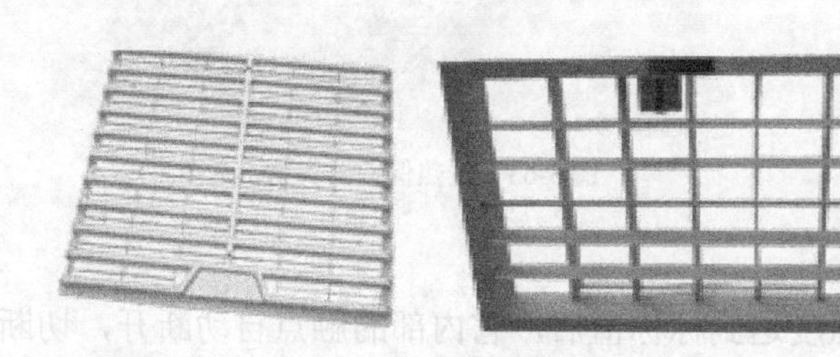

（a）滤尘网实物示意图

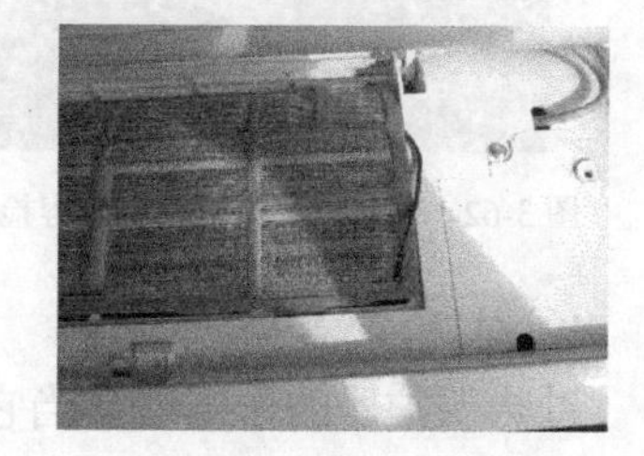

（b）滤尘网安装示意图

图 3-65　滤尘网实物与安装位置示意图

清洗滤尘网时首先拔掉空调的电源线，打开进风栅，取出滤尘网并用水清洗或用真空吸尘器吸尘即可。当滤尘网太脏时，用除污剂或中性肥皂水清洗，注意不能用超过 40℃的热水进行清洗。滤尘网清洗干净后，晾干重新装好即可。

2. 清洁型过滤器

清洁型过滤器是具有滤尘、杀菌和除臭等净化功能的新型空气过滤器，其实物如图 3-66 所示。它采用多层过滤材料，最底层为丝网状的塑料纤维层，上层是折叠式泡沫塑料层，如图 3-67 所示。此类过滤器不能重复使用，它的边框上贴有色标，表示它的使用寿命。当色标的颜色变为白色时，说明过滤器失去过滤功能，需要更换同规格新品。

3. 常见故障与检修

（1）常见故障

空气过滤器脏了以后不仅使过滤功能失效，而且会使降温、除湿效果差。

图 3-66　清洁型过滤器实物示意图

（2）检测

空气过滤器是否过脏通过查看就可以确认。若滤尘网脏了清洗后可以再次使用，而清洁型空气过滤器脏了则需要用同规格产品更换。

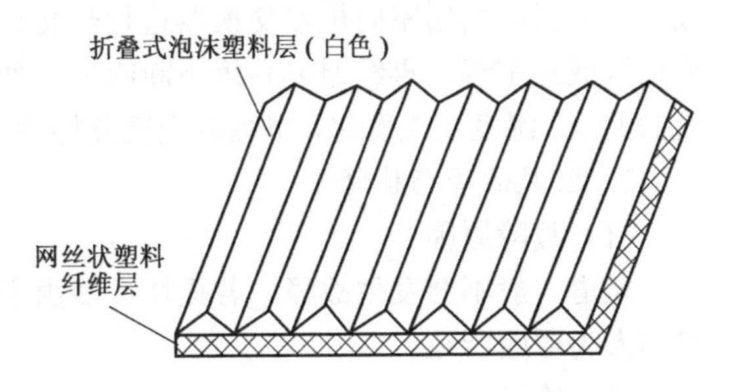

图 3-67　清洁型过滤器构成示意图

五、进、出风格栅

1. 作用和构成

进、出风格栅就是用来调整空气进入、排出室内机的方向及扩散面积的装置，它的实物外形如图 3-68 所示。它通常安装在室内机的面板内，如图 3-69 所示。它由水平和垂直两层导风格栅构成，水平格栅用于调节导风叶片的倾角，垂直格栅用于调节排风的方向及扩散面积。

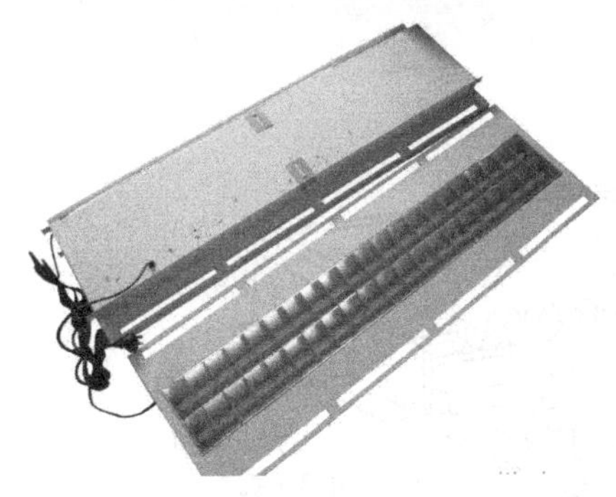

图 3-68　格栅实物示意图

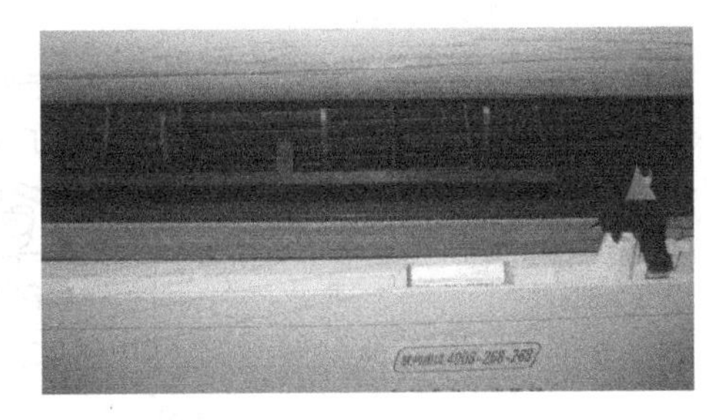

图 3-69　格栅安装位置示意图

2. 常见故障与检修

（1）故障原因

进、出风格栅一般不会发生故障，若损坏，多由于清洗不当等人为原因所致。

（2）检测

进、出风格栅是否损坏通过查看就可以确认。格栅损坏后，更换同规格产品即可排除故障。

六、风道

1. 作用和构成

风道就是为排到室内或室外的冷空气或热空气提供的一条通道。设计合理的通道不仅会使空气流动顺畅，而且还会缩小空调室内机和室外机的体积。下面以分体壁挂式室内机的风道为例进行介绍。

分体壁挂式室内机风道如图 3-70 所示。室内机里面的贯流风扇开始运转，将室内的空气通过进风格栅吸入室内机，利用室内机热交换器进行热交换而成为冷空气或热空气，再经通风系统不断吹出，使室内空气的温度、湿度发生变化，将室内空气变得清新舒适。

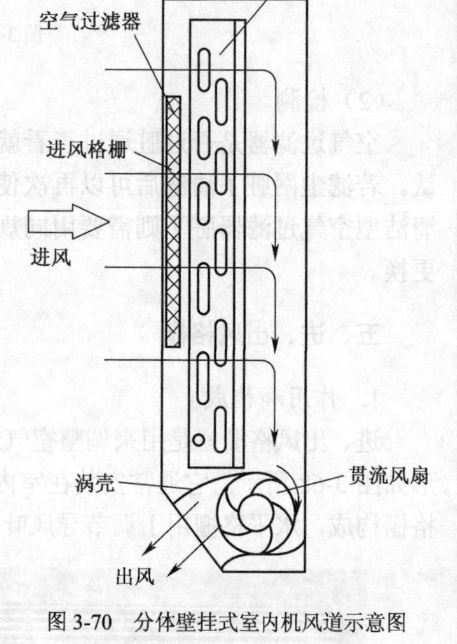

图 3-70　分体壁挂式室内机风道示意图

2. 常见故障与检修

（1）故障原因

风道一般不会发生故障，若损坏，多由于操作不当等人为原因所致。

（2）检测

风道是否损坏通过查看就可以确认。风道损坏后，可以用聚氨酯发泡剂配合白泡沫（珍珠岩）包装块一起发泡修补。

七、导风系统

1. 作用和构成

导风系统也称为摆风系统，它的作用就是将室内机吸入的冷空气或热空气自动导出，实现大角度、多方向送风。导风系统由导风电机（摆风电机）、偏心轴、叶栅（摆动叶栅）、导风叶片和涡壳等构成，如图 3-71 所示。

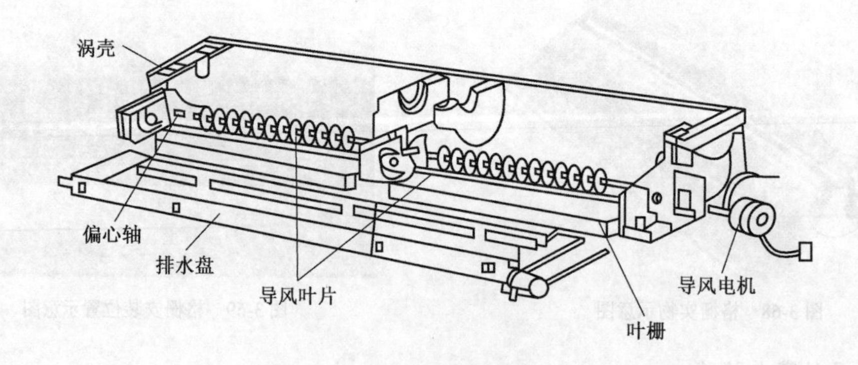

图 3-71　导风系统结构示意图

通过空调遥控器上的风向调节键使导风电机的转子旋转，通过转轴驱动偏向轴旋转，进而控制叶栅处于定向送风状态还是连续摆动送风状态。而向左或向右调整导风叶片时，会改变水平方向气流的方向。

2. 常见故障与检修

（1）故障原因

导风系统异常多为不能调整导风状态的故障。

（2）检测

导风叶片、叶栅是否损坏通过查看就可以确认。而导风电机是否损坏则需通过检测电压和绕组阻值的方法来判断。

第四章　空调维修工具、仪器和检修方法

本章介绍维修、安装空调（空调器）时所需的常用工具、专用工具、仪器以及空调的安装、维修技术。熟练使用这些工具和掌握安装、维修技术，是正确安装和快速排除空调故障的基础。

第一节　空调检修（安装）工具和仪器

一、常用工具

空调维修所需的通用工具如表 4-1 所示。在条件许可的情况下，可备一套组合工具，如图 1-1 所示。

表 4-1　　空调维修所需的通用工具

工具名称	数量	工具名称	数量
组合螺丝刀	1 套	吸锡器	1 把
钟表螺丝刀	1 套	热风枪	1 套
偏嘴钳（斜嘴钳）	1 把	焊锡	1 卷
尖嘴钳	1 把	镊子	1 套
克丝钳	1 把	隔离变压器	1 台
剥线钳	1 把	稳压电源	1 台
试电笔	1 把	毛刷	1 把
普通锉、什锦锉	各 1 套	开口扳手	2 把
壁纸刀	1 把	AB 胶	1 盒
电烙铁	2 把	绝缘胶布	1 卷

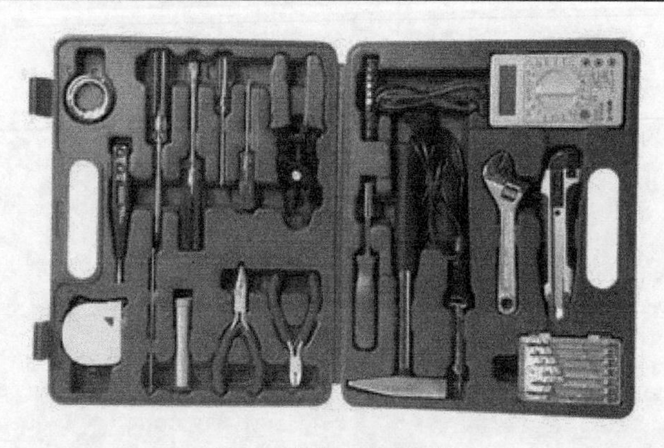

图 4-1　常见的组合工具

二、常用仪器仪表

检修空调时的主要仪表、仪器如表4-2所示。

表4-2 空调常用的仪表、仪器

仪器仪表名称	典型实物	用途
万用表	 （a）指针万用表 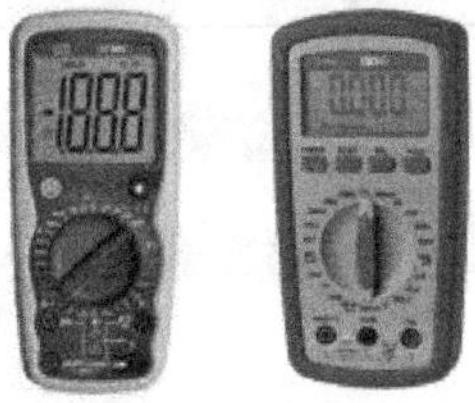　（b）数字万用表	万用表可通过测量相关的电阻、电压、电流值，判断电路是否正常
钳形表		用来测量电动机启动和运行电流的仪表。目前，许多钳形表也有万用表的功能
电子温度计		用于测量空调进风口或出风口的温度
电子检漏仪		用于检测空调制冷系统的泄漏部位
示波器	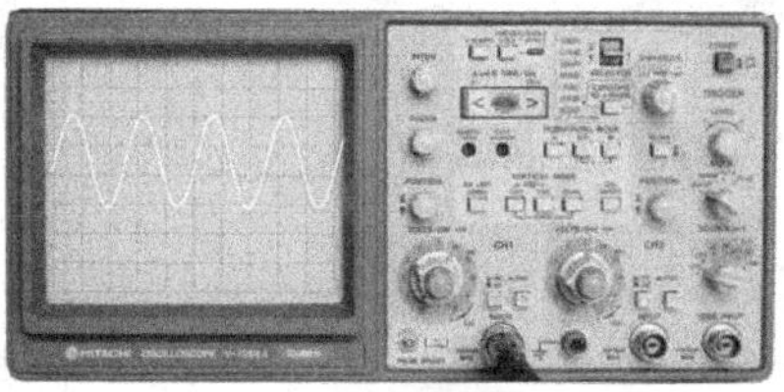 （a）台式 　（b）手持式	用于检测的时钟振荡、通信等信号波形

三、专用工具

检修空调时的专用工具较多，如表4-3所示。

表 4-3　　空调专用工具

专用工具名称	典型实物	用途
割管刀（切管器）		用于切 4mm、6mm、8mm 和 14mm 等不同直径、长度的紫铜管
切管钳		用于切毛细管
胀管器、扩口器		用于将铜管的端口部分胀大成杯形或 60° 喇叭口状
维修阀（修理阀）		用于将空调的制冷系统与压力表、真空泵、制冷剂瓶和氮气瓶等维修设备进行连接，并对维修设备起切换作用
压力表	（a）单表　（b）双表	用于监测制冷系统内压力的大小，以便于抽空、加注制冷剂
加液管		用于空调维修时加注制冷剂、抽真空。加液管有两种：一种是软管两端安装的都是公制接头；另一种是一端安装公制接头，另一端安装英制接头
真空泵		用于为制冷系统加注制冷剂前必须对它进行抽真空

续表

专用工具名称	典型实物	用途
气焊设备	 	用于制冷管路之间的连接与拆卸
焊条与助焊剂	 （a）焊条  （b）助焊剂	用于焊接制冷管路的材料
制冷剂瓶		用于存储制冷剂
氮气瓶		用于存储氮气主要用于打压查漏和制冷系统氮气
冲击钻	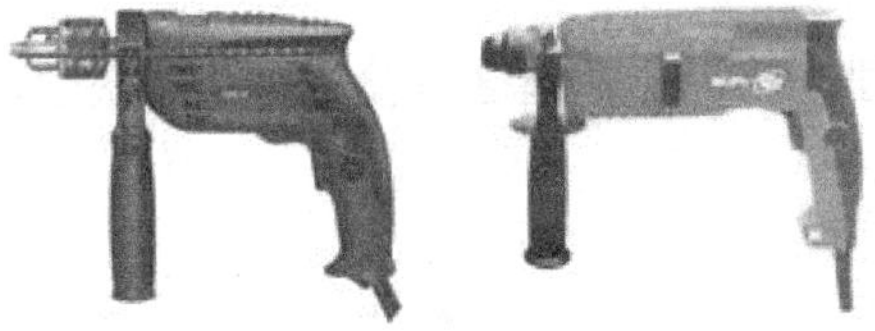 （a）冲击钻  （b）钻头	用于在不同的物质上进行钻孔
空心钻（俗称水钻）	 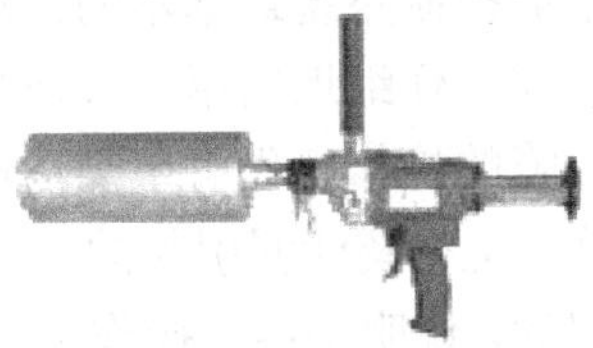	用于安装空调时打墙孔
水平尺		用于安装空调时对室内机、室外机水平度进行测量、校正
锤子	 （a）铁锤  （b）橡皮锤	用于安装、维修空调

续表

专用工具名称	典型实物	用途
盒尺		用于安装、维修空调的测量
安全带		用于楼房等高处安装、维修安装

注意　许多安装人员在较低楼层安装空调室外机时，不愿意佩戴安全带，这是很危险的，即使从二层楼上坠落，也可能会受到很严重的伤害。

第二节　空调修理常用的方法和注意事项

本节介绍了空调常用的检修方法，合理、熟练地掌握这些检修方法是快速、安全排除故障的基础。

一、询问检查法

询问检查法是检修空调控制系统最基本的方法。实际上，该方法也最容易被初学者和许多维修人员忽略。在维修前，仔细地向用户询问是否维修过、出现的故障特征和故障的形成是很重要的，对于许多故障的检修工作可事半功倍。比如，在检修不制冷故障时，若用户讲不制冷是缓慢出现的，说明是系统泄漏引起的；若突然不制冷，说明是电气系统异常引起的；若不制冷是由于移机引起的，说明是由于操作不当所致。若移机后产生室外机噪声大的故障，说明安装时室外机倾斜过大，或有异物进入室外机与风扇相碰。若移机后出现制冷差的故障，多因配管与室内机、室外机的连接处连接不当或截止阀没完全关闭，导致制冷剂泄漏而引起的。

二、直观检查法

直观检查法是检修空调的最基本方法。它是通过一看、二听、三摸、四闻来判断故障部位的检修方法，维修中可通过该方法对故障部位进行初步判断。

1. 看

看就是通过观察来发现故障部位和故障原因的检修方法。下面根据查看不同部位的特征，进行故障部位判断。

检修风扇不转故障时，可先查看风扇电机的供电电路是否开路；检修压缩机不启动故障时，查看启动器、过载保护器是否脱落、破损，若是，说明它们损坏；当压缩机运转正常时，高压截止阀、低压截止阀上无冷凝水，说明制冷剂不足、管路堵塞或压缩机工作异常；若低压截止阀结霜，说明室内热交换器脏、空气过滤器（网）脏、室内风扇运转不正常或压缩机回气管变形。

检修不制冷或制冷差的故障时，应先查看干燥过滤器、蒸发器、冷凝器是否过脏；看风扇旋转是否正常；看进风口、出风口有无异常；看高压截止阀、低压截止阀、冷凝器、蒸发器、压缩机与铜管的连接或焊接部位有无油渍，若有，说明该处泄漏；若室内热交换器（蒸发器）仅局部结霜或结露，说明制冷剂不足；若蒸发器表面全部结霜，说明空气过滤器、室内热交换器脏或室内机的贯流风扇运转不正常；若蒸发器前面结冰，说明制冷剂不足或压缩机性能差；若蒸发器后面结冰，说明蒸发器脏；若蒸发器下部结冰，说明温度控制系统异常。

为空调的制冷系统打压后，可通过查看压力表的读数是否发生变化，判断制冷系统是否泄漏。

为空调加注制冷剂后，若发现回气管或低压截止阀结霜或蒸发器背面结冰，说明加注的制冷剂过量。

若排水管不能正常排水，查看排水管是否未接好或断裂。

检修风扇噪声大故障时，首先要查看扇叶是否与其他器件或异物相碰。

2. 听

听就是通过用耳朵听来发现故障部位和故障原因的检修方法。

在检修不制冷故障时，空调通电后，若听不到压缩机运转发出的噪声，说明供电系统、启动器、保护器或压缩机异常；若压缩机启动后发出较大的“嗡嗡”声，不久就听到过载保护器发出“哒”的一声，说明市电电压、启动器或制冷系统异常引起压缩机过热，产生过载保护器动作的故障，当然压缩机异常也会产生该故障。

在检修能制冷但制冷效果不好故障时，若压缩机在运转时有喷气的声音或停机时有跑气的声音，说明压缩机内的机械系统损坏；如果毛细管或膨胀阀无气流发出的声音，说明系统完全堵塞，若毛细管或膨胀阀有断续气流声，说明管路出现时堵时通故障。

3. 摸

摸就是通过用手摸来发现故障部位和故障原因的检修方法。

在检修不制冷故障时，若压缩机启动后不久过载保护器动作，摸压缩机温度高，就可怀疑是压缩机的电机绕组匝间短路，如图 4-2 所示；若压缩机能够运转，但不制冷时，摸冷凝器和蒸发器回气管的温度异常，就可判断为制冷系统故障，如图 4-3 所示。

提示　空调正常时，用手摸冷凝器时应发热（温度为 40～50℃），用手摸蒸发器回气管时应发凉（温度为 15℃左右）。

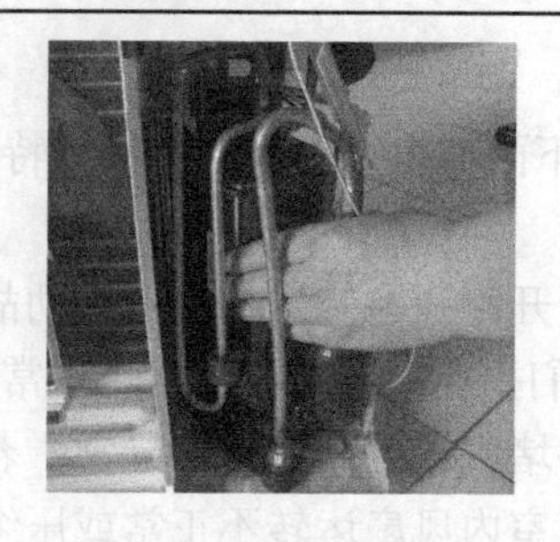

图 4-2　摸压缩机温度判断故障示意图

（a）摸冷凝器

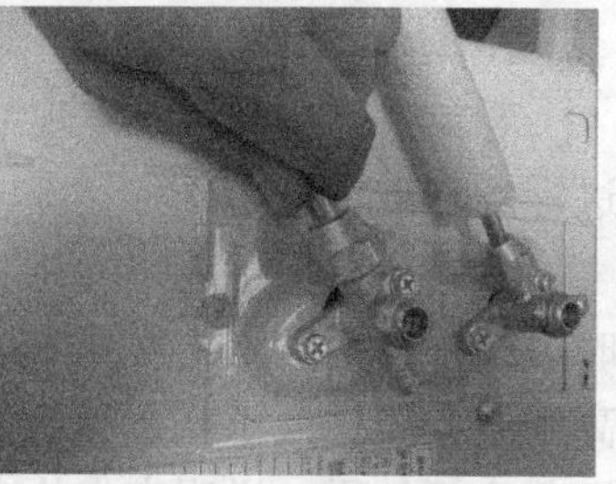

（b）摸蒸发器回气管

图 4-3　摸冷凝器、蒸发器回气管温度判断故障示意图

检修噪声大故障时，若摸毛细管时噪声明显减小，说明毛细管共振，需重新固定，如图 4-4 所示；摸冷凝器时噪声明显降低，说明冷凝器松动；摸压缩机时噪声明显减小，说明压缩机松动；断电后，在风扇不转时摸风扇电机、扇叶是否松动，如图 4-5 所示。

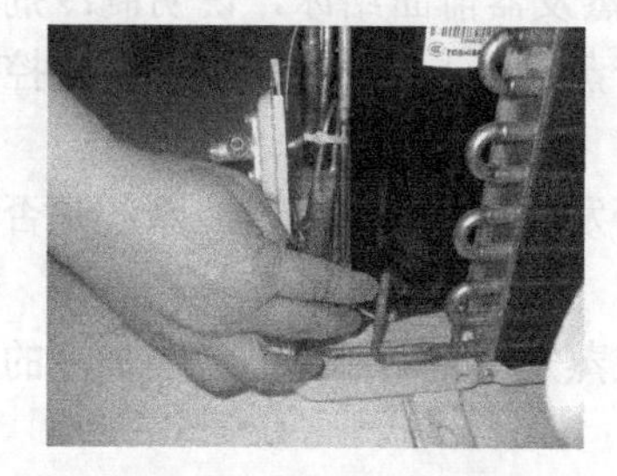

图 4-4　摸毛细管判断故障示意图

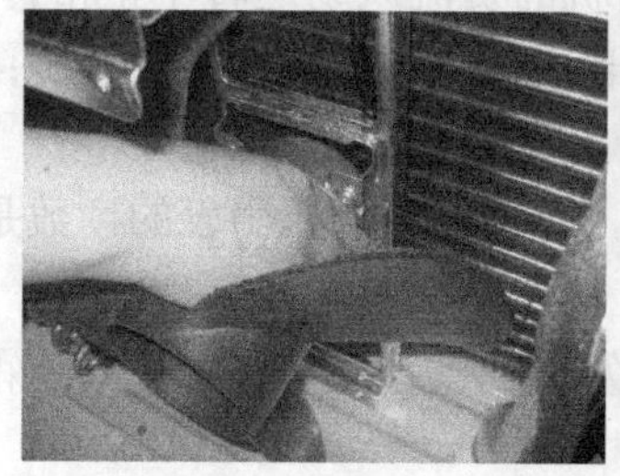

图 4-5　摸风扇电机、扇叶判断故障示意图

检修风扇噪声大故障时，可通过摸风扇的轴承判断它是否老化或缺少润滑油。

4. 闻

闻就是通过鼻子闻来发现故障部位和故障原因的检修方法。在检修压缩机运转不正常故障时，若闻到运转电容发出焦味，说明该电容漏液，出现异常；若闻到电源线发出焦味，说明电源线异常。

三、电压测量法

电压测量法就是通过检测怀疑点电压是否正常，来判断故障部位和故障原因的方法。比如在检修空调整机不工作故障时，可通过测量市电插座有无电压，判断故障是由于市电供电电路、插座异常所致，还是由于空调电路异常导致。若插座有 220V 左右的交流电压，说明供电正常，故障发生在空调电路，如图 4-6 所示。确认故障发生在空调后，测压缩机的电压是否正常，若正常，说明压缩机异常；若电压不正常，则说明供电电路、启动器、过载保护器异常。

（a）选择电压挡位

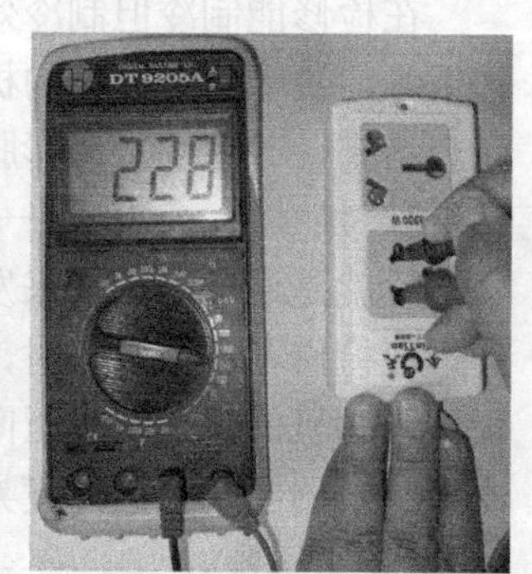

（b）220V 市电电压的测量

图 4-6　测量市电电压示意图

四、电流测量法

电流测量法就是通过测量空调的运行电流是否正常，来判断故障部位和故障原因的方法。比如，在检修压缩机不工作故障时，若运行电流超过铭牌上的标称值，说明压缩机异常；若电流为 0，说明压缩机没有供电或没有启动。再比如，在检修室外风扇电机不运转故障时，若运行电流过大，说明风扇电机的绕组或运转电容异常；若电流为 0，说明电机启动。测量时用钳形电流表比较方便，如图 4-7 所示。

（a）测量压缩机运行电流

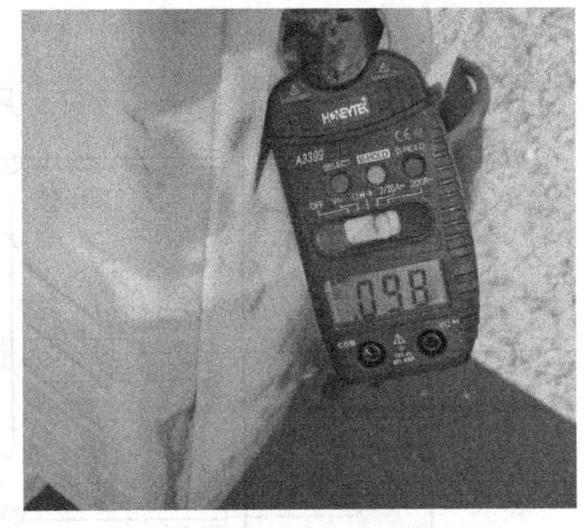

（b）测量室外风扇电机运行电流

图 4-7　测量压缩机和室外风扇电机运行电流示意图

五、电阻测量法

电阻测量法是最主要的检修方法之一。该方法就是通过测怀疑的电源线、元器件的阻值是否正常，来判断故障部位和故障原因的方法。

注意　必须在断电的情况下测量电阻，以免损坏万用表。

方法与技巧　在检测电源线、启动器和过载保护器等器件是否断路时，可采用万用表通断测量挡（有的数字式万用表该功能附加在“二极管”挡上）进行测量，若万用表发出鸣叫声，说明正常；若没有鸣叫声，说明已断路；若鸣叫声时有时无，说明接触不良。

而测量压缩机绕组及室内、室外风扇电机绕组的阻值时应采用 200Ω挡或 2kΩ挡（数字式万用表），或 R×1Ω挡、R×10Ω挡（指针式万用表）。

六、压力测量法

测量制冷系统的压力是维修空调时最常用的检修方法之一。无论是为系统加注制冷剂，还是检修制冷异常故障时，都可以通过测量低、高压的压力值，判断故障原因。检测低、高压压力值时，需要在空调低、高压截止阀处连接复合式压力表（维修阀、压力表组件），如图4-8 所示。制冷剂不仅在高压系统、低压系统的压力值不同，而且与环境温度有关，所以为了更好地使用该方法，应先了解制冷剂在高压系统、低压系统正常时的压力值，典型数值见表 4-4。

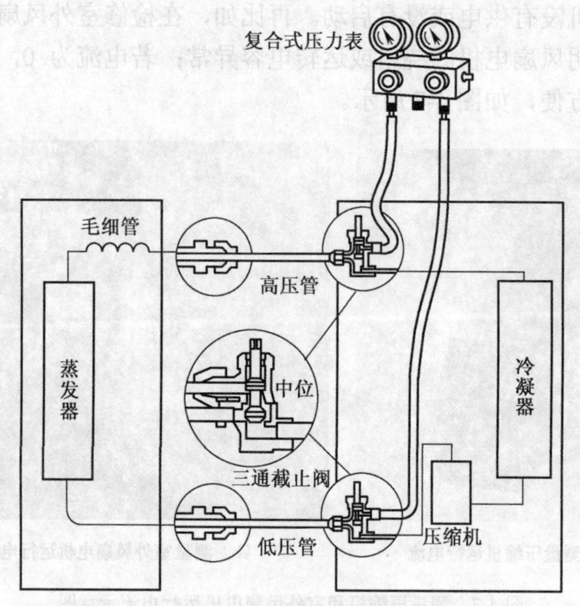

图 4-8　制冷系统低、高压压力值检测连接示意图

表 4-4　　制冷剂 R22 在制冷系统高、低压压力正常值

环境温度/℃	高压系统		低压系统	
	冷凝温度/℃	排气压力/MPa	蒸发温度/℃	吸气压力/MPa
30	35～40	1.25～1.4	4～6	0.47～0.5
35	40～50	1.4～1.83	5～7	0.48～0.52

引起低压压力值偏高的故障原因：一是室外风扇转速慢或不转、进风/出风口有异物堵塞，使室外通风系统工作异常；二是热交换器表面太脏或它的肋片倒塌，使制冷剂不可有效地冷凝；三是系统内进入空气；四是压缩机效率降低；五是膨胀阀开度过大；六是四通换向阀工作异常。而对于刚加注过制冷剂的空调，还应检查是否加注量过大。

引起低压压力值为负压的故障原因：一是制冷管路连接部位、压缩机或热交换器等出现泄漏点，导致制冷系统内的制冷剂严重不足；二是毛细管变形、堵塞或膨胀阀感温包脱离感温位置、膨胀阀损坏，导致膨胀阀开度过小；三是管路出现严重堵塞。

引起高压压力值偏高的故障原因：一是室外风扇转速慢或不转、进风/出风口有异物堵塞，使室外通风系统工作异常；二是热交换器表面太脏或它的肋片倒塌，使制冷剂不能可靠地冷凝；三是制冷系统内进入空气；四是毛细管或膨胀阀堵塞。

引起高压压力值偏低的故障原因：一是制冷管路连接部位、压缩机或热交换器等出现泄漏点，导致制冷系统内的制冷剂严重不足；二是毛细管或膨胀阀发生堵塞；三是压缩机效率降低。

提示　如图 4-8 所示，因该机的毛细管安装在室内机里，所以制冷期间它的高压管的压力为高压，低压管的压力为低压，而对于毛细管安装在室外机的空调，它的低压管和高压管内的压力都是低压。因此，它的高压管处安装的是二通截止阀，而没必要安装三通截止阀，这也是大部分维修人员在抽空和维修时，仅测量低压管的低压压力值的主要原因，还有一个原因是复合压力表价格太高，许多维修人员不愿意购买。

七、温度测量法

温度测量法就是通过电子温度计测量室内机出风口温度判断空调工作是否正常的方法。正常时，空调在制冷状态下，将电子温度计的温度检测头接近蒸发器，测量的温度应一般为 7～10℃，如图 4-9 所示。如果数值偏离过大，则说明制冷系统异常。故障原因主要是：一是室内风扇转速慢或不转、进风/出风口有异物堵塞，使进入的空气直接通过出风口排出；二是室外热交换器表面太脏或它的肋片倒塌，使制冷剂不能可靠的冷凝；三是制冷系统内进入空气，出现冰堵故障；四是制冷管路连接部位、压缩机、热交换器等出现泄漏点，导致制冷系统内的制冷剂严重不足；五是压缩机效率降低；六是四通阀工作异常。而对于刚加注过制冷剂的空调，还应检查是否加注量过大或不足。

图 4-9　测量出风口温度示意图

八、清洗法

空调不仅室外机工作条件恶劣，它的热交换器容易被灰尘、杂物覆盖，而且室内机也容易被灰尘覆盖，所以清洗热交换器就可以排除许多制冷、制热效果差的故障。目前清洗室内机多使用专业的清洗液，如图 4-10 所示。清洗室内热交换器时，将专用的清洗液灌入小喷壶内，对着蒸发器表面进行喷洒即可，如图 4-11 所示。

图 4-10　清洗液

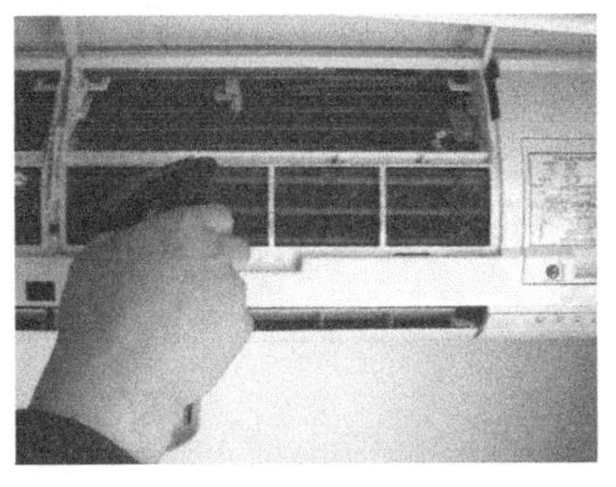

（a）未拆外壳

（b）拆掉外壳

图 4-11　清洗室内机热交换器示意图

九、故障代码修理法

新型空调器为了便于生产和故障维修，都具有故障自诊功能，当空调器出现故障后，被电脑板上的CPU检测后，通过指示灯或显示屏显示故障代码，提醒故障原因及故障发生部位，所以维修人员通过代码就会快速查找到故障部位。掌握该方法是快速维修新型空调器的捷径之一。

提 高 篇

第五章 维修（安装）空调的基本技能

本章介绍维修空调（空调器）时所需要的基本技能，包括铜管切割、胀口/扩口，气焊焊接，查漏、抽空、加注/回收制冷剂与加油等制冷系统维修时的各个环节的操作方法与技能。要求维修人员，尤其是新手（初学者）要多看、多练，最终做到熟能生巧。

第一节 铜管切割、胀口/扩口

一、铜管切割

在切割空调的制冷系统铜管时，不允许使用钢锯进行切割，以免金属碎屑进入制冷系统内部，产生脏堵等故障。因此，维修时应该采用割管刀对直径 4～16mm 的普通铜管进行切割，而毛细管通常采用钳子或剪刀进行切割。当然，若手头有毛细管钳，最好还是采用毛细管钳进行切割。

1. 普通铜管切割

采用小型割管刀切割制冷系统的铜管时，应先把需要切割的部位弄直，并将它的表面处理干净，再旋转割管刀的手柄使管口夹住铜管的切割部位。随后，顺时针均匀平缓地旋转割管刀 1～2 圈后，再将割管刀手柄适当旋紧以保证割管刀夹紧铜管，当刀刃切入铜管壁的 2/3 时停止，撤去割管刀，掰断铜管。图 5-1 所示是采用小型割管刀切割铜管的方法。

注意 切割过程中需注意几点：一是刀轮与刀口、刀片与铜管一定要垂直，以免损坏刀片；二是不能用力过大，确保切割后的管口圆滑、平整，以免将铜管压扁、变形内缩；三是不能产生金属碎屑，以免进入制冷系统，扩大故障。

提示 若手头使用的割管刀上没有铰刀，可将尖嘴钳子的头部插入管口内，旋转钳子，刮除毛刺。修整铜管管口的方法如图 5-2 所示。

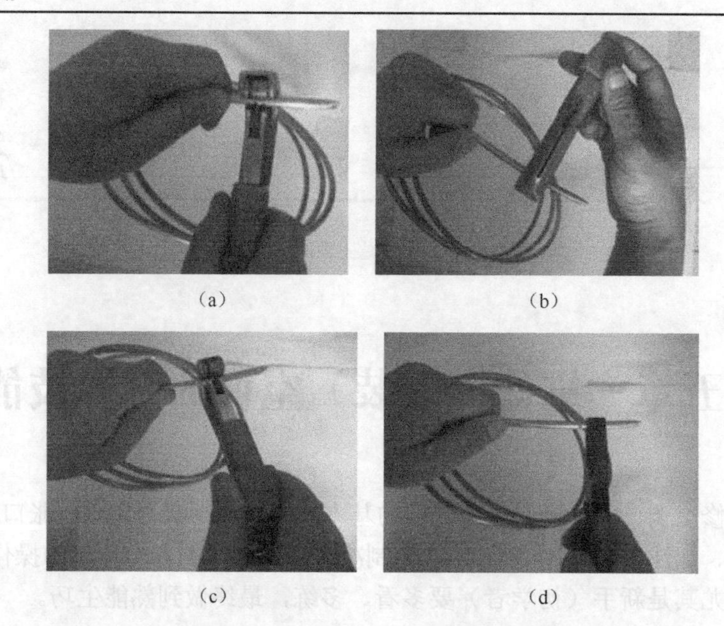

（a）　（b）

（c）　（d）

图 5-1　采用小型割管刀切割铜管的方法

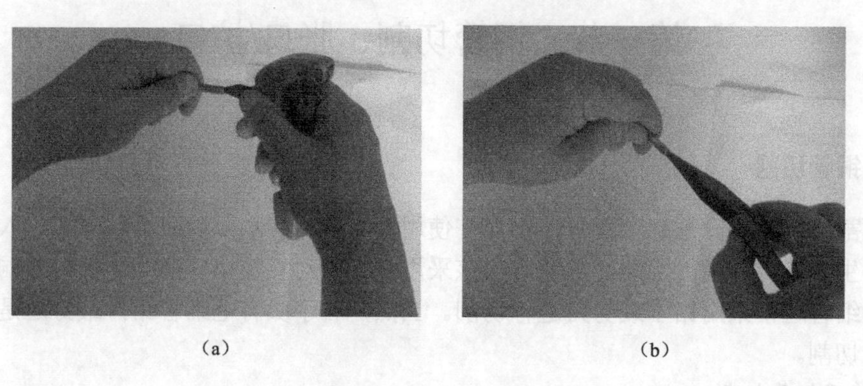

（a）　（b）

图 5-2　修整铜管管口的方法

2. 毛细管切割

图 5-3 所示是切割毛细管的方法。先用剪刀或斜嘴钳子轻轻夹住毛细管要切割的部位，随后旋转剪刀或钳子，将毛细管割出一道沟，然后用克丝钳轻轻夹住毛细管，稍用力就可掰断毛细管。

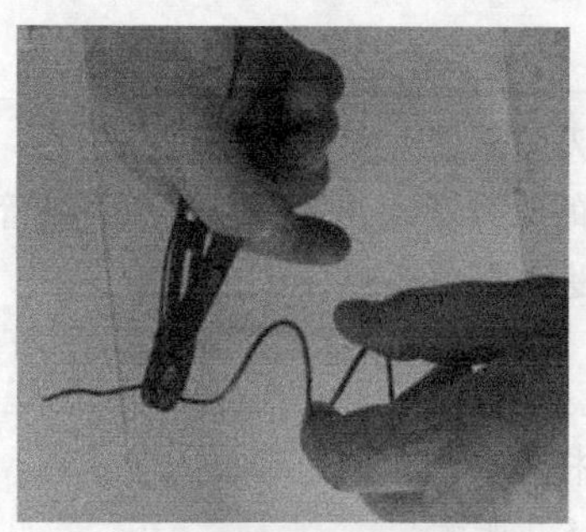

（a）用毛细管钳子切割

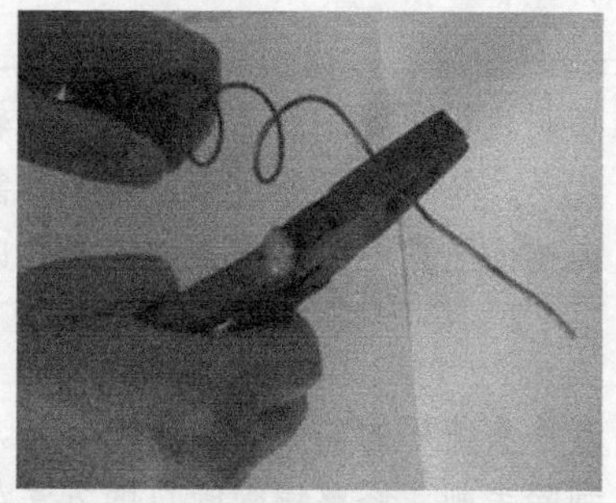

（b）用克丝钳子切割

图 5-3　切割毛细管的方法

提示　切割时不能用力过大，以免压扁毛细管，若切割后的管口变形或内缩，应重新切割。

二、胀口/扩口

用小型公制扩口器把铜管的管口胀为杯形或扩为 60° 喇叭状，以便于两个相同直径的铜管连接，或铜管与压力表管口连接。需要扩口铜管应先退火并清除毛刺，再根据铜管口直径及扩口形状，选择相应的胀管头。

1．胀口

铜管管口胀口方法如图 5-4 所示。先用夹管器夹紧铜管，铜管要伸出约 1cm，随后将与铜管直径一致的杯形胀管头安装到胀管器上，把胀管头插入铜管内，然后顺时针慢慢旋转胀管器的丝杆，直到铜管的铜管口被胀为杯形为止。

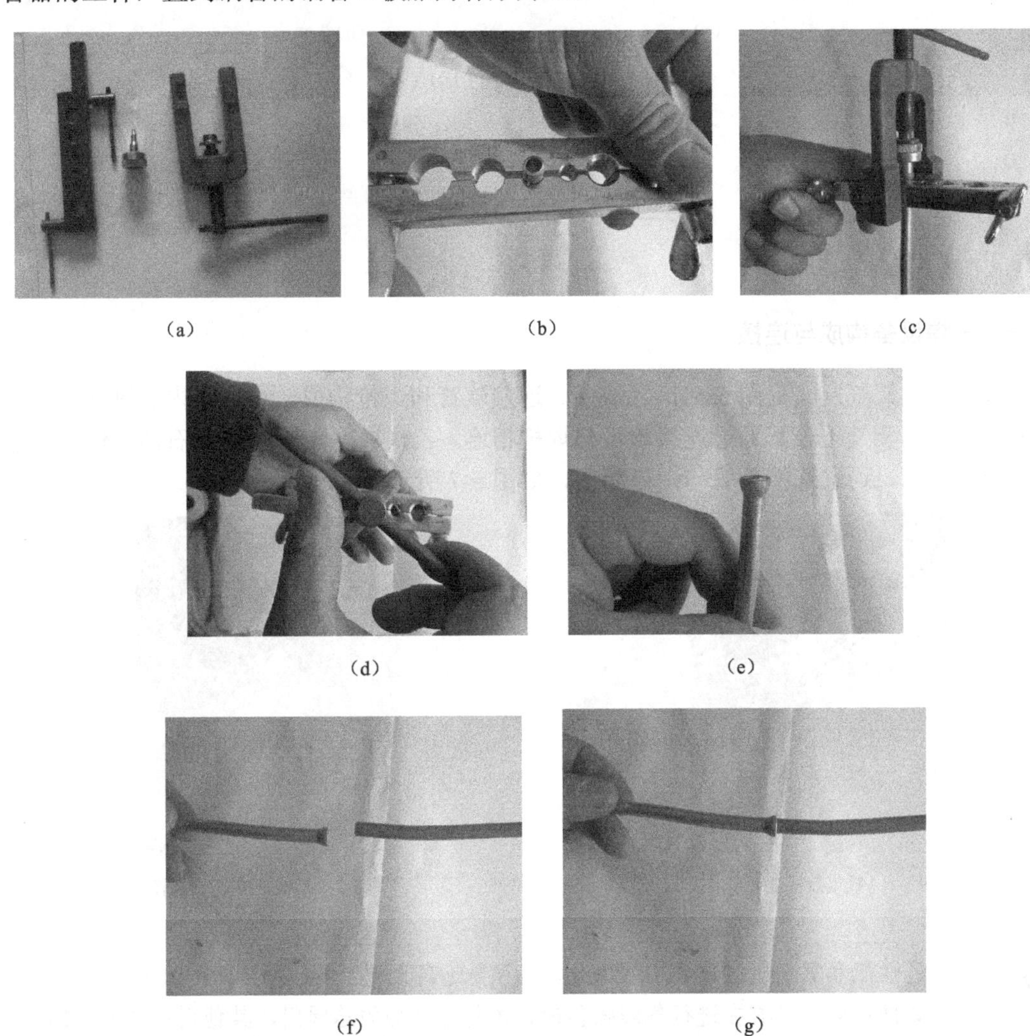

（a）　（b）　（c）　（d）　（e）　（f）　（g）

图 5-4　铜管管口胀口方法

2. 扩口

铜管管口扩口方法如图 5-5 所示。扩口的顺序与上面胀口的步骤基本相同，只是夹管器预留的铜管长度为 2mm 左右，用喇叭状管头，扩出的喇叭口应大小适中、均匀，并且口内的表面无损伤、无凹陷，不能歪斜。若扩口扩小了，与另一管路连接时密封不好；若扩口扩大了，不仅密封不好，而且可能会导致管口破裂。

(a)

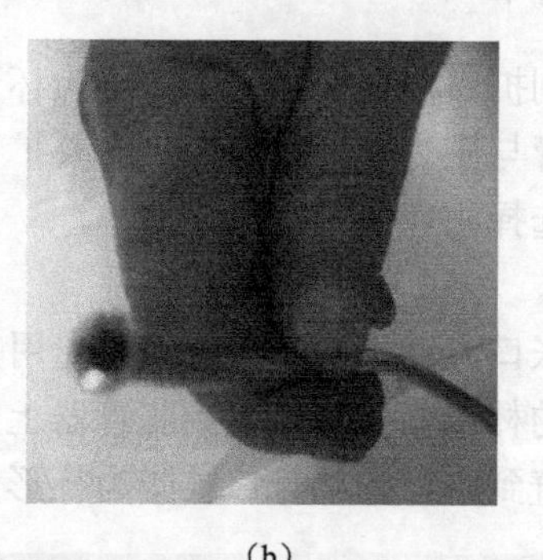
(b)

图 5-5　铜管管口扩口方法

第二节　气焊焊接

一、气焊设备构成与连接

气焊设备由氧气瓶（见图 5-6）、乙炔瓶、连接软管和焊枪构成。氧气瓶内装氧气，它的顶部安装了阀门和气压表，通过连接软管与焊枪相连。乙炔瓶内装有乙炔或石油液化气，它的顶部也有阀门，通过连接软管与焊枪相连，如图 5-7 所示。

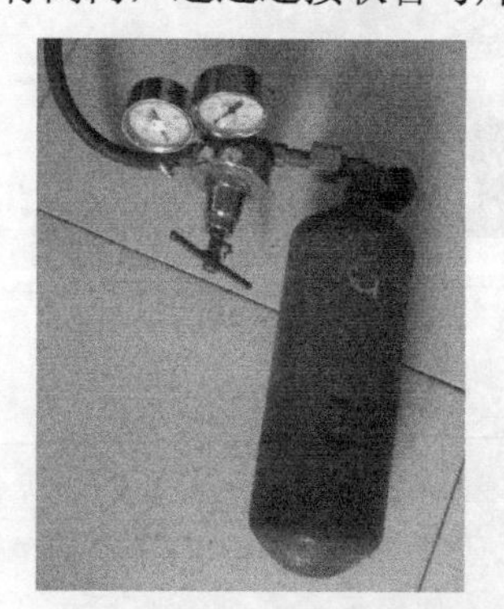
图 5-6　氧气瓶实物示意图

图 5-7　乙炔瓶实物示意图

注意　乙炔瓶和氧气瓶应放置在阴凉处，并且要远离火源（包括焊接时的火焰）的部位，以防爆炸。只有在进行气焊操作时，才打开顶部的总阀门，其他时间均要关闭，以免漏气造成空气中乙炔含量过大，遇明火引起火灾。

图 5-8 所示为焊枪的构成。焊枪的手柄端有两个端口，上面的是乙炔输入口，下面的是氧气输入口。手柄上有两个阀门，分别用来调节乙炔和氧气的流量。在焊接过程中，旋转阀门就可改变火焰的强度，从而实现最佳焊接温度的调节。焊枪应安装最小号的焊枪嘴。

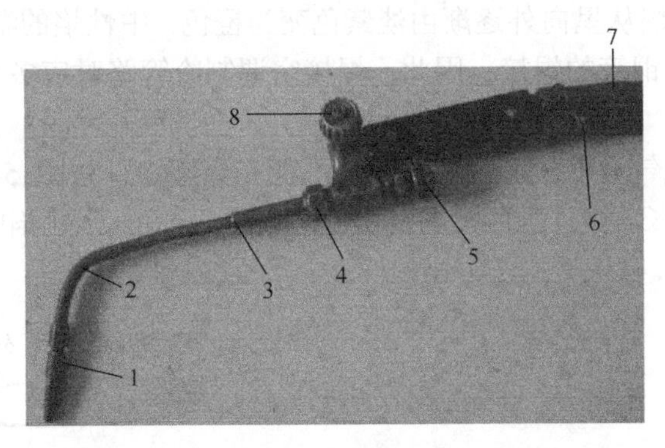

1—焊嘴；2—混合气体；3—射吸管；4—喷嘴；5—氧气阀；6—氧气导管；7—乙炔导管；8—乙炔阀

图 5-8　焊枪的构成

注意　焊枪嘴安装既不能松动也不能过紧，以免乙炔（石油液化气）回流而发生危险，而且过紧还可能损坏焊枪。

二、气焊点燃、关闭与火焰调节

1. 气焊火焰点燃、关闭

气焊火焰的点燃方法如图 5-9 所示。打开氧气瓶的总阀门，观察压力表指示为 0.2MPa；打开乙炔瓶的阀门；一只手拿住焊枪，旋转（一般拧 1/4～1/2 圈）焊枪的乙炔阀，感觉到有气体流出后，另一只手用打火机或火柴在位于焊枪嘴下部约 5cm 处点燃乙炔，在焊枪嘴处形成火焰；旋转氧气阀，为火焰增加氧气。

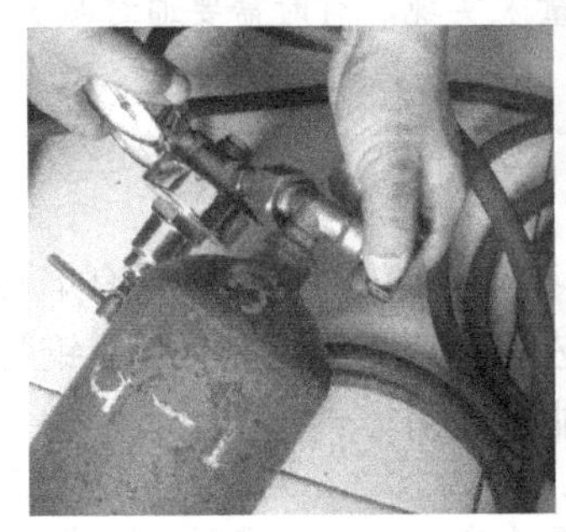
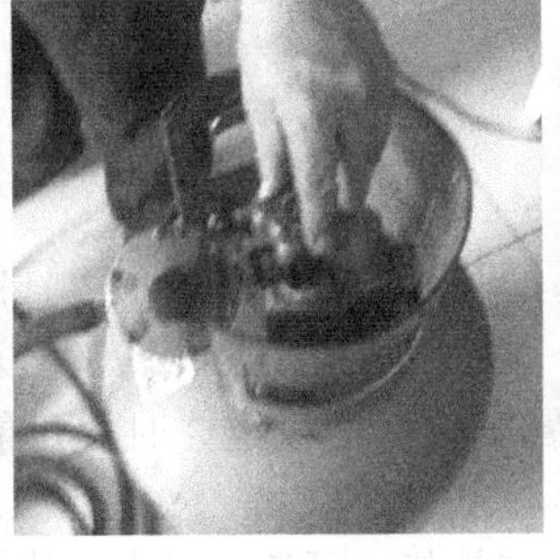
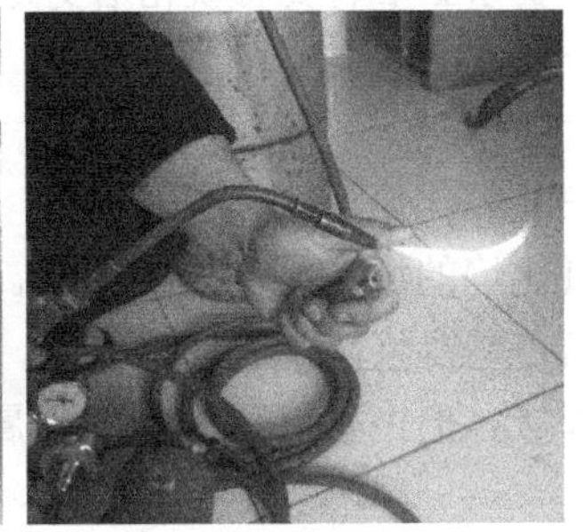

图 5-9　气焊火焰的点燃方法

气焊使用完毕后，应先关闭焊枪上的氧气阀，然后再关闭焊枪上的乙炔阀。顺序不能弄反，否则会出现回火现象。如长时间不使用气焊，还应关闭乙炔瓶、氧气瓶的阀门。

2. 火焰种类、特点

氧气、乙炔（石油液化气）火焰因氧气、乙炔含量的比例不同，分为中性焰、碳化焰和氧化焰 3 种，如图 5-10 所示。

（1）中性焰

中性焰的特点是氧气、乙炔的含量适中，此时乙炔可充分燃烧。如图 5-11（a）所示，中性焰有焰心、内焰、外焰 3 层，3 层界限分明。其中，焰心呈尖锥状，色白且明亮；内焰为蓝白色，呈杏核状；外焰从里向外逐渐由淡紫色变为橙色。中性焰的温度为 3 100℃左右，适合铜管与铜管、钢管与钢管的焊接。因此，焊接空调制冷管路时应多采用中性焰。

（2）碳化焰

碳化焰的特点是氧气量低于乙炔量，乙炔不能充分燃烧。如图 5-11（b）所示，碳化焰的焰心为白色；内焰过长，并且颜色模糊发白；外焰为淡黄色。碳化焰的温度为 2 500℃左右，适合铜管与钢管的焊接。

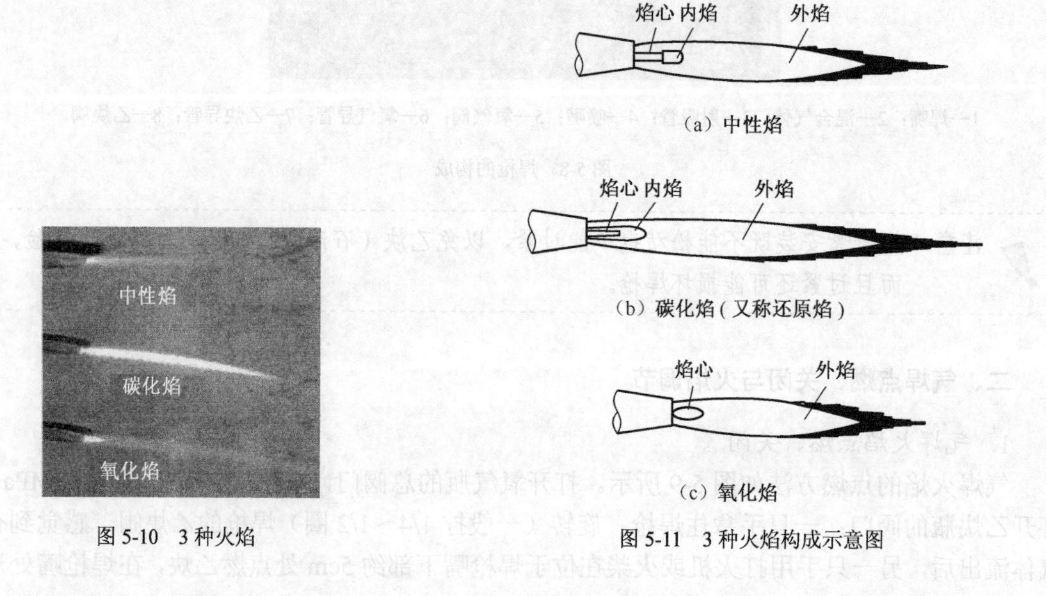

图 5-10　3 种火焰

图 5-11　3 种火焰构成示意图

提示　若需要将碳化焰变为中性焰，可通过增大氧气量来实现，有时需要通过减少乙炔量来实现。

（3）氧化焰

氧化焰的特点是乙炔量不足。如图 5-11（c）所示，氧化焰几乎没有内焰，只有焰心和外焰，焰心呈白色，外焰为淡白色。氧化焰的温度为 2 900℃左右，适合铜管与铜管、钢管与钢管的焊接。但由于氧化焰会使金属氧化，所以维修时尽可能不使用。

提示　若需要将氧化焰变为中性焰，可通过增大乙炔量来实现，有时需要通过减少氧气量来实现。

3. 火焰大小调节

焊接时，需要根据焊接管路的粗细对火焰进行调节。焊接空调管路的火焰大小一般调到图 5-12 中标注的尺寸即可。当焊接粗管路时火焰略大些，但应保证平直稳定，

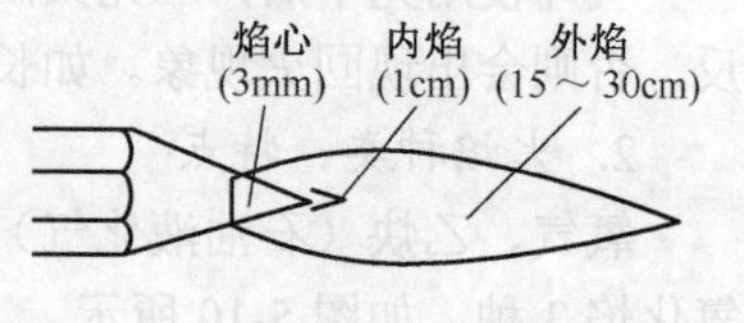

图 5-12　焊接空调管路的火焰大小尺寸

若火焰窜动并伴有“呼噜”声，说明火焰过长；焊接毛细管等细管路时，火焰要略小些。

提示 调节时，要注意火焰的焰心和内焰长度基本不变，只调节外焰的长度。

三、管路焊接

1. 铜管与铜管的焊接

铜管与铜管的焊接采用银铜焊条，不需要助焊剂。

（1）相同管径的铜管焊接

相同管径的铜管焊接步骤与方法如图 5-13 所示。首先，将其中的一个管口扩为杯形状，随后插接到一起，一只手拿焊枪，用大小适中的中性焰的内焰顶部为插入管加热，待插入管被加热至暗红，且鱼鳞状闪烁时，用另一只手将银铜焊条放置在焊接部位，待焊条熔化后流入杯形管的缝隙。移开焊枪，检查焊接处应饱满、圆滑，若不圆滑，说明加热温度低；若铜管被焊漏，说明火焰的温度过高；若有缝隙，说明焊料不足，需要补焊。

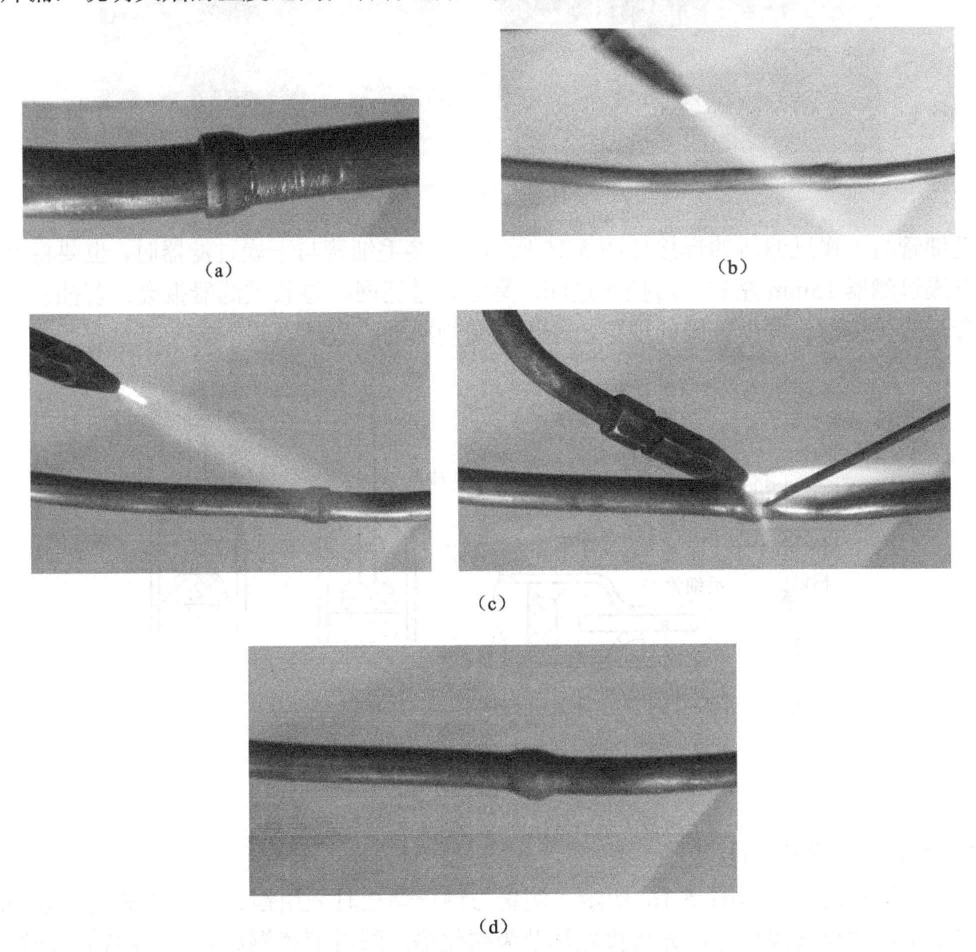

（a）（b）（c）（d）

图 5-13 相同管径的铜管焊接

方法与技巧　管口横焊时，先把银铜焊条放置于铜管下部，因银铜焊条本身流动性强，在被加热时熔化后自动流到热度高的上部，在感觉已有熔化的焊料向上流动时，应立即把焊条放置到铜管的上部。而管口立焊时，焊接应从左到右进行。

（2）不同管径的铜管焊接

不同管径的铜管焊接如图 5-14 所示。细铜管的管口应插入粗铜管管口 1cm 左右。插入太短，不但影响管路强度，而且焊料容易流进管路内部，形成焊堵，堵塞管路；若插入过深，浪费材料。同时还要求插入后，两管的间隙要合适，若间隙过小，焊料不能流入缝隙，只能焊附在接口外面，强度差，容易引起泄漏；间隙过大，焊料易流入管路内部，产生焊堵。

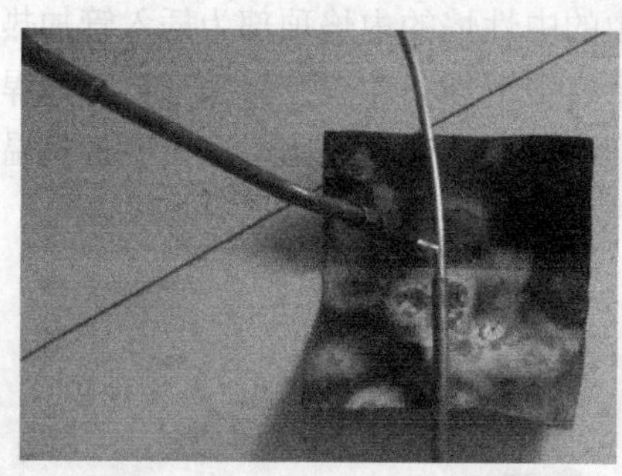
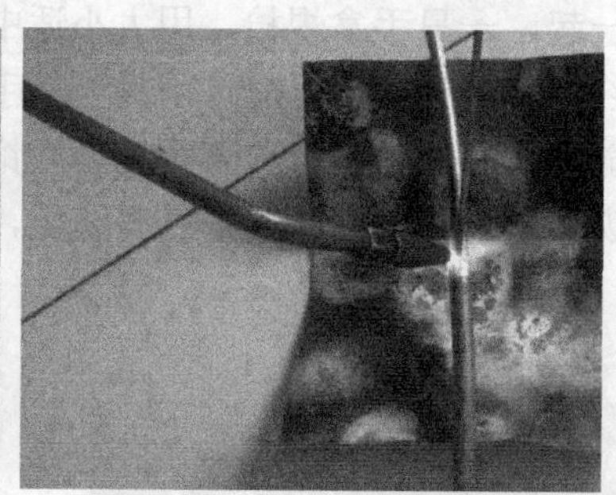

图 5-14　不同管径的铜管焊接

毛细管与干燥过滤器的焊接如图 5-15 所示。焊接毛细管与干燥过滤器时，也要将毛细管插入干燥过滤器 15mm 左右。若插入过深，易穿透过滤网，导致过滤器报废；若插入过浅，可能会导致焊接部位发生开裂的现象，产生泄漏制冷剂的故障。

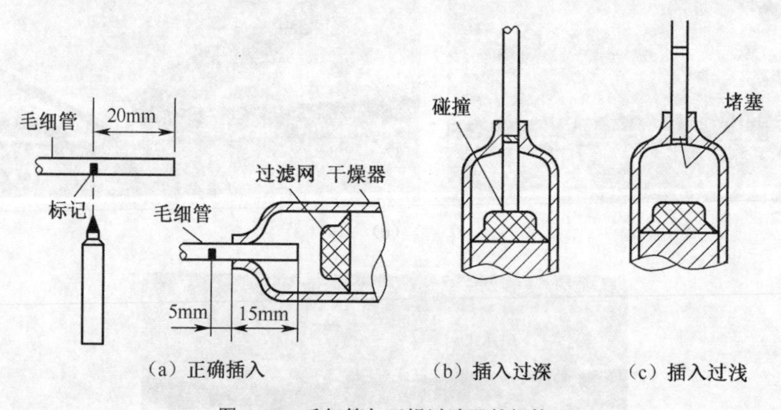

图 5-15　毛细管与干燥过滤器的焊接

2. 铜管与钢管的焊接

铜管与钢管的焊接如图 5-16 所示。铜管与钢管焊接时采用银铜焊条或黄铜焊条和助焊剂。在采用黄铜焊条焊接时，先将火焰调节为碳化焰，随后把黄铜焊条的头部粘上助焊剂并烤热。用焊枪火焰的内焰尖部对插入钢管的杯形铜管进行加热，当加热部位呈现发光且亮（铜管的表面光亮耀眼）时，在焊口处放置黄铜焊条，进行焊接。因黄铜焊条流运性差，上半部分焊好后，焊条移到下半部分进行焊接，焊接过程中要由后向前抹动焊条。黄铜焊后应消除残留的助焊剂，再观察焊接效果，因为助焊剂熔化可能堵住没有焊好的部位。助焊剂固化后较脆，在空调搬运过程中容易脱落，从而产生泄漏故障。

提示 若在空调内焊接，不方便垫铁板，也可以将湿抹布垫在后面。

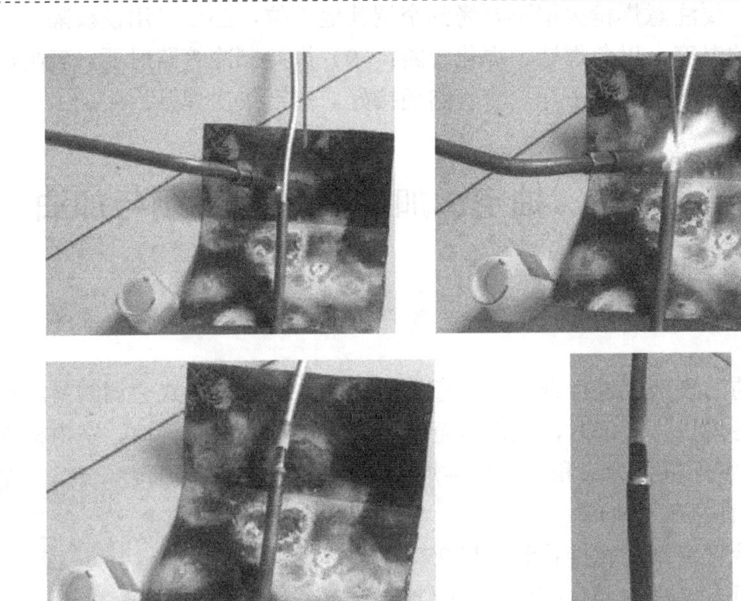

图 5-16 铜管与钢管的焊接

提示 铜管和钢管的焊接也分同管径和不同管径两种，连接方法与铜管和铜管的焊接连接方法相同。

注意 在焊接铜管和钢管过程中，要随时观察加热部位铜管颜色，当铜管表面光亮耀眼后，说明铜管的温度已接近其熔点，应及时加焊条，否则容易把铜管烤化。另外焊接动作要快，否则也容易损坏铜管。

四、气焊使用要领和注意事项

1. 使用要领

气焊的使用要领：（1）调整氧气、乙炔阀使火焰大小适中且多为中性焰；（2）根据焊接器件的材料选择加热部位；（3）掌握好放置焊条的最佳温度，使用黄铜焊条时加热部位发白且有亮光，使用银铜焊条时加热部位为暗红色；（4）加热温度要均匀，加热时间不宜过长，以免加热部位氧化，甚至损坏。

2. 注意事项

使用气焊时的注意事项：（1）乙炔瓶、氧气瓶不得放置于阳光直射的地方或火源、热源附近，而应放置于阴凉通风干燥处；（2）连接软管应无破损，以免泄漏氧气或乙炔（石油液化气）而可能发生火灾或爆炸事故；（3）不能用扳手转动氧气瓶的安全阀，在使用过程中如果发现压力调节器损坏，应立即停止使用，并在关闭氧气瓶总阀门后更换；（4）确保连接软管和氧气瓶上无油污，以免发生火灾等事故；（5）确认周围无易燃易爆物品，以免发生火灾、爆炸事故；（6）确保在制冷管路内无制冷剂的情况下对管路进行焊接，以免产生有毒气体；（7）在焊接过程中，要注意焊枪火焰不要烤到空调其他部位，必要时用铁板隔开；（8）焊接时注意被加热部位的温度，以免焊堵、焊化管路；（9）焊接制冷管路时要一气呵成，并且在焊接前，要把所有焊接部位清理干净，将管路插接好，然后依次焊接。

第三节　查漏、抽空、加注/回收制冷剂与加油

一、查漏

重点对管路上的油渍部位进行查漏，先查易漏部位，比如分体式空调的易漏点在连接管的各管口、室外机各焊口。查漏时，依次检查室外机连接管截止阀管口、室内机连接管口、连接管加长管焊口、室外机各焊口和室内机各焊口。

1. 利用系统的自身压力查漏

空调所有的制冷管路都能直接看到，其95%以上的泄漏点处变色且有油渍，并且空调采用的制冷剂F22的压力比较高（一般为0.6～0.8MPa），能够满足查漏的要求。

在不开机的情况下，把洗涤灵或肥皂水涂在制冷系统有油渍的部位或怀疑泄漏的部位，若有气泡出现，就说明该处泄漏，如图5-17所示。

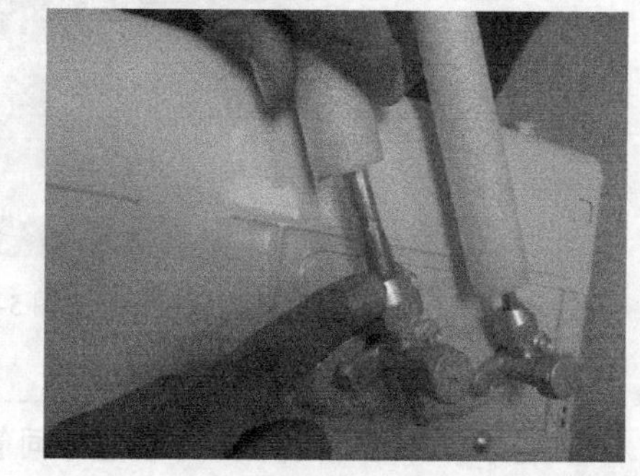

图5-17　用洗涤灵或肥皂水对制冷管路进行查漏

提示　对于不好观察的部位，应借助小镜子观察。

2. 加注少量制冷剂后查漏

对于泄漏较严重的空调，查漏前为它加注少量的制冷剂，使制冷系统内的压力增大，以满足查漏的需要，再把洗涤灵或肥皂水涂在制冷系统有油渍的部位或怀疑有漏点的部位，如出现气泡，则说明该部位有漏点。

3. 改制压缩机打压查漏

如图5-18所示，先在空调的低压截止阀维修口上安装维修阀、压力表组件，再将改制压缩机的低压管（粗管）悬空，高压管（细管）安装在维修阀上，将改制压缩机的电源线插入市电插座，使其运转。这样，就可以将空气压缩后强行注入空调的制冷系统内，至压

力表显示的压力为 1.5MPa 为止。保压一段时间后，若压力表读数下降，就可说明制冷系统有漏点。

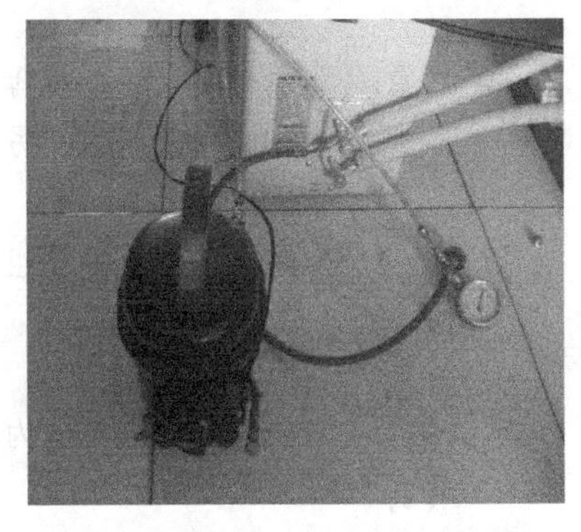

图 5-18　改制压缩机打压查漏示意图

二、系统抽空

若制冷管路内有空气，不仅会阻碍制冷剂的流动，而且空气中的水分会产生冰堵故障，所以加注制冷剂前必须将制冷系统抽成真空。该过程叫系统抽真空，简称抽空。

1. 抽空方法

目前，空调采用的抽空方法主要有两种：一种是利用真空泵抽空，另一种是利用自身压缩机自排抽空。空调的压缩机功率大，抽空时间短，并且携带真空泵上门维修空调也不方便，而且空调制冷系统对真空度的要求也没有电冰箱那么严格，所以现在维修人员普遍采用压缩机自排抽空法。

2. 抽空过程

空调自排抽空如图 5-19 所示。首先拧下低压截止阀（三通阀）的阀帽，用内六角扳手将低压截止阀关闭，随后拧下低压截止阀上回气管（低压管）的螺母，为空调通电使压缩机运转，压缩机将残留的空气压缩产生高压气体。高压气体通过冷凝器、毛细管、高压截止阀（二通阀）、蒸发器和回气管形成的通路排出，如图 5-20 所示，将系统内部的空气排出（顶出），压缩机运转 5min 左右时，将回气管的螺母再安装到低压截止阀上并拧紧，立即拔下空调的电源线，抽空结束。

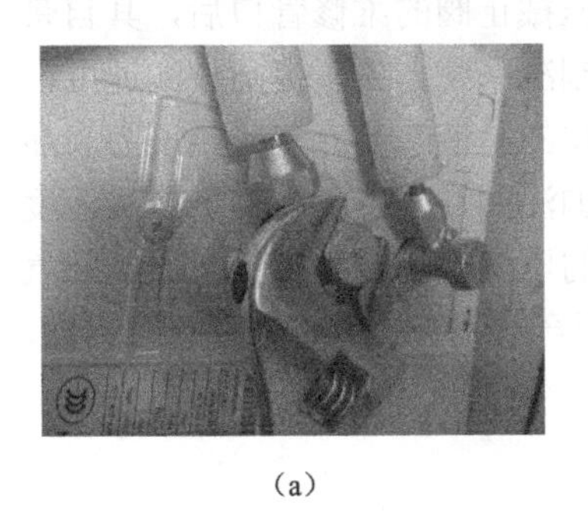

（a）

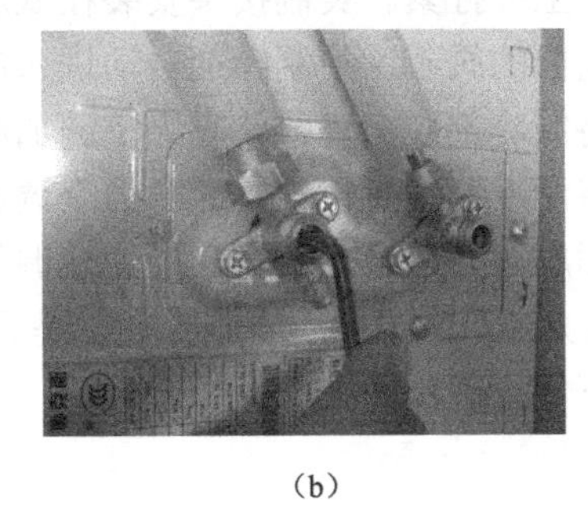

（b）

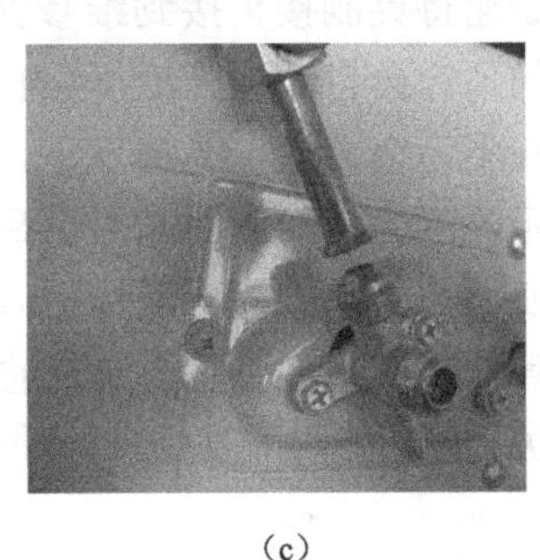

（c）

图 5-19　空调自排抽空示意图

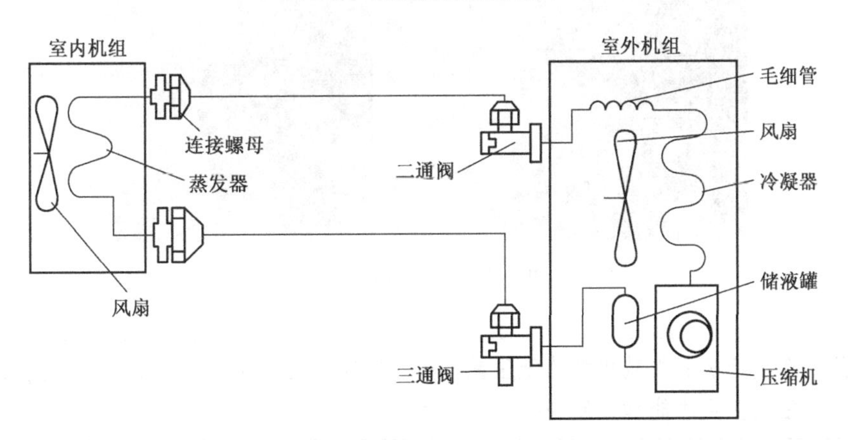

图 5-20　室内机、室外机管路连接及主要器件位置示意图

注意　必须将回气管的螺母拧紧后才能停止压缩机的运转，否则空气会再次通过回气管进入制冷系统内。另外，抽空时压缩机的运转时间应控制在10min以内，以免压缩机运转时间过长，引起压缩机过热，导致过热（过载）保护器动作，甚至可能会导致压缩机的绕组过热损坏。

方法与技巧　抽空前为制冷系统内加注少量的制冷剂，抽空效果会更好。

三、加注制冷剂

制冷系统抽空后，才能加注制冷剂，不仅要求加注的制冷剂要型号相同，而且加注量要合适。通常，空调室外机的铭牌上都标注了加注量。

1. *加注方法*

图5-21所示为加注制冷剂示意图。用双公制接头软管连接维修阀和制冷剂钢瓶，将公英制接头软管的公制接头接在维修阀侧管口上，而它的英制接头对准室外机低压截止阀的维修管口，打开制冷剂钢瓶的阀门，当英制接头有制冷剂排出后，说明软管内的空气已被排空，迅速将英制接头接到维修管口上并拧紧。英制接头安装在低压截止阀的维修管口后，其自带的顶针会自动顶开低压截止阀内的阀芯，使制冷剂自动进入制冷系统。为了提高加注速度，在不为空调通电的情况下，将制冷剂瓶倒置，此时为空调加注的是液态制冷剂。当压力表显示的压力值约为0.4MPa后将制冷剂钢瓶正置，此时为空调加注的是气态制冷剂，加注速度变慢，将空调的电源线插入插座，并通过遥控器开机使空调的压缩机运转后摸蒸发器、回气管的温度，并观察压力表的压力值，确定加注的制冷剂量是否合适。当加注的制冷剂合适后，关闭制冷剂钢瓶的阀门，拆下低压截止阀上软管。

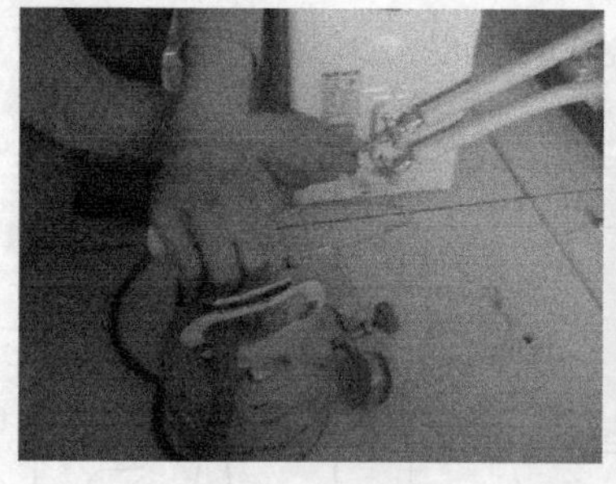
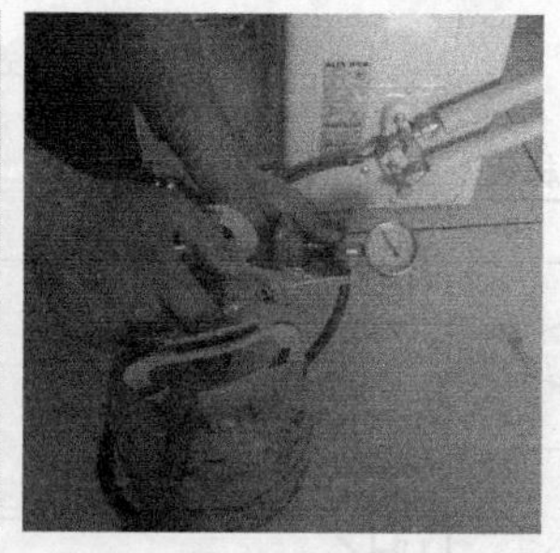

图5-21　加注制冷剂示意图

注意　春兰柜机等少数机型的低压截止阀维修管口内无阀芯，需要用内六角扳手打开低压截止阀才能加注制冷剂。

提示　由于分体式空调有多个喇叭口连接处，存在微小泄漏的隐患，所以一般分体式空调正常使用几年后需要加注制冷剂。对于这种情况，无需为系统抽空，重新将铜管扩口连接，为加注软管排空后，就可以加注制冷剂。

2. 加注量与异常表现

加注制冷剂时，环境温度不同会使系统内的压力不同，在环境温度较高时，压力表显示的压力值应为0.4MPa左右；在环境温度较低时，压力值应为0.5MPa左右。因此，加注制冷剂不仅要看压力表的数值，还要通过看蒸发器、回气管的表面有无凝露水来确认加注量是否合适。制冷剂加注不足或过多，均会造成制冷效果差。但两者又有分别，蒸发器局部结露且回气管变得干燥，说明加注制冷剂不足，使制冷剂在蒸发器部分区域发生沸腾吸热所致；若回气管结霜或压缩机半边很凉，说明加注的制冷剂过量，这是由于过量的制冷剂不能在冷凝器内充分液化所致，所以应放掉多余的制冷剂。

排放多余的制冷剂时，在拆下加液软管后，用螺丝刀顶压低压截止阀维修口内的阀芯，就可以排放制冷剂。一次不能排放过多，要多次排放，直至符合要求为止，如图5-22所示。

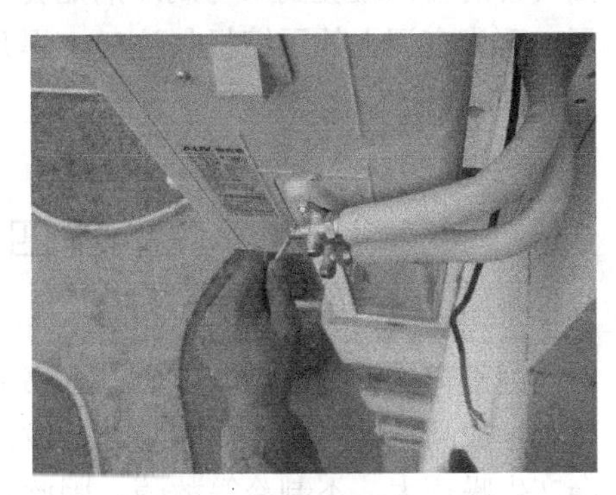

图5-22　制冷剂排放示意图

四、冷暖式空调的制冷剂回收

当检修冷暖式空调系统的毛细管出现冰堵等堵塞故障时，以往维修要先将系统内的制冷剂排放掉，这样不仅增加了维修成本，而且增大了对空气的污染。因此，维修时可将制冷剂回收。回收方法是：用加液管将制冷剂钢瓶与低压截止阀连接，并将制冷剂钢瓶浸没在水中，使空调工作在制热状态，为空调通电并开机，待压缩机运转后，将高压截止阀关闭，制冷剂在压缩机的作用下回收到制冷剂钢瓶和室内机内，2～4min后关闭低压截止阀并拔下空调的电源插头，给空调断电。

注意　由于回收制冷剂时高压、低压的压差过大，所以回收时间尽可能的短，以免给压缩机带来伤害。

提示　维修时也可不使用制冷剂钢瓶，而是将制冷剂回收到室内机蒸发器和管路里即可。

五、冷冻润滑油的加注

一般情况下不需要为压缩机加注冷冻润滑油，只有严重漏失后，才需要为压缩机加注冷冻润滑油。

1．加注量

压缩机的冷冻润滑油加注量不仅与润滑油的种类有关，还与压缩机的功率大小有关。750W 压缩机的加注量大致为 1 500g，1 140～1 570W 压缩机的加注量大致为 2 100g，2 290W 压缩机的加注量大致为 2 500g。

2．加注方法

为待换的压缩机加注冷冻油比较简单，此时，用克丝钳夹住压缩机的支脚，同时为压缩机通电使它运转，从压缩机回气管的管口缓缓倒入与制冷剂配套的冷冻油，如图 5-23 所示。而为空调上的压缩机加注时，焊开压缩机的回气管，再加注即可。

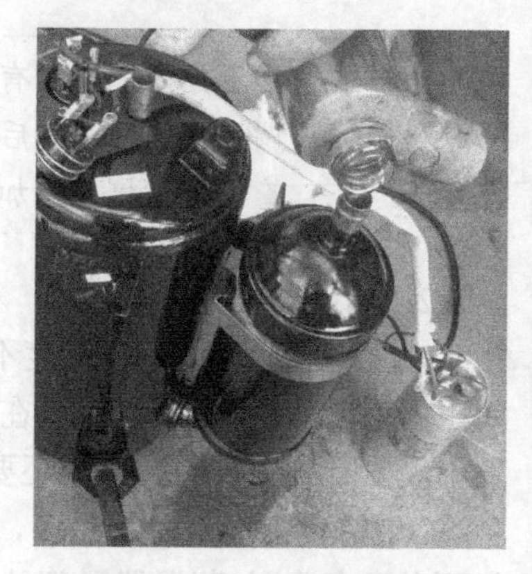

图 5-23　为压缩机加注冷冻油

第四节　空调的安装

由于窗式空调已淘汰，所以本书主要介绍分体式空调的安装技术。分体式空调在出厂时属于半成品，需要到用户家组装后成为成品，所以若安装质量不好，不仅影响制冷效果，还会产生噪声大、不制冷等故障。因此，空调的安装技术是极为重要的。安装前除了要仔细阅读安装说明书，还要检查随机携带的保温套、膨胀螺栓等附件是否齐全。

一、分体式空调的安装流程

1．安装流程

分体式空调的安装流程如图 5-24 所示。在实际安装时根据安装人员的数量、安装习惯的不同，有的安装步骤也可以与图 5-24 介绍的安装流程有所区别。

2．注意事项

空调安装的注意事项如下所述。

一是高空（一般指二层及以上楼房）安装室外机时，必须系安全带，并有一人在室内进行保护，以确保人身和室外机的安全。

二是安装时应轻拿轻放，以免损伤空调或其他附件。

三是空调出厂时已将其所需的制冷剂加注在室外机中，安装前或安装过程中不能随意打开或拧动室外机高压、低压截止阀，否则容易放掉制冷剂，如果制冷剂喷溅到人身裸露的部位上还可能会发生冻伤事故。

四是严禁在室外机高、低截止阀阀芯没有打开的情况下试机运行。

五是严禁在空调运行或通电情况下，拆动或触摸各电气元器件，以免被电击或损坏空调。

六是必须对管口连接等部位进行检漏，在确认制冷系统没有泄漏的情况下，才能交付用户使用。

七是安装结束后，应将安装工具和剩余的空调防护帽等附件收好。

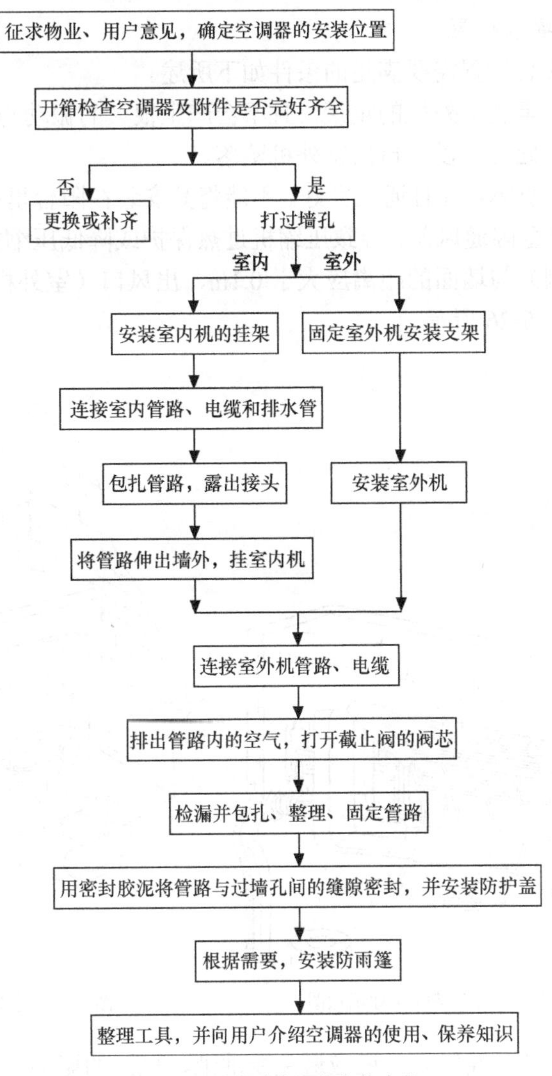

图 5-24　分体式空调的安装流程

二、分体壁挂式空调的安装

1. 选择室内机的安装位置

壁挂式室内机的安装位置需要满足的条件如下所述。

一是应确保室内机在距地面 1.7～2.2m 范围内，并且墙体能承受室内机的重量。

二是应通风良好，并且易于排水。

三是要远离热源，也应避开阳光照射。

四是不仅要便于遥控操作，而且要便于自由拆卸空气过滤网。

五是室内机进风口、出风口附近无障碍物。在环境允许的情况下，空间大一些会更利于制冷降温或加热。同时，空间大一些还可以方便空调的检修工作。室内机两侧及顶部与墙壁的尺寸如图 5-25 所示。

六是避免出风口直接吹向床或沙发，以免用户因冷风过强而引发感冒等疾病。

2. 选择室外机的安装位置

壁挂式室外机的安装位置需要满足的条件如下所述。

一是安装位置应能承受室外机的重量，且不会产生很大的振动与噪声。如果必须安装在阳台外侧，应进行加固处理，以免日后室外机坠落。

二是最好避开阳光直晒，并且通风良好。不能将其安装在阳台里面，否则会因通风不好，制冷效果降低30%，甚至因通风差，导致压缩机过热保护或降低压缩机使用寿命。一般来讲，进风侧（室外机的后侧）与墙面的距离应大于0.1m，出风口（室外机的正面）的前面1m之内不应有障碍物，如图5-26所示。

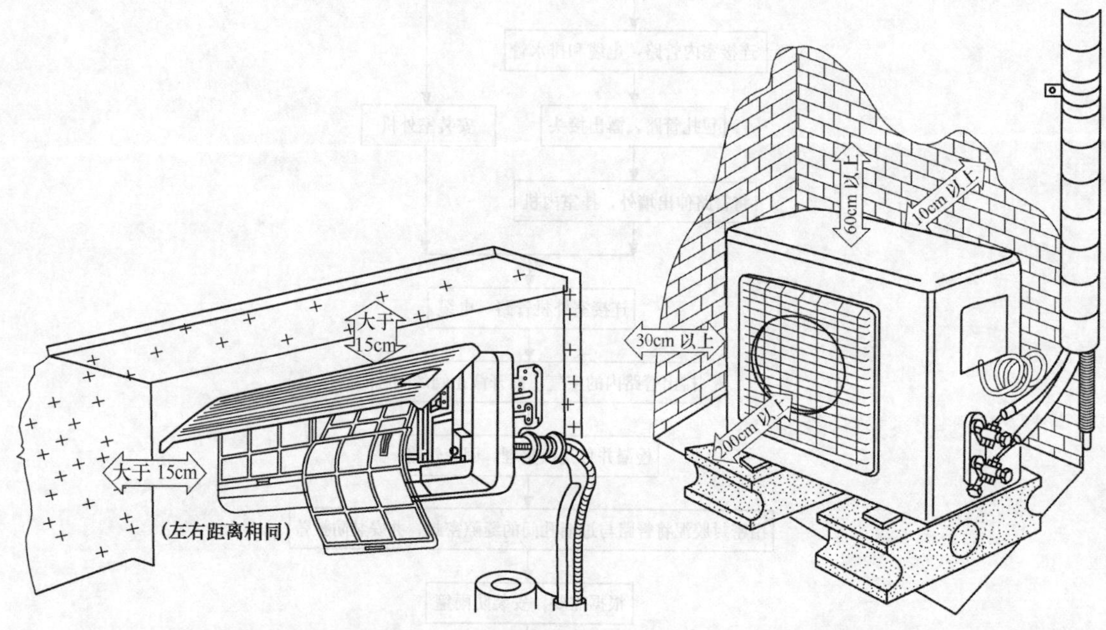

图5-25　室内机两侧及顶部与墙壁的尺寸示意图

图5-26　室外机安装位置示意图

三是应避开易燃、腐蚀性气体，还应避免受油烟、风沙的影响，否则不仅会影响制冷效果，而且会增大故障率。

四是室外机的噪声及排出的水、风不能影响自己和邻居的正常生活。

五是室外机与室内机的高度差不能超过3m，并且与室内机的距离最好在4～5m的范围内，最远也不能超过10m，否则会影响制冷（热）的效果，甚至会缩短空调的使用寿命。如果管路长度不够时，要使用相同管径的铜管进行加长。

六是安装时尽量不弯曲连接管，若需要弯曲，也要减少弯曲的次数。

3. 确定管路走向

室内机管路有5种走向方式，如图5-27所示。而管路的具体走向应根据房间结构和室内机、室外机的安装位置确定。当按①、②、⑤方式布管时，可割开面板座上相应方向的槽板。当按②、③、④、⑤方式布管时，应轻轻弯曲铜管，使其达到所需要的位置，注意不要将管子弯扁或打成死折，更不要使管路扭曲变形。

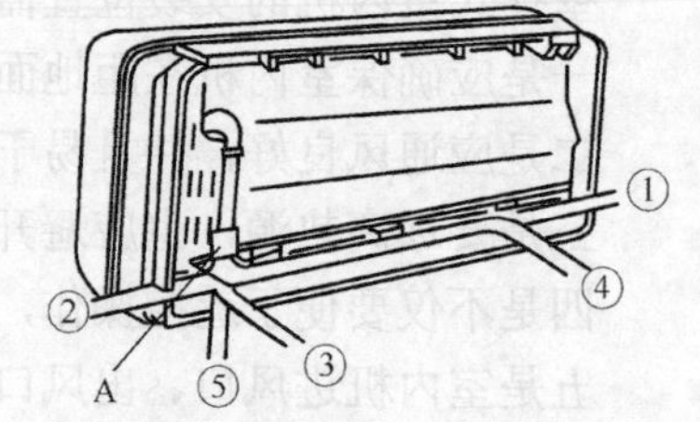

图5-27　室内机管路的5种走向方式

以②方式布管时，应卸掉 A 处的固定卡，然后再轻轻弯曲铜管，不要使铜管扭曲变形。

当室内机引出管从左右方向引出时，过墙孔应比安装板底部低 5～10cm，距侧墙 5cm 左右，如图 5-28（a）所示。

当室内机引出管从后背方向引出时，过墙孔位于安装板底端引出管侧，过墙孔的位置应保证安装室内机后，正好盖住过墙孔，如图 5-28（b）所示。

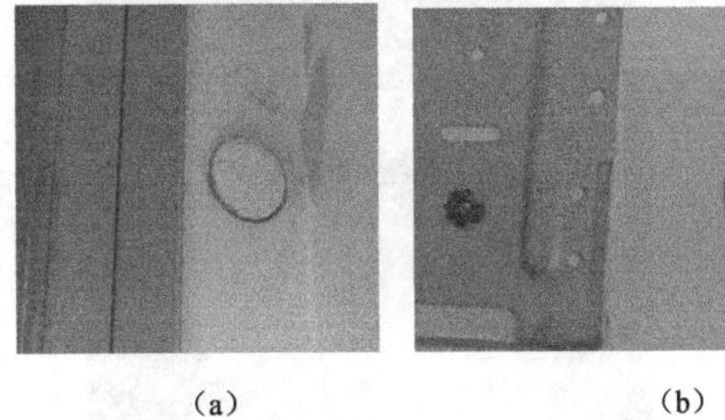

（a）　　（b）

图 5-28　引出管方式过墙孔示意图

4. 钻过墙孔

（1）过墙孔（穿墙孔）大小及位置确定

根据管路走向在墙壁上打直径为 65mm 的过墙孔，孔的位置距地面最好在 1.7～2m 范围内，不能过高，以免冷凝水不能顺畅地排到室外，同时为了防止雨水倒流并流入室内，室外侧应比室内侧低 5～10mm，如图 5-29（a）所示。

（2）打过墙孔

打过墙孔时，空心钻的尾部要比钻头高 5° 左右，这样过墙孔的室内侧比室外侧高 5～10mm，如图 5-29（b）所示。使用空心钻进行钻孔时，有不加水钻孔和加水钻孔两种方法。

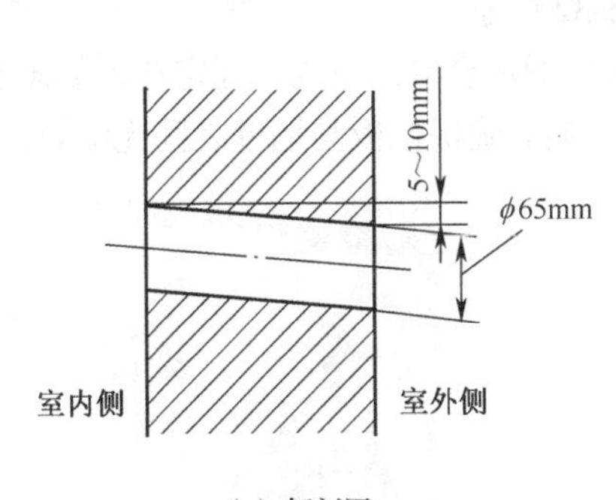

（a）解剖图

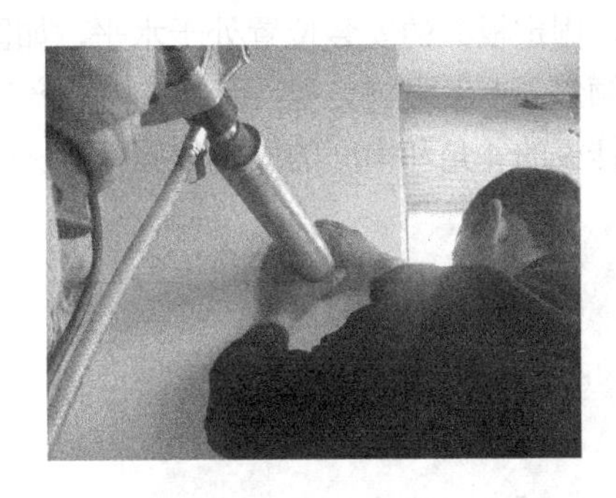

（b）操作示意图

图 5-29　打过墙孔示意图

① 不加水钻孔：不加水钻孔也称为干打过墙孔，此类钻孔的优点是不会有泥点甩到墙面上，适用于装修后或干净的墙面。缺点是砖灰多、打孔速度慢，并且与加水钻孔相比，钻头的损耗大。

不加水钻过墙孔示意图如图 5-30 所示。钻孔时要用力适中，平稳前进，钻孔的深度达到 10～15cm 后关闭电源并抽出钻头，清除墙眼内或钻头内的杂物，然后再继续钻孔。重复上述过程，直到将墙壁钻透为止。若钻孔期间，钻头出现强烈抖动，双手把握不住时，应停止钻孔，查看原因，若是钻头的问题应更换钻头。

② 加水钻孔：加水钻孔也称为湿打过墙孔，加水后不仅为钻头降温，而且能将打孔产生的砖灰冲出，所以具有打孔速度快且钻头损耗小的优点，但存在泥浆被甩到墙面上的缺点。此类打过墙孔的方法适用于正准备装修或墙体过于潮湿的房间，因为潮湿的墙体不加水则无

法钻孔。另外，钻孔时力度要适中，不仅要防止砖灰等杂物夹住钻头，还要避免水过多而增大清理工作量。

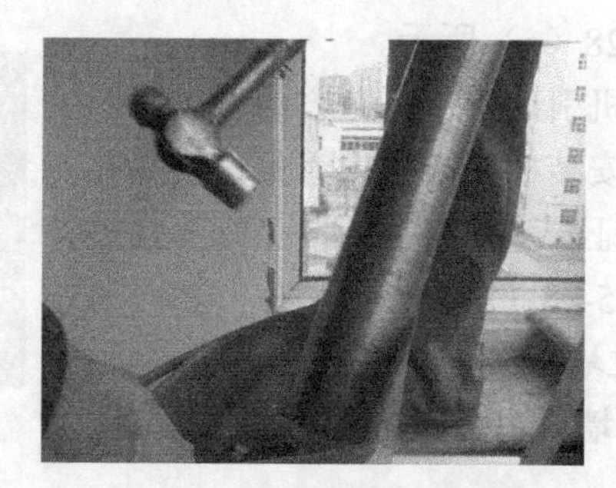

图 5-30　不加水钻过墙孔示意图

加水钻过墙孔示意图如图 5-31 所示。加水钻孔的过程和不加水钻孔基本相同，所不同的是，需要用塑料布等做一下防泥浆保护措施，并且钻孔的深度达到钻头的 1/3 后关闭电源并抽出钻头，把墙内的砖灰清除，再继续钻孔直到钻透为止。

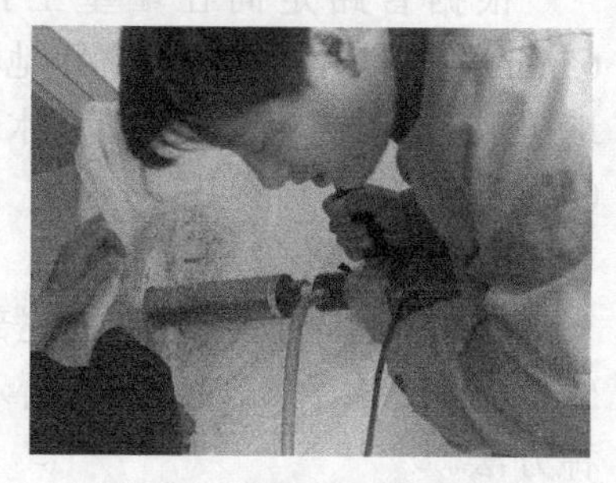

图 5-31　加水钻过墙孔示意图

5. 安装室内机挂板

确定室内机安装位置后，用水平尺画线，确保挂板（也叫安装板、固定板）的安装位置处于水平，如图 5-32 所示。如果挂板倾斜，不仅影响美观，而且室内机产生的冷凝水会滴入室内。固定挂板如图 5-33 所示，用锤子在挂板的 4 角和中间的固定位置钉 6～8 个钢钉，确保挂板与墙壁之间无缝隙，并且牢固。

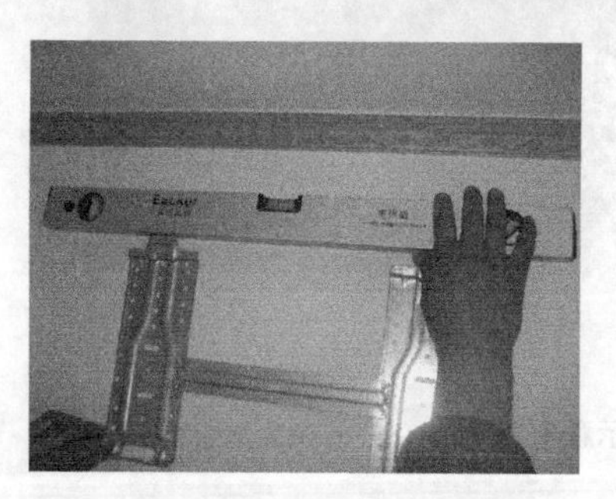

图 5-32　用水平尺画出挂板固定位置

图 5-33　固定挂板

提示　若用户的墙壁太硬或太软，不适宜用钢钉直接固定挂板时，则需要用电钻在挂板的 4 角和中间的固定位置钻 6～8 个孔，安装塑料胀管后，再用钢钉将挂板固定在墙壁上。

6. 室内机供电要求及线路连接

（1）供电要求

为了保证稳定运行，空调应采用单独供电方式。检查电度表的容量能否满足空调额定电流要求。同时检查配电盘内的熔断器（保险丝）是否符合要求，熔断器的熔断电流应为额定电流的 1.5 倍，并且电源线应使用铜芯缆线，横截面尺寸与额定电流的关系见表 5-1。

表 5-1　电源线横截面尺寸与额定电流的关系

横截面/mm²	额定电流/A	横截面/mm²	额定电流/A
1	≤3	2.5	>10，≤16
1.5	>3，≤6	3.5	>16，≤22
1.8	>6，≤8	4	>22，≤28
2	>8，≤10		

（2）电气线路连接

电源线和信号线因机型不同而有一定的区别，安装时必须详细阅读安装说明书的有关内容，严格按规定操作。

室内机的供电有电源插头和接线端子两种。对于采用插头式的空调，注意插头与插座要插到位，插头上的紧固卡应卡到插座上；对于室内机采用接线端子的机型，按照机上标注的接线图将电缆中各导线的颜色与号码，分别插入标有同样号码的接线端子并紧固好，然后，将室内机电缆线连接处用电缆卡紧固，安装好电气盒盖。

提示　空调还要安装接地线，以免漏电危及人身安全。

7. 室内机管路与配管的连接

（1）配管实物

图 5-34 所示是连接配管及其管口示意图。购买空调时随机附件内有两根连接配管。其中，细管是高压管，粗管是低压管。配管由铜管或铜管与铝管连接后并外套保温层构成。厂家都给配管安装了铜接头，并且为了防止杂物和空气进入配管，接头内安装了塑料防护帽（俗称堵头），而防护帽都用密封塞密封。

图 5-34　连接配管及其管口示意图

（2）安装

图 5-35 所示是捋直配管示意图。将粗管和细管慢慢地、轻轻地展开，并将管端捋直。

图 5-36 所示是配管管口示意图。检查配管的喇叭口内表面是否光滑、圆整，若有裂纹、锈蚀等异常现象时，应切割后重新将管口胀为喇叭形。

图 5-35　捋直配管示意图

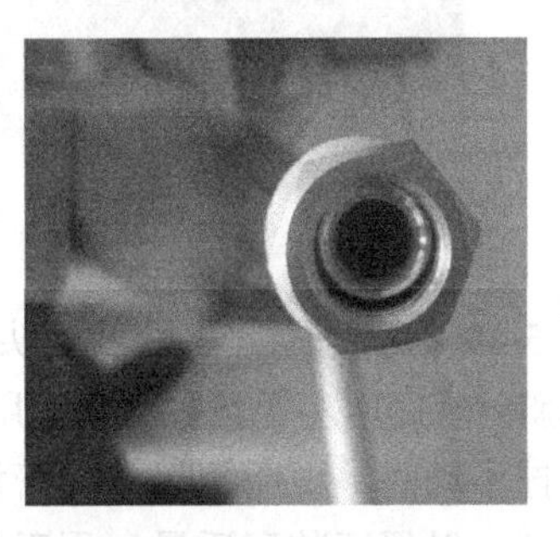

图 5-36　配管管口示意图

图 5-37 所示是查看室内机管路的螺纹接头和拔去塑料密封塞示意图。用扳手卸掉室内机高压管、低压管两个螺纹接头上的塑料或铜防护帽（堵头）。卸掉防护帽后，查看螺纹接头有无损伤，若有损伤，则需要更换。确认接头正常后，取下螺纹接头管口上的密封塞将管内用于保护用的制冷剂或氮气放掉。

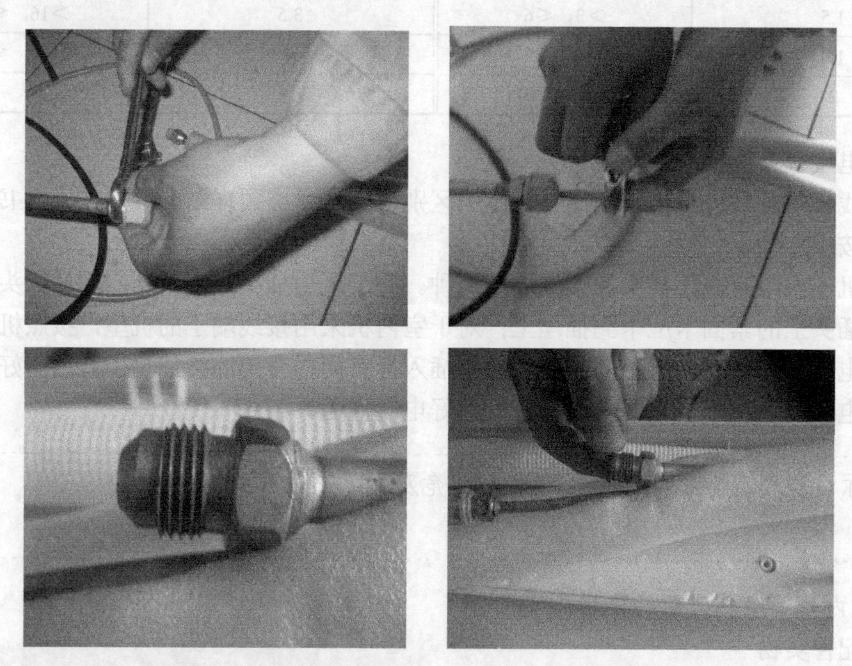

图 5-37　查看室内机管路的螺纹接头和拔去塑料密封塞示意图

图 5-38 所示是螺纹接头和螺纹管口的涂油处理示意图。在螺纹接头的连接面和配管喇叭口内壁上涂一些冷冻机油，加强喇叭口与螺纹接头连接的密封性。

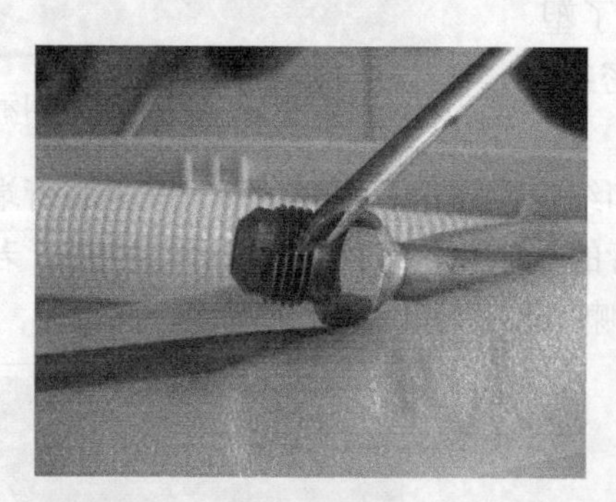

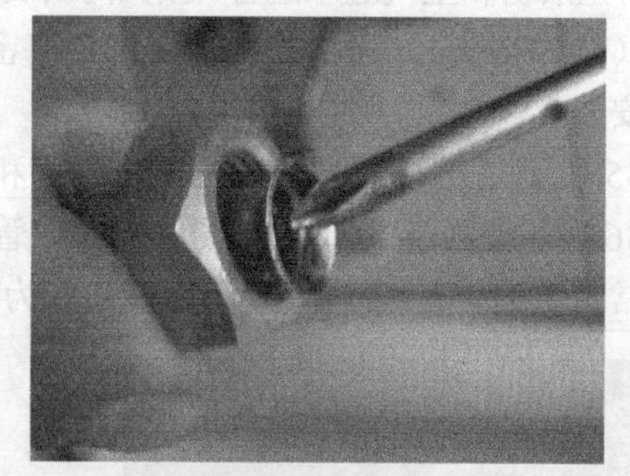

图 5-38　螺纹接头和螺纹管口的涂油处理示意图

图 5-39 所示是配管与螺纹接头连接示意图。将配管笔直地与引出管（导管）接头对齐，不能歪斜，然后用左手按住导管，用右手将螺母（纳子）对好丝扣，拧 3～5 圈，如果只拧 1～2 圈就拧不动时，说明螺母和导管没有对齐，应重新对正后再拧，如果丝扣出现碰伤，可用丝锥处理，以保证装配质量。用手拧不动后，可使用与管径相匹配的活络扳手继续紧固，当

听到“咔嚓”一声时，说明已达到紧固力矩。实际安装时，多采用普通扳手进行紧固。具体安装操作如图 5-40 所示。

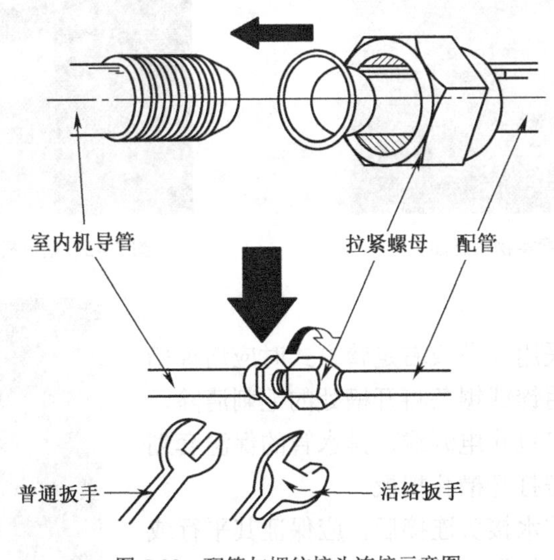

图 5-39 配管与螺纹接头连接示意图

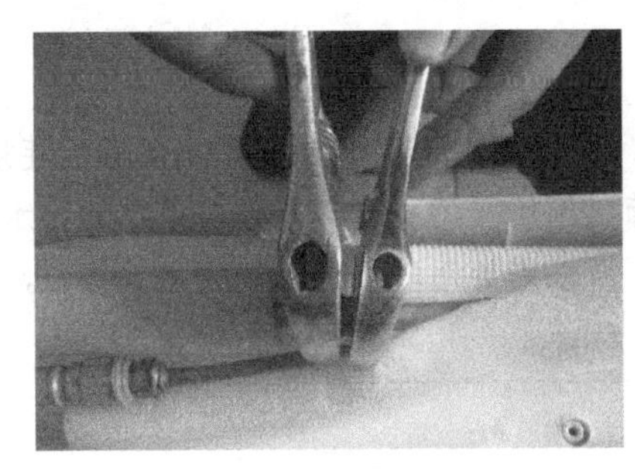

（a）紧固

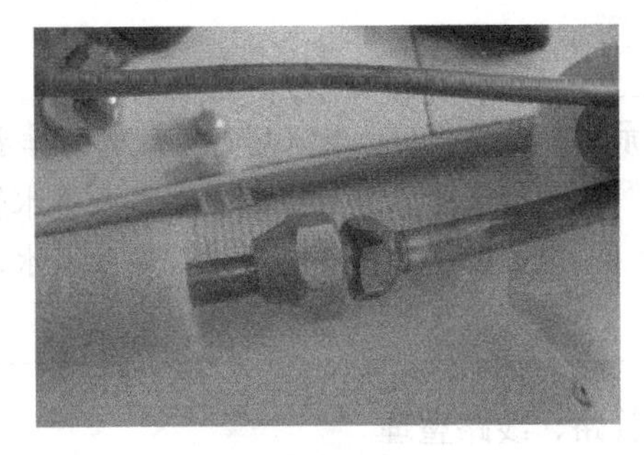

（b）连接后的效果

图 5-40 配管与室内机的螺纹接头连接操作示意图

注意 使用普通扳手紧固时，活络扳手的力矩必须适中，力矩过小密封不严，造成制冷剂泄漏；而力矩过大则容易导致喇叭口处开裂，也会造成制冷剂泄漏。

（3）配管加长

若厂家提供的配管长度不够，需要加长时，首先要用割管刀将配管的一端割断，且将管口用胀管器胀为杯形口，再将相同管径的铜管对接后，用银铜焊条进行焊接，随后将接入铜管的另一端安装铜接头并将管口胀为喇叭口即可。因为配管被延长，需要补充一定量的制冷剂，若空调采用的制冷剂是 R22，则每增加 1m 铜管需补充 10g 制冷剂。不过，实际安装时若增加的铜管尺寸较短，也可以不用补充制冷剂。

8. 排水管安装及管路、线路整理

（1）排水管实物

购买空调时随机附件内有一根排水管，如图 5-41 所示。

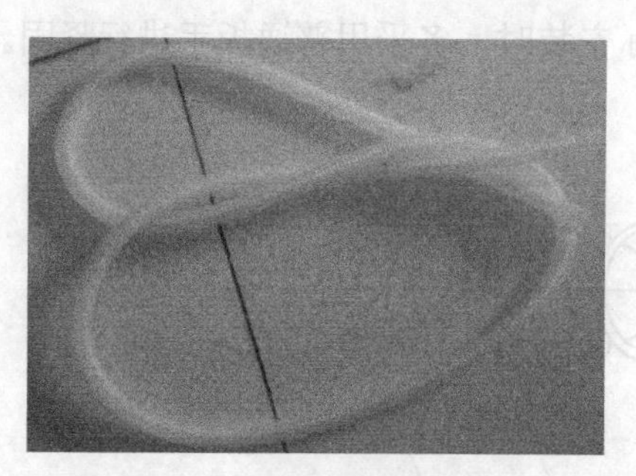

图 5-41　排水管实物示意图

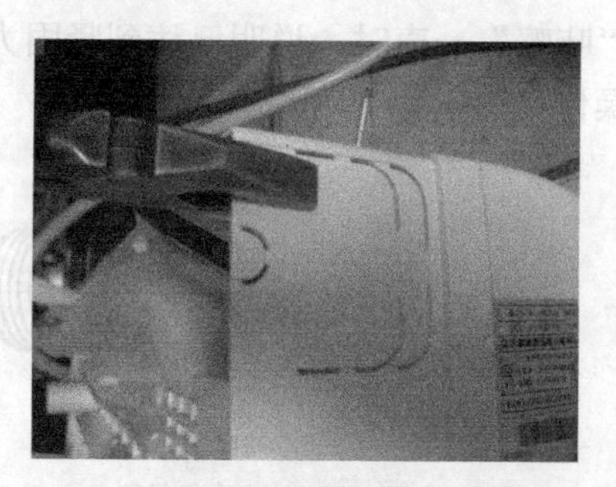

图 5-42　室内机引管布置示意图

（2）安装

如图 5-42 所示，若采用向左或右走管方式时应掰掉槽孔挡板。打开槽孔后，用锉或锯条将开槽处的毛刺清除，并修整光滑，以免毛刺将包扎电源线、排水管的保温套划破。而背部走管方式无需打开槽孔挡板。

将排水管与室内机排水接头连接后，应保证其平行或向下倾斜，中间不能出现弯曲、折叠现象，以免排水不畅，如图 5-43 所示。

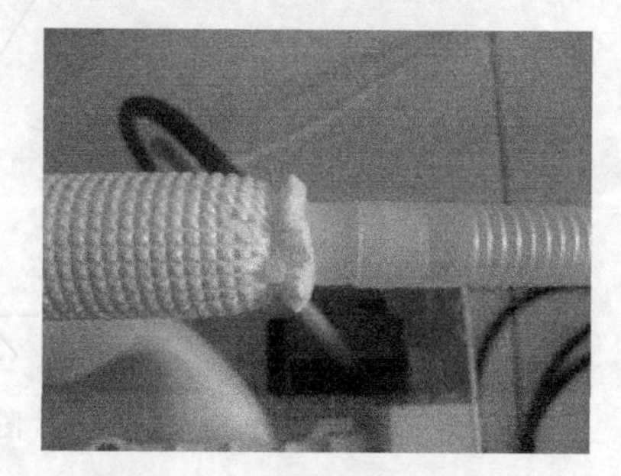

图 5-43　排水管安装示意图

提示　新装空调时，若采用厂家配套的排水管，排水管与室内机排水接头直接连接即可，无需做防水处理。若需要加长排水管，因所接的排水管可能与原厂的排水管不完全配套，可能会导致接头部位漏水，所以需要用防水胶带缠绕接头部位，以免发生漏水故障。

（3）管路、线路整理

将铜管、电缆及排水管进行排列，排水管应安排在管组最底部，铜管、导线不得互相缠绕。留出喇叭口接头部分（此处需要检漏），将其余部分用维尼纶胶带包扎，注意包扎的重叠部分以 5～8mm 为宜。实际操作中，有时只包扎室内管路部分（含墙体内），待室内机安装到挂板上，室外管路部分经过整理后，再包扎室外管路部分，如图 5-44 所示。安装时也可根据具体情况决定。

9．室外机固定支架的安装

（1）注意事项

如果室外机安装在窗户的下面，既不能高出窗台，也不能过低，一般低于窗台 15cm 左右，以便于安装和维修。一般情况下不能将室外机直接安装到地面，要保留进气、排气空间和维修空间，安装时为了防止发生意外，安装人员必须使用安全带。

（2）安装

安装室外机时，首先要使用厂家配套的固定支架或根据空调前后固定孔之间的距离选择合适的固定支架。

测量室外机水平方向固定孔间的距离，如图 5-45（a）所示。

画出室外机固定支架安装钻孔位置，注意两个支架的支承面应在同一水平面上，如

图 5-45（b）所示。底部钻孔位置距窗台面距离应为室外机高度+顶部预留空间（15cm），左右打眼位置之间的距离应等于空调左右固定眼之间的距离。

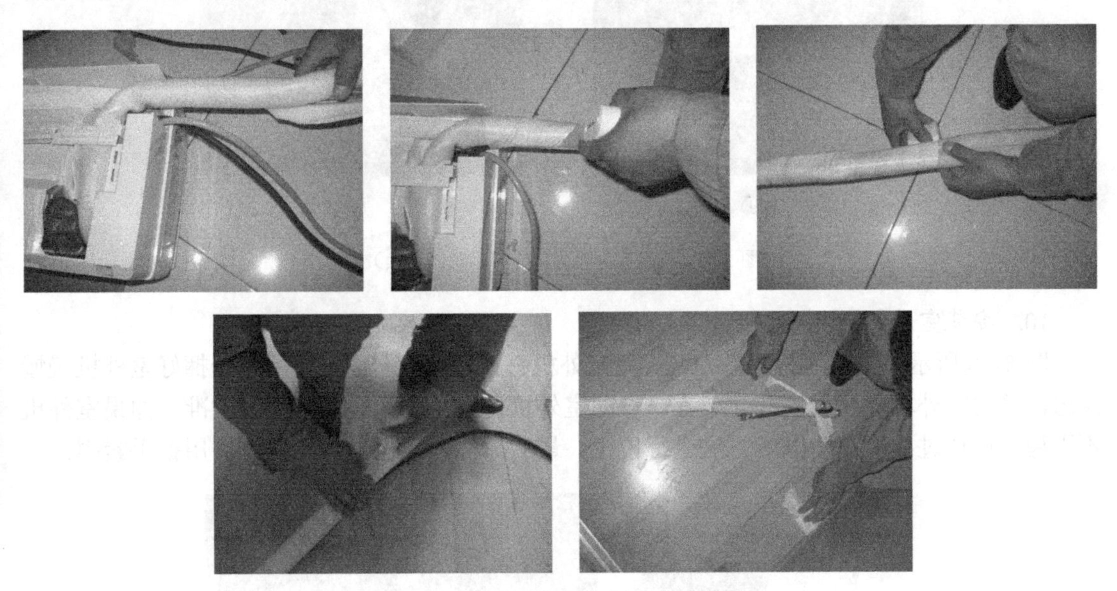

图 5-44　管路、线路整理和包扎示意图

用电钻在支架固定点位打眼，如图 5-45（c）所示。

将膨胀螺栓安装到支架上，用螺母紧固好，为了保证牢固最好再加装一个螺母，并将固定支架的膨胀螺栓钉入墙体打眼位置，如图 5-45（d）所示。

用水平尺检测两支架是否在同一水平面上，若不是，则需要调整，如图 5-45（e）所示。

最后，把螺母安装到膨胀螺栓上，用扳手将它拧紧，如图 5-45（f）所示。

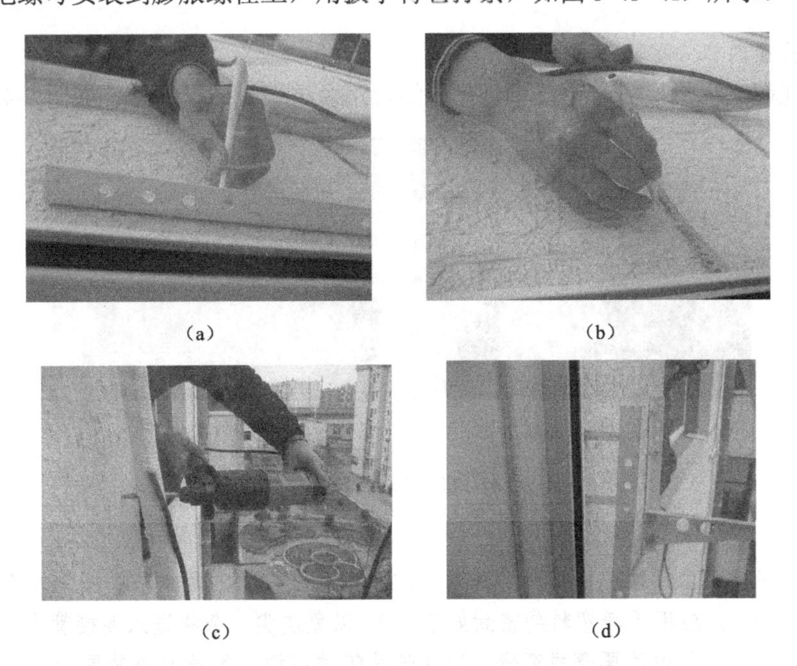

（a）　（b）

（c）　（d）

图 5-45　安装室外机固定支架示意图

（e）

（f）

图 5-45 安装室外机固定支架示意图（续）

10. 安装室外机

图 5-46 所示是安装室外机示意图。将室外机直接送出室外，也可用绳子捆好室外机慢慢送出，并将室外机放置于安装支架上。移动室外机使自身固定孔与支架孔对准，如果室外机不平稳，应通过加橡皮垫圈等方法进行校正。最后，插入螺栓，拧上螺母并用扳手紧固。

图 5-46 安装室外机示意图

11. 安装室内机

一个人托起室内机，另一个人将包扎好的管路经过墙孔送出室外，如图 5-47 所示。

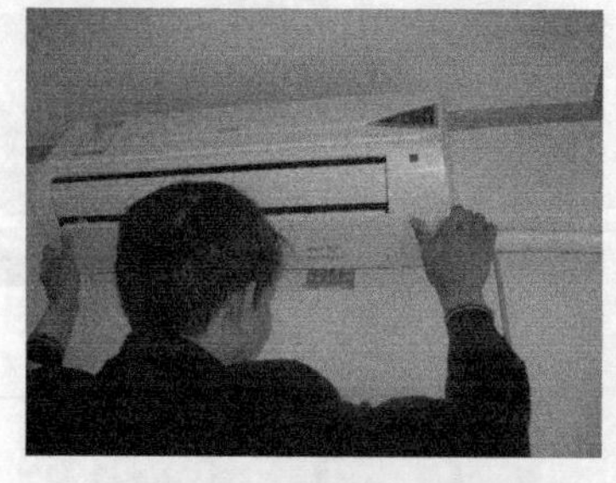

（a）室内机体部分

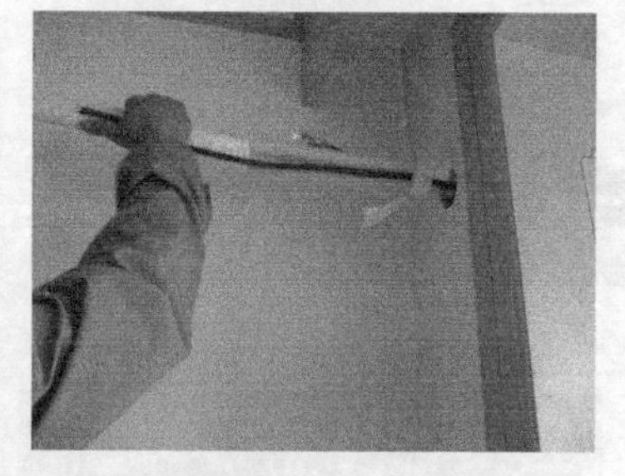

（b）管路部分

图 5-47 将管路送出室外示意图

注意 将管路由过墙孔向室外穿送时，注意铜管螺母上的两个防护帽千万不能丢失（若丢失，应用干净塑料袋密封好管口），以免灰尖、杂物进入连接管内。另外，管路伸出过程中不要弯成死弯，以免连接管被压瘪，影响制冷效果。

用双手托住室内机，使其到达挂板的位置，将它背面的4个槽口对齐挂板上的挂钩，随后将槽口同时套在挂板的挂钩上，然后用手前后左右移动室内机，确认它已牢固，否则应重新安装，最后为过墙孔安装上护盖即可，如图5-48所示。

图5-48　悬挂室内机示意图

提示　挂室内机用手按压时，应按压住室内机后面的管路部位（图5-26的①、④出管方式尤为突出），防止其弯曲、变形。在实际操作中，若按②、③、⑤方式布管时，根据需要，也可先将室内机挂至挂板上，再将包扎好的管路伸出室外，最后与室外机连接。

12. 室外管路和线路连接

将伸出室外的排水管出水口向下，让冷凝水自然地滴落到空地上，而不能滴在室外机、窗户或墙壁上，并且出水口距地面的距离应大于5cm。

根据管路走向要求，对伸出室外的连接管路应整形为弯管，弯管时应用大拇指按住铜管小心用力，严禁将管路折成死弯。

提示　弯管弯曲半径不能小于1m，同一部位弯曲不能超过3次，连接管的总弯曲数最好不超过5个。如果室外机部分连接管有较大剩余，可盘成直径不小于500mm的圆圈后，放在室外机的后背侧，再用管卡固定，管路的布置应美观大方。

拆掉连接管口的防护帽或塑料袋，在检查两管口良好的情况下，在管口与喇叭口内壁涂一些机油。将连接管管口置于和室外机高压、低压截止阀管口附近，且中心位置能够对齐，如图5-49（a）所示。

连接管与室外机高压、低压截止阀的管口中心对齐，用手拧3～5圈初步紧固，并可确定两管口是否对齐，如图5-49（b）所示。

先用扳手将高压截止阀的螺母紧固，而低压截止阀上的螺母略松一些，以便管路的排空，如图5-49（c）所示。

注意　紧固螺母时要注意手感，用力过小螺母拧不紧，容易泄漏制冷剂；用力过大会导致喇叭口损坏，也会产生泄漏制冷剂的现象。

打开室外机接线盒，如图5-49（d）所示。

按工厂标注颜色对号接线，如图 5-49（e）、（f）所示。

检查线缆连接正确后，用压线板将连接线缆压紧并固定。最后，安装接线盒盖并用螺钉紧固，如图 5-49（g）所示。

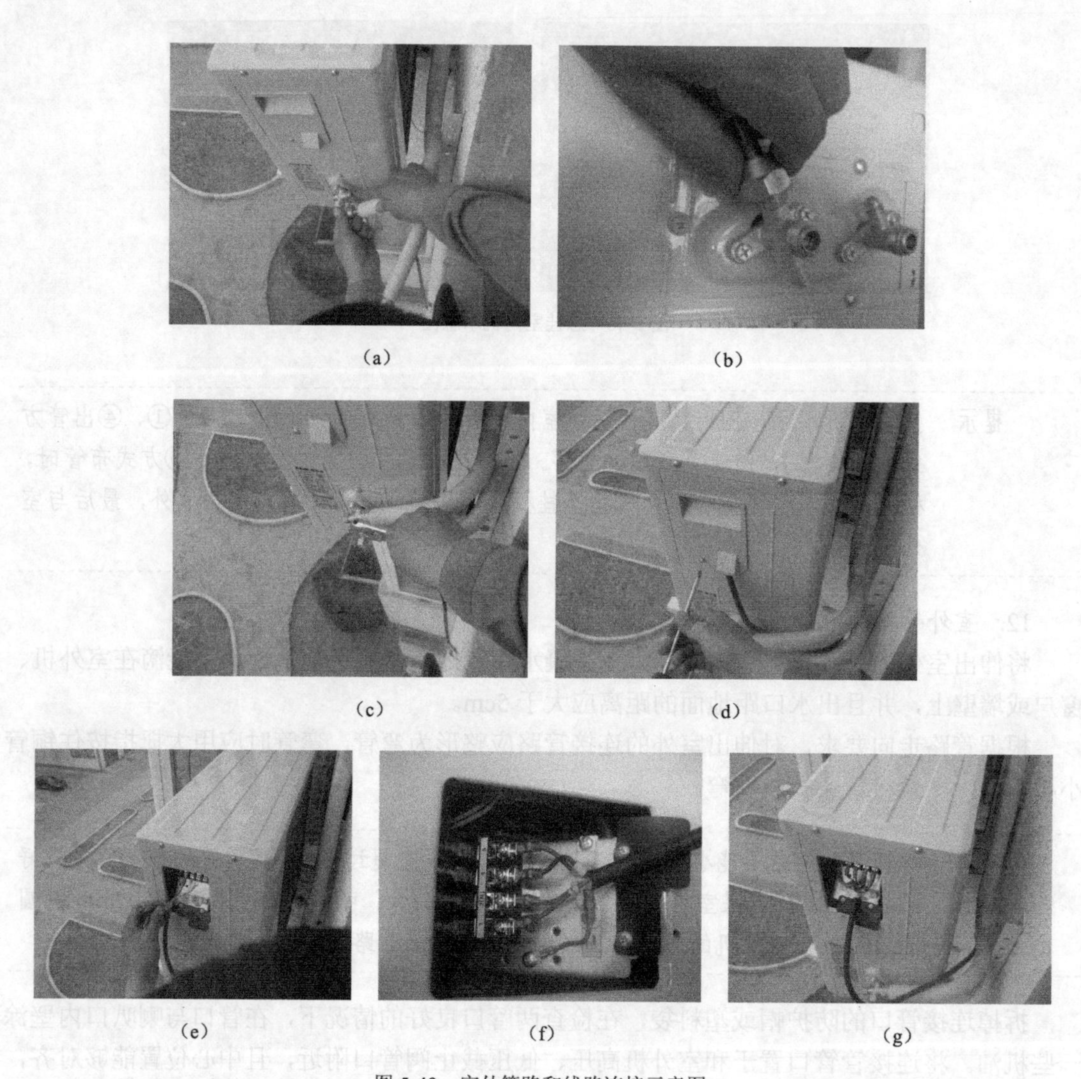

图 5-49　室外管路和线路连接示意图

13. 管路排空

第 1 步，连接好管路，拆下高压、低压截止阀上的两个铜帽，如图 5-50（a）所示。

第 2 步，用内六角扳手将高压截止阀的阀芯逆时针旋两圈，如图 5-50（b）所示。

第 3 步，再用内六角扳手或螺丝刀顶住阀针，如图 5-50（c）所示。待 10s 左右，感觉到低压截止阀的维修口有“呲呲”的响声，说明有制冷剂排出，并将管路内的空气排净。

第 4 步，排空后，再用内六角扳手逆时针将高压、低压截止阀的阀芯旋转到底，将截止阀全部打开，如图 5-50（d）、（e）所示。

第 5 步，将两个铜帽安装到原位置并拧紧，如图 5-50（f）所示。

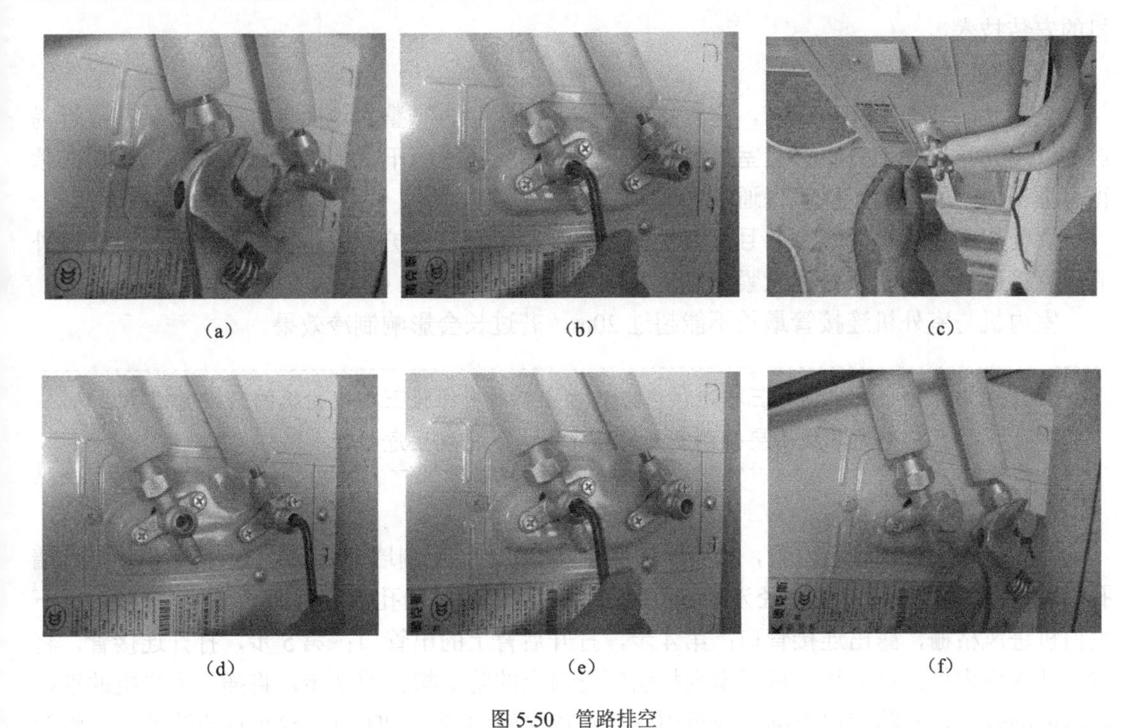

图 5-50 管路排空

14. 检漏与试机

图 5-51 所示为检漏示意图。检漏主要是检测管路的连接处是否密封，不泄漏，将洗涤灵或肥皂水涂在配管与室内机、室外机的连接处，仔细观察有无气泡产生，若 5min 内产生气泡且越来越大，说明此处泄漏，应重新紧固连接处的螺母，直到不泄漏为止；若连接处不产生气泡，说明没有泄漏的现象，用干净布将洗涤灵或肥皂水擦拭干净，再用保温套管、绝缘带和胶带将室内机管路连接部分按规定包扎好即可；若紧固螺母后泄漏现象仍然存在，将制冷剂回收到室外机后，拧下螺母检查喇叭口是否损坏。若损坏，需要重新为配管胀口；若正常，重新安装即可。

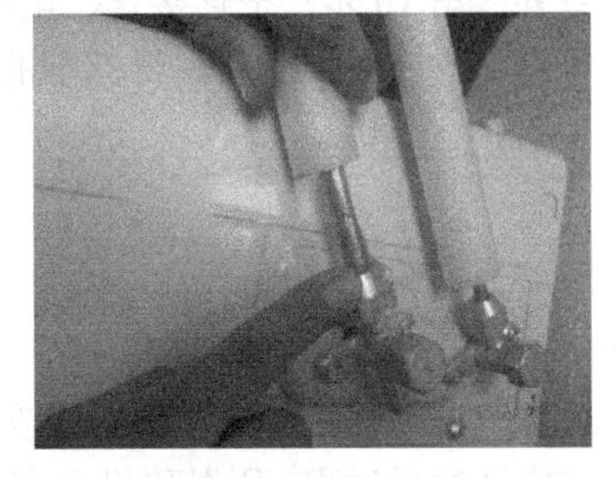

图 5-51 检漏示意图

提示 制冷剂回收到室外机的方法将在第五节空调的移机部分进行介绍。

在确认室外机高压、低压截止阀完全打开，各连接口密封良好的情况下，将空调插头插入单独的电源插座上试机。将空调置于制冷状态并运行 15min，测量出风口温度，制冷时进风口（进气口）、出风口（出气口）温差在 8℃以上，说明制冷正常。同时，检查室内机、室外机是否存在异常噪声。若有噪声，需要检查噪声来源并排除。

三、分体落地式空调的安装

分体落地式空调的室外机安装与分体壁挂式空调相同，下面仅介绍分体落地式空调室内机的安装技术。

1. 安装要求和注意事项

过墙孔距地面 10cm 左右，室内机安装在室内坚实、平整的地面上，不能安装在靠近易燃物或阳光直射的地方，并且室外机排出的热气和噪声不应干扰他人。进风口和出风口必须留有适当的空间距离，以确保通气畅通。

要使用专用的电源线，并且需要配置电源开关和漏电保护开关。室内机、室外机金属外壳上有接地螺钉，安装时注意紧固螺钉并接好接地线。

室内机与室外机连接管最长不能超过 20m，若过长会影响制冷效果。

注意 部分柜机采用了三相电供电方式，安装时要保证三相电柜机的三相电相序正确，三相电的零线不要接到室外机外壳上，以免发生危险。

2. 安装方法

第 1 步，选择过墙孔位置，一般距地面 10cm 左右，距侧墙 20cm 左右；第 2 步，打过墙孔，3P 以下柜机的过墙孔直径为 65mm，5P 以上柜机的过墙孔直径为 85mm；第 3 步，拆下室内机进风格栅，露出连接管口；第 4 步，打开后背上的出管口；第 5 步，打开连接管，将管口插入室内机；第 6 步，拆下室内机引管管口上的防护帽；第 7 步，将插入室内机的连接管弯成圆弧状，并将管口对准室内机引管，在连接管的管口和喇叭口涂少许冷冻油，并将两管口对齐拧好；第 8 步，用两个扳手紧固好管口，其中的一个扳手用于固定管路，以免管路变形或损伤；第 9 步，按工厂标注连接好电源线、信号线和排水管，把排水管由过墙孔伸出室外；第 10 步，把连接管、电源电路线和信号线捆扎好，成为连接管组；第 11 步，把连接管组穿出室外；最后，将拆下的进风格栅安装好，并为过墙孔安装护盖。

第五节 空调的移机

空调的移机就是需要将已安装的空调拆卸后再安装到另外一个地方。而拆卸空调就是安装空调的反过程，所以移机和安装的主要区别就是将室内机、管路内的制冷剂回收到室外机。本节主要介绍制冷剂回收技术。

提示 制冷剂回收是将制冷剂全部回收到室外机中，以便再次安装时继续使用。回收制冷剂需在空调运行在制冷状态下完成，严禁在制热模式下回收制冷剂，所以冷暖式空调冬季低温或超低温天气回收制冷剂时要采取一定措施。

一、回收制冷剂的方法

由于大部分空调都是在夏季使用，所以移机工作也主要在夏季完成。下面介绍夏季高温季节期间回收制冷剂的方法。

让空调在制冷模式下运行 10min 后，用扳手拧下室外机高压、低压截止阀上的密封铜帽，露出阀芯。

1. 回收步骤

将相应尺寸的内六角扳手插入高压截止阀的阀芯调整口，向右旋转到底，关闭高压截止阀的阀芯，压缩机不再往管路、室内机输送制冷剂，而制冷剂在压缩机的作用下通过低压截止阀被吸入压缩机。

提示　制冷剂回收过程中，若看到高压管（细）结霜，说明高压截止阀的阀芯没有关死，导致高压管内仍有制冷剂流动。此时，应等制冷剂回收完毕停机后，拧下高压连接管管口，并迅速把密封帽（铜帽）安装到高压截止管侧管口，防止制冷剂继续外泄。如制冷剂泄漏过快，应立即停止操作，以免制冷剂喷到手部引起冻伤。

回收结束后，用内六角扳手向右旋转低压截止阀的阀芯，使低压截止阀关闭。

注意　低压截止阀关闭后应立即拔下空调的电源线，使压缩机停转，以免压缩机在高压截止阀和低压截止阀关闭后继续运转而可能损坏。

拆下高压、低压连接管，用手指按高压截止阀右侧的管口，感觉无气体溢出，说明截止阀已关闭。最后，拧上拆卸的密封帽，如图 5-52 所示。

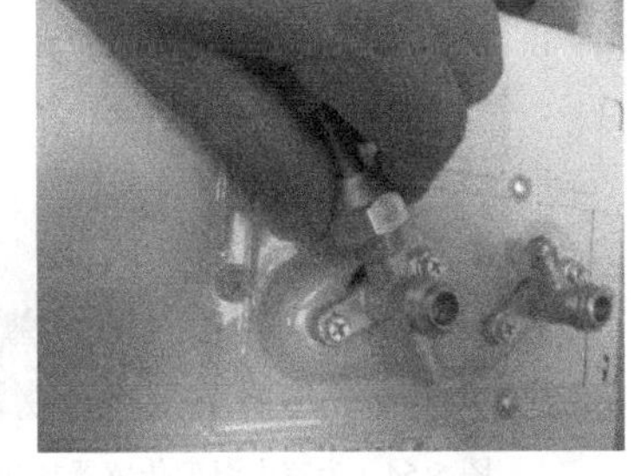

图 5-52　拆卸高压、低压管示意图

2. 密封帽的制作

拆下高压管后，若高压截止阀的右侧管口有气体溢出，说明阀芯密封不好，可为这个管口安装一个密封帽，若手头没有成品密封帽，也可以用自制的密封帽进行密封。制作密封帽的方法是：取一段直径为 6mm 的铜管和毛细管，6mm 铜管的一管口扩为喇叭口安装到截止阀的右侧管口上，毛细管的一端和 6mm 铜管焊在一起，毛细管的另一端用封口钳夹扁封死，如图 5-53 所示。

（a）成品密封帽

（b）自制密封帽

图 5-53　密封帽的制作

3. 冬季回收制冷剂

单冷式空调：若单冷式空调因冬季的环境温度不能启动时，可单独为压缩机供电系统提供 220V 市电电压，强制压缩机进入运转状态，确保制冷剂在低温时回收。

冷暖型空调：为了防止热泵冷暖型空调在低温季节工作在制热状态，而不能进行制冷剂回收。部分热泵冷暖型空调具有直通功能（如三菱空调），可将工作模式置于 CONSTANT 状态，强制系统工作在制冷状态，实现制冷剂在低温时的回收。而对于没有直通控制功能的热泵冷暖型空调，可拆开室内机，用手握住室内温度传感器，通过为它加热的方法，使该机工作在制冷状态，如图 5-54 所示。

二、回收量的判断

回收量的判断通常有经验法和压力法两种。

1. 经验法

所谓经验法就是根据经验判断回收是否结束。制冷剂回收时间根据连接管长度不同而不同，若连接管的长度为 5m 左右，那回收时间为 5min 左右，如果连接管被加长较多，回收时间适当延长。若制冷剂回收时间不足，会导致制冷剂回收不彻底。但时间也不能太长，否则会因制冷剂已停止流动而导致压缩机的负载过重，给压缩机带来危害。

2. 压力法

压力法就是通过公英制加液管将三通维修阀、压力表组件安装在低压截止阀的维修口上，在回收制冷剂的同时查看压力表的数值，如图 5-55 所示。数值为 0 时，说明制冷剂回收完毕。

图 5-54 为室内温度传感器加热的示意图

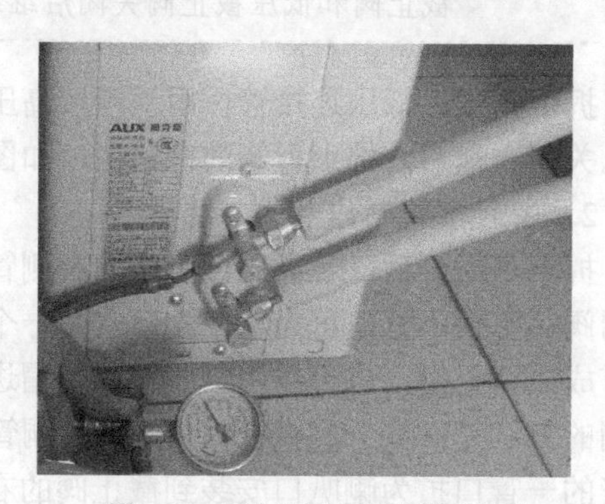

图 5-55 压力法回收制冷剂示意图

第六节 压缩机的检测与更换

一、待换压缩机的检测

为了防止待换的压缩机异常，给更换工作带来不必要的麻烦，需要对其进行检测。检测方法如下。

第一步，用套管拆掉固定端子盖的螺母，如图 5-56 所示。

第二步，将检测压缩机用的电气系统，正确接入待换压缩机电机的 3 个端子上，如图 5-57 所示。

第三步，检查接线正确后，用克丝钳夹住压缩机的一个固定脚，以免压缩机运转后跌倒，随后将检测用电气系统的电源插头插入市电插座，若压缩机正常运转，说明压缩机正常，如图 5-58 所示。

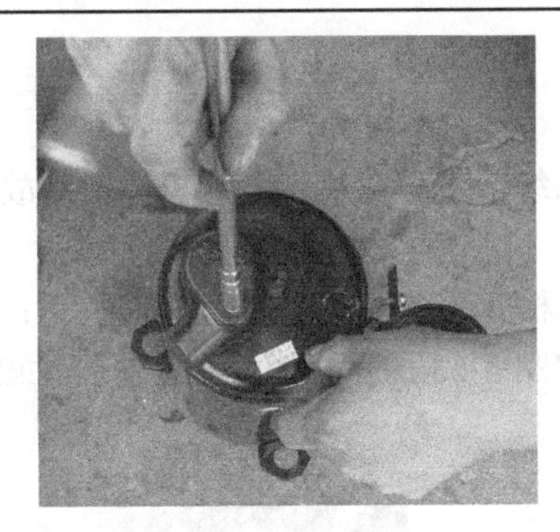

图 5-56　拆卸顶端盖

图 5-57　安装检测线路

若压缩机不能运转，可能是压缩机卡缸或电机绕组异常所致。检测电机绕组正常后，就可以怀疑卡缸的，此时，在不通电的情况下，抱起压缩机轻轻地在地面磕几下，通电后一般的卡缸现象就会消失，如图 5-59 所示。

图 5-58　夹住固定脚

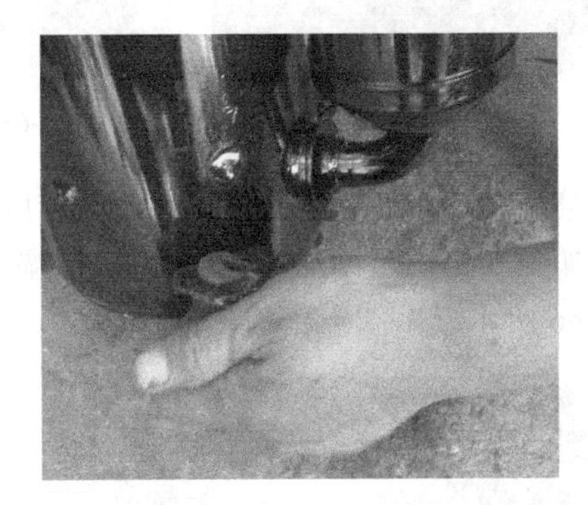

图 5-59　轻磕压缩机

若新压缩机出现卡缸时，多因运输不当导致缺冷冻油所致。此时，将压缩机放倒，若不能在回气管口流出冷冻油，则说明严重缺油，如图 5-60 所示。为待换的压缩机加注冷冻油比较简单，此时，用克丝钳夹住压缩机的支脚，同时为压缩机通电使它运转，从压缩机回气管的管口缓缓倒入与制冷剂配套的冷冻油，如图 5-61 所示。

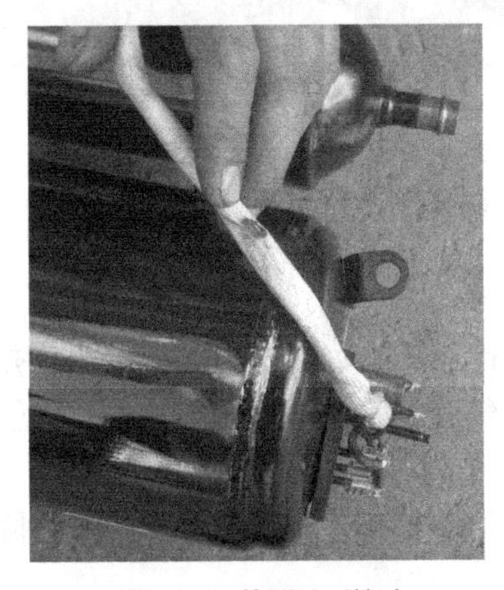

图 5-60　检测是否缺油

图 5-61　加注冷冻油

二、压缩机的更换

确认待换的压缩机正常后，则拆掉检测用的供电系统，就可以将该压缩机更换到故障机上。更换方法如下。

第一步，将室外机固定压缩机的螺杆上套上合适或相应的减震垫，如图 5-62 所示；将压缩机的 3 个固定支架的孔与机壳上的 3 个螺杆对齐，如图 5-63 所示；为 3 个螺杆拧上螺母，如图 5-64 所示。

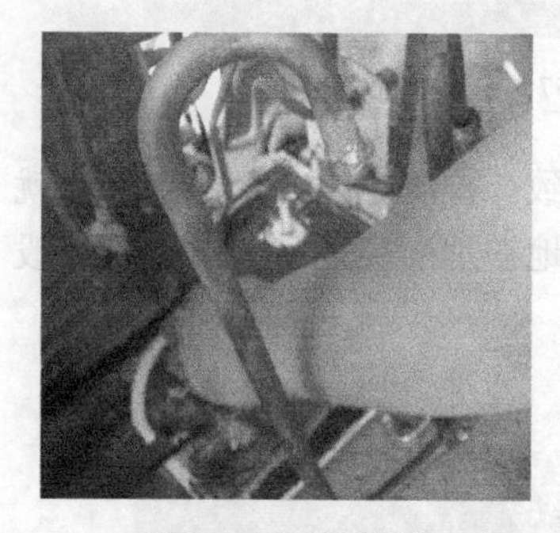

图 5-62　安装减震垫

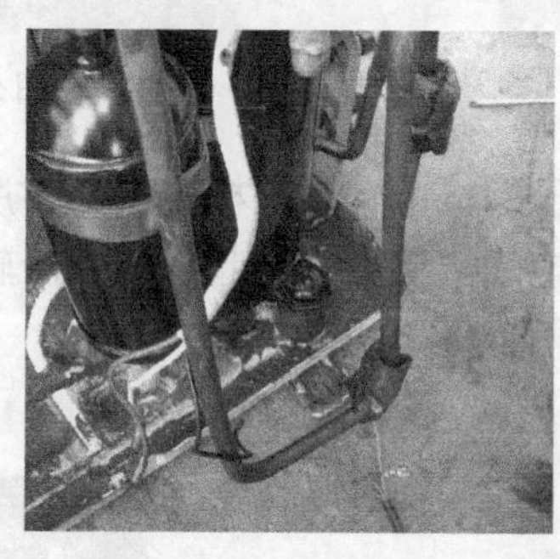

图 5-63　压缩机脚插入螺栓

图 5-64　拧螺母

第二步，整理管路，将排气管对准压缩机的排气管口，将回气管对准压缩机的回气管管口，如图 5-65 所示；将抹布用凉水浸湿后，包在四通阀的阀体上，对其进行冷却处理，如图 5-66 所示。

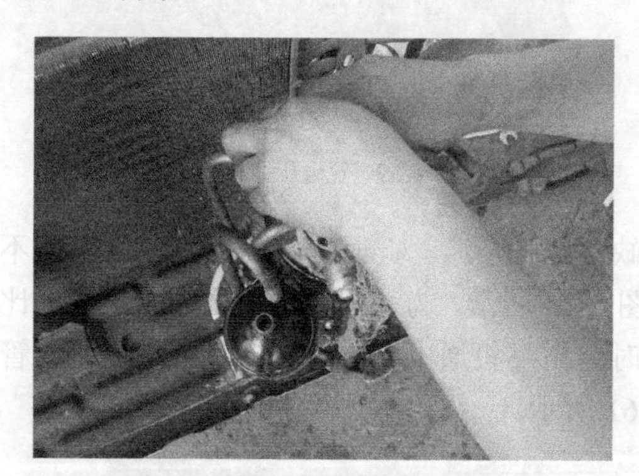

图 5-65　安装回气管、排气管

图 5-66　为四通阀降温

注意　拆卸压缩机时，也应该对四通阀进行降温，以免它内部元器件过热损坏。

第三步，用气焊对排气管和压缩机的排气管管口进行加热，如图 5-67 所示；当加热达到一定温度后，用克丝钳子夹住排气管，向下用力，将排气管的管口插入压缩机的排气管的管口内，同时对其进行焊接，如图 5-68 所示；焊接后的排气管口如图 5-69 所示。

第四步，为了降低对四通阀的影响，取下四通阀上的湿抹布，并用它对焊口进行降温，如图 5-70 所示。

图 5-67　加热排气管

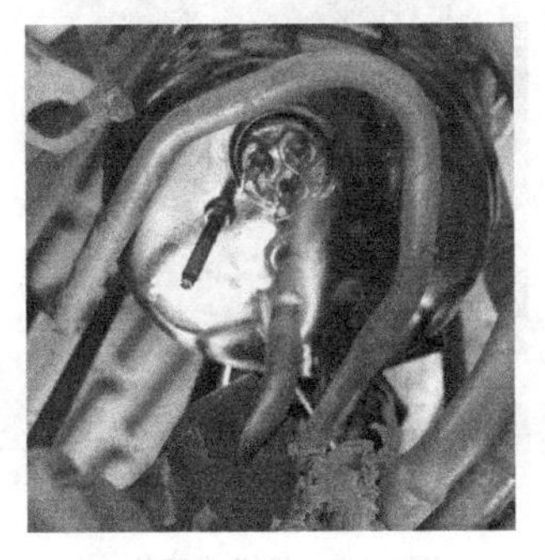

图 5-68　焊接回气管

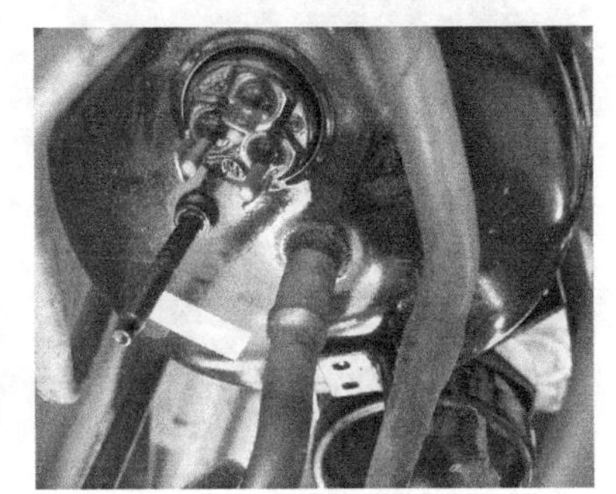

图 5-69　察看焊口

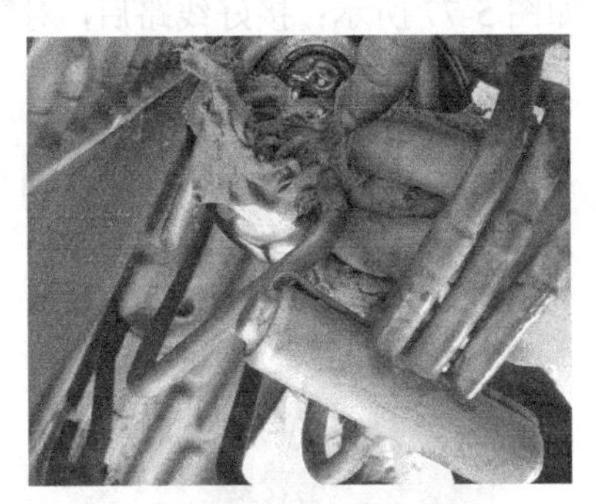

图 5-70　为排气管降温

图 5-71　回气管插入油液分离器

第五步，用气焊对回气管和压缩机的回气管管口进行加热，当加热达到一定温度后，用克丝钳夹住排气管，向下用力，将回气管的管口插入压缩机的回气管的管口内，如图 5-71 所示；随后，对其进行焊接，如图 5-72 所示；焊接后用湿抹布对焊口进行降温，如图 5-73 所示。

图 5-72　焊接回气管

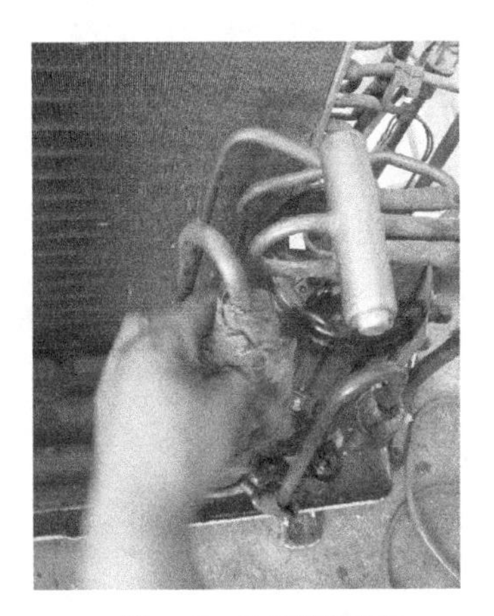

图 5-73　为回气管降温

第六步，将压缩机电机供电线路接好，如图 5-74 所示；随后，盖好端子盖，如图 5-75 所示；最后安装螺母并用套管拧紧，如图 5-76 所示。

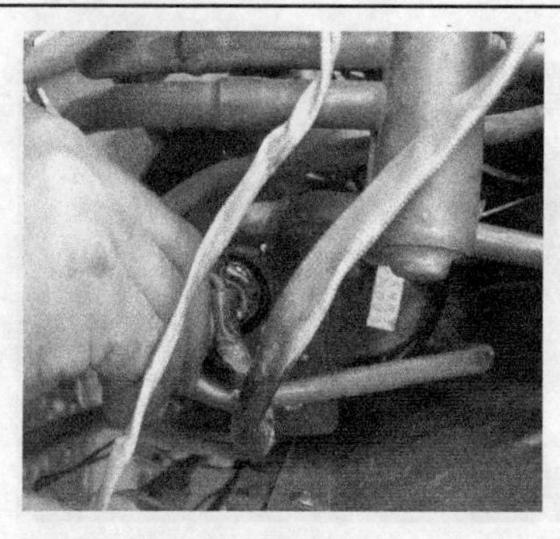

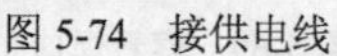
图 5-74　接供电线

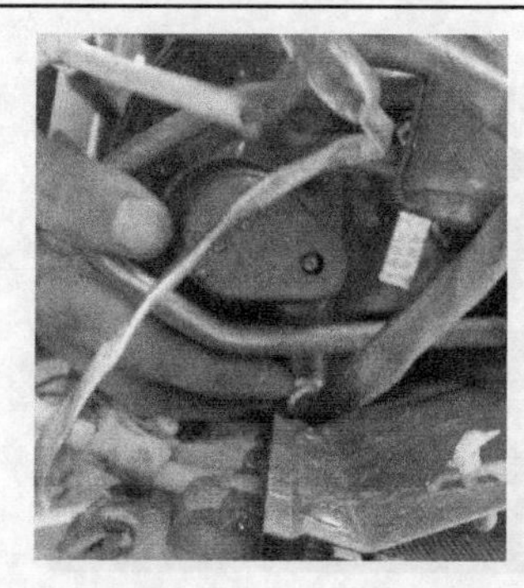

图 5-75　盖好端子盖

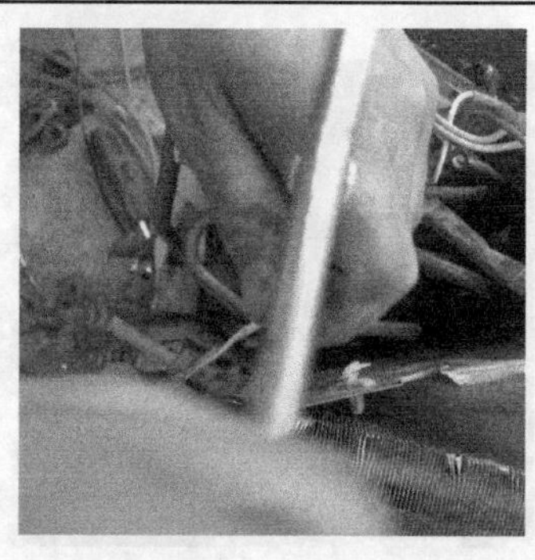

图 5-76　拧紧螺母

第七步，将压缩机运行电容的供电线路接好，如图 5-77 所示；接好线路后，对管路和线路进行整理，以免产生机振，如图 5-78 所示。

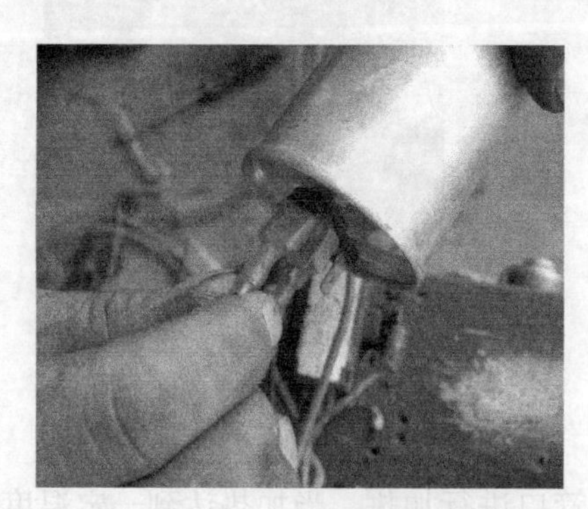

图 5-77　接好运行电容

图 5-78　整理管路

第八步，将机器复原，再对系统抽空、加注制冷剂即可。

第六章　空调假故障、维修注意事项、典型故障检修流程

第一节　常见假故障和维修注意事项

一、常见的假故障

日常使用空调（空调器）时，偶尔会听到空调发出一些怪声或者出现某些异常现象。这些现象并非都是空调出了故障，而是属于正常现象，也称为假故障。为了防止这些假故障给用户和初学者带来麻烦，下面列举一些常见的假故障现象。

1．空调初次使用时，压缩机工作了很久不停机。这不是故障，因为刚启用空调时室内温度较高，要使室内温度降低，压缩机必须连续工作很长时间，当然这还与空调所处的环境温度和温度值设置高低有关。

2．空调工作的最初 10min 内有时会发出“噼啪”声。这不是故障，因为空调的机壳多采用薄型乳白压花塑料制成，虽然具有重量轻、外观优雅的优点，但这类材料会随温度的变化产生热胀冷缩，使外壳发出“噼啪”的声音。

3．空调停机后不能立即启动。这是因为压缩机停转后，虽然制冷系统内的制冷剂停止流动，但管路高压侧的压力需要通过 3min 左右的时间降下来，所以为了防止管路内压力较高时压缩机启动运转，给压缩机带来危害，空调都设置了压缩机启动延迟功能。因此，在空调停机后，间隔时间未达到 3min 不能启动是正常的。

4．使用遥控器不能开机。这不一定是空调的问题，而有可能是遥控器使用不当或遥控器内的电池没电了。将遥控器的头部对准室内机的红外接收窗口后按开机键，若能够开机，说明不开机是由于操作不当引起的；若贴近室内机后能够开机，多为遥控器内的电池电量低，更换电池后就可以恢复正常。

5．空调运转时偶尔会发出如流水的“哗哗”声。这是空调在运行过程中，系统内的制冷剂状态不断发生变化，由液态变成气态，再由气态变回液态。这种正常的物理现象是在制冷系统中制冷剂以一定的速度流动，当受到一定的阻力时会产生“哗哗”的流水声。这是正常现象。

6．送出的风微臭。有人认为空调送出的带臭味的风是制冷剂泄漏造成的。但实际上制冷剂是无气味的，臭味来自室内的烟尘及其他异味。新型空调通过采用活性炭高效过滤层的强吸附作用，不仅能清除微小的灰尘颗粒，还能清除烟雾的臭味及其他异味，提高了空气的净化程度。另外，健康型空调的负离子发生器工作时也会送出微臭的风。

7．室内温度降不下来。可首先用手试一下空调的出风和出风温度是否异常，若正常，则说明空调无故障。产生的原因可能是由于室内人多，散热量过大，室外气温较高，房间窗户未关严，空调附近有热源，房间门开关频繁等。

8．制冷期间，室内机通风不畅，风不太冷。新型空调为了提高空气过滤、净化的效果，一般采用由尼龙网、静电过滤层和活性炭过滤层构成的过滤网，但过滤网的清洗周期较短，如不及时清洗，网孔被堵死时便会出现通风不畅，产生制冷效果差等现象。

二、维修注意事项

为了安全可靠地排除空调故障，必须注意以下事项。

1．要区分真假故障

首先，要通过故障现象、检测手段来判断故障是真故障还是假故障。

2．不要在阴雨天时维修制冷系统

由于阴雨天的空气湿度大，所以不能在阴雨天维修空调的制冷系统，否则湿度大的空气进入制冷系统后，不仅给抽空带来困难，还容易产生冰堵故障。另外，为制冷系统加注制冷剂前，要把加液管内的空气排出，否则加液管内的空气随制冷剂进入到制冷系统，可能会产生噪声大、冰堵等故障。

3．要注意制冷剂型号

目前进入维修期的空调使用的制冷剂型号有多种，不能交叉替换（有的根本不能替换）。加注制冷剂前应通过空调后背铭牌标注的制冷剂型号，来确认加注的制冷剂类型，否则加错制冷剂后，不仅会产生制冷差、噪声大等故障，甚至会影响压缩机的使用寿命。

4．要正确使用焊条和助焊剂

铜管与铜管之间焊接采用银铜焊条，铜管与铁管之间焊接采用黄铜焊条，否则会因焊接质量差或不牢固，引起制冷剂泄漏故障。采用黄铜焊条焊接前，为了保证焊接质量，要先把焊条头部粘上助焊剂，待焊接完毕后要清除助焊剂，否则容易发生焊点泄漏的故障。

5．连接管路后要检漏

维修空调时，若进行管路连接，最好要对连接部位进行检漏，以防止连接部位出现泄漏的现象，导致二次修理。

6．防高空坠落

在二层楼房以上的高空维修室外机时，维修人员要佩戴安全带，室外采用往复式压缩机的空调，搬运空调时的倾斜角度应小于 45°，否则压缩机内的冷冻润滑油从回气管中流进低压室，此时为压缩机供电使其运转时，冷冻润滑油被吸入汽缸内，因汽缸内的压缩比是按气体体积设定的，而液体不易被压缩，所以会导致压缩机的负荷迅速增大，给压缩机带来危害，同时冷冻润滑油还可能随制冷剂进入冷凝器，再通过干燥过滤器进入较细的毛细管，堵塞毛细管而形成油堵故障。另外，搬运空调时倾斜角度也不要过大。

7．修电气系统前要断电

由于空调采用 220V 或 380V 交流供电方式，所以拆卸电气系统的器件前必须先拔下空调的电源线，断电后再进行检修，以免被电击。而需要测量电压、电流时，再为空调通电。当有过热或焦味的时候要及时断电，以免故障范围扩大。

第二节　空调典型故障检修流程

本节介绍空调典型故障的原因、检修流程等。

一、压缩机不运转

1. 故障原因

单冷式空调的压缩机不运转的故障原因主要有 3 个：一是供电电路异常，使压缩机因无供电而不能工作；二是压缩机启动器或过载保护器异常，引起压缩机不能启动或启动后不能正常运转；三是制冷系统严重堵塞，导致压缩机过载，引起过载保护器动作。

2. 检修流程

空调压缩机不运转故障的检修流程如图 6-1 所示。

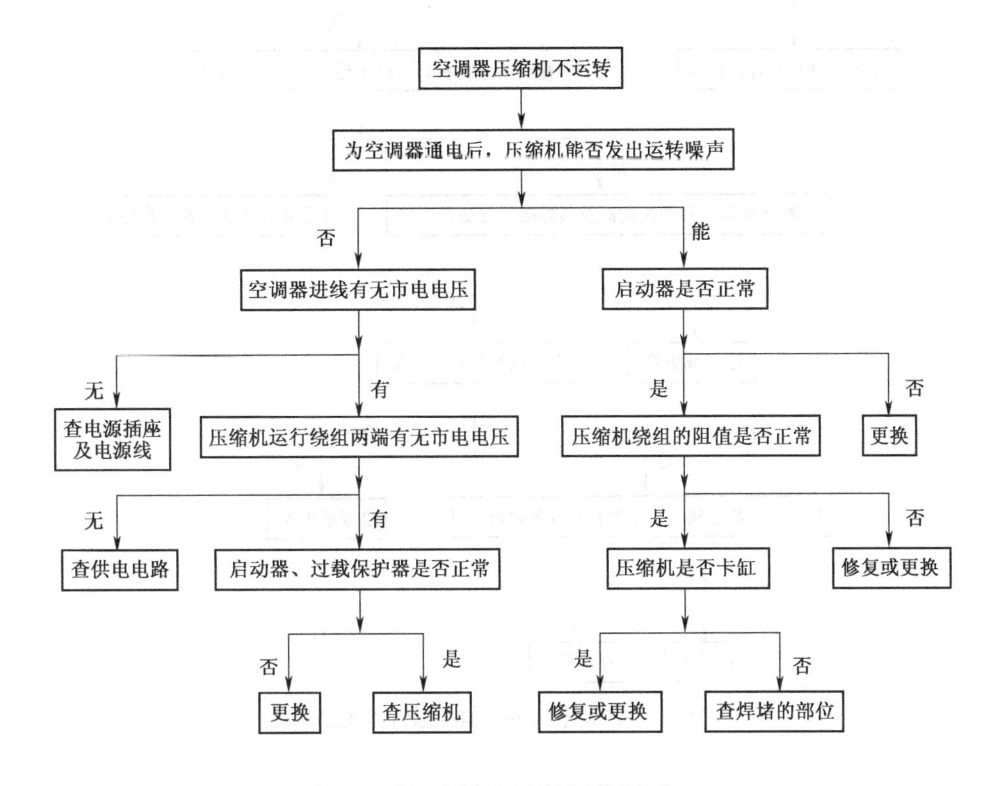

图 6-1　空调压缩机不运转故障检修流程

提示　目前空调压缩机采用的启动器多由运转电容兼任。压缩机供电是由电脑控制板上的继电器提供，所以压缩机的运行绕组没有供电，应查电脑板上的继电器及其激励电路。制冷系统焊堵多因维修时焊接不当引起，而堵塞部位多在焊点附近。

二、压缩机运转，但不制冷

1. 故障原因

压缩机运转，但不制冷故障的原因主要有4个：一是配管与室外机、室内机连接部位漏，二是冷凝器漏，三是蒸发器漏，四是压缩机异常。而冷暖式空调的四通换向阀漏也会产生该故障。

2. 检修流程

空调压缩机运转，但不制冷故障的检修流程如图6-2所示。

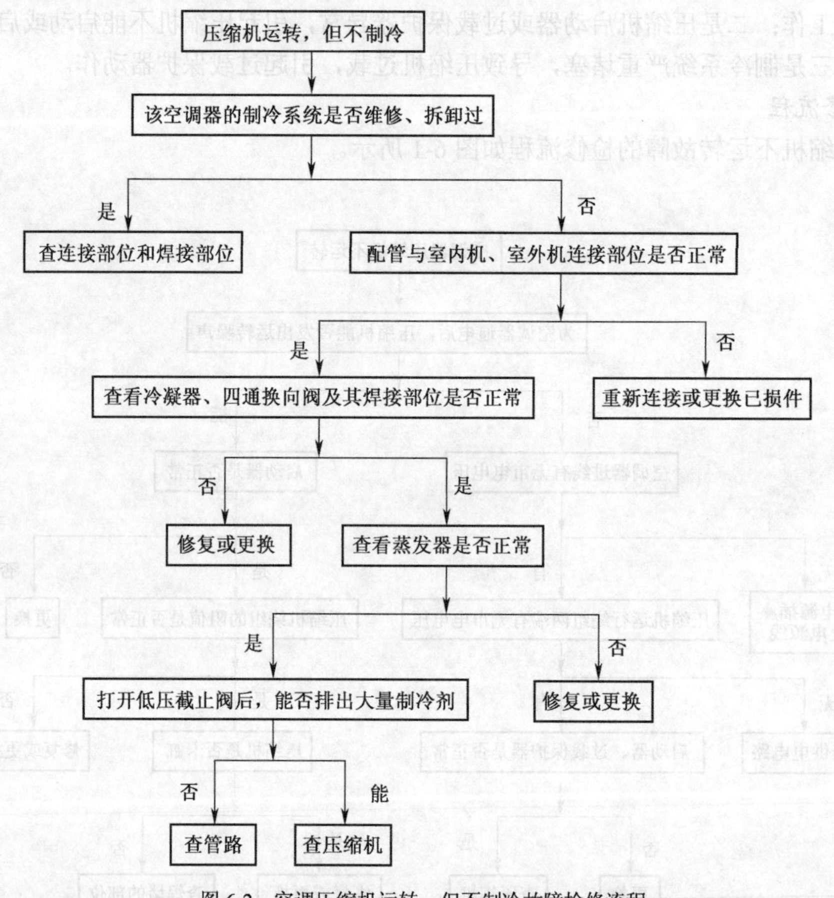

图6-2 空调压缩机运转，但不制冷故障检修流程

三、制冷效果差

1. 故障原因

制冷效果差故障的原因主要有5个：一是制冷系统泄漏，二是通风系统异常，三是四通换向阀损坏，四是高压、低压配管的保温层不良，五是压缩机性能差。

2. 检修流程

空调制冷效果差故障的检修流程如图6-3所示。

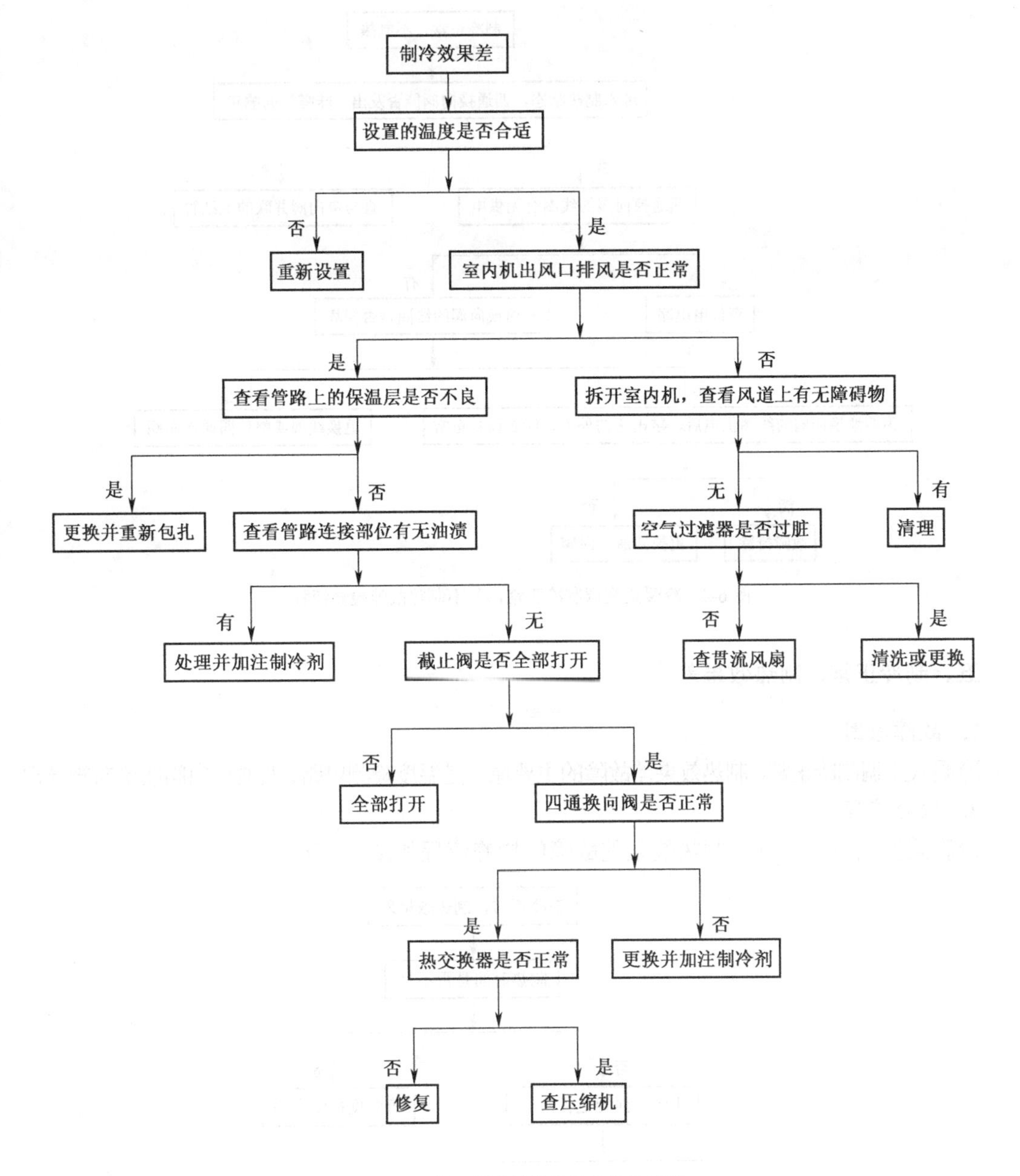

图 6-3　空调制冷效果差故障检修流程

四、制冷正常，不制热

1. 故障原因

冷暖式空调制冷正常，不制热故障的主要原因主要有两个：一是四通换向阀及其供电电路异常，二是单向阀并联的毛细管堵塞。

2. 检修流程

冷暖式空调制冷正常，不制热故障的检修流程如图 6-4 所示。

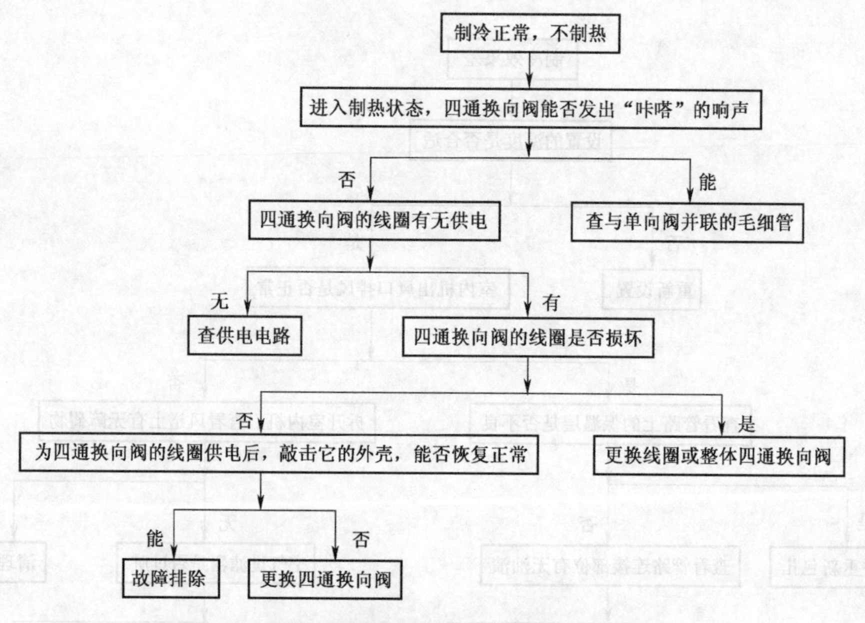

图 6-4　冷暖式空调制冷正常，但不制热故障检修流程

五、制冷正常，制热效果差

1. 故障原因

冷暖式空调制冷正常，制热效果差故障的主要原因是温度检测电路、四通换向阀或单向阀异常。

2. 检修流程

冷暖式空调制冷正常，制热效果差故障的检修流程如图 6-5 所示。

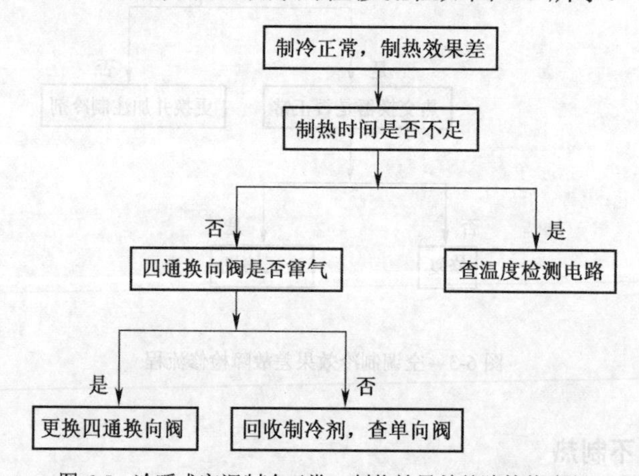

图 6-5　冷暖式空调制冷正常，制热效果差故障检修流程

六、风扇电机不转

1. 故障原因

风扇电机不转故障的原因主要有 3 个：一是供电电路异常，二是启动电容（运转电容）损坏，三是电机损坏。

2. 检修流程

空调风扇电机不转故障的检修流程如图 6-6 所示。

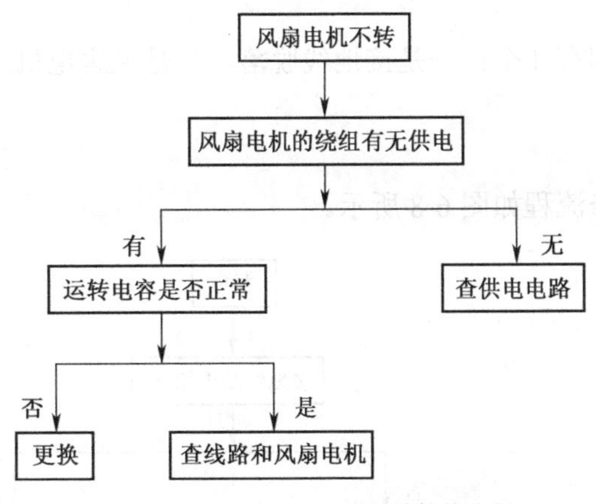

图 6-6　空调风扇电机不转故障检修流程

提示　部分空调的风扇电机绕组匝间短路，可能会导致市电输入回路的熔断器过流熔断，产生整机不工作的故障。

七、噪声大

1. 故障原因

噪声大故障的主要原因有 3 个：一是空调安装的位置不平，压缩机运转后产生共振；二是风扇与其他部件或异物相碰；三是风扇或风扇电机损坏。

2. 检修流程

空调噪声大故障的检修流程如图 6-7 所示。

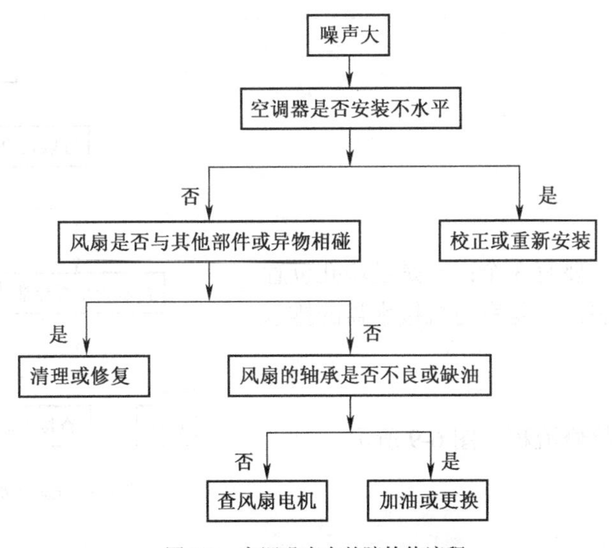

图 6-7　空调噪声大故障检修流程

八、漏电

1. 故障原因

漏电故障的主要原因有 4 个：一是接地线脱落，二是风扇电机漏电，三是压缩机漏电，四是电源线漏电。

2. 检修流程

空调漏电故障的检修流程如图 6-8 所示。

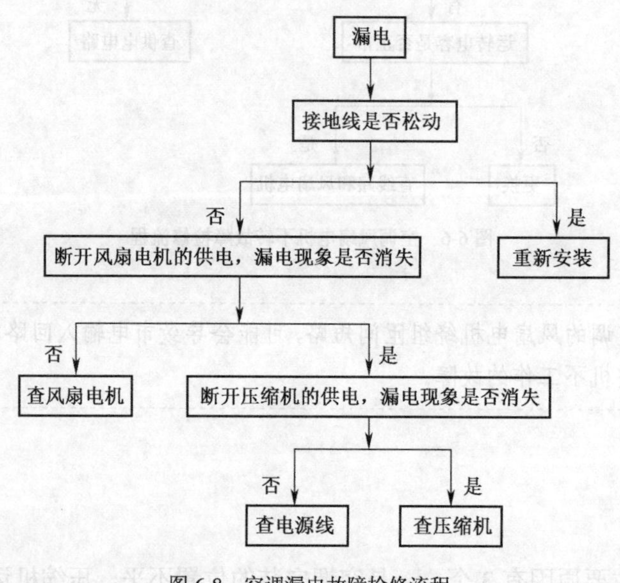

图 6-8 空调漏电故障检修流程

提 示 冷暖式空调的四通换向阀的线圈漏电也会产生该故障。

九、漏水

1. 故障原因

漏水故障的原因主要有 3 个：一是过墙孔位置过高，二是排水管破裂，三是室内机接水盘的排水孔堵塞。

2. 检修流程

空调漏水故障的检修流程如图 6-9 所示。

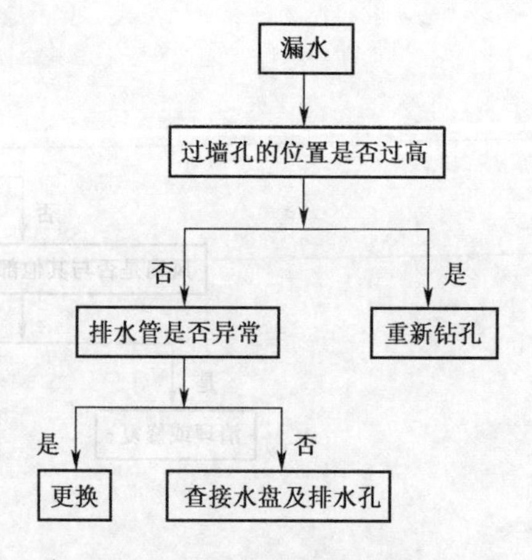

图 6-9 空调漏水故障检修流程

第七章　电子元器件识别、检测与更换

第一节　电子元器件的识别和检测

空调（空调器）的电脑板（电控板、系统控制板）采用了大量的电子元器件，要想快速排除电脑板的故障，必须掌握典型元器件的作用、原理和检测方法。为此，本节针对空调电脑板电路中的典型元器件进行了详尽分类和简单分析，这些无论对于初学者还是制冷维修人员都是必备的基础知识。

一、晶闸管

1. 单向晶闸管

晶闸管（又称可控硅）主要是作为开关应用在供电回路中，它的外形如图 7-1 所示。晶闸管有单向晶闸管和双向晶闸管两种。由于空调电脑板仅采用双向晶闸管，所以本书仅介绍双向晶闸管的相关知识。

图 7-1　晶闸管实物示意图

2. 双向晶闸管

双向晶闸管也叫双向可控硅，它的英文缩写是 TRIAC。由于双向晶闸管具有成本低、效率高和性能可靠等优点，所以被广泛应用在交流调压、电机调速和灯光控制等电路中。

（1）构成和特点

双向晶闸管是两个单向晶闸管反向并联，所以它具有双向导通性能，即只要控制极 G 输入触发电流后，无论 T1、T2 间的电压方向如何，它都能够导通。它的等效电路和符号如图 7-2 所示。

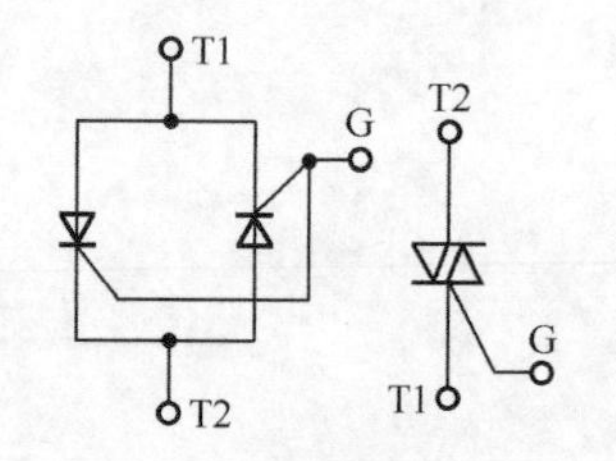

图 7-2　双向晶闸管等效电路和符号

（2）引脚和触发性能的判断

如图 7-3 所示，将指针型万用表置于 R×1Ω挡，任意测双向晶闸管两个引脚的阻值，当一组的阻值为几十欧姆时，说明这两个引脚为 G 极和 T1 极，剩下的引脚为 T2 极。随后，假设 T1 和 G 极中的任意一脚为 T1，将黑表笔接 T1，红表笔接 T2 极，此时的阻值应为无穷大，用表笔瞬间短接 T2、G 极，如果阻值由无穷大变为几十欧姆，说明晶闸管被触发并维持导通。调换表笔重复上述操作，结果相同时，说明假定的引脚正确。若调换表笔操作时，阻值仅能在瞬间显示几十欧姆，说明晶闸管不能维持导通，假定的 G 极实际为 T1，而假定的 T1 极为 G 极。检测中，若双向晶闸管 G 极与 T1 极间阻值过大或 T2 极与 T1 极间的阻值过小，都说明被测管损坏。

提示　由于双向晶闸管的触发电流较大，所以应采用 R×1Ω挡进行触发，而采用其他挡位时很难将其触发导通。

（a）T1、G 极间阻值　　（b）T2 与 T1 间的阻值

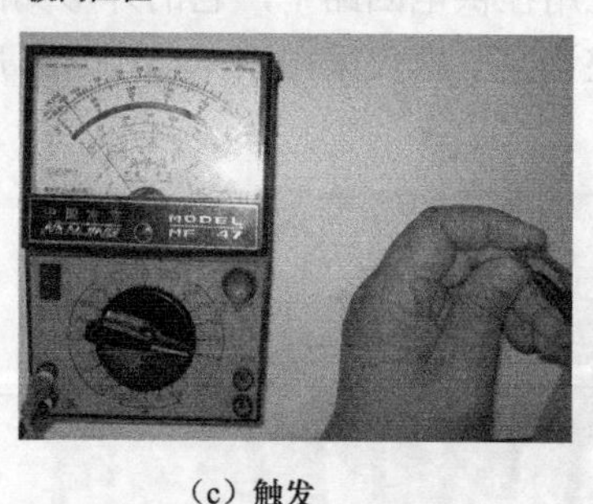

（c）触发　　（d）导通后的 T1、T2 间阻值

图 7-3　检测双向晶闸管好坏及触发能力的示意图

3. 代换

双向晶闸管损坏后最好采用相同型号的双向晶闸管更换，若没有同型号的双向晶闸管，也应采用参数相近的双向晶闸管更换。

二、变压器

1. 作用与构成

变压器是利用线圈互感原理制成的电子元器件，广泛应用在各个领域的电子产品内。变压器的主要功能有电压变换、阻抗变换、隔离耦合和稳压（磁饱和变压器）等多种。空调电脑板应用的主要是电源变压器和开关变压器两种。变压器在电路中常用“T”、“B”或“TR”等字母表示。变压器常用的电路符号如图 7-4 所示。

2. 电源变压器

电源变压器就是将市电电压进行降压的变压器，典型的电源变压器如图 7-5 所示。

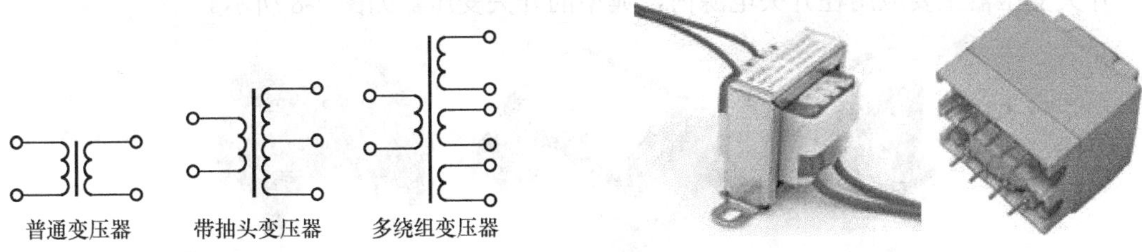

图 7-4 变压器常用的电路符号

图 7-5 典型电源变压器

（1）阻值的检测

因普通的电源变压器多为降压型变压器，所以它的初级绕组因输入电压高、输入电流小，漆包线的匝数多且线径细，使得它的直流电阻较大。而次级绕组虽然输出电压低，但输出电流大，所以次级绕组的漆包线的线径较粗且匝数少，使得阻值较小，如图 7-6 所示。

提示 测量过程中，若某个绕组的电阻值为无穷大，则说明此绕组开路；若阻值小，则说明此绕组短路。变压器损坏后主要是初级绕组开路或短路。这两种情况，都必须要检查后面的电路是否正常，以免更换后的变压器再次损坏。

方法与技巧 许多电源变压器的初级绕组与接线端子之间安装了过热保护器。一旦市电升高或负载过流引起变压器过热时该保护器熔断，产生初级绕组开路的故障。维修时，可小心地拆开初级绕组，就可发现该保护器。该保护器属于温度型熔断器，更换后即可修复变压器，应急修理时也可用导线短接。

（2）空载电压的检测

为电源变压器的初级绕组输入 220V 市电电压，用万用表交流电压挡就可以测变压器次级绕组输出的空载电压值，如图 7-7 所示。

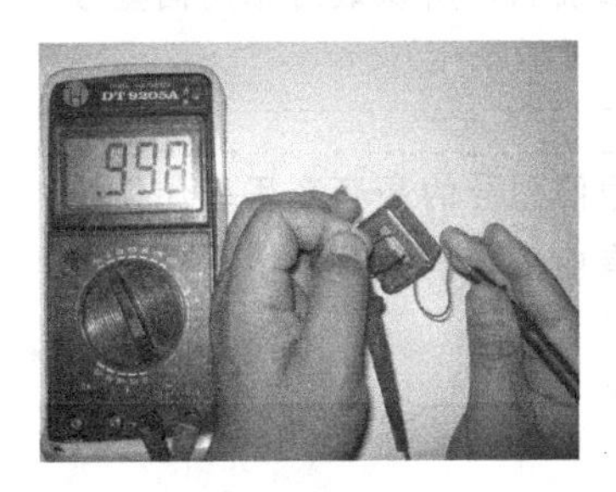

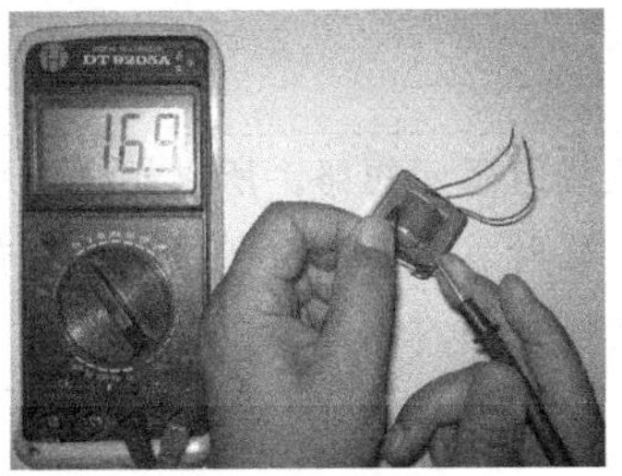

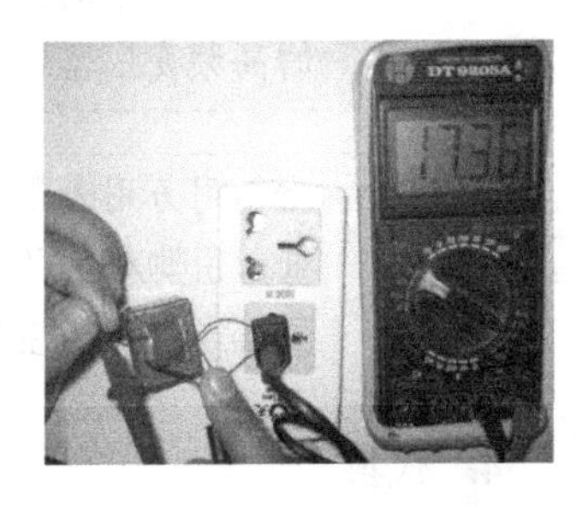

（a）初级绕组的阻值　　（b）次级绕组的阻值

图 7-6 检测电源变压器绕组阻值判断初、次级绕组示意图

图 7-7 检测电源变压器次级绕组空载电压示意图

提示 空载电压与标称值的允许误差范围一般为：高压绕组≤±10%，低压绕组≤±5%，带中心抽头的两组对称绕组的电压差应≤±2%。另外，若通电不久，变压器的温度就快速升高，说明次级绕组短路。

3. 开关变压器

开关变压器主要应用在开关电源内，典型的开关变压器如图7-8所示。

图7-8 典型开关变压器

如图7-9所示，用万用表二极管挡测开关变压器每个绕组的阻值，正常时阻值较小。若阻值过大或无穷大，说明绕组开路；若阻值时大时小，说明绕组接触不良。

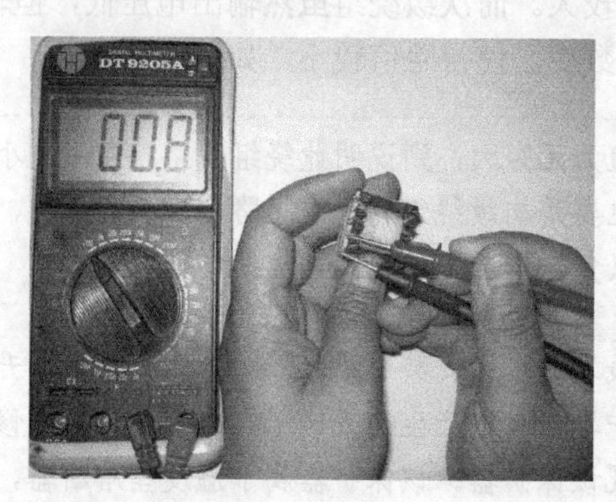

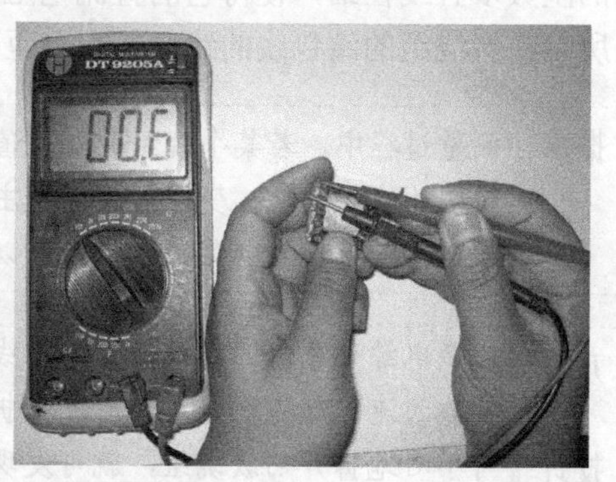

图7-9 开关变压器的检测示意图

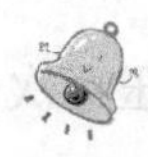

提示 开关变压器的故障率较低，但有时也会出现绕组匝间短路或绕组引脚根部漆包线开路的现象。如果开关变压器的绕组出现匝间短路，会产生开关电源不能起振或开关管击穿的故障。由于绕组匝间短路用万用表很难确认，所以最好采用同型号的高频变压器代换检查。

方法与技巧 由于用万用表很难确认绕组匝间短路，所以最好采用同型号的高频变压器代换检查；引脚根部的铜线开路时，多会导致开关电源没有电压输出，这种情况可直接更换或拆开变压器后接好开路的部位。

4. 代换

维修中，变压器的代换也是要坚持“类别相同，特性相近”的原则。类别相同是指代换中应选相同类型的变压器，即电源变压器更换电源变压器，开关变压器更换开关变压器；特性相近是指应选参数、外形及引脚相同或相近的变压器代换。

三、光耦合器

1. 构成和分类

光耦合器（或叫光电耦合器、光耦）由一只发光二极管和一只光敏三极管构成。光电耦合器主要应用在部分空调的控制电路中。光电耦合器有 4 脚和 6 脚两种，其实物和电路图形符号如图 7-10 所示。

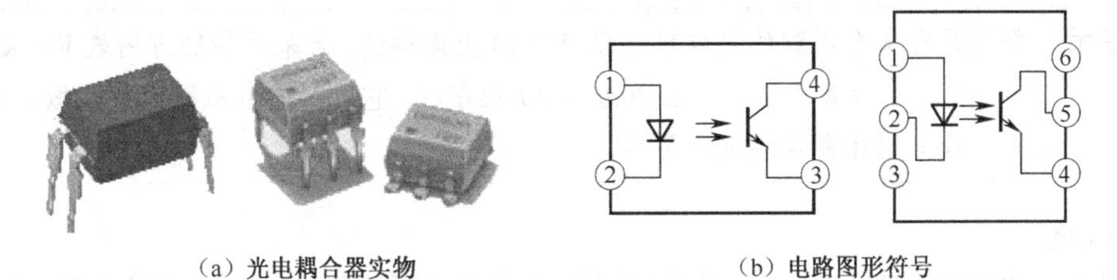

（a）光电耦合器实物　　（b）电路图形符号

图 7-10　光电耦合器

2. 特性

当发光二极管流过导通电流后开始发光，光敏三极管受光照后导通，这样通过控制发光二极管导通电流的大小，便可控制光敏三极管的导通程度，所以它属于一种具有隔离传输性能的器件。

3. 检测

怀疑光电耦合器异常时，可采用代换法和电阻检测法进行检查。用数字万用表的二极管挡或指针万用表的电阻挡测量，就可以判断出光电耦合器的引脚和穿透电流的大小，如图 7-11 所示。

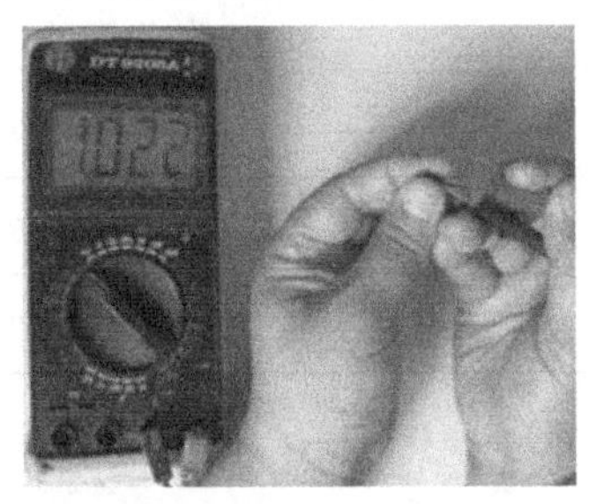

（a）发光二极管正向电阻

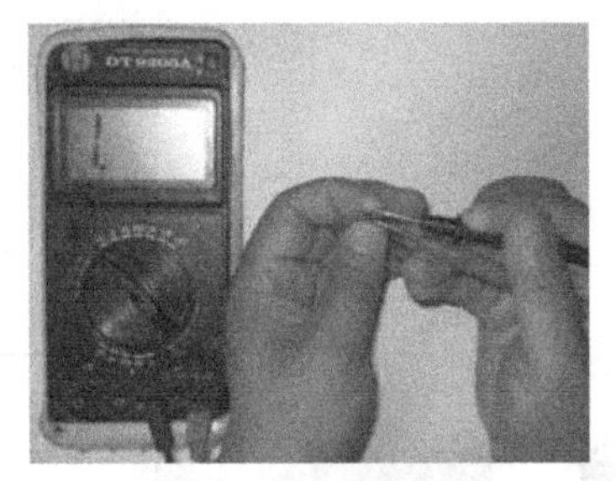

（b）发光二极管反向电阻

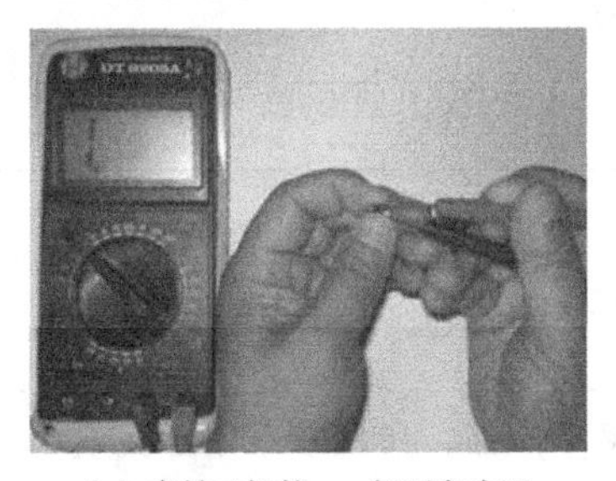

（c）光敏三极管 c、e 极正向电阻

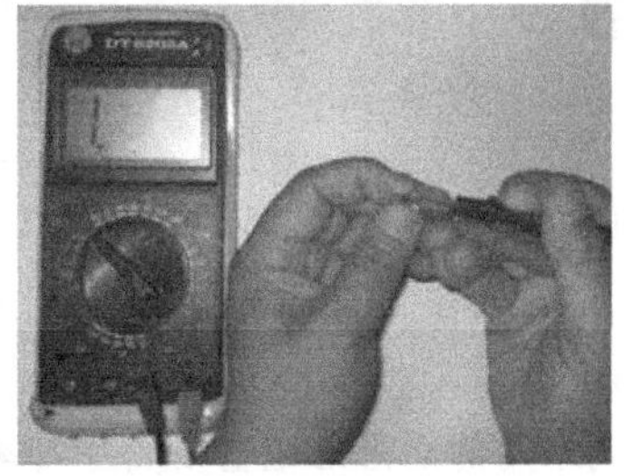

（d）光敏三极管 c、e 极反向电阻

图 7-11　光电耦合器引脚判断和穿透电流检测示意图

由于发光二极管具有二极管的单向导通特性，所以测量中只要发现两个引脚的阻值符合单向导通特性，就说明这一侧是发光二极管，另一侧为光敏三极管的引脚。用万用表的二极管挡测发光二极管的正向电阻，显示 1.022 左右，反向电阻的阻值为无穷大。而光敏三极管 c、e 极间的正、反向电阻的阻值都应为无穷大。若发光二极管的正向电阻大，说明导通电阻大；若发光二极管的反向电阻或光敏三极管的 c、e 极间结电阻小，说明发光二极管或光敏三极管漏电。

提示 数据是在 4 个引脚的光电耦合器 PC123 上测得的。若采用指针万用表 R×1kΩ测量时，发光二极管的正向电阻阻值为 20kΩ左右，它的反向电阻阻值及光敏三极管的正、反向电阻阻值均为无穷大。

4. 代换

维修中，光电耦合器代换最好采用相同型号的光电耦合器。不过，实践证明，PC817、TLP621 可以代换任何型号的 4 脚光电耦合器。

四、继电器

1. 作用和构成

继电器是一种电子控制器件，它具有控制系统（又称输入回路）和被控制系统（又称输出回路），通常应用于自动控制电路中，它实际上是用较小的电流去控制较大电流的一种“自动开关”。目前，常见的继电器有电磁继电器和固态继电器（SSR）两种，常见的电磁继电器如图 7-12 所示，常见的固态继电器如图 7-13 所示。

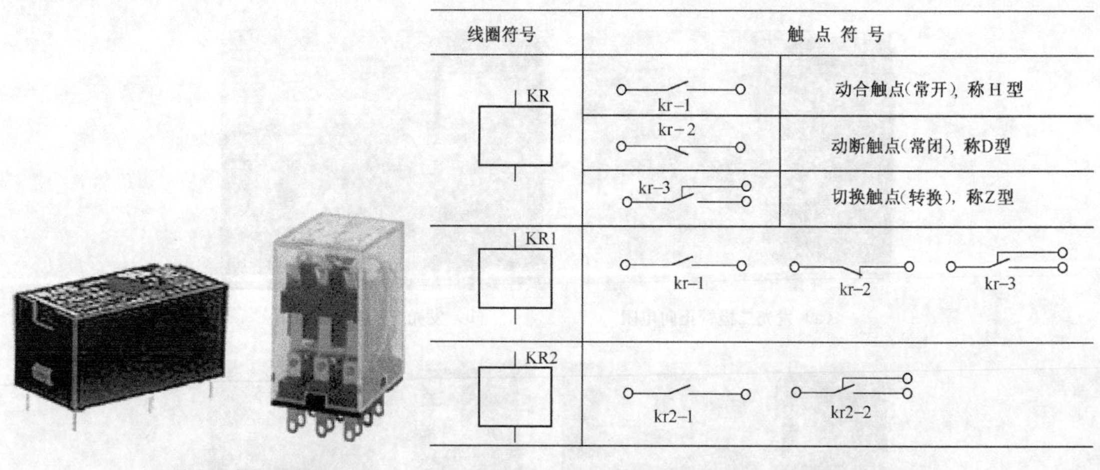

（a）电磁继电器实物示意图　（b）电路图形符号

图 7-12　电磁继电器

提示 空调采用的固态继电器多为小功率型产品，所以多采用卧式双列直插焊接结构。因交流固态继电器内有发光二极管和晶闸管，所以许多资料将它误称为光耦晶闸管、光耦可控硅或可控硅。

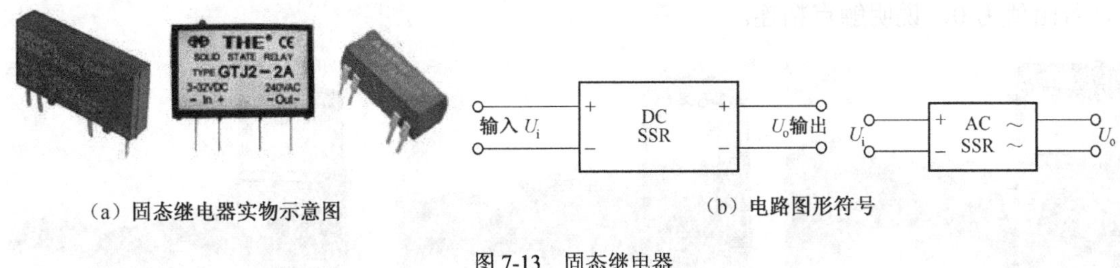

（a）固态继电器实物示意图 （b）电路图形符号

图 7-13 固态继电器

2. 基本原理

（1）电磁继电器

电磁继电器一般由铁芯、线圈、衔铁和触点簧片等组成。只要在线圈两端加上一定的电压，线圈中就会流过一定的电流，从而产生电磁效应，衔铁就会在电磁力吸引的作用下克服弹簧的拉力吸向铁芯，从而带动衔铁的动触点与静触点（动合触点）闭合。当线圈断电后，电磁吸力也随之消失，衔铁就会在弹簧的反作用力下回到原来的位置，使动触点与原来的静触点（动断触点）闭合。这样，通过触点闭合、释放就达到了接通、切断电路的目的。

提示 电磁继电器的线圈内没有导通电流时，处于断开状态的静触点称为动合（常开）触点，处于接通状态的静触点称为动断（常闭）触点。

在固态继电器未应用时，习惯将此类继电器称为继电器，所以目前资料上所介绍的继电器均属于电磁继电器。

（2）固态继电器（SSR）

固态继电器是一种两个引脚为输入端，另两个引脚为输出端的器件，中间采用隔离器件实现输入、输出的电隔离。固态继电器按负载电源类型可分为交流型和直流型，交流型固态继电器的控制器件为双向晶闸管（双向可控硅），而直流型固态继电器的控制器件多为场效应管。固态继电器按开、关形式可分为常开型和常闭型。按隔离形式可分为混合型、变压器隔离型和光电隔离型，以光电隔离型应用最多。因此，许多资料也称小型固态继电器为光耦合器。

3. 典型故障

继电器的故障主要有不能接通或不能断开两种。电磁继电器还有接触不良的故障。

4. 电磁继电器的检测

（1）检测线圈的直流电阻

继电器的型号不一样，其线圈的直流电阻也不一样，通过检测线圈的直流电阻，可判断继电器是否正常。

如图 7-14（a）所示，将万用表置于 R×100Ω挡或 R×1kΩ挡，将两表笔分别接到继电器线圈的两引脚，测量线圈的阻值，若阻值与标称值基本相同，表明线圈良好；若阻值为无穷大，说明线圈开路；若阻值小，则说明线圈短路。但是，通过万用表测量线圈的阻值很难判断线圈是否匝间短路。

（2）检测继电器触点的接触电阻

如图 7-14（b）所示，将万用表置于 R×1Ω挡，表笔接常闭触点，两个引脚间的阻值应为

0，否则说明触点损坏；如图 7-14（c）所示，用表笔接常开触点，两引脚间的阻值应为无穷大，若阻值为 0，说明触点粘连。

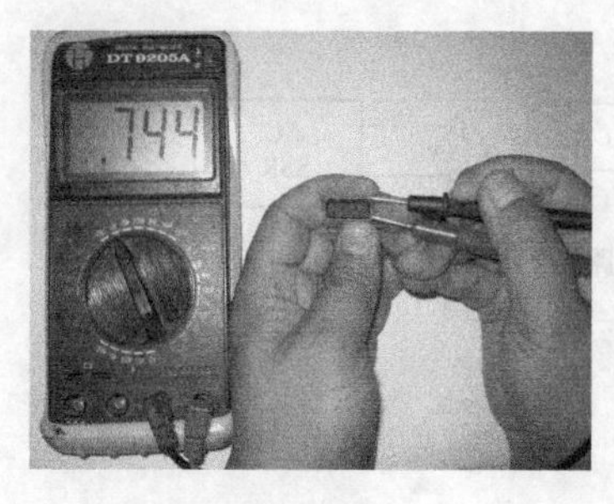

（a）线圈的测量

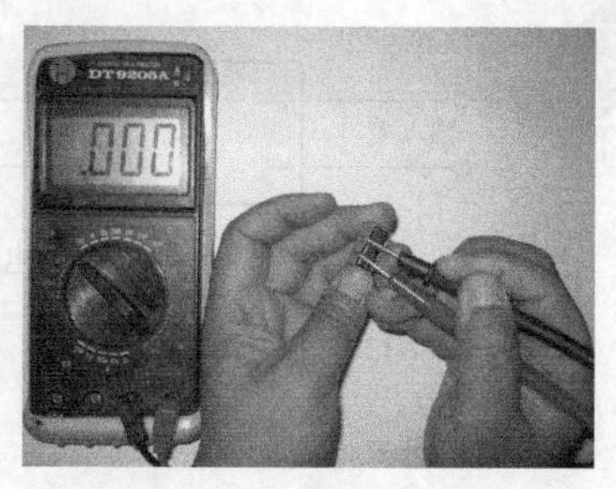

（b）常闭触点的测量

（c）常开触点的测量

图 7-14　电磁继电器的好坏判断示意图

如图 7-15 所示，用直流稳压电源为继电器的线圈供电，使衔铁动作，将常闭转为断开，而将常开转为闭合，再检测触点引脚的阻值，阻值正好与未加电时的测量结果相反，说明该继电器正常，否则，说明该继电器损坏。

5. 固态继电器的检测

（1）好坏的检测

检测固态继电器时，首先测它的两个输入脚间的阻值，正向测量有导通阻值、反向测量为无穷大，而测量它的两个输出脚间的正、反向阻值均为无穷大。否则，说明它损坏。

（2）输入电流和带载能力的检测

如图 7-16 所示，将直流稳压电源和万用表的 50mA 电流挡、2.2kΩ的可调电阻 RP、SP2210 型固态继电器（SSR）的输入端引脚组成串联回路，再将 SP2210 的输出端与 60W 的白炽灯和 220V 市电构成回路。随后，将 RP 调整到最大，打开直流稳压器的电源开关，调整直流稳压器的输出电压旋钮，使输出电压为 5V，此时白炽灯不应发光，调整 RP 使白炽灯发光并且亮度逐渐增大，说明 SP2210 正常，若白炽灯不能发光，或调整 RP 时白炽灯不能亮暗变化，说明 SP2210 损坏。

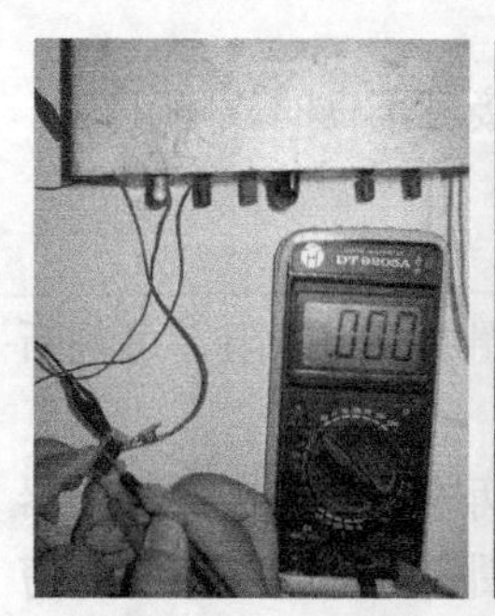

图 7-15　电磁继电器通电后检测示意图

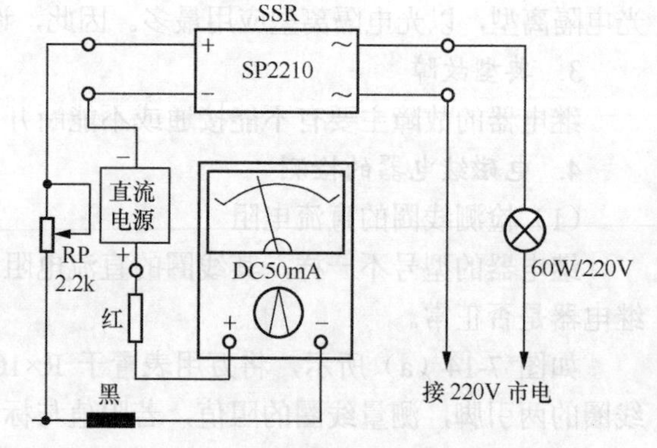

图 7-16　固态继电器供电后检测示意图

6. 代换

维修中，继电器的代换也是要坚持“类别相同，特性相近”的原则。类别相同是指代换中应选相同类型的继电器，即电磁继电器更换电磁继电器，固态继电器更换固态继电器；特性相近是指代换中应选参数、外形及引脚相同或相近的继电器代换。

五、LED 数码管

LED 数码显示器件是由发光二极管（LED）构成的数字、图形显示器件。空调主要用它进行功能或数字显示。常见的 LED 数码显示器件如图 7-17 所示。

（a）一位 （b）双位 （c）普通显示屏 （d）多功能显示屏

图 7-17 LED 数码显示器件实物示意图

1. LED 数码管的构成

LED 数码管有共阳极和共阴极两种，如图 7-18（a）所示。所谓的共阳极就是 7 个 LED 的正极连接在一起，如图 7-18（b）所示；所谓的共阴极就是将 7 个 LED 的负极连接在一起，如图 7-18（c）所示。

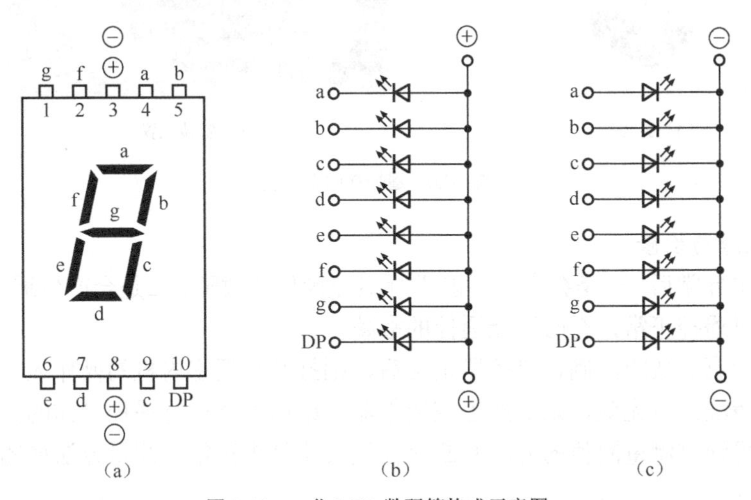

（a） （b） （c）

图 7-18 一位 LED 数码管构成示意图

a～g 脚是 7 个笔段的驱动信号输入端，DP 脚是小数点驱动信号输入端，③、⑧脚的内部相接，是公共阳极或公共阴极。

2. LED 数码管的工作原理

对于共阳极数码管，它的③、⑧脚是供电端，接电源；它的 a～g 脚是激励信号输入端，接在激励电路输出端上。当 a～g 脚内的哪个脚或多个脚输入低电平信号时，则相应笔段的 LED 发光。

对于共阴极数码管，它的③、⑧脚是接地端，直接接地；它的 a～g 脚也是激励信号输入端，

图 7-19　数字万用表检测数码管示意图

接在激励电路输出端上，当 a～g 脚内的哪个脚或多个脚输入高电平信号时，则相应笔段的 LED 发光，该笔段被点亮。

3．LED 数码管的检测

如图 7-19 所示，将数字万用表置于二极管挡，把红表笔接在 LED 正极一端，黑表笔接在负极的一端，若万用表的显示屏显示 1.588 左右的数值，并且数码管相应的笔段发光，说明被测数码管笔段内的 LED 正常，否则该笔段内的 LED 已损坏。

六、遥控接收器

1．识别

遥控接收器也叫红外接收器，俗称遥控接收头或接收头，它一般由接收、放大和解调电路构成。遥控接收头的功能是将遥控器（红外遥控器）发出的红外遥控信号进行接收、放大、解调后，为微处理器提供可以处理的数据操作信号。空调采用的遥控接收器如图 7-20 所示。

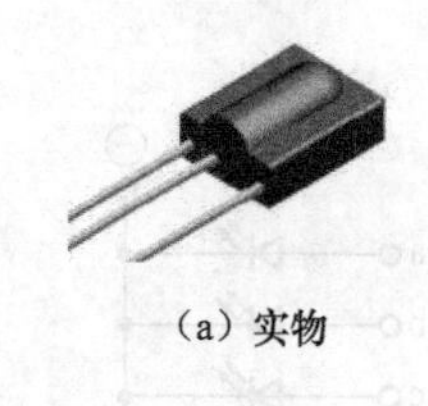
（a）实物

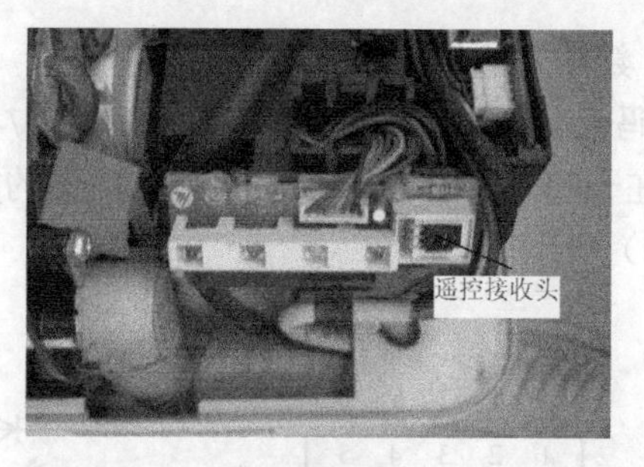

（b）安装位置

图 7-20　遥控接收器实物

2．常见故障与检修

遥控器发生异常后，一是会产生不能进行遥控操作的故障；二是会产生遥控距离短故障；三是会产生有时遥控正常，有时不能遥控的故障。

维修遥控距离短故障，确认遥控器正常后，则打开空调室内机的操作显示电路板，将遥控接收器表面清洗，若无效，则更换遥控接收器。维修不能进行遥控操作的故障时，确认遥控器正常后，可通过测量阻值的方法判断遥控接收器是否正常。测量方法如图 7-21 所示。

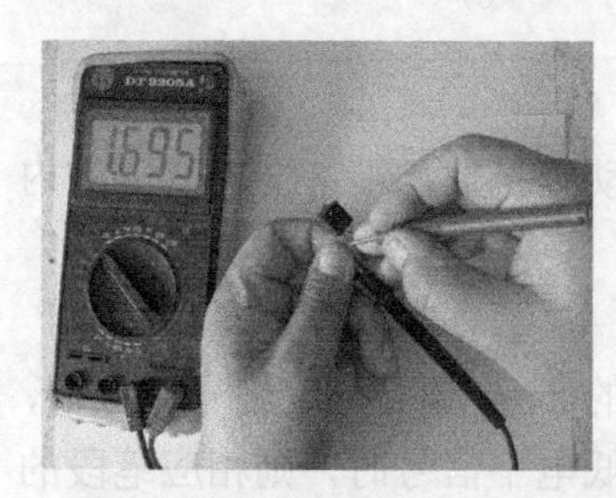
（a）黑表笔接地端，红表笔接 5V 供电端

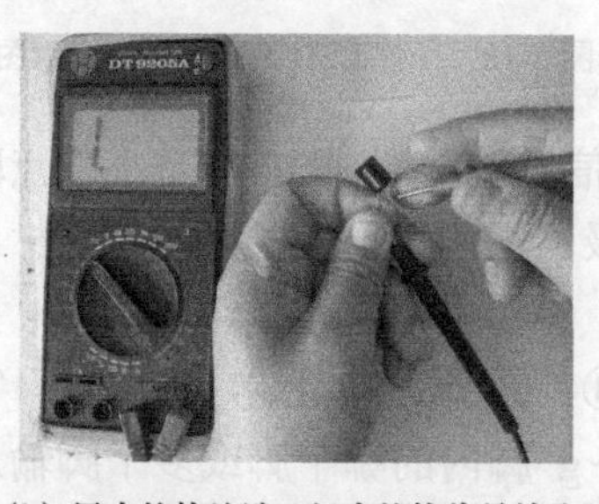
（b）黑表笔接地端，红表笔接信号输出端

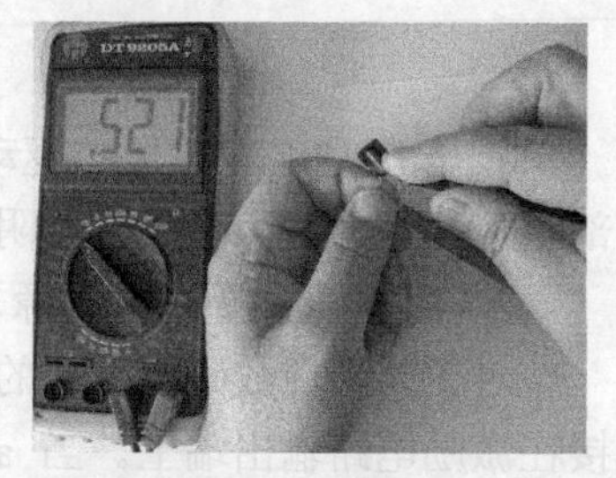
（c）红表笔接地端，黑表笔接 5V 供电端

图 7-21　遥控接收器的测量示意图

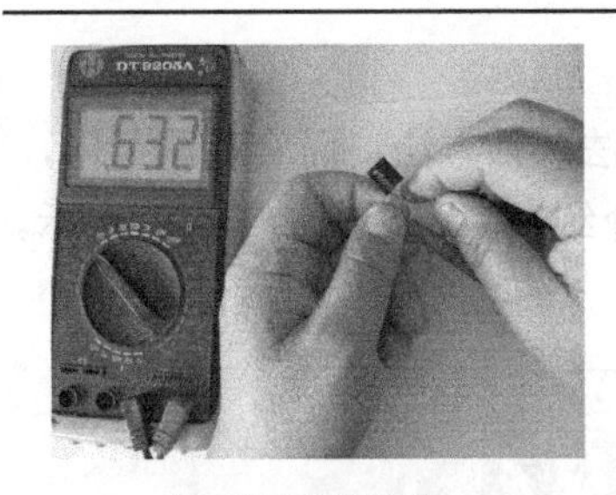

（d）红表笔接地端，

黑表笔接信号输出端

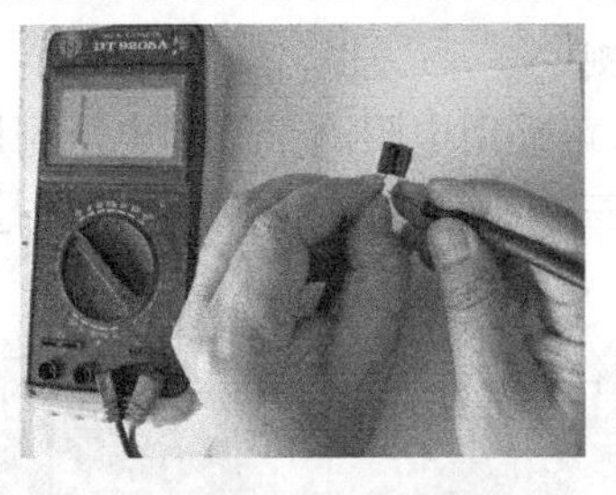

（e）黑表笔接信号输出端，

红表笔接 5V 供电端

（f）红表笔接信号输出端，

黑表笔接 5V 供电端

图 7-21　遥控接收器的测量示意图（续）

第二节　空调常用的集成电路

集成电路（俗称集成块）也称芯片，它是指在一小块半导体基片上通过激光光刻等工艺制造出大量的晶体管、电阻等半导体元器件，再采用塑料等材料按照需要的形式进行封装，英文缩写为 IC。集成电路有直插双列、单列和贴面焊接等多种封装结构，如图 7-22 所示。它主要用于稳压、运算放大、控制和功率放大等。

图 7-22　常见的集成电路外形示意图

一、三端不受控型稳压器

1. 三端不受控型稳压器的识别

三端不受控型稳压器是一种性能优异的电源厚膜电路，它的 3 个脚分别为电压输入端（V_i）、接地端（GND）和电压输出端（V_o），它的最大电流为 1A 或 1.5A。它有 7805（5V）、7806（6V）、7808（8V）、7812（12V）、7815（15V）、7818（18V）和 7824（24V）等多种。而 79××型三端稳压器则输出负电压，如 7905 输出的电压是−5V。空调电路板多采用 7805 和 7812 两种稳压器。常见的三端稳压器实物外形和应用电路如图 7-23 所示。

（a）实物外形　　（b）应用电路

图 7-23　三端稳压器的实物外形和应用电路

2. 三端不受控稳压器的检测

检测三端不受控稳压器时，可采用电阻测量法和电压测量法两种方法。而实际测量中，一般都采用电压测量法。下面以三端稳压器 KA7812 为例进行介绍，测量过程如图 7-24 所示。

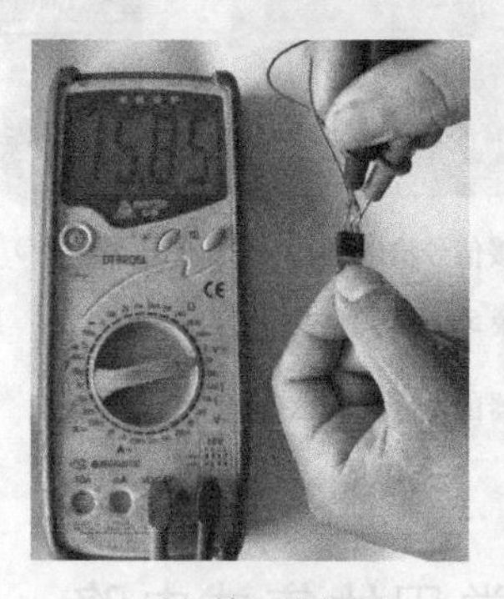

（a）输入端电压

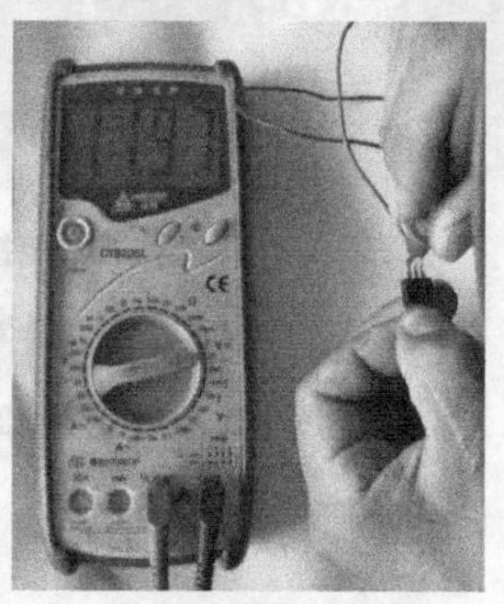

（b）输出端电压

图 7-24　三端稳压器 KA7812 的测量示意图

将 KA7812 的供电端和接地端通过导线接在稳压电源的正、负极输出端子上，将稳压电源调在 16V 直流电压输出挡上，测 KA7812 的供电端与接地端之间的电压为 15.85V，测输出端与接地端间的电压为 11.97V，说明该稳压器正常。若输入端电压正常，而输出端电压异常，则为稳压器异常。

提示　若稳压器空载电压正常，而接上负载时，输出电压下降，说明负载过流或稳压器带载能力差，这种情况对于缺乏经验的人员最好采用代换法进行判断，以免误判。

二、三端误差放大器 TL431

1. TL431 的识别

三端误差放大器 TL431（或 KIA431、KA431、LM431、HA17431）在电源电路中应用较多。TL431 属于精密型误差放大器，它有 8 脚直插式和 3 脚直插式两种封装形式，如图 7-25 所示。目前，常用的是 3 脚直插式封装（外形类似 2SC1815），它有 3 个引脚，分别是误差信号输入端 R、接地端 A 和控制信号输出端 K。

当 R 脚输入的误差取样电压超过 2.5V 后，TL431 内的比较器输出的电压升高，使三极管导通加强，使得 TL431 的 K 脚电位下降；若 R 脚输入的电压低于 2.5V 时，K 脚电位升高。

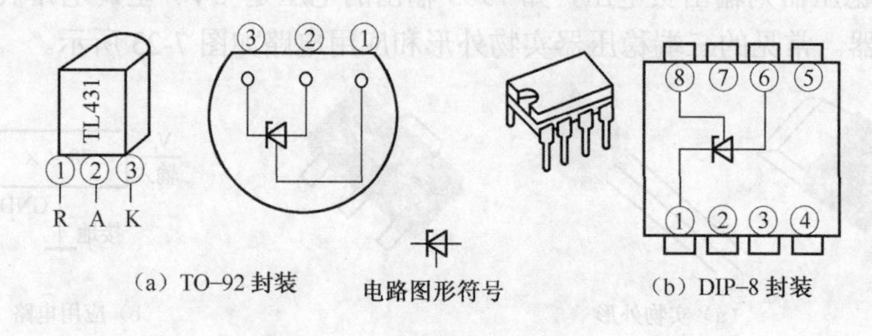

（a）TO–92 封装　　电路图形符号　　（b）DIP–8 封装

图 7-25　三端误差放大器 TL431

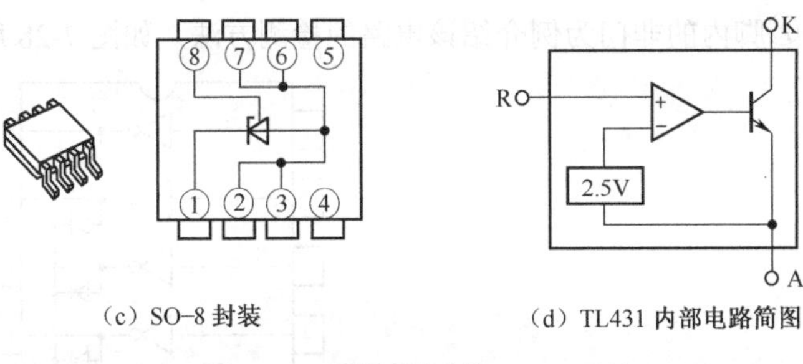

（c）SO-8 封装　　（d）TL431 内部电路简图

图 7-25　三端误差放大器 TL431（续）

2. TL431 的检测

如图 7-26 所示，TL431 的非在路测量主要是测量 R、A、K 脚间的正、反向电阻。

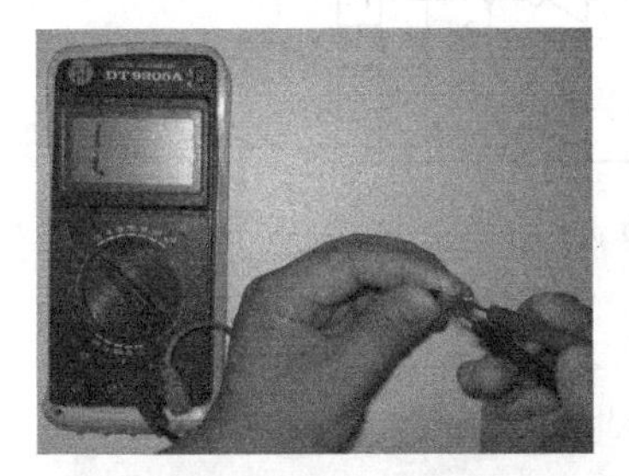

（a）黑表笔接 A、红表笔接 K

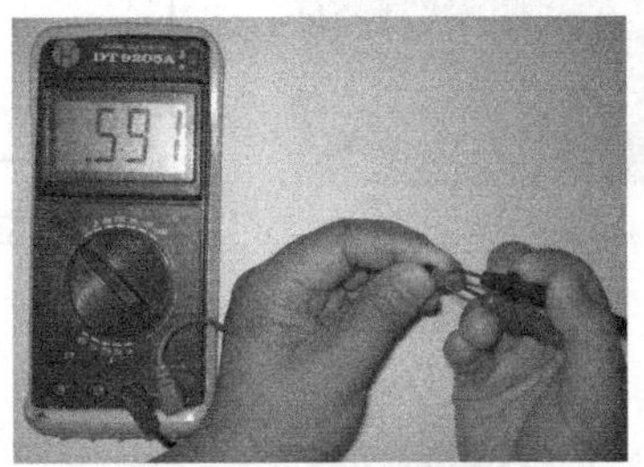

（b）红表笔接 A、黑表笔接 K

（c）黑表笔接 R、红表笔接 K

（d）红表笔接 R、黑表笔接 K

（e）黑表笔接 A、红表笔接 R

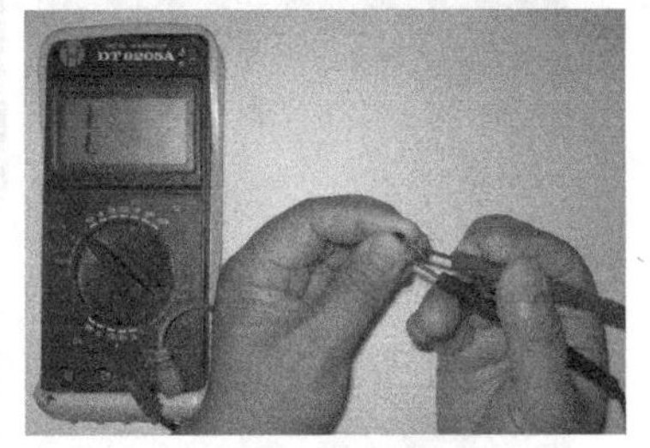

（f）红表笔接 A、黑表笔接 R

图 7-26　TL431 的非在路电阻测量示意图

三、驱动器 ULN2003/μPA81C/μPA2003/MC1413/TD62003AP/KID65004

1. ULN2003/μPA81C/μPA2003 /MC1413/TD62003AP/KID65004 的识别

ULN2003/μPA81C/μPA2003/MC1413/TD62003AP/KID65004 是由 7 个非门电路构成的，它的输出电流为 200mA（最大可达 350mA），放大器采用集电极开路输出，饱和压降 V_{ce} 约 1V，耐压 BV_{ceo} 约为 36V，可直接驱动继电器等器件。它内部还集成了一个消线圈反电动势的钳位二极管，以免放大器截止瞬间过压损坏。ULN2003/μPA81C/μPA2003 /MC1413/TD62003AP/KID65004 的实物与内部构成如图 7-27（a）所示。在图 7-27（b）内接三角形底部的引脚是输入端，接小圆圈的引脚是输出端。

2. ULN2003/μPA81C/μPA2003 /MC1413/TD62003AP/KID65004 的检测

由于 ULN2003/μPA81C/μPA2003/MC1413/TD62003AP/KID65004 是由 7 个非门电路构成的，所以它们的 7 个非门的输入端、输出端对接地端⑧脚、对电源供电端⑨脚的阻值是基本相同的，下面以①、⑯脚内的非门为例介绍该电路的检测方法，如图 7-28 所示。

（a）实物

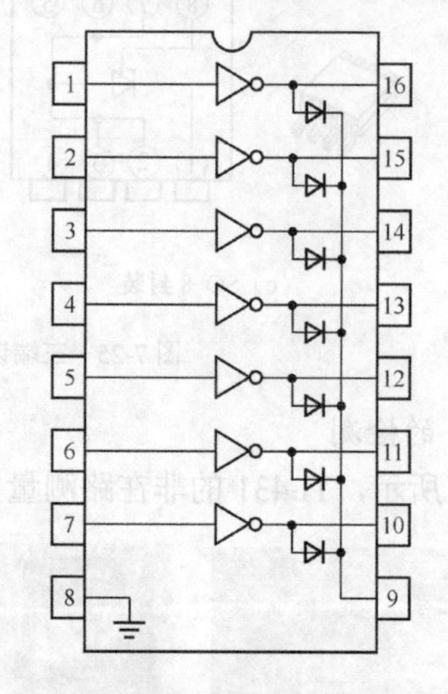

（b）内部构成

图 7-27　ULN2003 实物与构成示意图

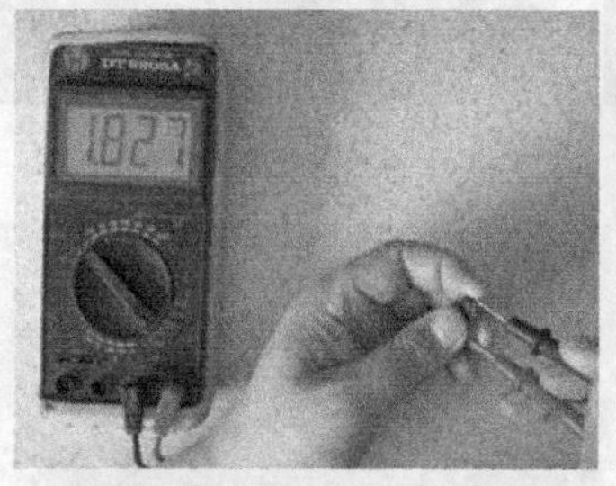

（a）黑表笔接⑧脚、红表笔接①脚

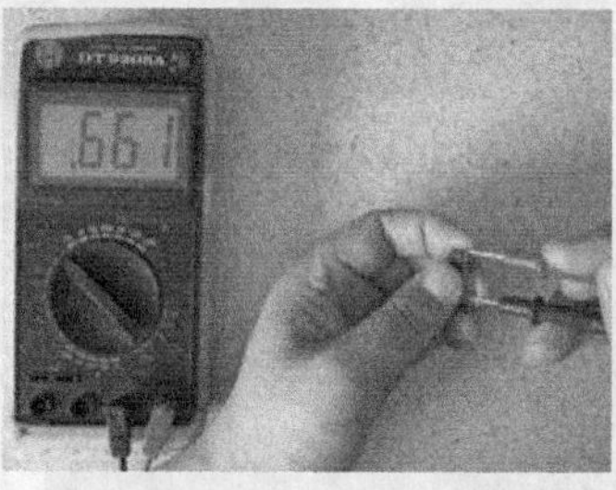

（b）黑表笔接①脚、红表笔接⑧脚

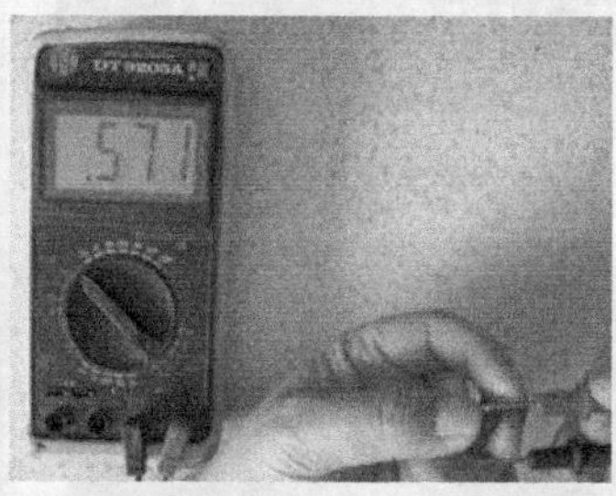

（c）黑表笔接⑯脚、红表笔接⑧脚

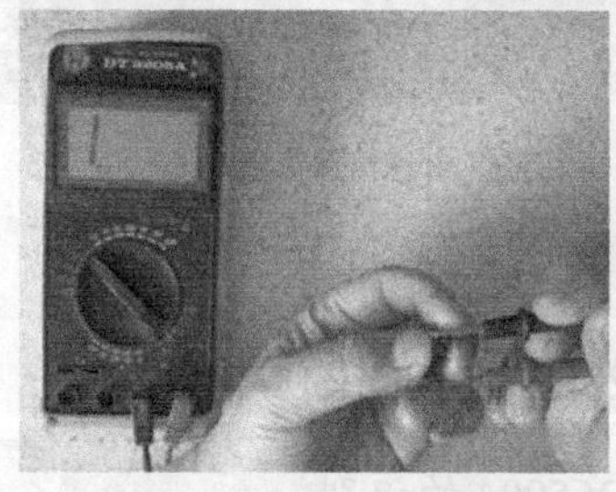

（d）黑表笔接⑧脚、红表笔接⑯脚

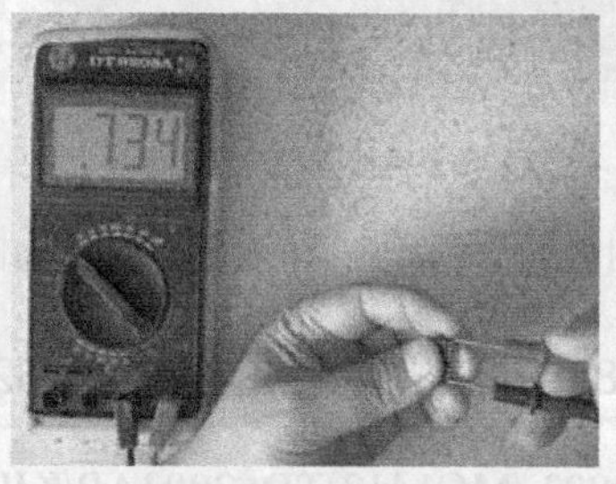

（e）黑表笔接⑨脚、红表笔接⑯脚

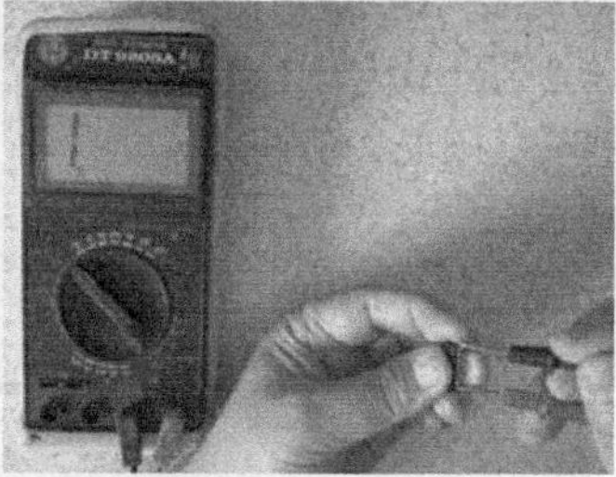

（f）黑表笔接⑯脚、红表笔接⑨脚

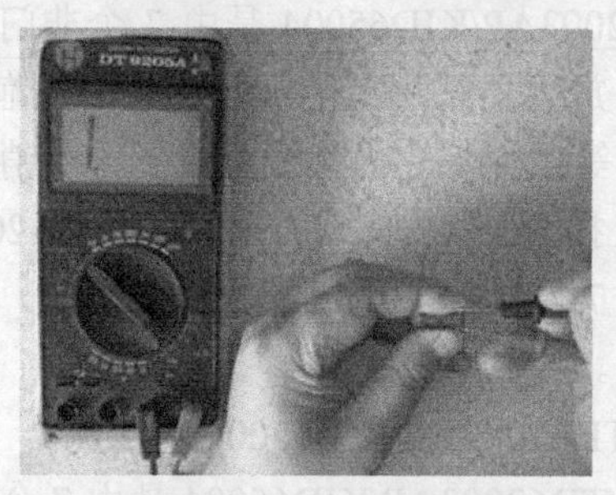

（g）黑表笔接⑧脚、红表笔接⑨脚

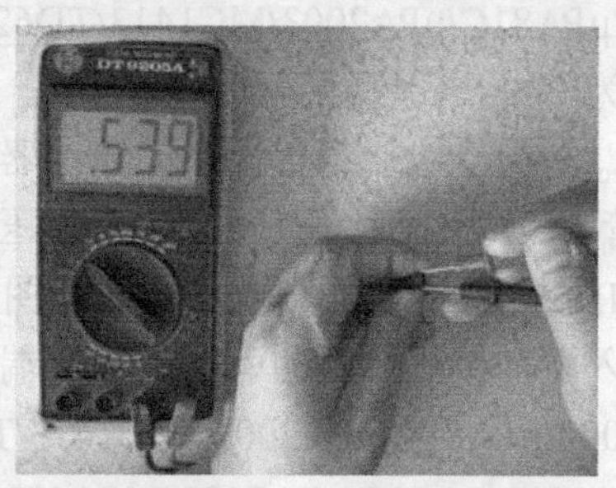

（h）黑表笔接⑨脚、红表笔接⑧脚

图 7-28　测量 ULN2003 的非门示意图

四、驱动器 ULN2083/ TD62083AP

空调电脑板还采用一种 8 个非门电路构成的驱动器 ULN2083/TD62083AP。它与 ULN2003 的工作原理和检测方法相同，仅多一路非门，所以它有 18 个引脚，如图 7-29 所示。

图 7-29　TD62083AP 实物示意图

五、TOP 系列电源模块

TOP 系列电源模块内部由场效应功率管和控制电路两部分构成，如图 7-30 所示。它有 YO3A 和 DIP-8、SMD-8 等封装结构，如图 7-31 所示。

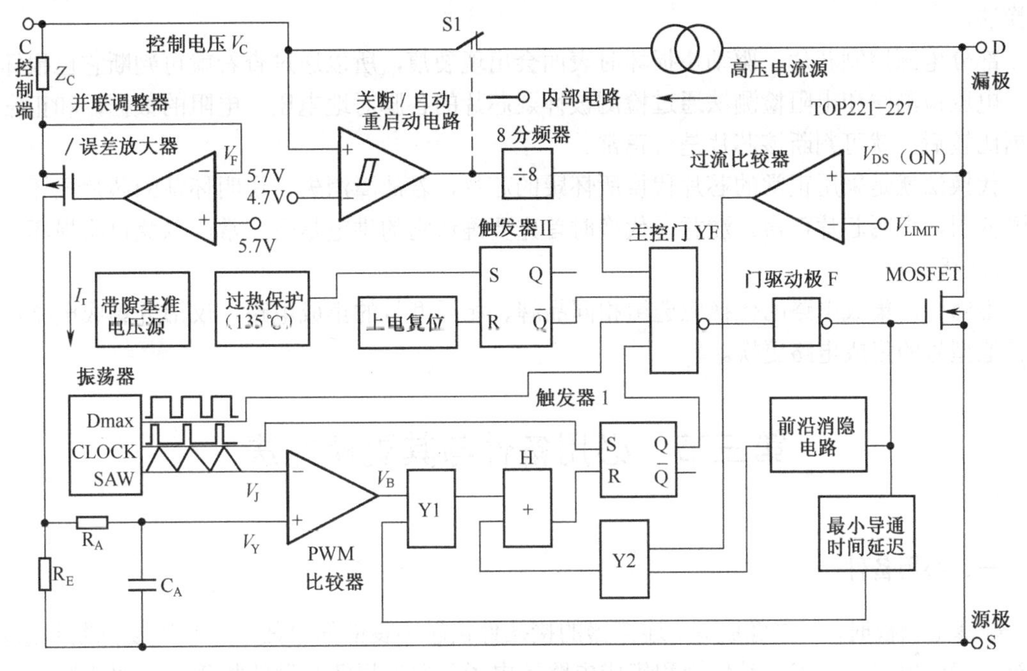

图 7-30　TOP 系列电源模块内部构成

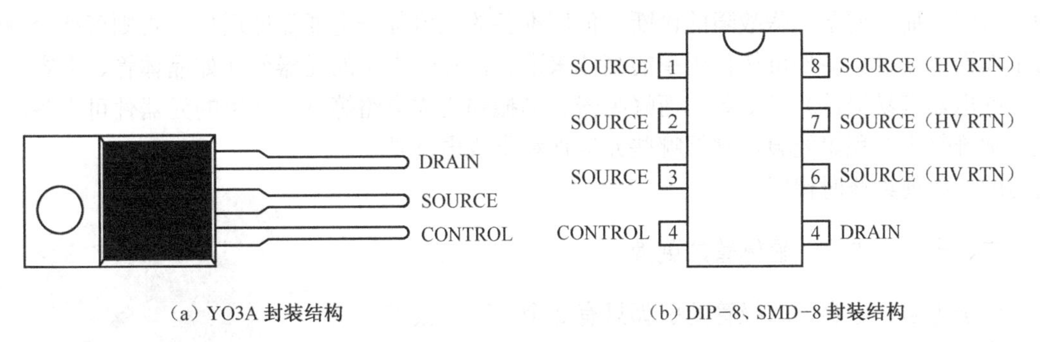

（a）YO3A 封装结构　　（b）DIP–8、SMD–8 封装结构

图 7-31　TOP 系列电源模块实物示意图

如图 7-93 所示，YO3A 的封装结构有 3 个引脚，而 DIP-8 和 SMD-8 的封装结构都采用 8 个引脚，区别在于是直插焊接还是贴面焊接。YO3A 的引脚功能见表 7-1。

表 7-1　　YO3A 引脚功能

脚　名	功　能
SOURCE	场效应开关管的源极
CONTROL	误差控制信号输入
DRAIN	开关管漏极和高压恒流源供电

六、集成电路的检测与代换

1. 检测

判断集成电路是否正常通常采用直观检查法、电压检测法、电阻检测法、波形检测法和代换法。

部分电源控制芯片、驱动块损坏时表面会出现裂痕，所以通过查看就可判断它已损坏。

电压检测法和电阻检测法通过检测被怀疑芯片的各脚对地电压、电阻的数据，和正常的数据比较后，就可判断该芯片是否正常。

代换法就是采用正常的芯片代换所怀疑的芯片，若故障消失，说明怀疑的芯片损坏；若故障依旧，说明芯片正常。注意在代换时首先要确认它的供电是否正常，以免再次损坏。

2. 代换

维修中，集成电路的代换应选用相同品牌、相同型号的集成电路，仅部分集成电路可采用其他型号的集成电路更换。

第三节　必用备件与其更换方法

一、必用备件

维修电脑板时，一些像脱焊、连接器的接插件接触不良的简单故障比较容易判断并修复，但对一些由电阻、电容、晶体管和集成电路等电子元器件损坏引发的故障，需要代换或更换后才能排除故障，所以要对常用元器件和易损元器件有一定数量的备份，这样不仅可以节省检修时间，而且便于一些故障的诊断。但所准备的元器件一定要保证质量，否则可能会使维修工作误入歧途。备件可按使用率的高低来准备，对于常用的元器件（如晶体管、电容、电阻、继电器等易损件）可多备，而蜂鸣器、晶振和集成电路等不常使用的元器件可少备，并在日常维修中多积累经验，掌握哪些元器件和集成电路是通用的，以便维修时代用。

二、电阻、电容、晶体管的更换

由于电阻、电容、二极管的引脚只有 2 个，而三极管的引脚有 3 个，通常采用直接拆卸的方法，即一只手持电烙铁对需要拆卸元器件的一个引脚进行加热，用另一只手向外用力，就可以使该脚脱离电路板，然后再拆卸其他引脚即可，如图 7-32 所示。

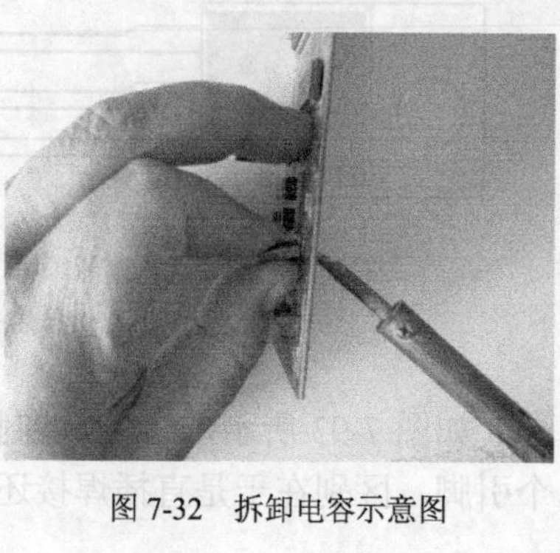

图 7-32　拆卸电容示意图

三、集成电路的拆卸与安装

1. 拆卸

拆卸集成电路通常有 3 种方法：吸锡法、悬空法和吹锡法。

（1）吸锡法

吸锡法可用吸锡器和吸锡绳（类似屏蔽线）将集成电路引脚吸掉，以便于拆卸集成电路。

如图 7-33 所示，采用吸锡器吸锡时，先用 30W 电烙铁将集成电路引脚上的锡熔化，再用吸锡器将锡吸掉，随后用镊子或一字螺丝刀从集成电路的一侧插入到它的底部，再向上撬就可以将集成电路从电路板上取下。

注意　撬集成电路时，若有的引脚不能被顺利“拔”出，说明该引脚上的锡没有完全被吸净，需要吸净后再撬，以免损坏引脚。

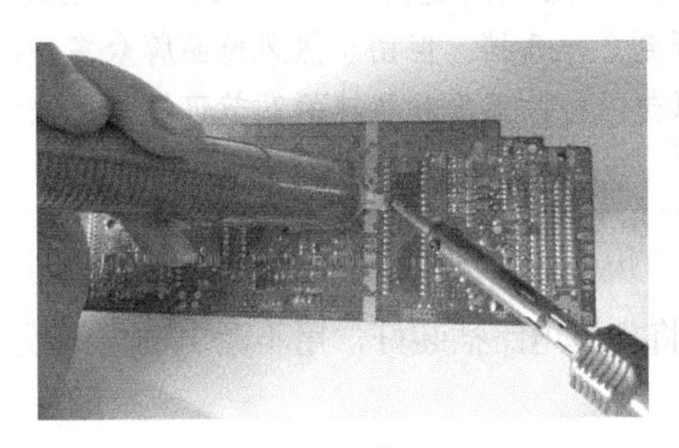

（a）吸锡

（b）取出

图 7-33　吸锡器拆卸集成电路示意图

采用吸锡绳吸锡时，先将吸锡绳放到焊点上，再用 30W 电烙铁将集成电路引脚的锡熔化，于是焊锡就吸附到吸锡绳上，就可取下集成电路。若手头没有吸锡绳也可用话筒线内的屏蔽线代替，但在吸锡前需要将它粘好松香。

（2）悬空法

如图 7-34 所示，采用悬空法吸锡时，先用 30W 电烙铁将集成电路引脚上的锡熔化，随后用 9 号针头或专用的套管插到集成电路的引脚上并旋转，将集成电路的引脚与焊锡和电路板悬空，随后用镊子或一字螺丝刀将集成电路取下。采用该方法时也可以先将针头插到集成电路引脚上，再用电烙铁将焊锡熔化。

方法与技巧　晶体管、开关变压器和整流堆引脚的焊锡较多，所以拆卸时采用吸锡法和悬空法更容易些。

（3）热风枪熔锡法

热风枪熔锡法主要是用于拆卸扁平焊接方式的元器件（贴片元件），采用热风枪拆卸时，将喷嘴对准所拆元件，等焊锡熔化后再用镊子取下元件，如图 7-35 所示。

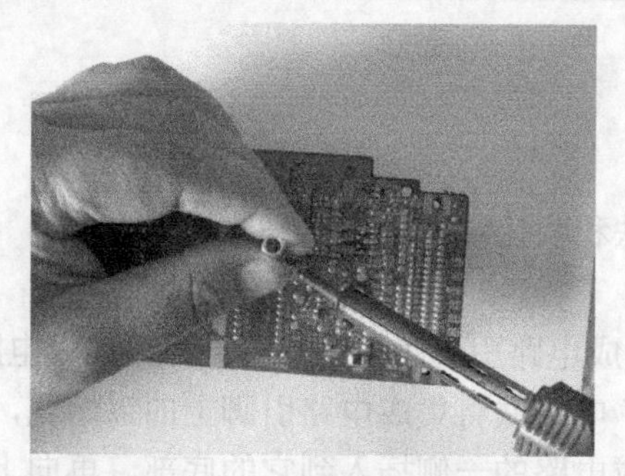

图 7-34 针头拆卸集成电路示意图

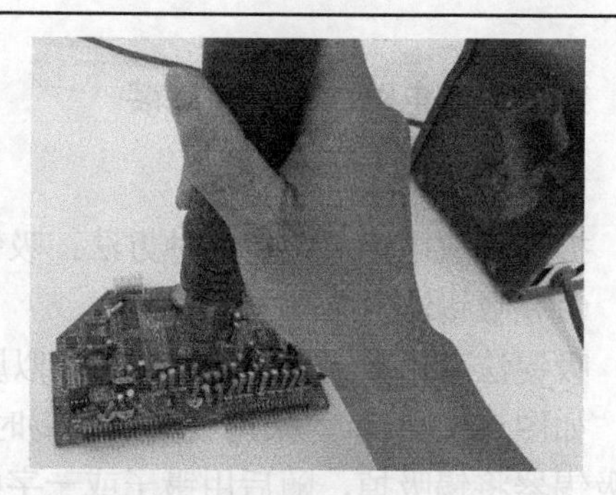

图 7-35 热风枪拆卸贴片元件示意图

注意 一是根据所焊元件的大小，选择不同的喷嘴。

二是正确调节温度和风力调节旋钮，使温度和风力适当。如吹焊电阻、电容、晶体管等小元件时温度一般调到 2 ~ 3 挡，风速调到 1 ~ 2 挡；吹焊集成电路时，温度一般调到 3 ~ 5 挡，风速调到 2 ~ 3 挡。但由于热风枪品牌众多，拆焊的元器件耐热情况也各不相同，所以热风枪的温度和风速的调节可根据个人的习惯，并视具体情况而定。

2. 安装

安装前，将焊孔内的焊锡清除干净，将集成电路插装好，用不漏电的电烙铁迅速焊接好各引脚。

注意 安装芯片时不能搞错引脚方向。焊接时的速度要快，以免因焊接时间过长，引起集成电路过热损坏，并且更换后需要待温度降到一定程度后才能通电，以免导致集成电路损坏。

第八章　控制系统的电路图识别、构成与功能、典型单元电路分析与故障检修

第一节　电路图识别

由于空调（空调器）的控制系统采用了种类较多的电子元器件构成，所以它的电路图充满密密麻麻的符号和电路，就像渔网一样，使普通制冷维修人员感到眼花缭乱，不知从何入手，其实，只要认真地分析单元电路的电源走向、信号流程，把它的脉络理顺，再掌握各生产厂家电路的设计特点，积累一定经验后便能通过电路图分析电路的工作原理，也就能很快找到故障部位了。

一、按系统单元分类

想看懂各种形式的电路图，首先要掌握电路的分类。电路按系统单元分类有整机电路、系统电路和单元电路。

1．整机电路

所谓整机电路就是把整个电脑板的各部分电路相互连接起来，全部反映在一张纸上，有一种整体、全面的感觉，使人读后对整个电路结构有一个全面的了解，当然，要能看懂这样的图纸是要求空调维修人员有一定的电路基础知识和读图能力的。

2．系统电路

系统电路就是把整机电路分成几大块，如可按电脑板的结构把整机电路分成电源电路、温度检测电路、供电控制电路和保护电路等，它看起来比整机电路更详细、清楚。

3．单元电路

单元电路是把系统电路又分成更细更小的块，使图纸看起来更加简单、明了，更便于维修使用。

二、按图纸分类

按图纸种类又可分为方框图、电路原理图、电气接线图、印制电路板图和故障检修流程图。

1．方框图

（1）方框图的功能

方框图是一种通过方框和连线反映电路构成和信号流程的电路图，最大的优点是简单清楚，一目了然，为我们了解供电走向、控制方式以及信号走向提供了方便。它的每个方框反映的就是一个单元电路或是一个部件，内含多个电路，方框中的文字和字符含义就是该部分

电路的名称和功能，而每个方框之间的连线或箭头表明各个方框之间的关系。

提示 虽然方框图比较简单，但它可以帮助初学者或者维修人员明白每个方框在电路中的作用，从而使维修工作轻松从容。

（2）方框图的分类

方框图主要包括整机电路方框图、系统电路方框图和集成电路构成方框图3类。

整机电路方框图：通过该图可了解整机电路的组成和每个单元电路之间的关系，通过图中的箭头还可以了解到供电和信号走向。

系统电路方框图：通过该图可了解系统电路的组成，更便于了解电路功能。

集成电路构成方框图：集成电路内部由多个单元电路构成，通过构成方框图不仅可了解集成电路的构成，而且还便于了解它的引脚功能。

2. 电路原理图

电路原理图是一种详细、完整的电路图，可直观地反映出各部分的电路结构，各组成元器件的参数、作用。可通过图纸上所画的各种电路的元器件图形符号以及它们之间的关系，了解控制板的供电、复位、时钟振荡的实际工作情况，同时可了解如何对室内环境温度、蒸发器温度检测（采集），还可以了解如何对压缩机、风扇电机和加热器等器件的供电进行控制，这不仅可帮助我们分析控制板的工作原理，而且对排除空调电气方面的故障有很大的帮助。

3. 电气接线图

电气接线图反映了控制板与温度传感器、压缩机和风扇电机等器件的连接情况。通过控制板上的插头，就可以轻松找到外接的温度传感器、压缩机和风扇电机等器件，这对于维修电气故障是至关重要的，但该图对维修控制板自身故障的作用不如电路原理图大。

4. 印制电路板（PCB）图

它属于印制电路板布局图，是一种实际电子元器件的装配图。印制电路板是在一块绝缘板上先覆盖一层金属箔（铜箔），再将金属箔上不需要的部位腐蚀掉，剩下部位的金属箔作为电路元器件之间的连线，这样安装在这块绝缘板上的元器件就构成了一个完整电路。按印制电路板的结构可分为单层板、双层板和多层板。空调电脑板多采用单层板或双层板。通过对印制电路板上主要元器件的识别，可判断出CPU的许多引脚功能，如通过晶振就可以判断出时钟振荡脚，通过为压缩机供电的继电器就可以判断出压缩机供电控制脚，通过为电加热器供电的继电器就可以判断出电加热器供电脚。

5. 故障检修流程图

故障检修流程图主要用于故障检修，通过该图可对故障部位或元器件依次进行查找。

第二节 控制系统的构成与功能

一、构成

控制系统一方面可以自动检测室内温度的变化情况，与用户设置的温度值进行比较，控制压缩机的运行时间，实现制冷、制热控制；另一方面接收用户利用遥控器发出的操作指令，改变空调的工作状态。另外，单片机还控制显示屏显示当前室内温度等信息，提醒用户空调的工作状态。因此，控制系统必须采用单片机为核心构成。空调典型的控制系统由电源电路、单片机（微处理器）、传感器、操作系统、供电开关、负载系统、显示系统和遥控发射/接收系统等构成，如图 8-1 所示。

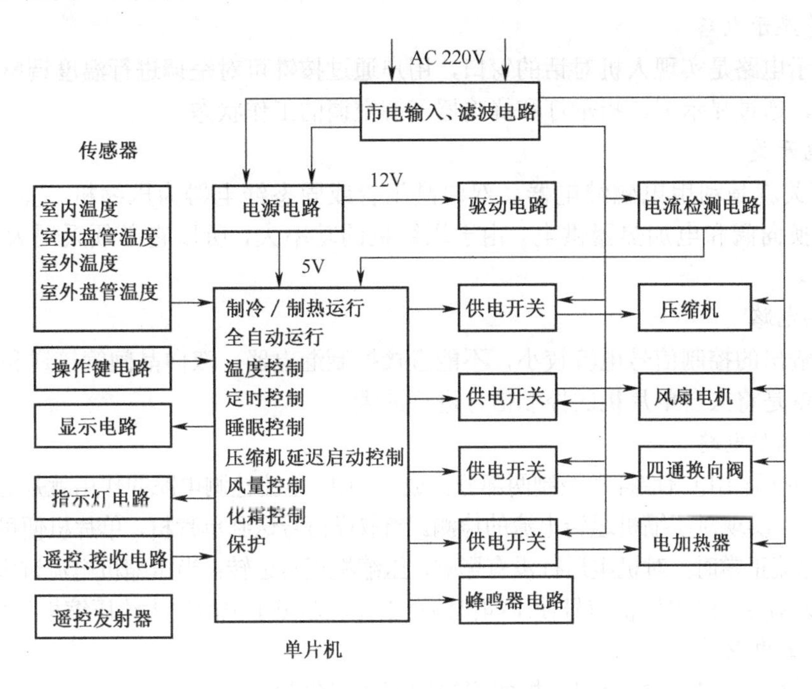

图 8-1　空调典型控制系统构成方框图

二、功能

1. 滤波电路

该滤波电路不仅可滤除市电电网中的高频干扰脉冲，以免电网中的干扰脉冲影响空调单片机正常工作，而且还可以阻止压缩机、风扇电机等工作时产生的大电流干扰脉冲窜入电网中，影响其他用电设备的正常工作。

2. 电源电路

由于空调内的单片机、操作显示电路采用 5V 直流电压供电，而驱动电路、导风电机（步进电机）和电磁继电器等采用 12V 直流电压供电，所以需要通过电源电路将 220V 市电电压变换为 5V、12V 直流电压，以满足它们正常工作的需要。另外，电源电路还要为显示屏供电。

3. 传感器

传感器的主要作用：（1）一是当空调工作在制冷/制热状态时，为单片机提供室内/室外温度信号，控制压缩机、风扇电机的运行时间；（2）用于防冷冻、防冷风控制；（3）用于除霜时控制电加热器的加热时间；（4）空调异常时为单片机提供保护信号。

4. 单片机电路

单片机电路的主要功能：（1）接收操作键电路，遥控、接收电路送来的操作信号，输出开、关机和压缩机、风扇电机运转/停止信号，实现开、关机和制冷/制热等功能；（2）接收温度传感器送来的检测信号，只有单片机接收到正常的温度检测信号后，才能输出压缩机、风扇电机运转或停转的控制信号，空调才能进入制冷/制热状态；（3）接收来自保护电路的保护信号，当它接收到保护信号后，压缩机、风扇电机等器件停止工作，同时还通过显示屏或指示灯显示故障代码，提醒用户空调进入相应的保护状态。

5. 操作显示电路

操作显示电路是实现人机对话的窗口，用户通过按键可对空调进行温度调整、风量调整等操作控制，通过显示屏、指示灯和蜂鸣器了解空调的工作状态。

6. 供电开关

供电开关就是利用电磁继电器、双向晶闸管或固态继电器为压缩机、室内/室外风扇电机、四通换向阀和电加热器供电。由于压缩机的功率大，所以它必须采用大功率的电磁继电器供电。

7. 驱动电路

单片机输出的控制信号电流较小，不能直接控制继电器、双向晶闸管接通和断开，驱动电路的作用就是将来自单片机的控制信号进行放大。

8. 过流保护电路

过流保护电路由电流取样和控制两部分构成。其中，电流检测电路的作用就是通过检测市电输入回路电流，实现对压缩机运转电流的检测。当取样信号送到单片机，单片机便可对电流进行识别，判断电流正常时，对机组运行没有影响，压缩机正常运转；当压缩机电流过大时，检测信号被单片机识别后，输出停机信号使压缩机停止工作，避免了电流过大给压缩机带来危害。

9. 蜂鸣器电路

该电路的作用就是通过鸣叫来提醒用户空调的工作状态。

10. 遥控、接收电路

遥控、接收电路就是用户利用遥控器发射红外信号，被红外接收电路接收后，在内部进行处理并解码，将用户的操作信息送给单片机，从而完成遥控操作功能。

第三节 典型单元电路分析与故障检修

一、市电输入、滤波电路

典型的市电输入、滤波电路由过压、过流保护电路和线路滤波器构成，如图 8-2 所示。

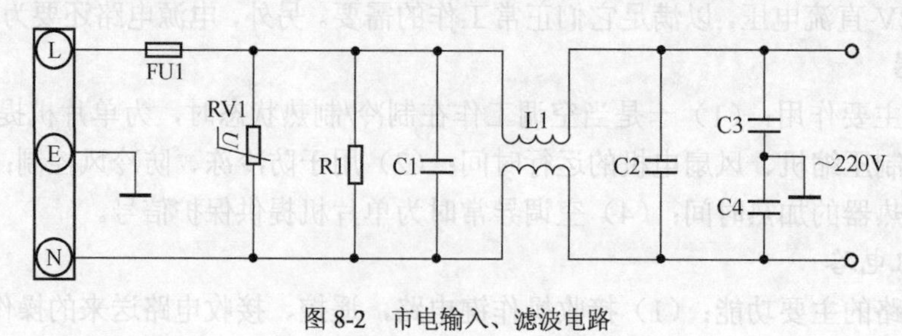

图 8-2 市电输入、滤波电路

1. 电路分析

（1）过压、过流保护

电脑板防止过流最简单的方法就是在市电输入回路串联一只3.15A或5A的熔丝管FU1，当后面的线路滤波器或过压保护电路有元器件击穿，使电流超过FU1标称值后，FU1过流熔断，避免扩大故障范围，实现过流保护。

防止市电过压、雷电窜入最简单的方法就是在市电输入回路并接一只压敏电阻RV1，当市电过高或有雷电窜入后它过压击穿，使熔丝管FU1过流熔断，市电电压不再进入电源电路，避免了电源电路的其他元器件过压损坏。

（2）线路滤波器

线路滤波器由互感线圈L1，差模电容C1、C2和共模滤波电容C3、C4组成。

L1是由一个磁芯和两个匝数相同，但绕向相反的绕组构成的，因此该电感的磁芯不会饱和，可有效地抑制对称性干扰脉冲，并且抑制效果与电感量成正比。

差模电容（也称X电容）C1、C2主要用来抑制对称性干扰脉冲。抑制效果和电容容量成正比。但容量也不能过大，否则不仅会浪费电能，而且还会污染市电电网。

共模电容（也称Y电容）C3、C4主要用来抑制不对称性干扰脉冲。抑制效果和电容容量成正比。但容量也不能过大，否则会影响开关电源正常工作。

2. 常见故障

滤波电容C1、C2和压敏电阻RV1过压损坏后，表面通常有裂痕或黑点；C1、C2和RV1击穿短路后，会引起熔断器FU1过流熔断。

互感线圈L1的磁芯松动，会发出“吱吱”声；若绕组出现匝间短路，会导致熔丝管FU1过流熔断，此时它的绕组有发黑等异常现象；若L1的引脚脱焊，会导致电源电路无市电电压输入而不工作，产生无电压输出且指示灯不亮的故障。

注意　熔断器FU1内部的熔体（保险丝）因过流熔断后，熔体的残渣会在玻璃壳内壁上产生黑斑或黄斑现象，有时还会导致玻璃壳因过热而破裂的现象。若玻璃壳内壁上有严重的黑斑或黄斑，说明过流情况较严重，通常为开关管、市电整流滤波元器件击穿所致；若玻璃壳上有轻微的黄斑，说明过流不严重，有时熔断器是自身损坏。

二、电源电路

1. 分类

目前空调电脑板采用的电源电路有两类：一类是变压器降压、线性稳压电源电路，另一类是开关稳压电源电路。

2. 变压器降压、线性稳压电源

空调采用的典型变压器降压、线性稳压电源电路如图8-3所示。

（1）电路分析

空调通上220V市电电压后，该电压经线路滤波器滤波，加到变压器T1的初级绕组，利用T1降压，从它的次级绕组输出15V（与市电电压高低有关）左右的交流电压。该电压通过 VD1～VD4 桥式整流，C1 滤波产生 22V 左右的直流电压。该电压经三端稳压器 IC1（7812）稳压，C2 滤波获得的 12V 直流电压，不仅为继电器、步进电机等供电，而且通过三端稳压器 IC2（7805）稳压，C3 滤波获得 5V 直流电压，为 CPU、操作键电路、指示灯等供电。

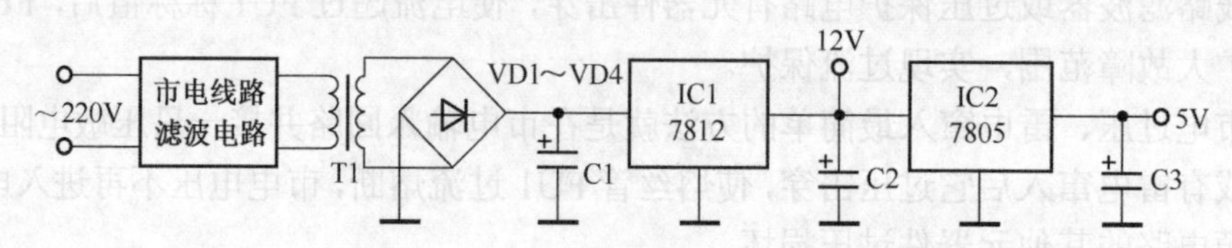

图 8-3　变压器降压、线性稳压电源电路

提示　由于 12V 仅为继电器、导风电机等供电，它们对供电要求不是十分严格，所以部分空调的 12V 电压不是由稳压器产生，而是利用 12V 变压器输出 12V 交流电压，再通过整流滤波后提供。

（2）典型故障

变压器 T1 初级绕组内部的超温熔断器熔断，使 T1 不能输出 15V 左右的交流电压，滤波电容 C1 两端也就不能形成 22V 直流电压，因此 C2、C3 两端也就无法形成 12V 和 5V 电压，负载电路不能工作，产生整机不工作的故障。T1 内的超温熔断器熔断，有时是由于整流管 VD1～VD4 或滤波电容 C1 击穿，使 T1 的绕组因过流发热所致。

12V 稳压器 IC1 异常或滤波电容 C2 击穿，使 IC1 进入过热保护状态后，IC1 不能输出 12V 电压或输出电压过低时，导致驱动电路不工作，会产生压缩机、风扇电机不运转故障。

5V 稳压器 IC2 异常或滤波电容 C3 击穿，使 IC2 进入过热保护状态后，IC2 不能输出 5V 电压或输出电压过低，导致 CPU、操作显示电路不工作时，会产生整机不工作故障。

C1、C3 容量不足会使 5V 供电的波动较大，产生 CPU 不工作或工作紊乱等故障。

3．开关稳压电源

由于变压器降压、线性稳压电源电路不仅适应市电范围小、工作效率低，而且空载时输出电压会高于正常值较多，因此现在许多空调采用效率高、体积小的开关稳压电源。

空调采用的开关稳压电源虽然都属于并联型变压器耦合开关电源，但从激励方式可分为自激式和他激式两种。

（1）自激式开关稳压电源

空调采用的并联型自激式开关稳压电源多采用分离元器件构成，如图 8-4 所示。

① 功率变换：市电电压经整流堆 VD1 桥式整流，C1 滤波产生 300V 直流电压。该电压一路通过开关变压器 T1 的初级绕组 P1 为开关管 VT1 供电，另一路通过启动电阻 R1 限流后为 VT1 的基极提供启动电压，于是 VT1 导通，它的集电极电流使 P1 绕组产生上正、下负的电动势，正反馈绕组 P2 感应出上正、下负的脉冲电压通过 R2、C2、VT1 构成回路，使 VT1 因正反馈雪崩过程迅速进入饱和导通状态，它的集电极电流不再增大，因电感中的电流不能突变，于是绕组 P1 产生反相的电动势，致使 P2 相应产生反相的电动势。该电动势通过 R2、C2 使 VT1 迅速进入截止状态。VT1 截止后，T1 存储的能量经整流、滤波后向负载释放，随着 T1 存储的能量释放到一定的时候，T1 各个绕组产生反相电动势，于是 P2 绕组产生的脉

冲电压经 R2、C2 再次使 VT1 进入饱和导通状态，形成自激振荡。开关管 VT1 工作在自激振荡状态后，T1 的次级绕组 P3 产生的脉冲电压经 VD4 整流，C4 滤波，产生 12V 直流电压。该电压不仅为继电器、步进电机供电，而且经三端稳压器 IC1（LM7805）稳压，C6 滤波获得 5V 直流电压，为 CPU、操作键和指示灯等电路供电。

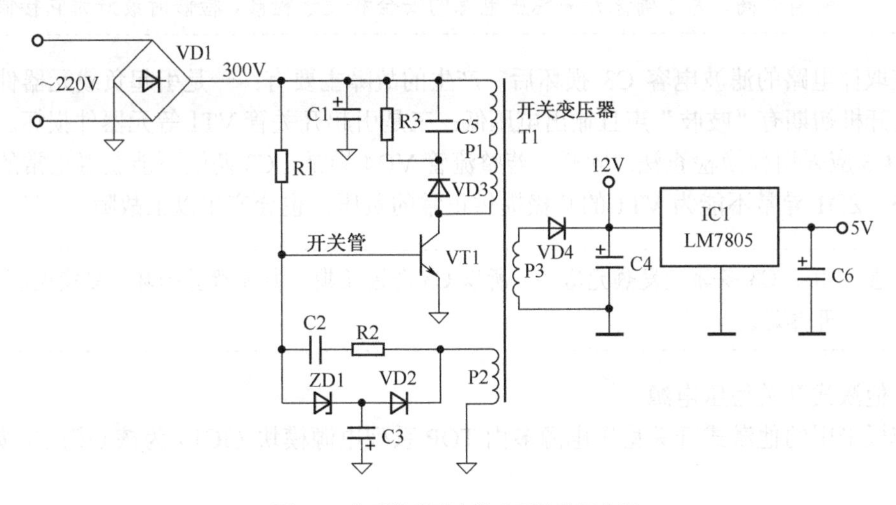

图 8-4　典型并联型自激式开关稳压电源

由于开关管 VT1 的负载开关变压器 T1 是感性元件，所以 VT1 截止瞬间，T1 的初级绕组 P1 会在 VT1 的集电极上产生较高的脉冲电压，该脉冲电压的尖峰值较大，容易导致 VT1 过压损坏。为了避免这种危害，在 P1 两端并联 VD3、R3、C5 组成尖峰脉冲吸收回路。该电路在 VT1 截止瞬间将尖峰脉冲有效地吸收，从而避免了 VT1 过压损坏。

典型故障　若整流堆 VD1、滤波电容 C1、开关管 VT1 击穿，会导致市电输入回路的熔断器 FU1 过流熔断；启动电阻 R1 开路，会导致 VT1 因无启动电压而截止，开关电源无电压输出；正反馈回路的 R2、C2 开路，会导致 VT1 因无正反馈脉冲不能进入振荡状态，开关电源无电压输出；若整流管 VD2 击穿，会使 VT1 因激励脉冲不足使开关电源处于弱振状态，产生输出电压低的故障；若尖峰脉冲吸收回路的 VD3、C5 击穿，使绕组 P1 被短路，导致绕组 P2 不能形成正反馈脉冲，VT1 不能进入振荡状态，开关稳压电源无电压输出；而 VD3、C5、R3 开路则容易导致 VT1 过压损坏。

注意　开关管 VT1 未起振时，滤波电容 C1 会在切断市电后仍然存储一定的电压，维修前要将它存储的电压放掉，以免被电击或扩大故障。

② 稳压控制：当市电电压升高或负载变轻，引起开关变压器 T1 各个绕组产生的脉冲电压升高时，绕组 P2 升高的脉冲电压经 VD2 整流，滤波电容 C3 滤波获得的取样电压（负压）相应升高，使稳压管 ZD1 击穿导通加强，为开关管 VT1 的基极提供负电压，使 VT1 导通时间缩短，T1 存储的能量下降，开关稳压电源输出电压下降到正常值，实现稳压控制。反之，

稳压控制过程相反。

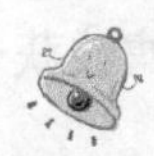

提示 该开关稳压电源的稳压控制电路通过T1的绕组P2得到取样电压，所以该误差取样方式属于间接取样方式。此类取样方式的稳压控制响应速度慢，空载时电压会略有升高。为了确保开关稳压电源的安全和便于检修，检修时最好为它接假负载。

误差取样电路的滤波电容C3损坏后，产生的故障主要有：一是引起负载元器件过压损坏；二是开机初期有“吱吱”声且输出电压低；三是引起开关管VT1等元器件损坏。为了防止误判，C3应采用代换检查法。同样，若整流管VD4异常，C3两端不能获得正常的取样电压。另外，ZD1异常不能为VT1的基极提供正常的负压，也会产生以上故障。

注意 由于C3多邻近发热元器件，所以C3会因长期过热而极易损坏。更换电容时应避开热源。

（2）他激式开关稳压电源

电脑板采用的他激式开关稳压电源多由TOP系列电源模块（IC1）为核心构成，如图8-5所示。

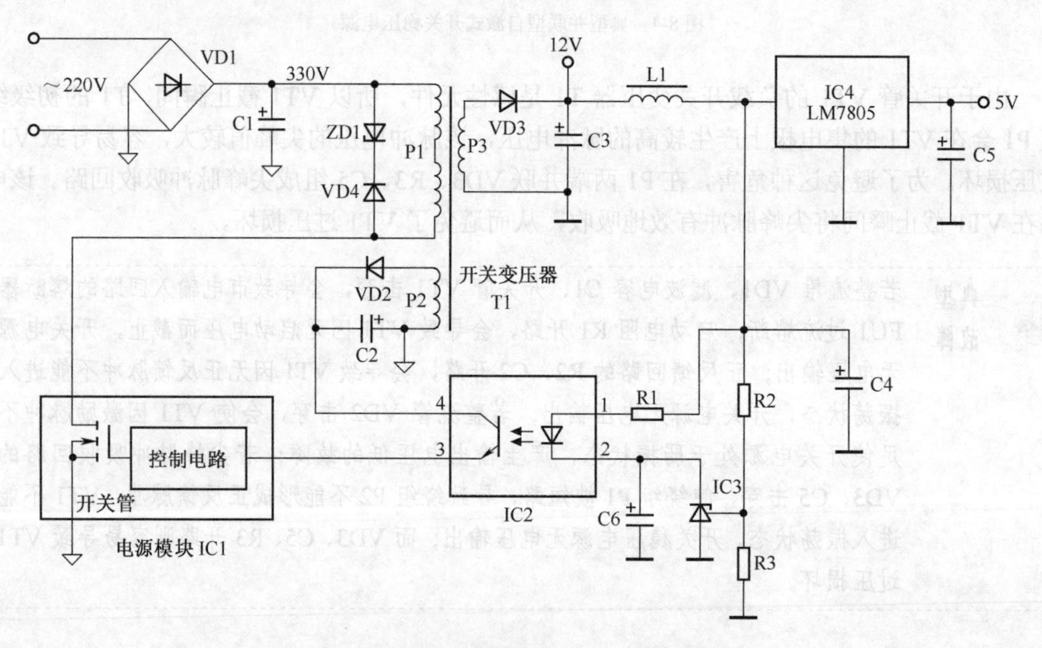

图8-5 TOP系列电源模块构成的开关稳压电源

IC1由开关管（大功率场效应管）和控制电路两部分构成，控制电路无需外接定时元件就可以产生振荡脉冲，不仅简化了电路结构，而且提高了开关稳压电源的稳定性、可靠性。

① 功率变换：220V市电电压通过整流堆VD1桥式整流，C1滤波产生300V直流电压。该电压经开关变压器T1初级绕组P1加到IC1（TOP系列电源模块）的供电端，不仅为它内部的开关管供电，而且为它内部的控制电路供电。控制电路获得供电后开始工作，由其产生

的激励脉冲信号使开关管工作在开关状态。由 VD4、ZD1 用来限制尖峰脉冲的幅度，以免 IC1 内的开关管被过高的尖峰脉冲击穿。

开关电源工作后，开关变压器 T1 的 P3 绕组输出脉冲电压，经 VD3 整流、C3 滤波产生 12V 电压，再通过 IC4 产生 5V 电压，为相应的负载供电。而 P2 绕组输出的脉冲电压经 VD2 整流，C2 滤波获得的电压为光电耦合器 IC2 内的光敏三极管供电。

② 稳压控制：当市电升高或负载变轻引起开关稳压电源输出的电压升高时，滤波电容 C3 两端升高的电压经 R1 使光电耦合器 IC2①脚输入的电压升高，同时该电压经 R2、R3 组成的取样电路取样，产生的取样电压超过 2.5V。该电压经三端误差放大器 IC3 放大后，使 IC2 ②脚电位下降，IC2 内的发光二极管因导通电压升高而发光强度增大，致使 IC2 内的光敏三极管因受光加强而导通加强，此时 IC2③脚输出的电压增大，为 IC1 的控制信号输入端提供的控制电压增大，经 IC1 内的控制电路处理后，开关管的导通时间缩短，输出端电压下降到规定值。当输出端电压下降时，稳压控制过程相反。

提示　由于此类误差取样、放大方式是利用光电耦合器将误差取样放大器和脉宽控制电路隔离，因此稳压控制性能好、安全可靠性高，可以空载检修。

VD2、C2、光耦合器 IC2、误差放大器、电阻 R1 或 R2 异常，不能为 IC1 的③脚提供误差取样信号，使开关管导通时间延长，开关稳压电源输出电压升高，引起开关管击穿或 IC1 内的保护电路动作。

方法与技巧　怀疑误差取样放大电路异常时，确认 R1、VD3 正常后，将一只 6.8V 稳压管接在 IC2 的②脚与地之间（负极接②脚），若输出电压低于正常值，说明 R2、IC3 异常；若电压还高，说明 VD2、C2、IC2 异常。

③ 软启动控制：光电耦合器 IC2 的②脚外接的 C6 是软启动电容。开机瞬间，由于 C6 需要充电，在它充电过程中，IC2 的②脚电位由低逐渐升高到正常值，使它内部的光敏三极管导通程度由强逐渐下降到正常，为 IC1 的控制端提供的电压也是由大逐渐降低到正常，使开关管导通时间由短逐渐延长到正常，避免了开机瞬间由于 C3、L1、C4 滤波的作用，不能及时为 IC3 提供正常的误差取样信号，导致 IC2 不能为 IC1 提供正常的控制电压，可能会引起开关管在开机瞬间过激励损坏。

C6 开路后，可能会导致 IC1 内的开关管在开机瞬间损坏，而 C6 短路或漏电，使 IC2 为 IC1 提供的控制电压增大，导致开关管导通时间缩短，会产生开关稳压电源输出电压过低的故障。

4. 故障检测

电源电路输出电压低或无电压输出有的是由于电源本身异常所致，有的是由于负载中有元器件短路引起。怀疑负载短路时可利用万用表电阻挡测该件的供电端对地阻值，若阻值较小，则说明该件短路。若短路点不好查找，可结合开路法，即分别断开单元电路的供电端子，再通过测供电端子对地电阻的阻值，就可查出故障点。当然，若断开单元电路的供电端子后，电源电路输出的电压恢复正常，也说明被断开的负载异常。不过，若电源电路内阻大，产生带载能力差时，就会出现有负载时输出电压低，而轻负载或空载时输出电压恢复正常的特殊现象。因此，维修时要根据具体情况具体分析，以免误判。

三、微处理器工作基本条件电路

和其他电器的微处理器一样，空调电脑板的微处理器要想正常工作，也必须满足供电、复位信号和时钟信号正常 3 个基本条件。微处理器工作基本条件电路如图 8-6 所示。

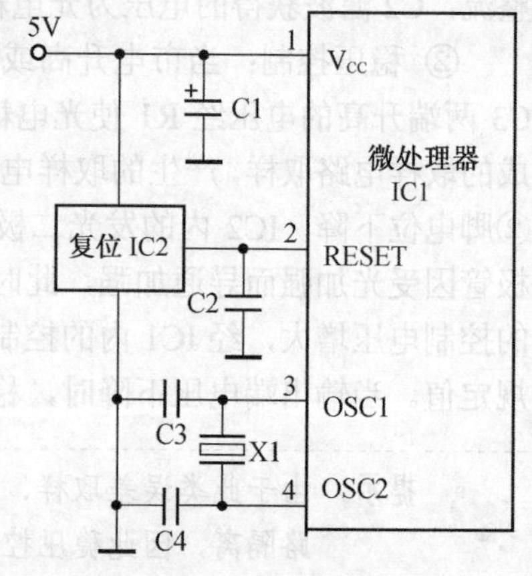

图 8-6　微处理器工作基本条件电路

1. 供电

电源电路输出的 5V 电压经 C1 滤波后，加到微处理器 IC1 供电端①脚，为 IC1 内部电路供电。大部分微处理器能够在 4.6～5.3V 的供电范围内正常工作。

2. 复位

微处理器的复位方式有低电平复位和高电平复位两种。采用低电平复位方式的 CPU 复位端有 0→5V 的复位信号输入，采用高电平复位方式的 CPU 复位端有一个 5→0V 的复位信号输入。下面以图 8-6 所示电路介绍低电平复位方式的工作原理。

该复位信号由专用复位芯片 IC2 提供。开机瞬间，由于 5V 电源在滤波电容的作用下是逐渐升高的，当该电压低于设置值时（多为 3.6V），IC2 的输出端输出一个低电平的复位信号。该信号经 C2 滤波后加到微处理器 IC1②脚，IC1 内的存储器、寄存器等电路清零复位。随着 5V 电源不断升高，IC2 输出高电平信号，加到 IC1②脚后，IC1 内部电路复位结束，开始工作。

提示　部分空调微处理器的复位电路采用三极管、稳压管、电阻和电容构成，此类复位电路和芯片型复位电路的工作原理相同。也有的空调的复位信号是由电阻和电容 RC 组成的积分电路获得，复位时间的长短取决于 R、C 时间常数的大小。

3. 时钟振荡

微处理器 IC1 获得供电后，它与③、④脚外接的晶振 X1 和移相电容 C3、C4 通过振荡产生时钟信号，作为系统控制电路之间的通信信号。

4. 典型故障

若微处理器的 3 个基本工作条件电路异常，微处理器不能工作，会导致整机不工作的故障。而电源指示灯是否发光取决于其供电或控制方式，未受微处理器控制的指示灯会发光，而受微处理器控制的则不会发光。另外，时钟振荡电路异常还会产生控制功能紊乱等故障。

5. 故障检测

怀疑供电异常时可采用电压法进行判断。怀疑复位电路异常时通常采用电阻、电容检测法对所采用的元器件进行判断。怀疑时钟振荡电路异常时，最好采用代换法对晶振、移相电容进行判断。怀疑按键接触不良时用数字式万用表的二极管挡在路就可方便地测出。

方法与技巧　由于复位时间极短，所以通过测电压的方法很难判断微处理器是否输入了复位信号。而一般维修人员又没有示波器，为此可通过简单易行的模拟法进行判断。对于采用低电平复位方式的复位电路，在确认复位端子电压为5V时，可通过120Ω电阻将微处理器的复位端子对地瞬间短接，若微处理器能够正常工作，说明复位电路异常；对于采用高电平复位方式的复位电路，在确认复位端子电压为低电平时，可通过120Ω电阻将微处理器的复位端子对5V电源瞬间短接，若微处理器能够正常工作，说明复位电路异常。

四、操作、显示与存储电路

操作、显示与存储电路由操作电路、蜂鸣器电路、指示灯电路、显示电路和存储器等构成，如图8-7所示。

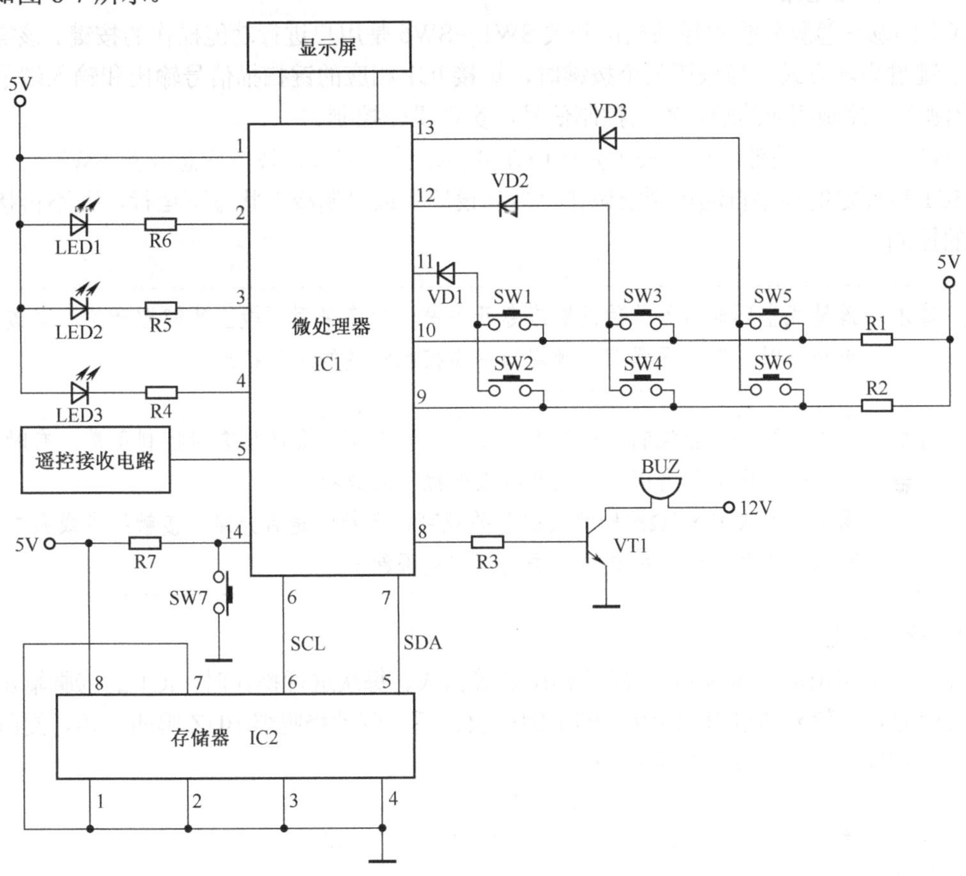

图8-7　典型操作、显示与存储电路

1. 操作电路

操作电路有两种：一种是面板上的功能操作键，另一种是遥控发射和接收电路。

（1）遥控操作电路

微处理器IC1⑤脚外接的遥控接收电路（组件）俗称接收头，该电路通过对遥控器发出的红外光信号识别处理后送到 IC1⑤脚，被其内部电路检测后，通过相应的端口输出控制信号，实现操作控制。

典型故障 该电路异常不仅会产生遥控失灵故障，而且会产生误控制故障。维修时，在确认供电正常，并且它与 CPU 之间通路正常后，多为接收头损坏，拆开组件没有发现有接触不良的元器件，就可以更换接收头。另外，遥控器异常也会产生遥控失灵故障，常见的故障元器件是晶振或红外发射管；导电橡胶老化会产生部分按键操作失灵的故障；若编码芯片异常，无需更换，更换相同功能的遥控器即可。

注意 市电有干扰或室内机附近有其他干扰源，导致接收头工作紊乱，也可能会误输出控制信号，使空调工作紊乱。

（2）操作键电路

IC1 的⑨～⑬脚外接的轻触按键开关 SW1～SW6 是用户进行功能操作的按键。该操作电路属于键盘矩阵方式，当按压某个按键时，短接 IC1 相应的键扫描信号输出和输入端子，被 ICI 检测后，控制相应的端口输出控制信号，实现操作控制。

SW7 是应急开关键，该开关主要应用在分体壁挂式空调，按下应急开关 SW7 后，微处理器 IC1 按预定的程序自动控制空调在“自动设置”或“制冷”状态下运行，而不再接受遥控器的控制。

提示 落地式空调通常不单独设置应急开关键，而多采用面板上的键控开关，当该开关被按下时，微处理器按照预定的程序控制空调的工作状态。

典型故障 开关开路会产生控制功能失效的故障；接触不良会产生有时控制正常，有时失效的故障；漏电则会产生不能开机或误操作的故障。

采用万用表 R × 1Ω挡检测按键开关就可以判断它是否开路、接触不良或漏电。也可以采用脱开一个引脚的方法判断它是否漏电。

2. 蜂鸣器电路

蜂鸣器电路由放大器 VT1、蜂鸣器 BUZ 等构成。每次进行操作时，IC1 的⑧脚输出蜂鸣器驱动信号，该信号通过 R3 限流，VT1 倒相放大后，驱动蜂鸣器 BUZ 鸣叫一声，提醒用户空调已收到操作信号，此次控制有效。

典型故障 该电路异常会产生蜂鸣器不鸣叫或声音失真的故障。

3. 指示灯电路

发光二极管 LED1～LED3 分别是电源、运行和定时指示灯。它们通过电阻接在微处理器 IC1 的②～④脚上，当相应的引脚为低电平时，受控发光二极管发光，表明空调的工作状态。

提示　许多空调的指示灯不是由微处理器直接供电的，而是与蜂鸣器电路一样，需要通过三极管进行倒相放大后，驱动发光二极管发光。

该电路异常会产生指示灯不亮的故障。

4. 显示电路

显示电路是通过指示灯或显示屏对空调工作状态或保护状态进行显示，不仅方便用户的使用，而且便于故障检修。目前，许多新型空调采用了 VFD 型显示屏[VFD 是英文 Vacuum（真空）Fluorescence（荧光）Display（显示）的缩写]。VFD 显示屏采用真空荧光显示器件，实现彩色图形显示，具有夜视功能，如 KFR-60LW/BPJXF 型空调就采用了 VFD 显示屏。

该电路异常会产生显示屏不亮或显示的字符缺笔画故障。

5. 存储器

部分空调的微处理器电路为了加强存储功能，还设置了扩展存储器。该存储器属于电可擦写只读存储器（E^2PROM）。它不仅存储了微处理器正常工作所需要的各种控制数据，而且用户操作后的数据由微处理器 IC1 通过 I^2C 总线存储在存储器 IC2 内部。

资料　I^2C 总线是一种集成电路与集成电路之间的双向数据传输总线。它有两条线：一条是串行时钟线（通常用 SCL 或 IIC CLK 表示），另一条是串行数据线（通常用 SDA 或 IIC DATA 表示）。其中，时钟线传递的时钟信号由主控电路（微处理器）输出，被控电路只能接收。而数据信号传输的数据信号是双向的，既可以来自主控电路，也可以来自被控电路。

五、自动控制信号输入电路

自动控制信号通常包括室内温度检测信号、交流电（市电）过零检测信号、压缩机电流检测信号和风扇电机位置检测信号。空调典型的自动控制信号输入电路如图 8-8 所示。

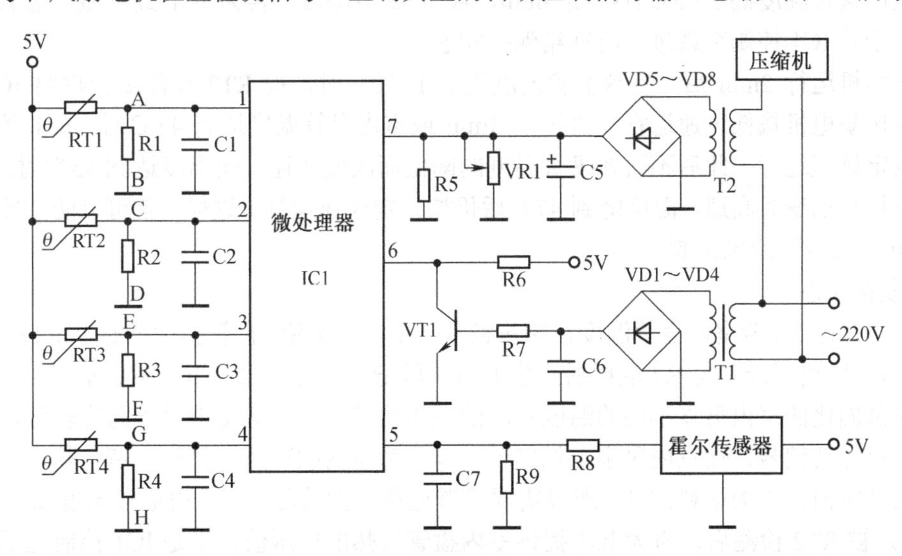

图 8-8　空调典型的自动控制信号输入电路

1. 温度检测电路

温度检测电路由微处理器 IC1、温度检测传感器 RT1～RT4 为核心构成。在 IC1 内部固化了不同温度对应的电压值，而 RT1～RT4 采用的是负温度系数热敏电阻，它们的阻值随温度升高而减小，随温度下降而增大。通过阻抗信号/电压信号变换电路转换后，传感器就能在不同的温度时为 IC1 的①～④脚提供相应的电压值。当 IC1 输入的电压值与 IC1 内部存储的某个电压值相同时，IC1 通过比较就可以算出传感器感应的实际温度，于是 IC1 就会作进一步的控制。

（1）室内环境温度传感器

RT1 是室内环境温度传感器，简称室温传感器，在制冷、制热期间用于检测室内温度，以控制压缩机的运行、停止时间。在制冷期间，当室内温度高于设置温度时，它的阻值相对较小，5V 电压通过 RT1 与 R1 分压取样产生的取样电压较低。该电压通过 C1 滤波后加到微处理器 IC1①脚，IC1 将该电压与内部存储器或外部存储器固化的不同室温对应的电压比较后，确认空调需要制冷时，控制压缩机、风扇电机供电端输出控制信号，使压缩机和风扇电机运转。当室内的温度下降到设置值，RT1 的阻值增大到需要值，为 IC1①脚提供的电压符合内部固化的电压值后，IC1 输出控制信号使压缩机停止工作，进入保温状态。保温期间，RT1 的阻值随着室内温度升高而减小，被 IC1 识别后，会再次控制空调进入下一轮的制冷循环状态。

（2）室内盘管温度传感器

RT2 是室内盘管温度传感器，简称室内盘温传感器。它在制冷时用来防止室内热交换器（蒸发器）冻结，制热时用来防冷风控制，在室内热交换器过热时为微处理器提供过热检测信号。

① 制冷状态

制冷状态下，若室内风扇转速慢或室内空气过滤器脏，使室内热交换器无法吸收足够的热量，它内部的制冷剂不能汽化，可能会导致压缩机因液击而损坏，所以需要设置防冻结保护。当室内盘管温度低于−1℃且持续 3min，被 RT2 检测后，再为 IC1 提供室内盘管冻结的电压值，于是 IC1 控制空调进入防冻结保护状态。

当压缩机运行 2min 后，室内盘管温度仍低于 30℃时，被 RT2 检测后提供给 IC1，IC1 控制室内风扇电机按低风速运行，再运行 3min 或室内盘管温度达到 43℃后，IC1 控制风扇电机按设定风速运行，此后不再随盘管温度的降低而改变转速，但温度达到 55℃时，IC1 控制风扇电机自动变为高速，温度降到 47℃后仍按设定风速运行。这样，就可以防止冷风时间超过 2min，实现防冷风控制。

② 制热状态

在制热状态下，若室内盘管温度在制热初期较低时，被室内盘管温度传感器 RT2 检测后，阻值较大，5V 电压经它与 R2 取样后产生的电压较低，该电压加到 IC1 的②脚后，IC1 将该电压与内部固化的室内盘管不同的温度对应的电压比较后，判断室内盘管温度较低，输出室内风扇电机停转信号，使室内风扇电机停转，以免为室内吹冷风。另外，室内热交换器温度过高会损坏室内机内的塑料部件，所以需要设置过热保护功能。当室内盘管温度高于 53℃且持续 10s，被 RT2 检测后，再为 IC1 提供室内盘管过热的电压值，于是 IC1 控制空调进入过热保护状态。

另外，部分空调的制冷剂泄漏后，在压缩机运转25min后，室内盘管传感器为微处理器提供的室内盘管温度低于室内温度 5℃以内，被微处理器识别后，微处理器控制空调进入制冷剂不足的保护状态。

（3）室外环境温度传感器

RT3是室外环境温度传感器，简称室外传感器，在制冷或制热时用于室外机风速控制。在室外温度过高或过低时，由它将室外温度异常的信息提供给微处理器，微处理器识别后实施室外温度异常保护。

（4）室外盘管温度传感器

RT4是室外盘管温度传感器，简称室外盘温传感器，在制热时用于检测室外热交换器除霜的温度，而且在制冷或制热期间还用于防过热保护或防冻结保护。RT1～RT4 采用的是负温度系数热敏电阻，它的阻值随温度升高而减小。

提示 部分普通空调还设置了压缩机排气温度传感器，它的作用一个是在压缩机排气温度过高时，为微处理器提供压缩机排气温度过高的信息，于是微处理器控制空调进入保护状态。

传感器损坏后，一是会产生制冷、制热不正常的故障；二是产生制冷正常、不能制热的故障；三是产生空调保护性停机，显示故障代码的故障。另外，部分空调的室内温度传感器异常后，微处理器会控制空调进入固定温度制冷状态。

注意 由于传感器可完成多种保护功能，比如，部分空调的室内盘管传感器通过检测室内盘管的温度来识别系统内的制冷剂是否不足，因此室内盘管传感器异常后，不一定显示的是传感器异常的故障代码，而可能显示的是制冷剂不足的故障代码。

方法与技巧 RT1～RT4或它的阻抗信号/电压信号变换电路异常后，可通过故障代码进行判断。另外，因RT1～RT4的阻值随温度升高而减小，所以可采用电阻法和温度法进行判断。由于RT1～RT4在一定温度时阻抗基本不变，所以也可以采用固定电阻判断它是否正常。比如怀疑RT1异常时，可在图8-8中A、B的位置（相当于控制板的温度传感器接口）上安装一个 4.7～10kΩ的电阻，若空调能够工作，则说明RT1或它的接线异常。

2. 市电过零检测电路

为了保证双向晶闸管、固态继电器不在导通瞬间过流损坏，需要设置市电过零检测（同步信号输入）电路。

典型的市电过零检测电路由三极管 VT1、电阻 R7 和滤波电容 C6 组成。由电源变压器T1次级绕组输出的交流电压，通过C6滤除高频干扰脉冲后，经R7限流，再经VT1倒相放大，产生交流检测信号，即同步控制信号。该信号作为基准信号加到微处理器IC1的⑥脚。IC1 对⑥脚输入的信号检测后，在市电电压过零处附近输出触发信号，确保双向晶闸管（双向可控硅）、交流输出型固态继电器在市电的过零点处导通，以免双向晶闸管、固态继电器在导通瞬间过流损坏。

该电路异常会导致双向晶闸管、固态继电器不能导通，产生风扇电机不转的故障，也可能会产生空调不工作，进入保护状态的故障

3. 压缩机过流保护电路

为了防止压缩机过流损坏，许多空调设置了由电流互感器 T2 为核心构成的压缩机过流保护电路。压缩机的一根电源线穿过 T2 的磁芯，这样 T2 就可以对压缩机的工作电流进行检测，T2 二次绕组感应的电压经 VD5～VD8 桥式整流，再通过 C5 滤波后，就可获得与运行电流成正比的取样电压。该电压利用 R5 和电位器 VR1 钳位后，加到微处理器 IC1 的⑦脚。

当压缩机运行电流超过设定值后，T2 次级绕组输出的电流增大，经整流、滤波后使 C5 两端产生的取样电压升高，被 IC1 识别后，IC1 输出压缩机停转信号，使压缩机停止工作，以免压缩机过流损坏，实现压缩机过流保护。

提示 VR1 是用于确定最大取样电流的电位器，调整它就可改变输入到 IC1⑦脚取样电压的大小。

典型故障 该电路异常，在运转电流正常时误为 IC1 提供过流信号，会产生压缩机不能运转或运转时间异常的故障。

4. 风扇电机运转异常保护电路

霍尔传感器安装在风扇电机内，当室内风扇电机旋转后，霍尔传感器输出端输出转子位置检测信号，即 PG 脉冲信号。该脉冲通过电阻 R8、R9 分压限流，再经 C7 滤除高频杂波后，加到微处理器 IC1⑤脚。IC1 确认输入的 PG 信号正常，输出控制信号使空调正常工作。当电机或其供电异常不能正常旋转时，无法形成正常的 PG 信号，被 IC1 确认后，它判断风扇电机工作异常，输出保护信号控制机组停止工作，并通过显示屏或指示灯给出故障代码。

提示 若风扇电机调速是通过控制继电器改变风扇电机供电引脚来实现的，则不需要风扇电机转子位置检测电路，并且此类风扇电机内部也没有霍尔传感器。

该电路异常会产生保护性关机，并且显示故障代码的故障。

方法与技巧 怀疑 PG 脉冲形成电路异常时，可在拨动风扇扇叶的同时，测 C7 两端应有变化的电压，否则说明 R8、C7 或霍尔传感器异常。

六、室内、室外风扇电机供电控制电路

图 8-9 所示是一种典型的空调室内、室外风扇电机供电控制电路。

1. 室外风扇电机供电控制

室外风扇电机供电控制电路是由电磁继电器 RL1、放大器 VT1 为核心构成的。

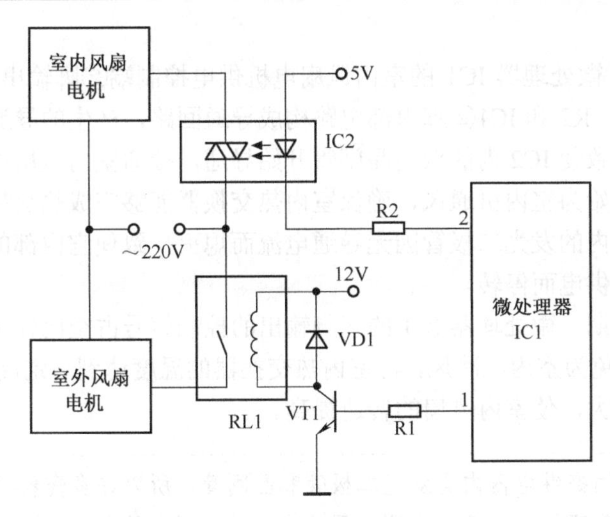

图 8-9　典型的空调室内、室外风扇电机供电控制电路

（1）控制过程

制冷/制热期间，微处理器 IC1 的室外风扇电机供电控制端①脚输出高电平信号，它通过 R1 限流，使放大管 VT1 导通，继电器 RL1 的线圈有电流流过，使 RL1 内的触点吸合，接通室外风扇电机的供电回路，启动风扇电机运转，开始为室外机通风，确保室外热交换器能够正常地完成热交换功能。当 IC1①脚输出低电平的停机信号，使 VT1 截止，切断 RL1 线圈的供电回路，于是 RL1 内的触点释放，室外风扇电机因没有供电而停止运转，通风工作结束。

VD1 是用于保护 VT1 的钳位二极管。VT1 截止后，RL1 的线圈将在 VT1 的 c 极上产生较高的反峰电压，该电压通过 VD1 泄放到 12V 电源，将 VT1 的 c 极电压钳位在 12.7V 以内，避免 VT1 过压损坏。

（2）典型故障

当限流电阻 R1 开路、放大管 VT1 的 be 结损坏或继电器 RL1 的线圈异常，使 RL1 内的触点不能吸合时，室外风扇电机因无供电不能启动，会产生室外风扇不转故障；若 VT1 的 c、e 极击穿，RL1 内的触点粘连，会引起室外风扇电机始终运转的故障。而这些元器件接触不良，为室外风扇电机提供的工作电压时有时无，会产生室外风扇电机有时能运转，有时不能运转的故障。

（3）故障检测

若室外风扇电机无 220V 供电，首先测 VT1 的 b 极有无 0.7V 导通电压，进行故障原因判断。若没有，说明 R1 开路、VT1 的 be 结击穿或 IC1 没有输出控制电压；若 VT1 的 b 极有 0.7V 电压，测 RL1 线圈的两引脚间电压，若电压为 12V，说明 VT1 损坏或 RL1 的线圈开路；若线圈两端电压为低电平，查 RL1 及它的 12V 供电电路。

提示　部分空调的 IC1①脚与 5V 电源间还接一只供电电阻（上拉电阻），该电阻开路后 IC1①脚电位就会为低电平，所以不要误判 IC1 异常。

2. 室内风扇电机供电控制

室内风扇电机供电控制电路是由固态继电器 IC2 为核心构成的。

（1）控制过程

制冷/制热期间，微处理器 IC1 的室内风扇电机供电控制端②脚输出低电平，5V 电压经 IC2 内的发光二极管、R2 和 IC1②脚内部电路构成导通回路，产生的导通电流使 IC2 内的发光二极管开始发光，致使 IC2 内的双向晶闸管开始导通，接通室内风扇电机的供电回路，启动风扇电机运转，开始为室内机通风，确保室内热交换器能够完成热交换功能。当 IC1②脚输出高电平时，IC2 内的发光二极管因无导通电流而熄灭，致使它内部的双向晶闸管截止，室内风扇电机因失去供电而停转。

另外，在制热初期，微处理器 IC1 的②脚输出的控制信号占空比较小，控制室内风扇处于低速运转状态，以免为室内吹冷风，待室内热交换器的温度达到一定高度时，IC1②脚输出的控制信号占空比增大，使室内风扇的转速提高。

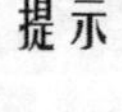

提 示 因交流固态继电器内有发光二极管和晶闸管，所以许多资料将它误称为光耦晶闸管或光耦可控硅。部分空调采用的是小功率固态继电器，所以它是作为隔离耦合器件，利用它控制外接的大功率双向晶闸管触发电路，实现供电控制。另外，部分空调的室内风扇电机的供电也采用继电器控制方式，工作原理与上面介绍的室外风扇电机控制电路相同。

（2）典型故障

若 R2、IC2 异常使室内风扇电机因无供电不能启动，会产生室内风扇不转或进入保护状态的故障；若 IC2 内晶闸管的 A、K 极间击穿，会引起室内风扇电机始终运转的故障。

（3）故障检测

若室内风扇电机无交流供电电压，测 IC1②脚电位是否为低电平，若为低电平，查 R2 和 IC2；若为高电平，查 IC1。

七、压缩机、导风电机、四通换向阀、电加热器供电控制电路

图 8-10 所示是一种典型的空调压缩机、导风电机、四通换向阀、电加热器供电控制电路。该电路由微处理器 IC1、驱动块 IC2 和继电器 RL1～RL3 为核心构成。

1．压缩机供电控制

（1）控制过程

制冷/制热期间，微处理器 IC1 的压缩机供电控制端⑤脚输出高电平信号，它经驱动块 IC2 ⑤脚内的倒相放大器放大后，使 IC2 的⑫脚电位为低电平，为继电器 RL1 的线圈供电，使 RL1 内的触点吸合，接通压缩机的供电回路，压缩机在运转电容的配合下开始运转，空调进入制冷或制热状态。当 IC1⑤脚输出低电平的停机信号，经 IC2 内的倒相放大器放大后，不能为 RL1 的线圈供电，使 RL1 内的触点释放，压缩机因没有供电而停止运转，制冷或制热工作结束。

（2）典型故障

当驱动块 IC2 内的放大器损坏或继电器 RL1 的线圈短路，使 RL1 内的触点不能吸合时，压缩机因无供电而不能运转，会产生不制冷、不制热故障；若 IC2 的⑫脚内部电路对地击穿、RL1 内的触点粘连，会引起压缩机始终运转的故障。而这些元器件接触不良，为室外风扇电机提供的工作电压时有时无，会产生压缩机有时能工作，有时不能工作的故障。

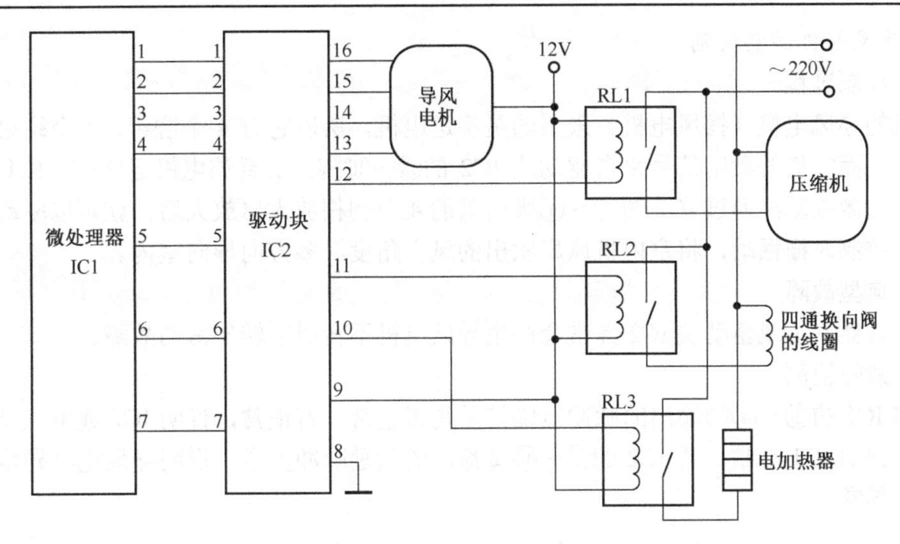

图 8-10　典型的压缩机、导风电机、四通换向阀、电加热器供电控制电路

（3）故障检测

若压缩机的绕组无 220V 供电，首先测 IC2⑤脚有无高电平的控制信号输入，若 IC1⑤脚有高电平信号输出，说明 IC1 到 IC2 之间电路异常，否则说明 IC1 异常；若 IC2⑤脚有高电平控制信号输入，测 RL1 线圈两引脚间电压，若电压为 12V，说明 IC2 损坏或 RL1 的线圈开路；若线圈两端电压为低电平，查 RL1 及它的 12V 供电电路。

2. 四通阀供电控制

制冷期间，微处理器 IC1 的四通阀线圈供电控制端⑥脚输出的信号为低电平，它经驱动块 IC2 的⑥、⑪脚内的倒相放大器放大后，不能为继电器 RL2 的线圈供电，于是 RL2 内的触点不能吸合，四通阀的线圈无供电，它内部的阀芯不动作，使空调工作在制冷状态。制热期间，IC1 的⑥脚输出的信号为高电平，它经 IC2 的⑥、⑪脚内的倒相放大器放大后，为 RL2 的线圈供电，使 RL2 内的触点吸合，为四通阀的线圈供电，它内部的阀芯动作，改变制冷剂的流向，使空调工作在制热状态。

3. 电加热器供电控制

需要电加热器加热时，微处理器 IC1 的电加热器供电控制端⑦脚输出的信号为高电平，它经驱动块 IC2⑦脚内的倒相放大器放大后，使 IC2⑩脚电位为低电平，为继电器 RL3 的线圈供电，使 RL3 内的触点吸合，接通电加热器的供电回路，电加热器开始加热。反之，当 IC1⑦脚输出的信号为低电平时，RL3 内的触点释放，电加热器停止工作。

提示　大部分空调在电加热器供电回路中串联一只用于过热保护的过热保护器（超温熔断器），当继电器 RL3 的触点粘连或 IC2 异常使 RL3 的触点始终吸合，导致电加热器温度过高时，过热保护器内的熔体熔断，电加热器停止加热，以免被加热的元器件因过热损坏。另外，也有部分空调还在电加热回路中串联一只双金属片型温控器。当它检测到的温度达到标称值后，它内部的触点断开，使加热器停止工作，待被加热器件的温度下降后，它的触点再次接通。

4. 导风电机供电控制

（1）控制过程

该机的导风电机（摆风电机）采用的是步进电机，所以它有 4 个绕组。4 个绕组由 12V 电源供电，而它们的激励信号来自驱动块 IC2 的⑬～⑯脚。需要该电机运转时，IC1 的①～④脚输出的激励脉冲通过 IC2 的①～④脚内部的 4 个倒相放大器放大后，就可以驱动导风电机运转，控制风栅摆动，将室内机风扇吹出的风大角度、多方向导向室内。

（2）典型故障

微处理器 IC1 或驱动块 IC2 异常会产生导风电机不转或运转异常的故障。

（3）故障检测

检测 IC1 的①～④脚输出的脉冲激励信号是否正常，若正常，说明 IC2 或电机异常；若不正常，说明 IC1 异常。若 IC2 的⑬～⑯脚输出的激励脉冲正常，说明导风电机异常，否则说明 IC2 异常。

八、市电异常保护电路

部分型号空调设置了市电异常保护电路，当市电过高或过低时，它都会动作，使空调停止工作，以免压缩机、风扇电机等贵重元器件损坏。典型的市电异常保护电路如图 8-11 所示。

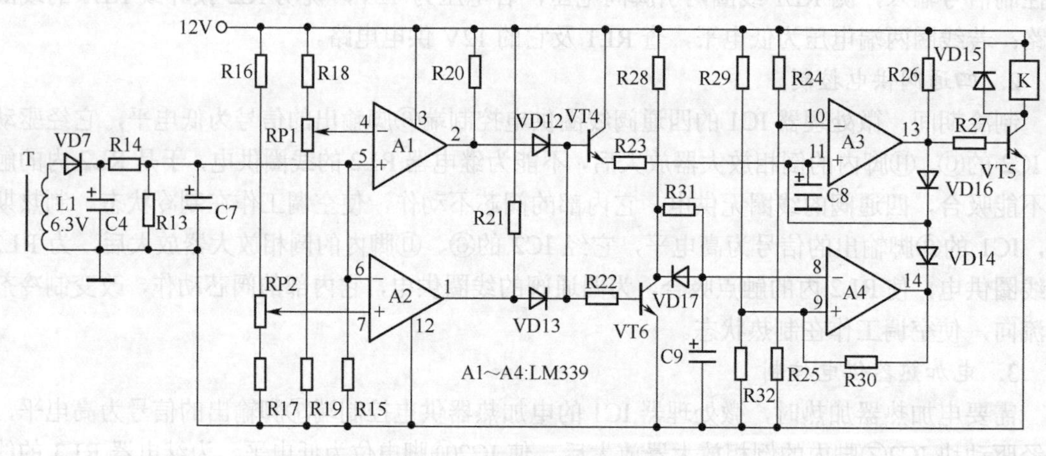

图 8-11 市电异常保护电路

1. 控制过程

该保护电路以 4 个电压比较器 LM339 为核心构成。其中，比较器 A1、A2 和电阻等元器件组成电压比较电路，A3、A4 用于电压放大。

12V 电压一路通过 R16～R18 和可调电阻 RP1、RP2 组成的取样电路产生 2 个电压，它们作为基准电压分别加到 A1、A2 的④、⑦脚，调整 RP1、RP2 可改变④、⑦脚输入的基准电压大小；另一路通过 R24、R25、R29、R32 取样产生的取样电压，作为基准电压加到 A3、A4 的⑩、⑨脚。同时变压器 T 的次级绕组输出的 5.5～6.3V 的交流电压通过 VD7 半波整流，C7 滤波产生的电压，作为取样电压加到 A1、A2 的⑤、⑥脚。

当市电电压在正常范围时，比较器 A1⑤脚、A2⑥脚的电压高于⑦脚电压，但低于④脚电压，于是 A1、A2 的输出端②、①脚输出的电压均为低电平，VD12、VD13 组成的与门电路截止，使放大器 VT4 和 VT6 截止，致使比较器 A3⑩脚电压高于⑪脚电压，A4⑧脚电压高于⑨脚电压。此时，A3、A4 的输出端输出的电压为低电平。A4 的⑭脚电位为低电平后，通过 VD14 使 A3 的⑪脚电位为低电平，确保 A3 的⑪脚电位为低电平，于是 A3 的⑬脚电位为低电平，此时放大器 VT5 因基极无导通电压输入而截止，继电器 K 的线圈无电流流过，使它内部的触点不动作。

当市电升高并且过压时，A1⑤脚电压超过了④脚电压，于是 A1②脚输出高电平，通过 VD12、VD13 使 VT6 和 VT4 导通。VT6 导通后，通过 VD17 使 A4 的⑧脚电位低于⑨脚电位，于是 A4 的⑭脚电位为高电平，VD14 截止，不影响 A3 的⑪脚电位。而 VT4 导通后，由它发射极输出的电压通过 R23 使 A3 的⑪脚电位超过⑩脚电位，于是 A3 的⑬脚输出高电平电压。该电压通过 R27 限流使 VT5 导通，继电器 K 内的触点动作，使压缩机、风扇电机等负载停止工作，避免它们因市电过压而损坏。

当市电降低并且欠压时，A2 的⑦脚电压超过了⑥脚电压，于是 A2 的①脚输出高电平，如上所述，压缩机、风扇电机等负载停止工作，避免它们因市电欠压而损坏。

比较器 A4 的⑧脚外接的 C9 是延迟电容，用来防止保护电路在开机瞬间误动作。开机瞬间 C9 需要充电，使 A4 的⑧脚电位由低逐渐升高到正常，致使 A4 的⑭脚电位在开机瞬间为高电平，确保保护电路正常工作。

提 示　目前，许多空调的市电检测电路直接利用电阻构成的取样电路对低压电源输出的电压进行取样后，就可以为 CPU 提供市电电压是否正常的取样信号，从而使电路简洁且故障率低。

2. 典型故障

该电路异常后有两种故障现象：一种是市电正常时，误输出保护信号，使空调不能工作；另一种是市电异常时，不能使空调进入保护状态，而导致压缩机等元器件损坏。

3. 故障检测

怀疑市电异常保护电路异常时，通过测量电压、测量电阻和开路法就可以很快地查找到故障元器件。

九、遥控发射电路

图 8-12 所示给出的是一款典型的遥控发射电路。该电路由集成电路μPD6121001、455kHz 时钟晶振 FOSC 和红外发射管（LED02）等组成。

1. 控制过程

3V 电压加到μPD6121001 的⑥、⑦脚，为它供电，于是μPD6121001 的⑧、⑨脚内部的振荡器与外接晶体 FOSC 以及移相电容 C2、C3 通过振荡产生时钟脉冲，通过分频产生 38MHz 载波脉冲信号。当按动遥控器上的功能键时，启动μPD6121001 工作，对操作功能键进行识别和编码，一路以调幅形式调制在 38MHz 载波后从⑤脚输出，经三极管 VT1 放大后，使红外发射管 LED02 以红外信号的形式发射出去；另一路通过⑪脚输出，通过 R02 限流，使发光二极管 LED01 闪烁发光，表明遥控器开始工作。

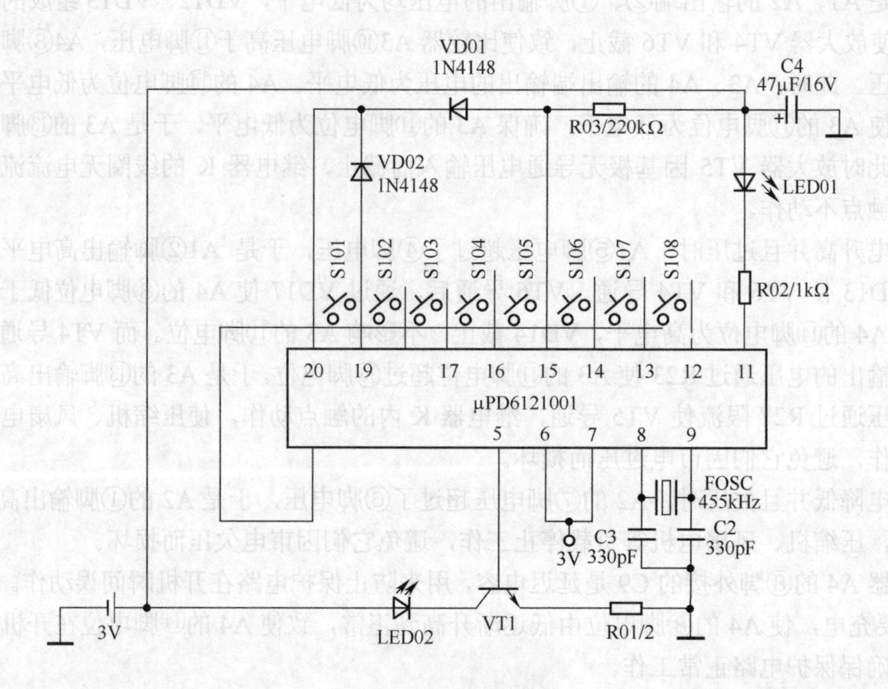

图 8-12　遥控发射电路

2．典型故障

该电路异常后有 3 种故障现象：第一是不能遥控，使空调不能工作；第二是遥控距离短；第三是部分按键失效。

3．故障检测

出现不能遥控故障，按操作键时，若 LED01 不发光，则说明遥控器内电池无电或遥控器未工作。首先要询问用户，该遥控器是否被摔过，若是，则应检查遥控器电路板上有无引脚脱焊的元器件，若有，补焊后多可排除故障，否则用新的晶振代换 FOSC，若还不能排除故障，则代换检查红外发射管 LED02，若代换 LED02 无效，则检查芯片μPD6121001 或更换遥控器。

方法与技巧　若不能确认不能遥控的故障是由于遥控器异常所致，还是由于电脑板上的接收电路异常所致，可拿着遥控器去电子元器件经销部用遥控器测试仪进行检测，也可以用正常的遥控器对空调进行控制，若控制功能正常，则说明遥控器损坏，否则说明接收电路异常。

出现遥控距离短的故障时，首先要更换电池，若无效，则代换检查红外发射管 LED02 及其放大电路，若无效，则多为电脑板上的红外接收电路异常。

出现部分按键失效故障时，首先要用酒精擦拭导电橡胶和电路板上的接点，若无效，则用镊子等金属短接电路板上的接点，若功能恢复，说明导电橡胶老化，更换导电橡胶后则可排除故障；若功能依旧，则说明芯片异常，需要更换芯片或遥控器。

第四节　电脑板电路的检测方法

电脑板电路（电控板电路）的检测方法除了采用电压测量法、电阻测量法外，还可采用温度法、代换法、开路法和应急修理法等。

一、温度法

温度法就是通过摸一些元器件的表面，判断该元器件的温度是否过高，以此确定故障原因和故障部位的一种方法。有一定维修经验后，这种方法在判断开关电源的开关管、继电器的驱动块是否正常时比较好用，通电不久若它们出现温度过高的现象，说明它们存在功耗大或过流现象。采用温度法时应注意安全，以免触电。

二、代换法

代换法就是用同规格正常的元器件代换不易判断的元器件，以此判断该元器件是否正常的方法。在空调维修时主要是采用代换法判断电容、稳压管、集成电路和变压器等感性元器件是否正常，对于性能差的三极管也可采用该方法进行判断。当然，维修时也可采用整体代换的方法进行故障部位的判断，比如，怀疑操作显示板异常引起空调不能正常工作时，也可整体代换，代换后空调能正常工作，说明被代换的操作显示板异常。

三、开路法

开路法就是通过脱开某个元器件判断故障部位的方法。比如，在维修电源电路输出电压低的故障时，若断开驱动块的供电后电压恢复正常，说明故障部位发生在驱动块；若断开供电电路上的滤波电容后故障消失，说明滤波电容异常。再比如在检修风扇电机始终旋转故障时，若脱开为风扇电机供电的驱动电路，电机能够停转，说明驱动电路或CPU异常，否则说明继电器异常。

四、短路法

短路法就是将控制电路某部分电路或某个元器件短路来判断故障部位的方法。比如，在检修压缩机不转故障时，短接压缩机驱动管的 c、e 极后，若压缩机能够旋转，则说明压缩机驱动电路异常；再比如，检修部分按键不受控故障时，短接该按键的两个引脚的焊点后若故障消失，则说明该按键损坏。而怀疑电路板断裂时也可以采用短路法进行判断。

五、应急修理法

应急修理法就是通过取消某部分电路或某个元器件进行修理的一种方法。比如，在检修压敏电阻短路引起熔断器熔断故障时，因市电电压正常时压敏电阻无作用，所以维修时若手头没有该元件，可不安装它，并更换熔断器即可排除故障；再比如，维修因继电器异常导致室内风扇不转故障时，若手头没有此类继电器，可以用给电加热器供电回路的继电器来更换，达到排除故障的目的。

六、故障代码修理法

目前空调都采用电脑控制方式，为了便于生产和故障维修，都具有故障自诊断功能，在空调出现故障后，被电脑板上的CPU检测到，通过指示灯或显示屏显示故障代码，提醒故障原因及故障发生部位，维修人员通过代码就会快速查找到故障部位。由此可见，掌握该方法是快速维修新型空调的捷径之一。

注意　因故障代码是电脑板根据检测的温度、电流和电压得出的，并非绝对正确，检修时只能用作参考，不能完全依赖。如检修长虹 KFR-75LW/WD3S 柜机时，显示室外盘管传感器故障代码“4F4”，但检查结果却为三相电相序不对；再比如，检测波尔卡空调显示制冷剂不足故障代码时，检修发现故障是因为室内盘管传感器异常引起。许多机型在给出故障代码的故障原因时只给出温度传感器开路或短路，而它的阻抗信号/电压信号变换电路异常也会产生该故障。

七、应急开关修理法

将室内机面板上的应急开关置于试运行位置，空调进入试运行状态，空调的运行状态与温度无关，取消过载保护、防冷冻结和系统异常等所有保护功能（少数机型仅保留压缩机 1min 保护延迟启动功能）。利用这项功能可大致判断遥控器和接收器是否正常，以及温度采集电路、防冻结等延迟启动电路是否正常。

八、自检修理法

如果被维修的空调具有自检功能，可以按工厂提供的资料进入自检状态，空调会按顺序检测各功能电路，从而确认控制板是否工作及各驱动控制是否正常。

第五节　典型控制电路故障检修流程

本节主要介绍空调控制电路（电脑板、电控板）的典型故障的分析与检修流程、方法与技巧。

一、整机不工作

整机不工作是插好电源线后室内机上的指示灯、显示屏不亮，并且用遥控器也不能开机。该故障主要是由于市电供电系统或电脑板异常所致。故障原因根据有无5V电压又有所不同，没有5V电压说明市电输入系统、电脑板上的电源电路异常，若5V供电正常，说明CPU电路异常。整机不工作，无5V供电的故障检修流程如图8-13所示。整机不工作，5V供电正常的故障检修流程如图8-14所示。

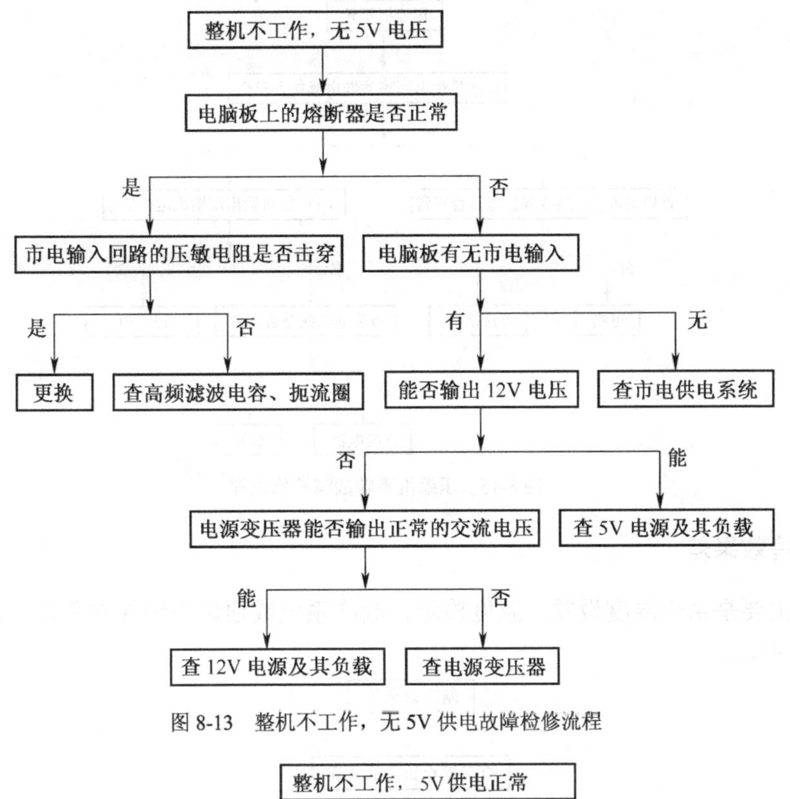

图8-13　整机不工作，无5V供电故障检修流程

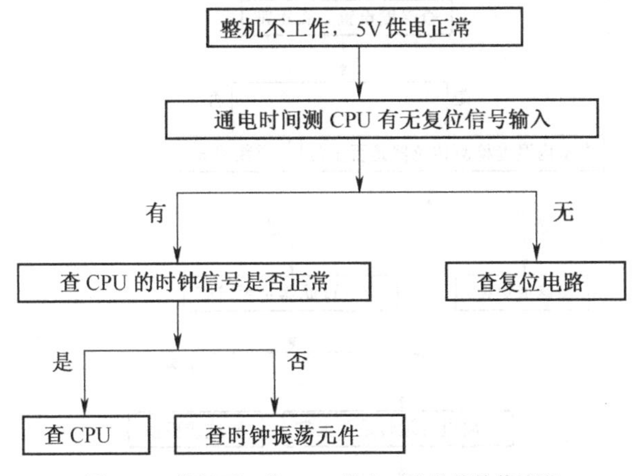

图8-14　整机不工作、5V供电正常故障检修流程

提示　该流程是按照线性电源介绍的，若采用的是开关稳压电源，在检修熔断器熔断故障时，还要检查开关管、300V供电滤波电容是否击穿。若开关管击穿，还要检查稳压控制电路和尖峰脉冲吸收回路，以免开关管再次损坏。

二、压缩机不转

压缩机不转的故障主要是由于CPU、驱动电路或供电电路异常所致。该故障的检修流程如图8-15所示。

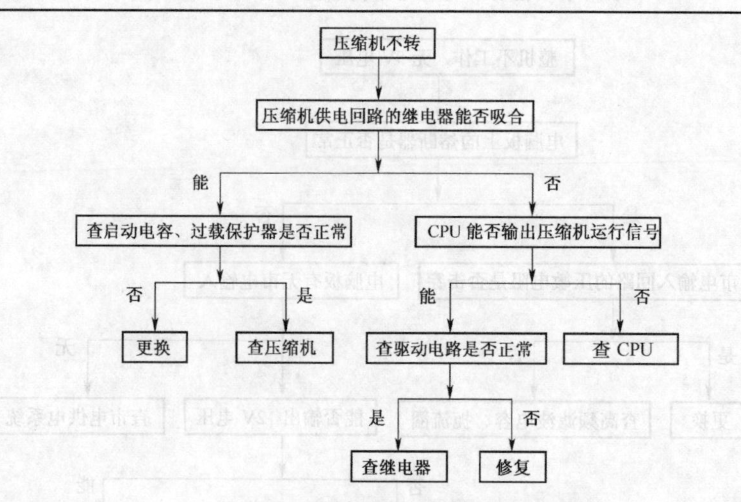

图 8-15　压缩机不转故障检修流程

三、制冷效果差

该故障主要是由于温度设置、温度检测、制冷系统或通风系统异常所致。该故障检修流程如图 8-16 所示。

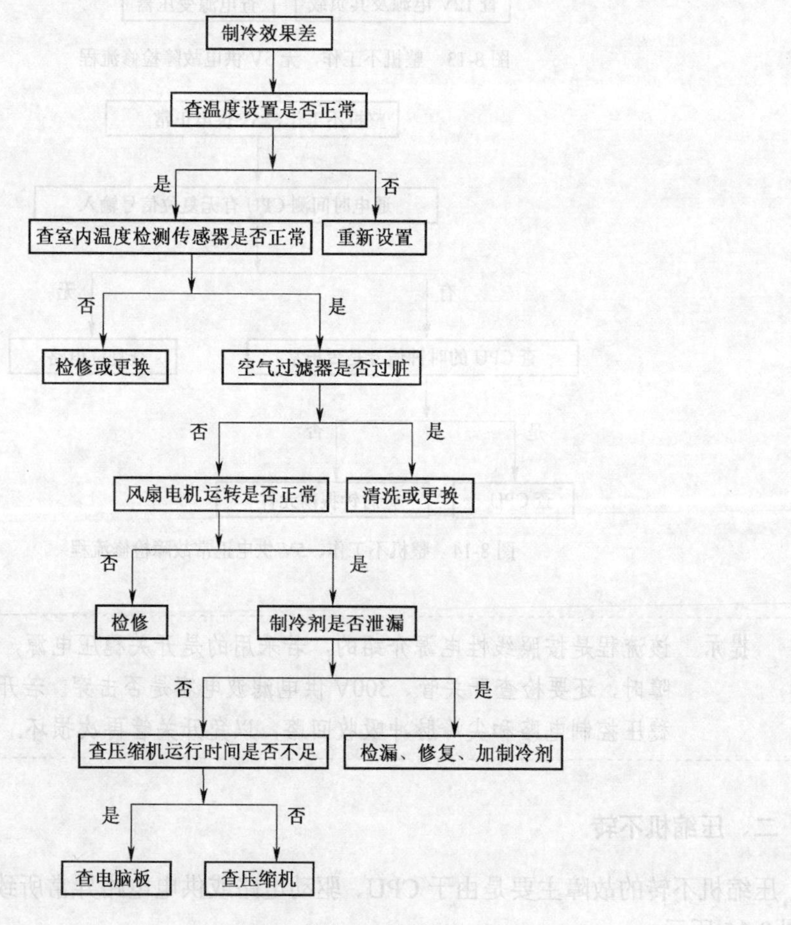

图 8-16　制冷效果差故障检修流程

提示　若温度检测传感器或其阻值/电压变换电路、通风系统异常，制冷剂泄漏严重，被电脑板上的 CPU 检测后，CPU 控制空调进入保护状态，并会通过显示屏显示故障代码。

四、显示屏字符缺笔画

显示屏字符缺笔画的主要原因：一是液晶显示屏异常，二是主控制板与液晶显示屏之间的连线断开了，三是 CPU 损坏。检修流程如图 8-17 所示。

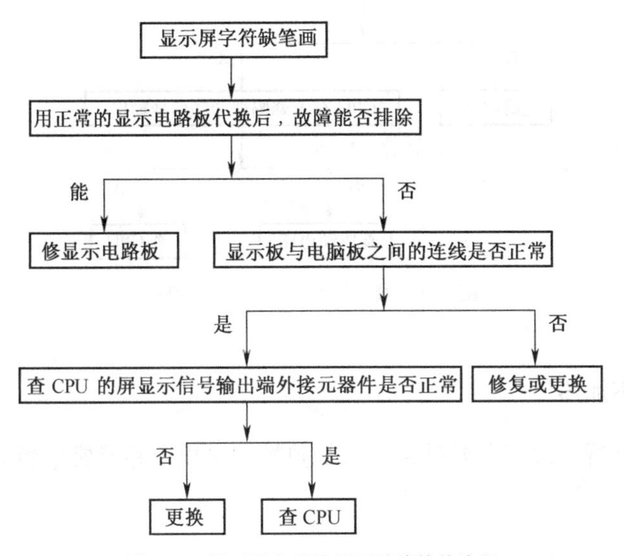

图 8-17　显示屏字符缺笔画故障检修流程

五、部分操作功能失效

部分操作功能失效故障的主要原因：一是操作键及其相接的电阻、晶体管异常，二是 CPU 损坏。检修流程如图 8-18 所示。

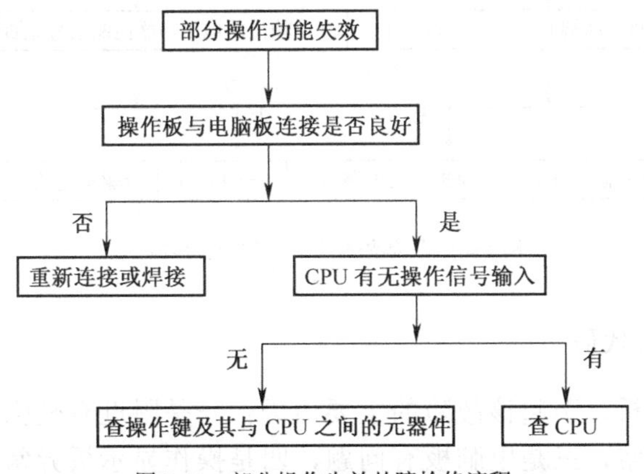

图 8-18　部分操作失效故障检修流程

六、蜂鸣器不发音

蜂鸣器不发音的主要原因：一是蜂鸣器损坏，二是驱动电路异常，三是CPU损坏。检修流程如图8-19所示。

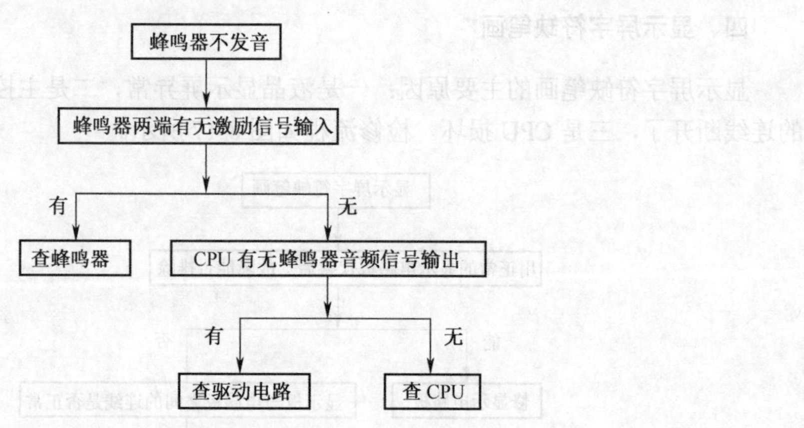

图8-19　蜂鸣器不发音故障检修流程

七、电加热器不加热

通过故障现象分析，故障主要是由于电加热器、供电电路异常所致。该故障检修流程如图8-20所示。

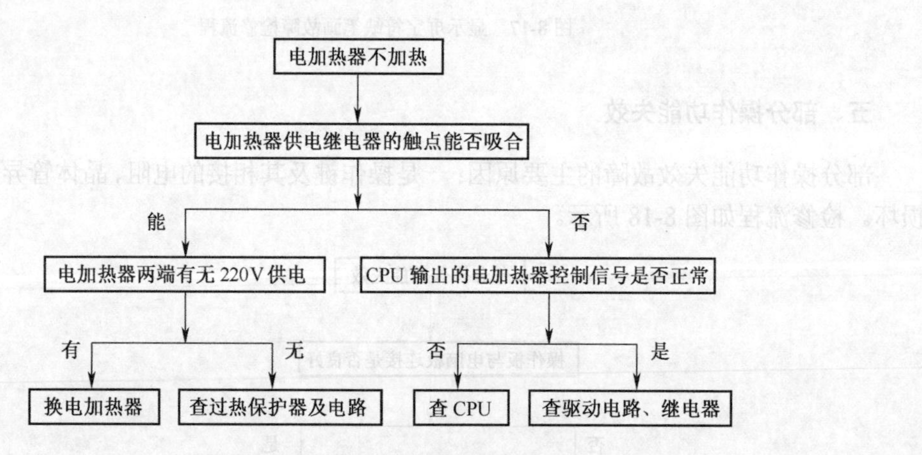

图8-20　电加热器不加热故障检修流程

八、显示通信故障代码

通过故障现象分析，引起该故障的主要原因：一是附近有较强的电磁干扰，二是电脑板之间通信电路异常，三是电脑板有问题，四是操作显示板异常。该故障检修流程如图8-21所示。

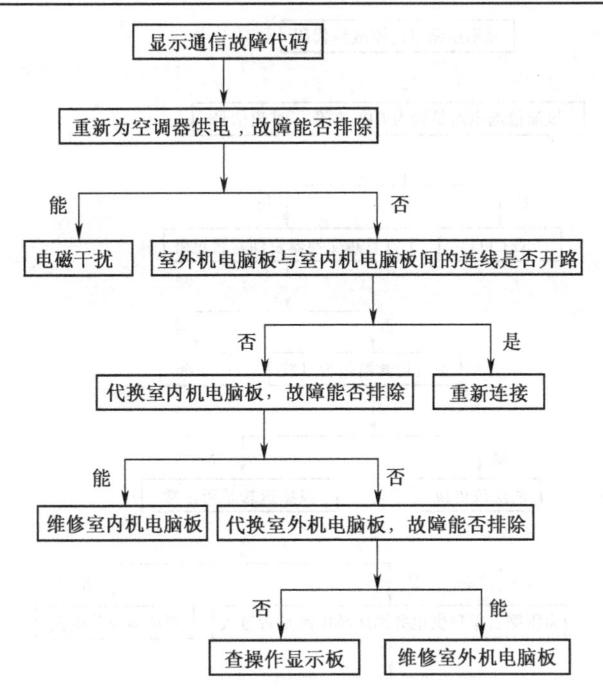

图 8-21　显示通信故障代码的故障检修流程

方法与技巧　如果室外机电脑板上有指示灯，可根据指示灯的发光情况对故障部位进行大致判断。指示灯闪烁，基本是室外机电脑板异常；指示灯发光但不闪烁，多为室内机电脑板异常；指示灯不发光，多为室外机通信电路的供电电路不良，这是因为室外机电脑板只有接收到室内机电脑板发来的脉冲信号后才能发光，同时室外机电脑板向室内机电脑板发出脉冲信号，这样室内机、室外机的电脑板才能进行通信。

九、显示压缩机过流故障代码

通过故障现象分析，故障原因主要是压缩机工作电流大、过流检测电路异常或 CPU 异常。该故障检修流程如图 8-22 所示。

提示　对于三相电柜机，首先检查三相电是否缺相，相序是否正确。对于新安装的空调，还要检查室内机、室外机的连接管有无挤压变形。而对于返修空调还要检查制冷系统是否堵塞等。

十、显示系统压力过高故障代码

通过故障现象分析，该故障的主要原因是室外机通风不良或制冷系统漏，小部分原因是四通换向阀窜气、压力保护器损坏。返修机还要考虑加注的制冷剂过量和制冷系统堵塞。该故障检修流程如图 8-23 所示。

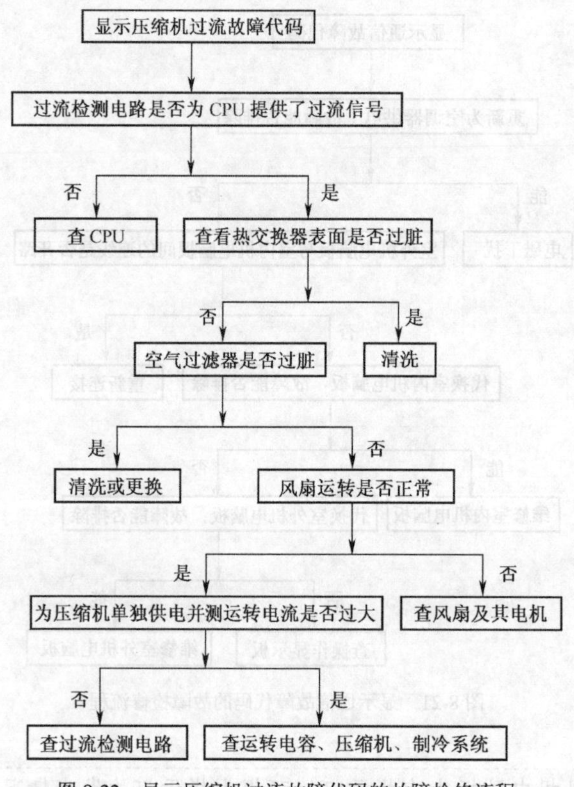

图 8-22　显示压缩机过流故障代码的故障检修流程

提示　检测制冷系统压力低时，说明制冷系统泄漏；压力不稳定，说明制冷系统有空气；压力高于0.8MPa，说明四通换向阀漏气。制冷状态时，正常的压力应为0.4～0.45MPa。另外，对于返修机应观察低压管是否结霜，如果结霜，说明加注的制冷剂过多。

十一、显示系统异常故障代码

通过故障现象分析，该故障的主要原因是室内机、室外机通风不良或制冷系统漏；小部分原因是四通换向阀不正常切换引起设置于制冷反而制热，设置于制热状态时，反而工作在制冷状态；个别情况是压缩机异常。该故障检修流程如图 8-23 所示。

十二、显示传感器异常故障代码

通过故障现象分析，该故障的主要原因：一是传感器阻值偏移，二是连接器的插头接触不好，三是阻抗信号/电压信号转换电路的电阻变值、电容漏电，四是 CPU 异常。该故障检修流程如图 8-24 所示。

提示　一般同环境温度下各室内温度传感器、室内盘管传感器和室外盘管传感器的阻值基本相同，常温下的阻值为4～10kΩ（个别机型为15kΩ），因传感器采用的是负温度系数热敏电阻，所以为它加热后阻值应下降，否则说明被加热的传感器损坏。而三相电柜机还要检查三相电的相序是否正确。

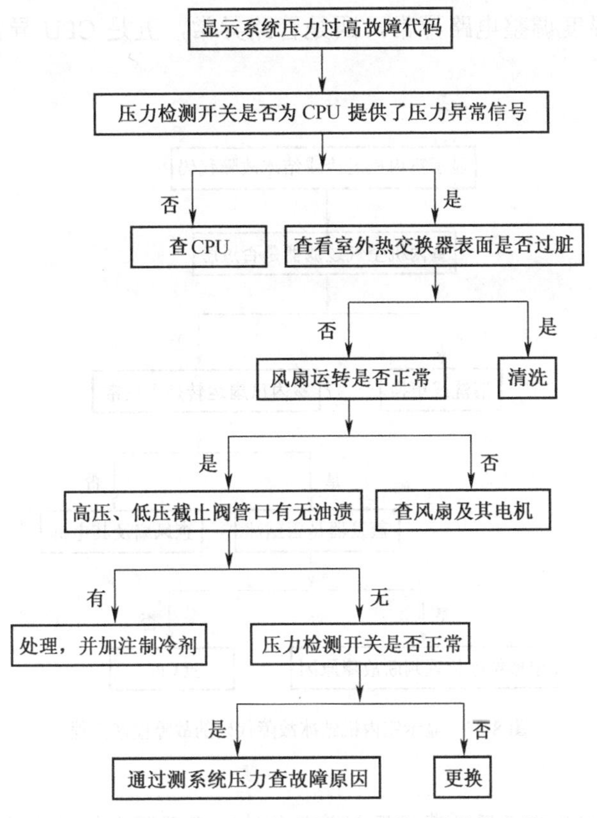

图 8-23　显示系统压力过高故障代码的故障检修流程

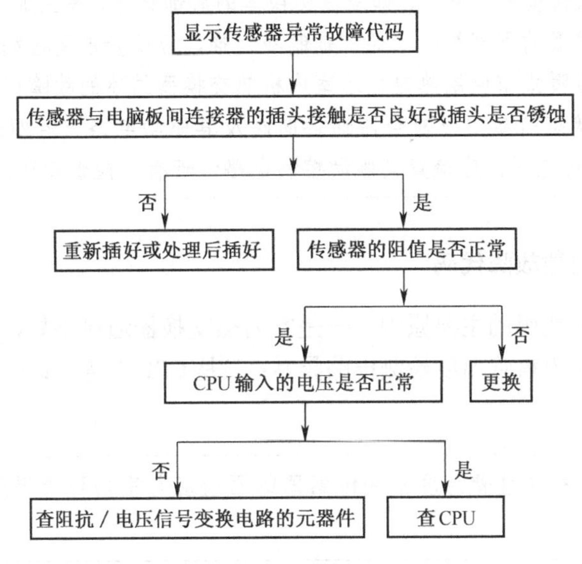

图 8-24　显示传感器异常故障代码的故障检修流程

十三、显示室内机过冷或结冰故障代码

显示室内机过冷或结冰故障代码的主要原因：一是室内机通风系统异常，二是制冷剂

不足或过量，三是温度调整电路异常，四是管路异常，五是CPU异常。该故障检修流程如图8-25所示。

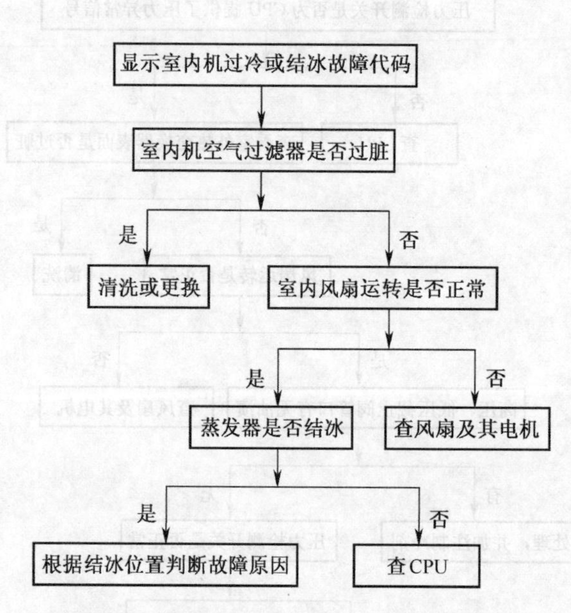

图8-25　显示室内机结冰故障代码的故障检修流程

提示　如果室内热交换器（蒸发器）前部结冰，多因制冷剂不足所致，个别的是由于压缩机排气性能差引起的；如果热交换器的后部结冰，多因加注的制冷剂过量引起；如果蒸发器的下部结冰，通常是制冷过强，应检查温度检测电路、压缩机供电电路。而冷暖式空调制热时显示室内机热交换器结冰的故障代码，说明是空调运行在制冷状态所致，应检查四通换向阀及其驱动电路。若四通换向阀线圈两端无220V交流电压，应检查其驱动控制电路；若有，检查四通换向阀。

十四、显示制热过载故障代码

显示制热过载故障代码的主要原因：一是室内热交换器通风不好，使室内盘管温度过高（如70℃以上）；二是室内盘管温度检测电路异常；三是CPU异常。该故障检修流程如图8-26所示。

提示　室温下，室内盘管温度检测传感器的阻值应与室内环境温度传感器的阻值大致相同。

十五、显示供电低故障代码

通过故障现象分析，该故障的主要原因：一是市电电压低，二是供电电路异常，三是供电检测系统异常，四是CPU异常。该故障检修流程如图8-27所示。

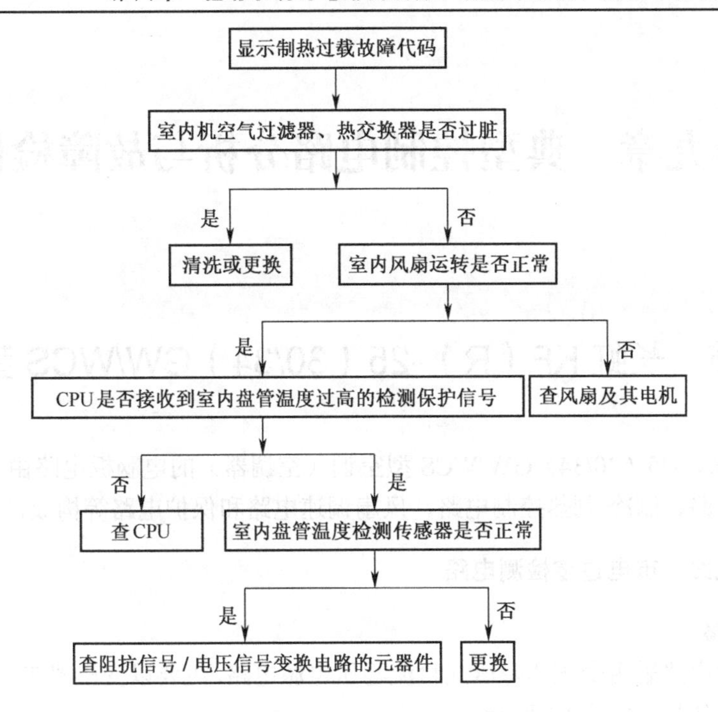

图 8-26　显示制热过载故障代码的故障检修流程

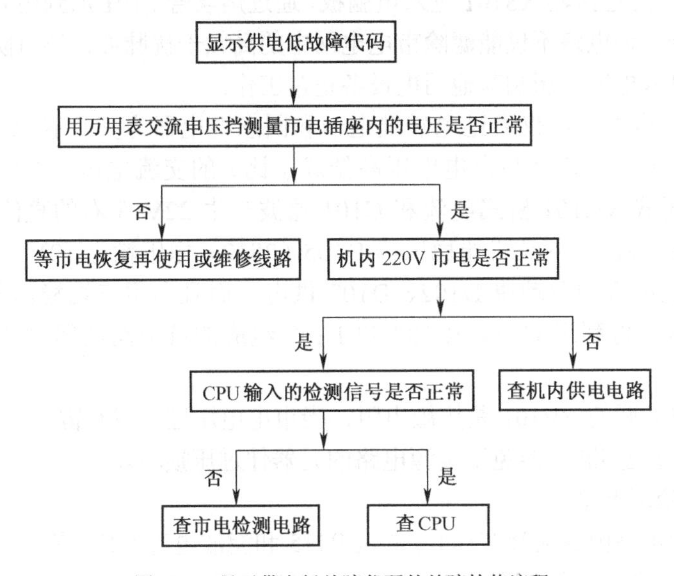

图 8-27　显示供电低故障代码的故障检修流程

第九章　典型控制电路分析与故障检修

第一节　长虹 KF（R）-25（30/34）GW/WCS 型空调

长虹 KF（R）-25（30/34）GW/WCS 型空调（空调器）的电脑板电路由电源电路、微处理器（CPU）电路、制冷/制热控制电路、风扇调速电路和保护电路等构成，如图 9-1 所示。

一、电源电路、市电过零检测电路

1. 电源电路

该机的电源电路采用变压器降压式直流稳压电源电路，主要以变压器 T101、稳压器 D105 和 D106 为核心构成，如图 9-1 所示。

220V 市电电压经连接器 XS101 进入电脑板，通过熔丝管 F101 加到由 C127、L101、C128 组成的线路滤波器。该电路不仅能滤除市电电网中的高频干扰脉冲，还可防止电脑板工作后产生的干扰脉冲进入电网，影响其他用电设备正常工作。

经滤波后的市电电压不仅通过电磁继电器和固态继电器为其负载供电，而且通过变压器 T101 降压输出 15V 左右（与市电电压高低成正比）的交流电压，不仅送到市电过零检测电路，而且经桥式 VC101 桥式整流和 C101 滤波产生 22V 左右的直流电压。该电压通过保险电阻 RF101 限流，再经三端稳压器 D105（7812）稳压输出 12V 直流电压，不仅为电磁继电器、步进电机和驱动块 D102、D103 供电，而且利用三端稳压器 D106（7805）稳压输出 5V 电压，再利用 C104～C107 和 L102 组成的Π形滤波器滤波后，为微处理器和相关电路供电。

市电输入回路并联的 RV101 是压敏电阻，当市电电压过高或有雷电窜入后 RV101 击穿短路，导致 F101 过流熔断，避免了电源电路的元器件过压损坏。

2. 市电过零检测电路

市电过零检测电路由放大管 V104、电阻 R115 和滤波电容 C122 等组成。由电源变压器 T101 二次绕组输出的交流电压通过 VD101 半波整流，再经 R125、R126 限流，C103 滤除高频干扰脉冲后，通过 V104 倒相放大，产生 100Hz 交流检测信号，即同步控制信号。该信号经 R115 限流，C122 滤波后，作为基准信号加到微处理器 D101 的㉜脚。D101 对㉜脚输入的信号检测后，确保室内风扇电机供电回路中的固态继电器（光耦合器）V105 在市电过零点处导通，以免 V105 内的双向晶闸管在导通瞬间可能过流损坏，实现同步控制。

二、微处理器电路

该机的微处理器电路以微处理器 D101 为核心构成，如图 9-1 所示。

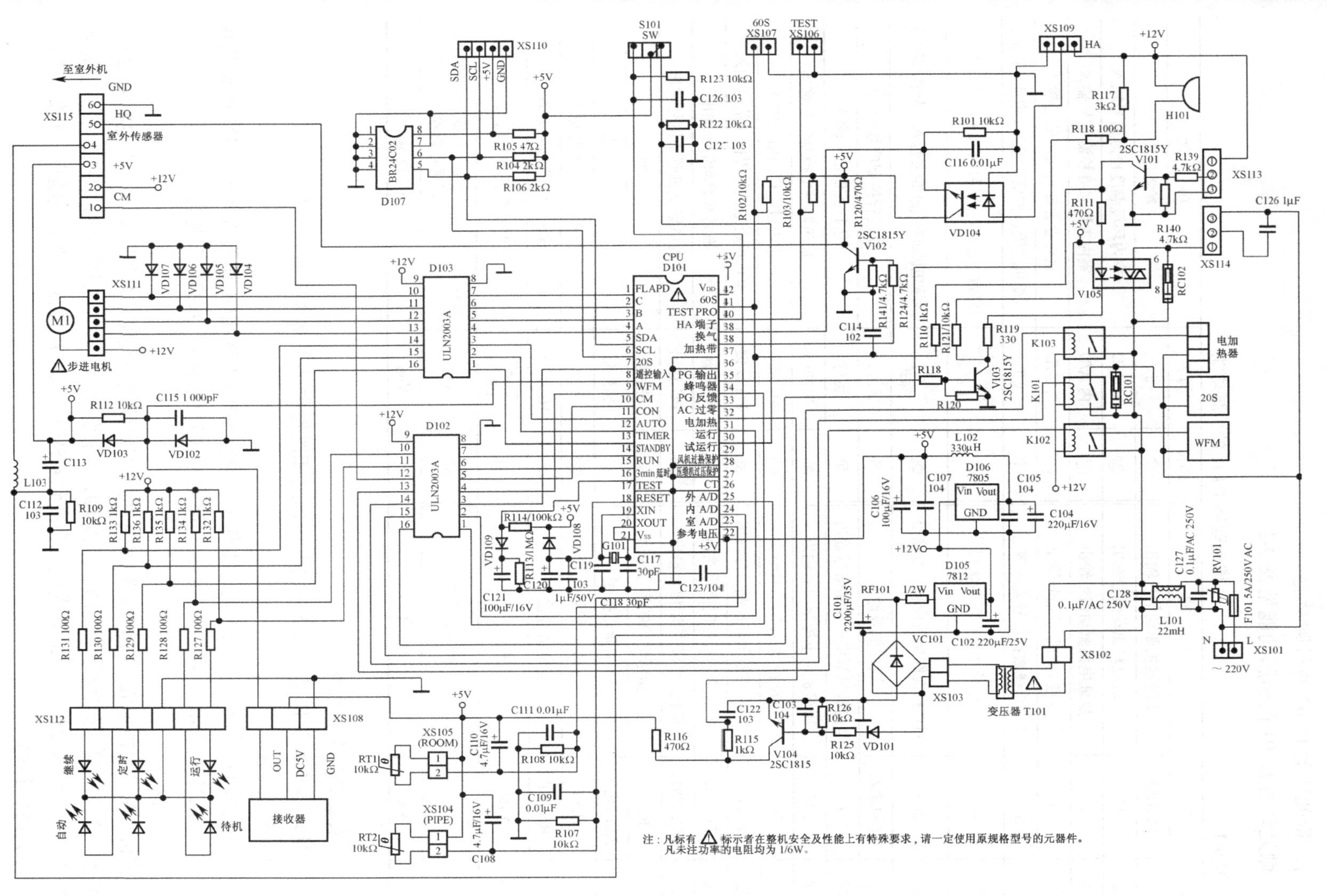

注：凡标有△标示者在整机安全及性能上有特殊要求，请一定使用原规格型号的元器件。
凡未注功率的电阻均为1/6W。

图 9-1　长虹 KF（R）-25（30/34）GW/WCS 型空调的电脑板电路

1. 微处理器 D101 的引脚功能

微处理器 D101 的引脚功能见表 9-1。

表 9-1　微处理器 D101 的引脚功能

脚位	脚名	功　能	脚位	脚名	功　能
①	FLAPD	步进电机驱动信号输出	㉒	+5V	参考电压
②	C	步进电机驱动信号输出	㉓	室 A/D	室内环境温度检测信号输入
③	B	步进电机驱动信号输出	㉔	内 A/D	室内盘管温度检测信号输入
④	A	步进电机驱动信号输出	㉕	外 A/D	室外盘管温度检测信号输入
⑤	SDA	I^2C 总线数据信号输入/输出	㉖	CT	压缩机过流保护信号输入（未用，悬空）
⑥	SCL	I^2C 总线时钟信号输出	㉗	压缩机过压保护	压缩机过压保护信号输入（未用，悬空）
⑦	20S	四通换向阀切换控制信号输出	㉘	风机过热保护	风扇电机过热保护信号输入（未用，悬空）
⑧	遥控输入	遥控信号输入	㉙	试运行	试运行控制信号输入
⑨	WFM	室内机风扇供电控制信号输出	㉚	运行	运行控制信号输入
⑩	CM	压缩机供电控制信号输出	㉛	电加热	电加热器供电控制信号输出
⑪	CON	空清指示灯控制信号输出	㉜	AC 过零	市电过零检测信号输入
⑫	AUTO	自动控制指示灯控制信号输出	㉝	PG 反馈	室内风扇电机位置检测信号输入
⑬	TIMER	定时指示灯控制信号输出	㉞	蜂鸣器	蜂鸣器驱动信号输出
⑭	STANDBY	待机指示灯控制信号输出	㉟	PG 输出	室内风扇电机驱动信号输出
⑮	RUN	运行指示灯控制信号输出	㊱	接地	接地
⑯	3min 延时	3min 延迟控制	㊲	加热带	未用，接地
⑰	TEST	测试（接地）	㊳	换气	换新风控制信号输出
⑱	RESET	复位信号输入	㊴	HA 端子	强行开/关机信号输入
⑲	XIN	时钟振荡输入	㊵	TEST PRO	测试保护信号输入
⑳	XOUT	时钟振荡输出	㊶	60S	自检信号输入。通电后，低电平期间微处理器进行自检
㉑	V_{SS}	接地	㊷	V_{DD}	+5V 电源

2. 基本工作条件电路

微处理器正常工作需具备 5V 供电、复位和时钟振荡正常 3 个基本条件。

（1）5V 供电

插好空调的电源线，待电源电路工作后，由它输出的 5V 电压加到微处理器 D101 的供电端㊷脚，为 D101 供电。同时，还加到存储器 D107 的⑧脚，为 D107 供电。

（2）复位

该机复位信号的形成由微处理器 D101 的⑱脚内外电路实现。开机瞬间，由于电容 C120 需要充电，D101 的⑱脚电位逐渐升高。当该电压低于设置值（多为 3.6V）时，D101 内的存储器、寄存器等电路清零复位。C120 两端电压升高到 4.5V 后，D101 内部电路复位结束，开始工作。

（3）时钟振荡

D101 工作后，它内部的振荡器与⑲脚、⑳脚外接的晶振 G101 及移相电容 C117 和 C118

通过振荡产生4MHz的时钟信号。该信号经分频后协调各部位的工作，并作为D101输出各种控制信号的基准脉冲源。

3. 功能操作控制

连接器XS108所接的接收器组件是遥控接收器。用遥控器对该机进行温度调节等操作时，遥控接收电路将红外信号进行解码、放大后，从它的OUT端输出。该信号经C115滤波加到微处理器D101的⑧脚，被D101处理后，控制相关电路进入用户所调节的状态。

微处理器D101通过I^2C总线将调整后的数据存储在存储器D107内部。

4. 指示灯控制

微处理器D101的⑪～⑮脚内电路、驱动块ULN2003A（D102、D103）和连接器XS112所接的5只发光二极管构成指示灯电路。

（1）空清灯、自动灯、定时灯控制

空清灯（CONTINUE）、自动灯（AUTO）、定时灯（TIMER）是否点亮受驱动块D103的⑭脚、⑮脚、⑯脚电位控制，而D103又受微处理器D101的⑪脚、⑫脚、⑬脚输出的信号控制。由于3路指示灯控制相同，下面以定时灯为例进行介绍。

通过遥控器将空调设置在定时状态时，D101不仅控制空调工作在定时状态，而且通过⑬脚输出低电平信号，该信号通过D103的①脚、⑯脚内的倒相放大器放大后，使D103的⑯脚电位为高电平，于是定时灯被点亮，提醒用户该机进入定时状态。反之，若D101⑬脚输出的控制信号为高电平时，D103的⑯脚为低电平，定时灯熄灭，表明定时状态解除。

（2）运行灯、待机灯控制

运行灯（RUN）、待机灯（STANDBY）是否点亮由驱动块D102⑩脚、⑪脚电位进行控制，而D102又受微处理器D101⑭脚、⑮脚输出的信号控制。而它们的工作原理与上面介绍的定时灯相同，不再介绍。

5. 蜂鸣器控制

蜂鸣器控制电路由微处理器D101、驱动器D102和蜂鸣器H101构成。

每当进行遥控操作时，D101的㉞脚输出脉冲信号，该信号加到D102①脚，经D102内的倒相放大器放大，再经R118限流后，驱动蜂鸣器H101鸣叫，表明操作信号被D101接收。

三、室内风扇电机电路

1. 驱动电路

室内风扇电机电路由微处理器D101、放大管V103、固态继电器V105和相关元器件构成。

制冷、制热期间，微处理器D101㉟脚输出的驱动脉冲信号通过R118、R120分压限流，再经V103倒相放大，为固态继电器V105内的发光二极管供电，发光二极管开始发光，使双向晶闸管导通，为室内风扇电机供电，室内风扇电机开始旋转。

2. 转速控制电路

室内风扇电机的速度调整有手动调节和自动调节两种方式。

（1）手动调节

当用户通过遥控器降低风速时，遥控器发出的信号被微处理器 D101 识别后，其㉟脚输出的控制信号的占空比减小，通过 V103 倒相放大，为固态继电器 V105 内的发光二极管提供的导通电流减小，发光二极管发光减弱，致使双向晶闸管导通程度减小，为室内风扇电机提供的电压减小，室内风扇电机转速下降。反之，控制过程相反。

（2）自动调节

制热期间，当室内热交换器的温度低时，D101 的㉟脚输出的激励脉冲的占空比较小，使室内风扇低速运转，待室内热交换器温度升高后，D101 的㉟脚输出的激励脉冲的占空比增大，控制室内电机增加转速，实现电机转速的自动调节。

四、制冷/制热控制电路

如图 9-1 所示，制冷/制热控制电路由室内温度传感器（负温度系数热敏电阻）RT1、室内盘管温度传感器 RT2、室外盘管温度传感器 RT3（图中未画出）、微处理器 D101、存储器 D107、驱动块 ULN2003A（D102、D103）、压缩机供电继电器（图中未画出）、四通换向阀 20S 及其供电继电器 K101、风扇电机及其供电电路等元器件构成。

1. 制冷控制电路

当室内温度高于设置的温度时，室内温度传感器 RT1 的阻值减小，5V 电压通过 RT1 与 R108 取样后产生的取样电压增大，通过 C111 滤波，加到微处理器 D101 的㉓脚。D101 将该电压数据与存储器 D107 内部存储的不同温度对应的电压数据比较后，识别出室内温度较高，确定空调需要进入制冷状态。此时它的⑨脚、⑩脚输出高电平信号，而它的⑦脚输出低电平控制信号，同时由㉟脚输出激励脉冲信号。⑦脚输出的低电平信号加到 D102 的③脚，通过③脚内的倒相放大器放大后，使它的⑭脚电位为高电平，不能为继电器 K101 的线圈供电，使 K101 内的触点释放，不能为四通换向阀的线圈供电，于是四通换向阀使系统工作在制冷状态，即室内热交换器用作蒸发器，而室外热交换器用作冷凝器。⑩脚输出的高电平信号加到驱动块 D102⑤脚，通过⑤脚内的倒相放大器放大后，使它的⑫脚电位为低电平，通过连接器 XS115 控制室外机的电磁继电器动作，使它内部的触点闭合，接通压缩机的供电回路，启动压缩机运转，实施制冷。⑨脚输出的高电平信号加到 D102④脚，通过④脚内的倒相放大器放大后，使它的⑬脚电位为低电平，为电磁继电器 K102 的线圈供电，使 K102 内的触点闭合，接通室外风扇电机的供电回路，启动室外风扇运转，为压缩机和室外热交换器散热。如上所述，㉟脚输出的激励脉冲信号使室内风扇电机旋转，加速室内热交换器内的制冷剂汽化吸热，实现室内降温的目的。随着压缩机和各个风扇电机的不断运行，室内的温度开始下降。当温度达到设置值后，RT1 的阻值增大，5V 电压通过 RT1 与 R108 分压产生的电压减小，经 C111 滤波后加到微处理器 D101 的㉓脚，D101 根据该电压判断室内的制冷效果达到要求，控制⑨脚、⑩脚、㉟脚输出停机信号，切断压缩机和风扇电机的供电回路，使它们停止运转，制冷工作结束，进入保温状态。随着保温时间的延长，室内的温度逐渐升高，使 RT1 的阻值逐渐减小，为 D101㉓脚提供的电压再次增大，重复以上过程，空调再次工作，进入下一轮的制冷循环。

2. 制热控制电路

当室内温度低于设置的温度时，室内温度传感器 RT1 的阻值增大，5V 电压通过 RT1 与

R108 取样后产生的电压减小，通过 C111 滤波，为微处理器 D101 的㉓脚提供的电压减小。D101 将该电压数据与存储器 D107 内部存储的不同温度对应的电压数据比较后，识别出室内温度较低，于是控制空调工作在制热状态。此时，D101 的⑩脚、⑨脚输出的控制信号和制冷期间相同，使压缩机、室外风扇电机获得供电开始运转，同时它的⑦脚输出的控制信号变为高电平。⑦脚输出的控制信号加到 D102 的③脚，通过③脚内的倒相放大器放大后，使它的⑭脚电位为低电平，为电磁继电器 K101 的线圈供电，使 K101 内的触点闭合，为四通换向阀的线圈供电，于是四通换向阀使系统工作在制热状态，即室内热交换器用作冷凝器，而室外热交换器用作蒸发器。插入初期，室内盘管温度较低，被室内盘管温度传感器检测后它的阻值较大，5V 电压通过该传感器与 R107 分压产生的电压较小，经 C109 滤波后加到 D101 的㉔脚，D101 将该数据与 D107 内部固化的室内盘管温度/电压数据比较后，确认室内盘管温度较低，控制它的㉟脚不输出激励信号，室内风扇电机不转，以免为室内吹冷风。随着压缩机和室外风扇电机的不断运行，室内盘管的温度开始升高，被 RT2 检测后，为 D101 提供室内盘管温度符合要求的电压，于是 D101 的㉟脚输出激励信号，使室内风扇电机运转。随着制热的继续进行，室内温度逐渐升高，当室内温度达到要求后，RT1 的阻值减小，5V 电压通过 RT1 与 R108 分压产生的电压增大，经 C111 滤波后加到 D101 的㉓脚，被 D101 识别后，判断室内的制热效果达到要求，控制⑨脚、⑩脚、㉟脚输出停机信号，使压缩机和风扇电机因无供电而停止运转，制热工作结束，进入保温状态。随着保温时间的延长，室内的温度逐渐降低，使 RT1 的阻值逐渐增大，为 D101 的㉓脚提供的电压再次减小到设置值，重复以上过程，该机再次进入制热循环状态。

五、导风电机控制电路

如图 9-1 所示，由于该机导风电机采用的是步进电机，所以要求微处理器 D101 利用①～④脚输出激励脉冲信号。

在停止状态下，按遥控器上的“风向”键后，微处理器 D101 的①～④脚输出激励脉冲信号，从驱动块 D102 的⑦～④脚输入，利用它内部的倒相放大器放大后，从⑩～⑬脚输出，再经连接器 XS103、XS104 驱动步进电机旋转，带动室内机上的风叶摆动，实现大角度、多方向送风。

提示　导风电机旋转只有在室内风扇电机运行时才有效。

六、电加热器控制电路

电加热器控制电路由微处理器 D101、驱动块 D102（ULN2003A）、电加热器及其供电继电器 K103 等元器件构成。

需要电加热器加热时，微处理器 D101 的电加热控制端㉛脚输出高电平控制信号。该电压加到驱动块 D102②脚，经它内部的倒相放大器放大后，使它的⑮脚电位为低电平，为继电器 K103 的线圈供电，K103 内的触点闭合，接通电加热器的供电回路，加热器开始加热。当 D101 的㉛脚输出的电压为低电平后，K103 内的触点释放，电加热器停止加热。

七、化霜控制电路

化霜控制电路由室内盘管温度检测传感器 RT2、室外盘管温度检测传感器 RT3、微处理器 D101、驱动块 D102（ULN2003A）、四通换向阀及其供电继电器等元器件构成。

1. 化霜条件

满足下列条件之一即可实现化霜。

一是压缩机累计运行时间超过 50min，室外热交换器的温度小于−2℃，并且室内热交换器下降的温度超过 3℃。

二是压缩机累计运行时间超过 1.5h，室外热交换器的温度连续 3min 低于−2℃，或室内热交换器的温度低于 44℃。

三是未过载时，室外热交换器的温度连续 30s 低于−17℃，压缩机累计运行时间超过 25min。

四是室内机进入过载保护，室外机风扇连续运行时间超过 10min，压缩机累计运行时间超过 50min，室外热交换器的温度低于−2℃，室内热交换器的温度低于 53℃。

2. 化霜过程

当满足以上化霜条件时，传感器 RT2、RT3 检测到两个热交换器的温度后，阻值增大，与分压电阻对 5V 供电进行分压后，得到的取样电压加到微处理器 D101 的㉔、㉕脚，D101 将该电压数据与 D107 内部存储的不同温度的电压数据比较后，识别出热交换器的温度，控制空调进入化霜状态。首先，D101 输出压缩机和风扇电机停转信号，55s 后输出控制信号切断四通换向阀线圈的供电，切换制冷剂的走向，使系统进入制冷状态，再经 5s 启动压缩机运行（室内、室外风扇不转），使室外热交换器的温度升高。当压缩机运行时间达到 10min 或室外热交换器表面的温度超过 20℃后，退出化霜状态，随后压缩机停转，再经 55s，对四通换向阀进行切换控制，使系统再次恢复为制热状态，然后再过 5s，压缩机和室外风扇电机运转。

化霜期间，压缩机运行时间不能低于 3min，并且室内、室外风扇电机不能运转。

八、换新风控制电路

换新风控制电路由微处理器 D101、放大管 V102、固态继电器（安装在室外机电路上，图中未画出）和相关元器件构成。

当用户通过遥控器使用换新风时，被微处理器 D101 识别后，它的㊳脚输出驱动脉冲信号。该信号通过 R124、R141 分压限流，再经 V102 倒相放大，为室外机电路板上固态继电器内的发光二极管提供直流电压，发光二极管发光，固态继电器内的双向晶闸管导通，为换新风电机供电，换新风电机开始旋转，将室内混浊的空气排到室外，而将室外的新鲜空气吸入室内，实现换新风功能。

九、保护电路

为了确保空调正常工作，或在故障时不扩大故障范围，设置了多种保护电路。

1. 制冷防冻结保护电路

制冷期间，若室内热交换器（蒸发器）表面温度低于 3℃时，被室内盘管温度传感器 RT2

检测后，将该温度的电压信号传递给微处理器 D101，D101 识别出室内热交换器的温度后，控制㉟脚输出的驱动脉冲的占空比增大，使固态继电器 V105 内的双向晶闸管导通加强，增大室内风扇电机的供电，使风扇电机的转速提高一挡；若压缩机连续运行时间超过 10min，而室内热交换器表面的温度仍低于−2℃，被 RT2 检测后送给 D101，D101 的⑩脚输出低电平控制信号，使压缩机停转，控制空调进入制冷防冻结保护状态。

2. 制冷防过热保护电路

制冷期间，若室外热交换器（冷凝器）表面温度超过 60℃时，被室外盘管温度传感器 RT3 检测后，将该温度的电压信号传递给微处理器 D101，D101 识别出室外热交换器的温度后，控制㉟脚输出的驱动脉冲的占空比减小，使固态继电器 V105 内的双向晶闸管导通减弱，为室内风扇电机提供的电压减小，使风扇电机的转速恢复原速；若室外热交换器表面的温度超过 70℃，被 RT3 检测后送给 D101，D101⑩脚输出低电平控制信号，使压缩机停转，控制空调进入制冷防过热保护状态。

3. 制热防过热保护电路

制热期间，若室内热交换器（冷凝器）表面温度超过 49℃时，被室内盘管温度传感器 RT2 检测后，将该温度的电压信号传递给微处理器 D101，D101 识别出室内热交换器的温度后，控制㉟脚输出的驱动脉冲的占空比减小，使固态继电器 V105 内的双向晶闸管导通减弱，减小室内风扇电机的供电，使风扇电机的转速降低一挡；若室内热交换器表面温度超过 42℃，被 D101 识别后，控制室内风扇电机的转速恢复原速；若室内热交换器表面的温度超过 65℃，被 RT2 检测后送给 D101，D101 的⑩脚输出低电平控制信号，使压缩机停转，控制空调进入制热防过热保护状态。

4. 压缩机供电延迟保护电路

如图 9-1 所示，压缩机供电延迟保护电路由微处理器 D101 的⑯脚内外电路构成。

为空调通电后，由于电容 C121 需要充电，所以 5V 供电通过 R114、VD109 为 C121 充电，使 D101 的⑯脚电位由低逐渐升高，此时 D101 的⑩脚不能输出高电平控制信号，压缩机不能工作，以免压缩机停转后立即工作，可能会因液击等原因损坏。只有 D101 的⑯脚电位为高电平，D101 的⑩脚才能输出高电平控制信号，使压缩机运行，实现压缩机供电延迟保护。由于 C121 充电的时间为 3min 左右，所以该电路也叫 3min 延迟保护电路。

5. 室内风扇电机异常保护电路

室内风扇电机旋转后，它内部的霍尔传感器输出位置检测信号，即 PG 脉冲信号。该脉冲信号通过连接器 XS113 的②脚输入到电脑板，再通过电阻 R139、R140 分压限流，经 V101 倒相放大，通过 R110 加到微处理器 D101 的㉝脚。当 D101 识别到有正常的 PG 信号输入后，才能输出控制信号使该机正常工作；若 D101 不能检测到正常的 PG 信号，则判断室内风扇电机旋转异常，输出控制信号使空调停止工作，并通过定时指示灯给出故障代码，提醒用户该机进入室内风扇电机旋转异常保护状态。

十、故障自诊功能

为了便于生产和维修，该系统设置了故障自诊功能。当该机控制电路中的某一元器件发生故障时，微处理器 D101 检测后，通过指示灯的发光情况来提醒故障部位。显示板上的指示灯工作情况与故障原因见表 9-2。

表 9-2　长虹 KF（R）-25（30/34）GW/WCS 型空调指示灯工作情况与故障原因

故障代码	故障原因	空调状态
运行灯、待机灯、定时灯以 5Hz 的频率闪烁	存储器损坏或数据错	不工作
定时灯以 5Hz 的频率闪烁	室内风扇电机及其控制（转速检测）系统、市电过零检测电路异常	保护性自动停机
运行灯以 1Hz 的频率闪烁	室外盘管传感器及其阻抗/电压信号变换电路异常	保护性自动停机
待机灯以 1Hz 的频率闪烁	室内温度传感器及其阻抗/电压信号变换电路异常	空调以 24℃的固定温度运行
定时灯以 1Hz 的频率闪烁	室内盘管传感器及其阻抗/电压信号变换电路异常	保护性自动停机

十一、常见故障检修

1. 整机不工作

整机不工作是插好电源线后，用遥控器开机无反应，蜂鸣器不鸣叫，并且显示板上的指示灯也不亮。该故障主要是由于市电供电系统或电脑板上的电源电路异常所致。该故障的检修流程如图 9-2 所示。

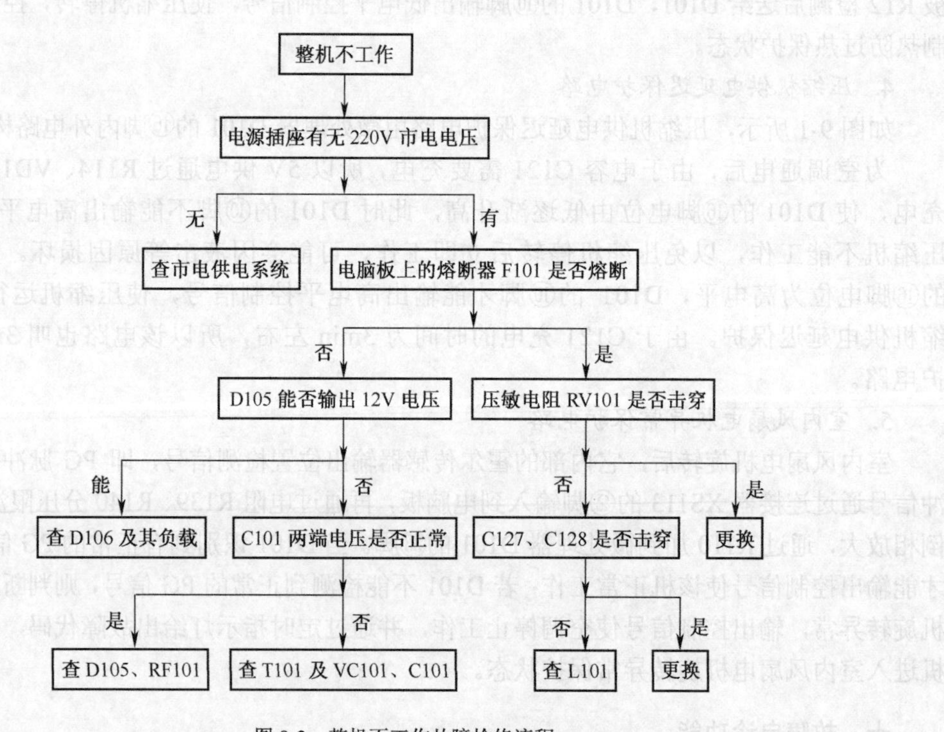

图 9-2　整机不工作故障检修流程

提示　因我国目前的市电电压比较稳定，所以压敏电阻 RV101 击穿后若无配件也可不安装。另外，保险电阻 RF101 开路后，还要检查 C102、D105 和 C104～C106 是否击穿，以免更换后再次损坏。

2. 指示灯亮，机组不工作

通过故障现象分析，故障主要是由于微处理器电路、遥控器、遥控接收电路或 3min 延迟供电控制电路异常引起的。该故障的检修流程如图 9-3 所示。

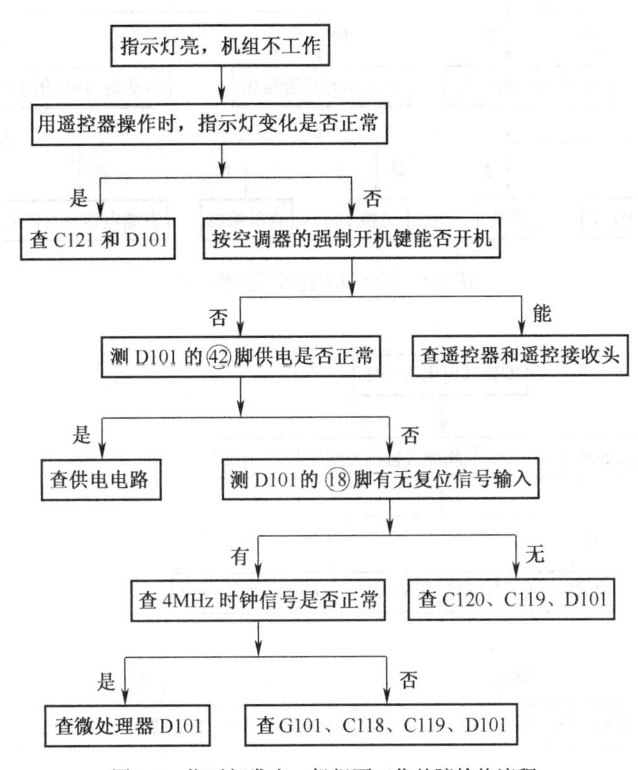

图 9-3　指示灯发光，机组不工作故障检修流程

提示　与其他空调不同的是，该机微处理器不工作时，指示灯会点亮，这是由于微处理器不工作，为驱动块 ULN2003A 提供低电平信号时，该信号通过 ULN2003A 倒相后为指示灯供电，使指示灯发光。

3. 压缩机不转

通过故障现象分析，故障主要是由于微处理器、驱动电路、供电电路、3min 延迟保护电路、压缩机或其启动电容、过载保护装置异常所致。该故障的检修流程如图 9-4 所示。

4. 室外风扇电机不转

通过故障现象分析，故障主要是由于微处理器、驱动电路、供电电路、启动电容或风扇电机异常所致。该故障的检修流程如图 9-5 所示。

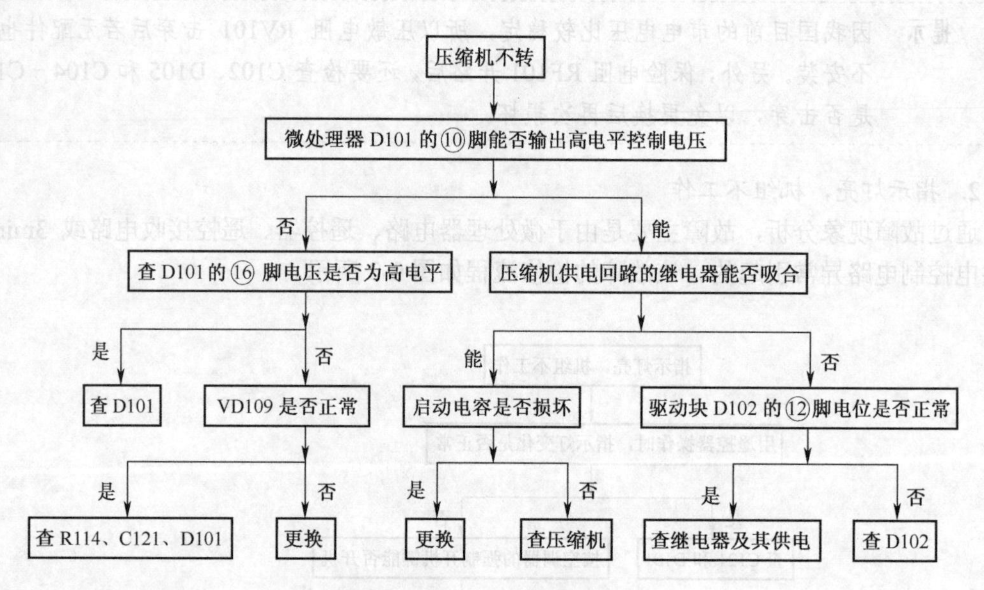

图 9-4　压缩机不转故障检修流程

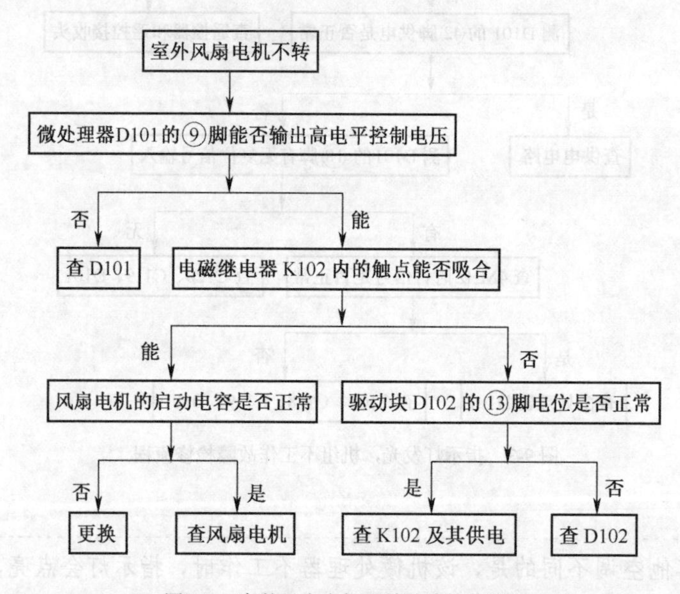

图 9-5　室外风扇电机不转故障检修流程

5. 制冷效果差

通过故障现象分析，故障主要是由于温度设置、温度检测、制冷系统或通风系统异常所致。该故障检修流程如图 9-6 所示。

提示　通风系统和制冷系统引起制冷效果差的检修流程如第六章的图 6-3 所示。

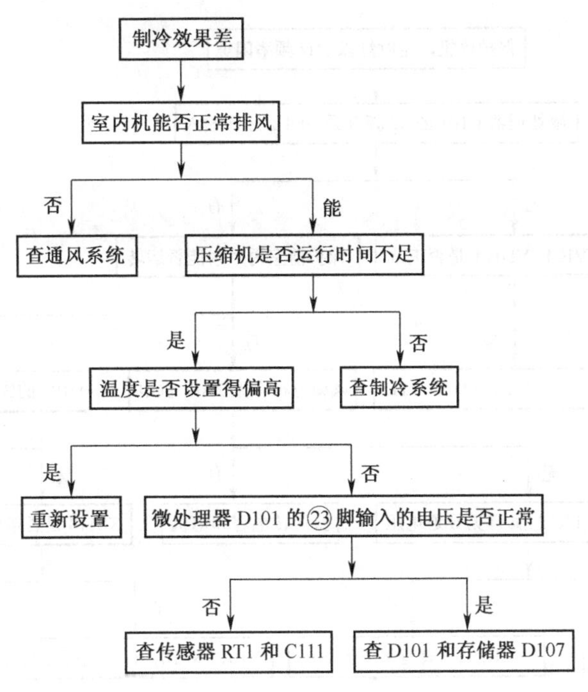

图 9-6　制冷效果差故障检修流程

6. 空调不工作，3 个指示灯闪烁

通过故障现象分析，故障是由于存储器、微处理器或其之间电路异常，被微处理器检测后使空调不工作，3 个指示灯闪烁。该故障的检修流程如图 9-7 所示。

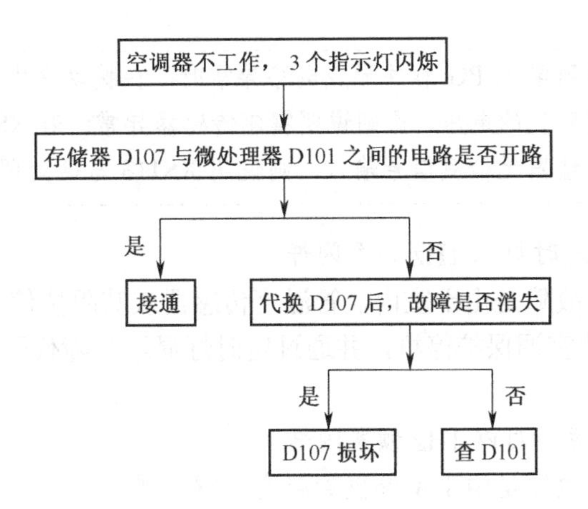

图 9-7　空调不工作，3 个指示灯闪烁故障检修流程

7. 保护停机，定时灯以 5Hz 频率闪烁

通过故障现象分析，故障是由于市电过零检测电路或室内风扇电机及其驱动、速度检测电路异常，被微处理器检测后使空调保护停机，并通过定时灯显示故障代码。该故障的检修流程如图 9-8 所示。

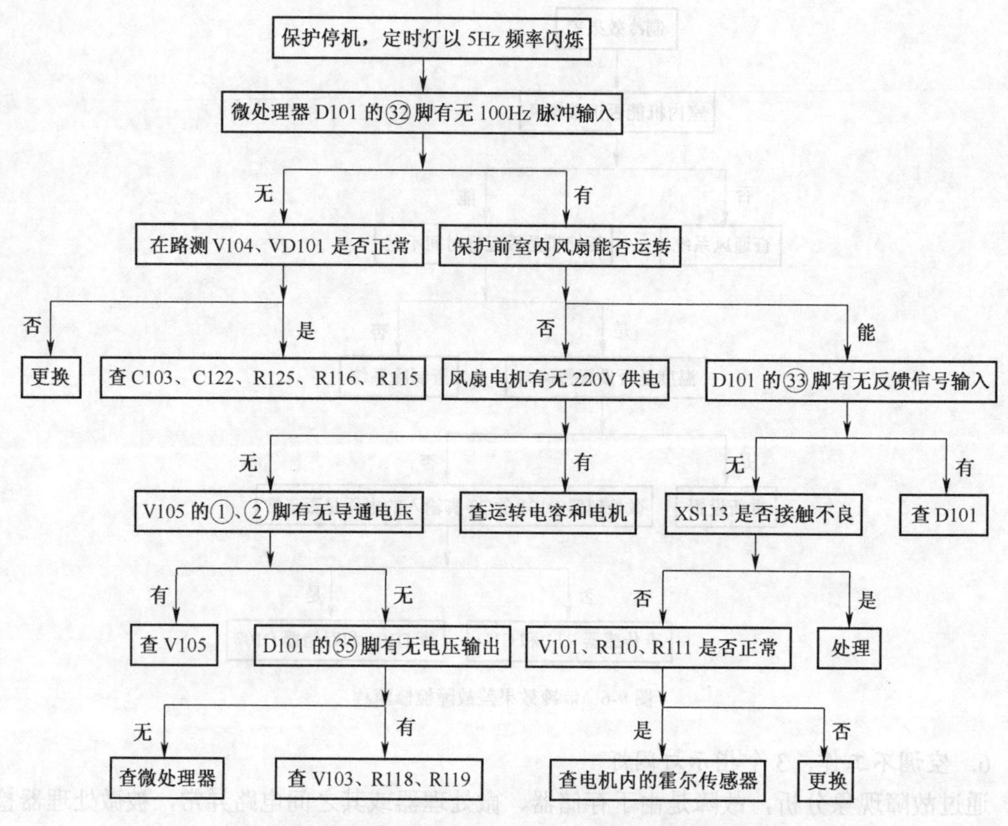

图 9-8　空调保护停机，定时灯以 5Hz 频率闪烁故障检修流程

方法与技巧　怀疑室内风扇电机 PG 脉冲形成电路异常时，在拨动室内风扇扇叶时，测 XS113 的②脚应有变化的电压，否则说明霍尔传感器异常；若 XS113 的②脚有变化的电压，而微处理器无检测信号输入，则说明 XS113 与微处理器之间电路异常。

8. 空调保护停机，定时灯以 1Hz 频率闪烁

通过故障现象分析，故障是由于室内盘管温度传感器或其阻抗信号/电压信号变换电路异常，被微处理器检测后使空调保护停机，并通过定时灯显示故障代码。该故障的检修流程如图 9-9 所示。

9. 空调保护停机，运行灯以 1Hz 频率闪烁

通过故障现象分析，故障是由于室外盘管温度传感器或其阻抗信号/电压信号变换电路异常，被微处理器检测后使空调保护停机，并通过运行灯显示故障代码。该故障的检修流程如图 9-10 所示。

10. 空调保护停机，待机灯以 1Hz 频率闪烁

通过故障现象分析，故障是由于室内环境温度传感器或其阻抗信号/电压信号变换电路异常所致。该故障的检修流程如图 9-11 所示。

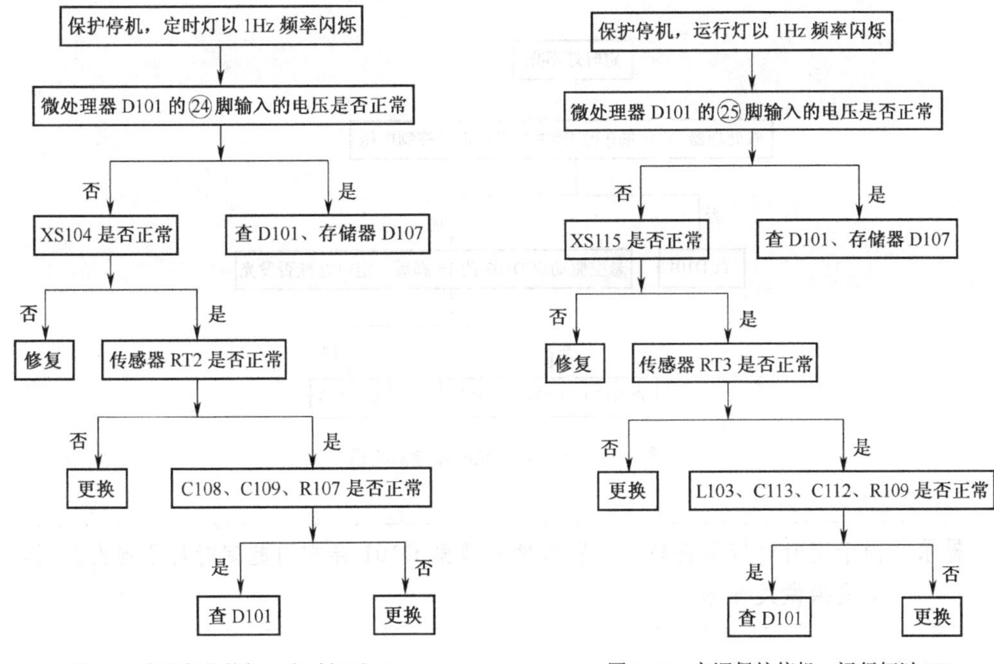

图9-9　空调保护停机，定时灯以1Hz频率闪烁故障检修流程

图9-10　空调保护停机，运行灯以1Hz频率闪烁故障检修流程

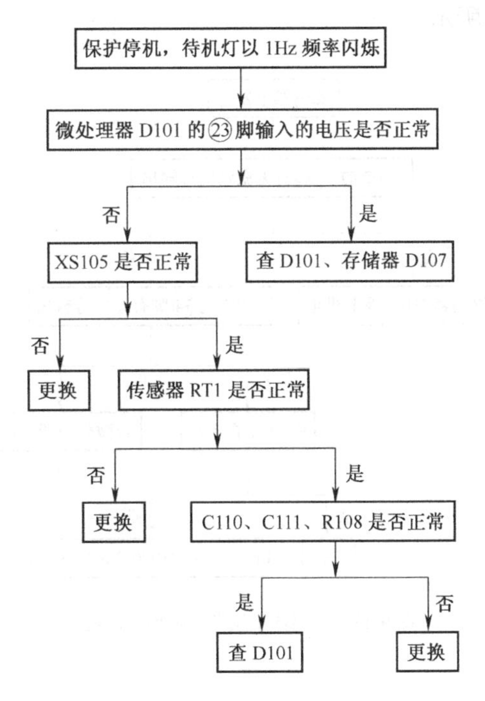

图9-11　空调保护停机，待机灯以1Hz频率闪烁故障检修流程

11．指示灯不亮

通过故障现象分析，故障主要是由于指示灯、驱动块或微处理器异常所致。由于5个指示灯控制相同，下面以定时灯不亮为例进行介绍，该故障的检修流程如图9-12所示。

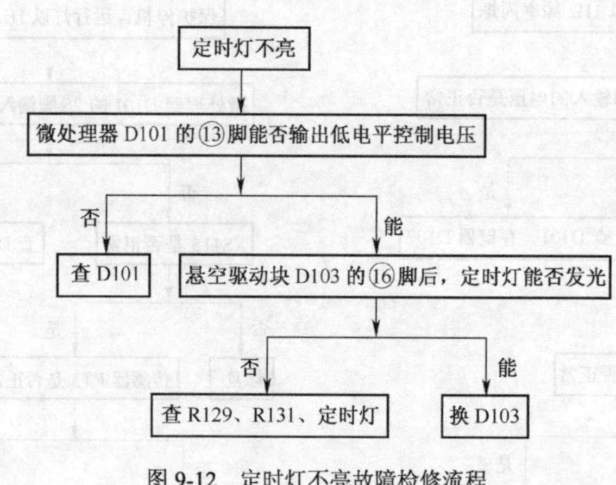

图 9-12 定时灯不亮故障检修流程

提示 由于定时灯应用得较少，所以微处理器 D101 异常引起定时灯不能发光时，不必更换微处理器。

12. 蜂鸣器不发音

蜂鸣器不发音的主要原因：一是蜂鸣器损坏，二是驱动块 D102 异常，三是微处理器 D101 损坏。检修流程如图 9-13 所示。

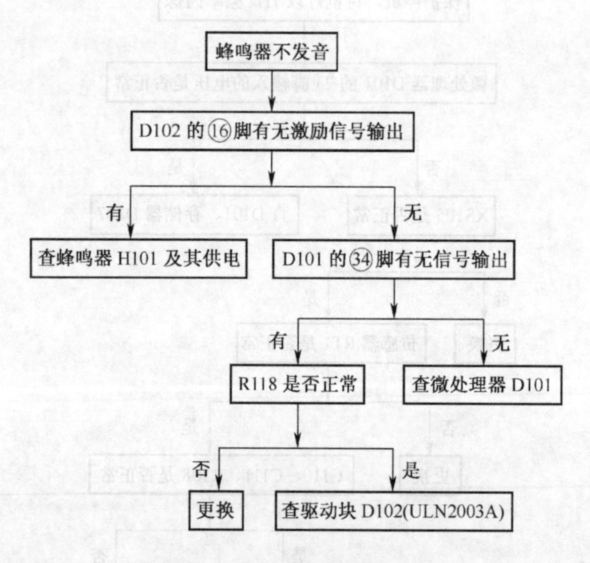

图 9-13 蜂鸣器不发音故障检修流程

第二节 海尔 KFR-23/26/33/35GW 型分体壁挂健康式空调

海尔 KFR-23/26/33/35GW 型空调的电路包括室内机电路和室外机电路两部分。室内机电气接线图如图 9-14 所示，室外机电气接线图如图 9-15 所示。

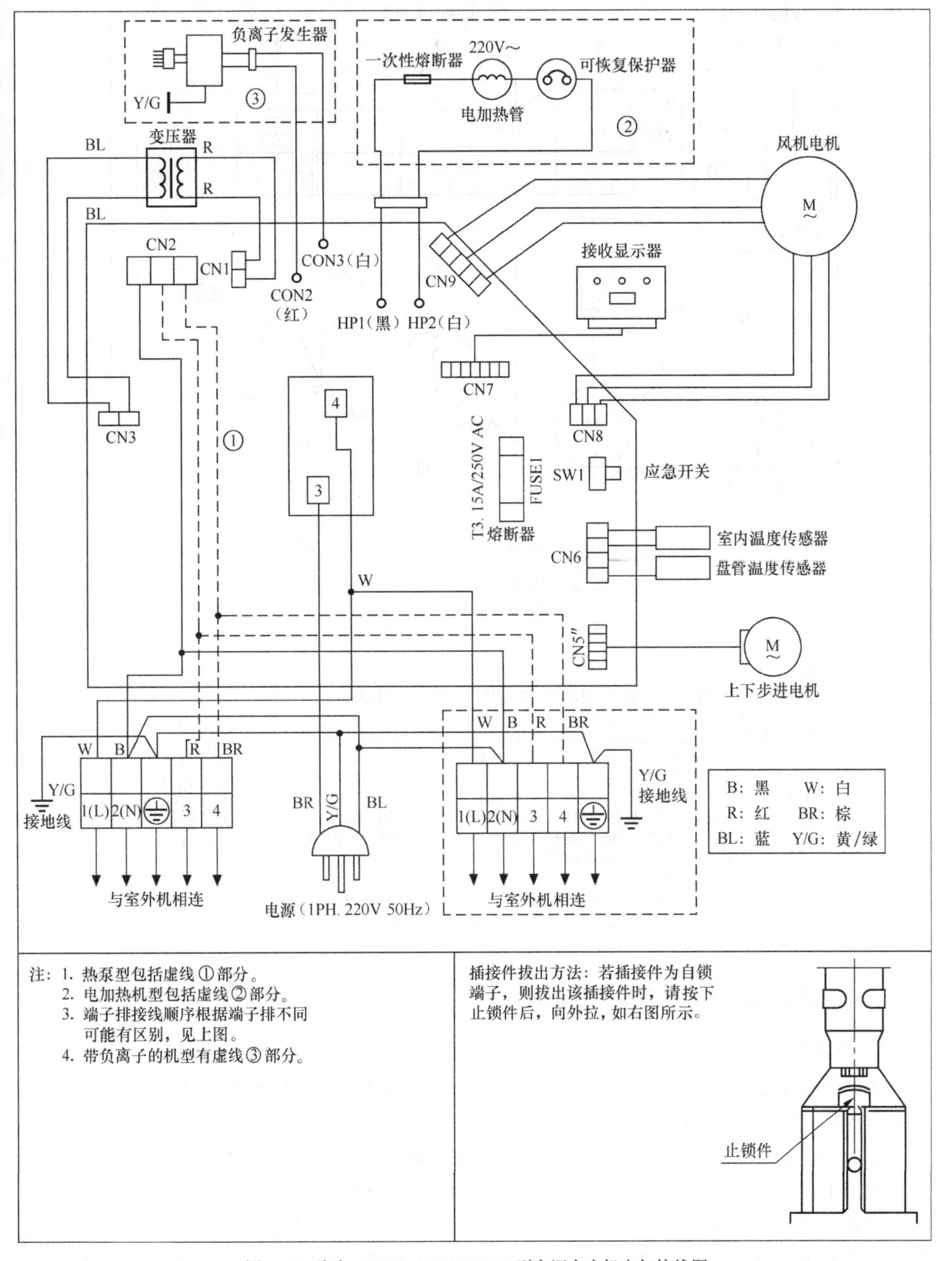

图 9-14　海尔 KFR-23/26/33/35GW 型空调室内机电气接线图

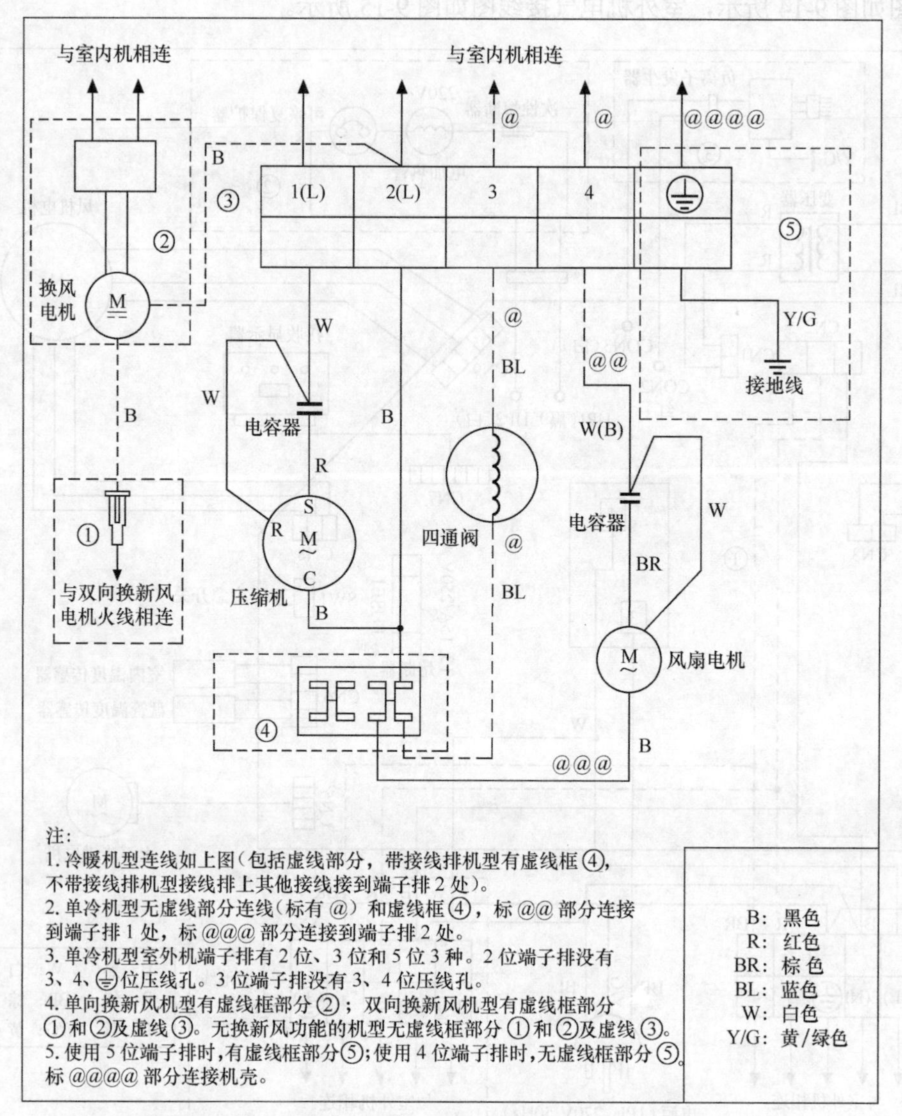

图 9-15 海尔 KFR-23/26/33/35GW 型空调室外机电气接线图

一、电源电路、市电过零检测电路

1. 电源电路

该机的电源电路采用变压器降压式直流稳压电源电路，主要以变压器 T1、稳压器 7805 为核心构成，如图 9-16 所示。

220V 市电电压经连接器进入电脑板，通过熔丝管 FUSE1 输入到电源电路，利用 C20 滤除市电电网中的高频干扰脉冲，同时还可防止电脑板工作后产生的干扰脉冲进入电网，影响其他用电设备正常工作。市电输入回路并联的 RV1 是压敏电阻，当市电电压过高或有雷电窜入时 RV1 击穿短路，使 FUSE1 过流熔断，避免了电源电路的元器件过压损坏。

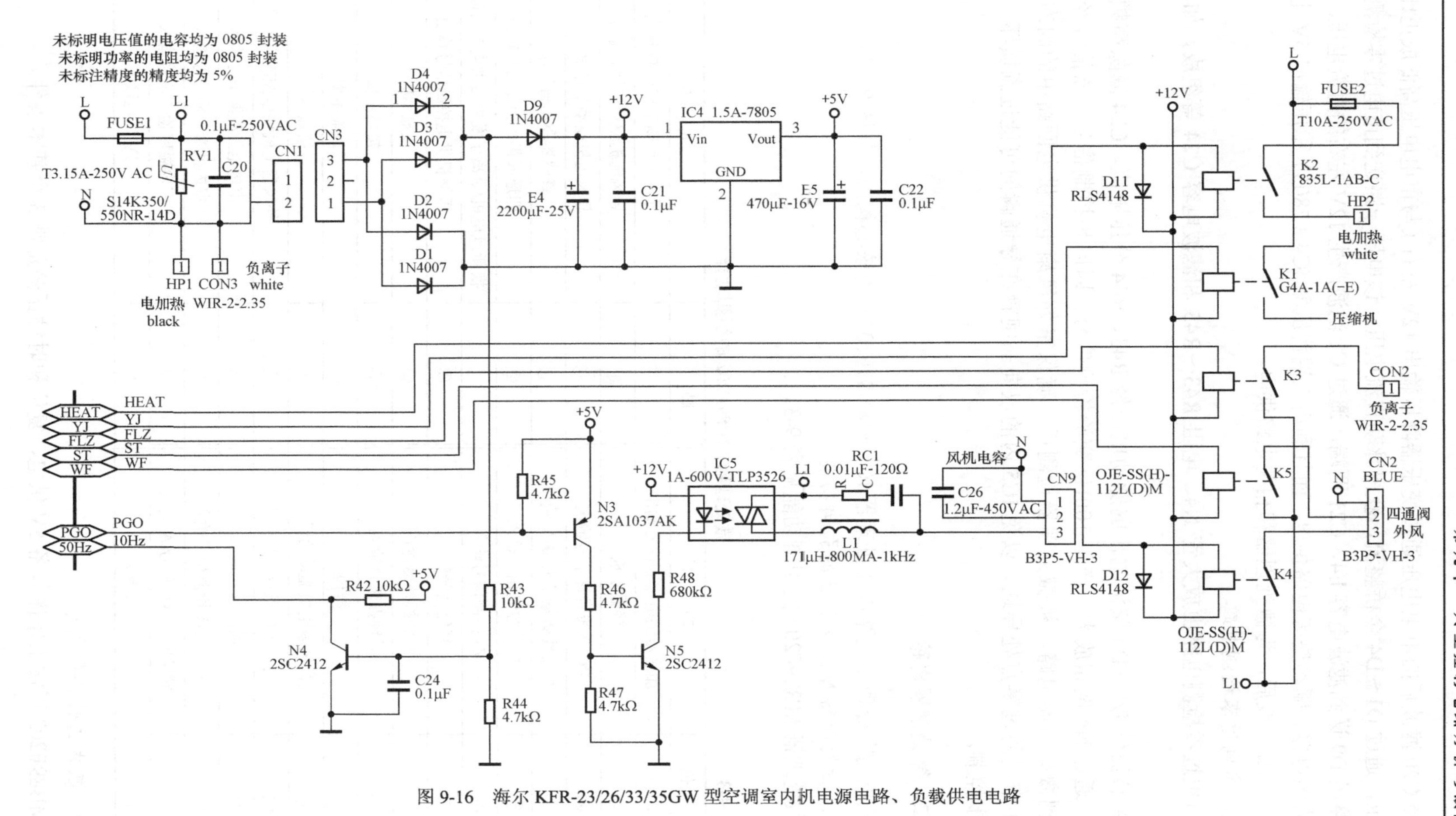

图 9-16　海尔 KFR-23/26/33/35GW 型空调室内机电源电路、负载供电电路

经 C20 滤波后的市电电压通过变压器降压输出 12V 左右（与市电电压高低成正比）的交流电压，通过 D1～D4 全桥整流，获得脉动直流电压。该电压一路送到市电过零检测电路；另一路经 D9 送到滤波电容 E4、C21 两端，通过 C1 滤波产生 12V 左右的直流电压。该电压不仅为继电器、驱动块等电路供电，而且利用三端稳压器 IC4（7805）稳压输出 5V 电压，通过 E5、C22 滤波后，为微处理器和相关电路供电。

2. 市电过零检测电路

市电过零检测电路由放大管 N4、电阻 R43～R45 和滤波电容 C24 等组成，如图 9-16 所示。

由整流管 D1～D4 整流输出的脉动电压经 R43、R44 分压限流，C24 滤除高频干扰脉冲后，通过 N4 倒相放大，产生 100Hz 交流检测信号，即同步控制信号。该信号经连接器输出到微处理器电路，被微处理器检测后，确保室外风扇电机供电回路中的固态继电器 IC5 在市电的过零点处导通，以免 IC5 内的双向晶闸管在导通瞬间可能过流损坏，从而实现同步控制。

二、微处理器电路

该机的微处理器电路以微处理器 IC1（MB89F202）为核心构成，如图 9-17 所示。

1. 微处理器 MB89F202 的引脚功能

微处理器 MB89F202 的引脚功能见表 9-3。

表 9-3　微处理器 MB89F202 的引脚功能

脚　位	功　能	脚　位	功　能
①	加热器供电控制信号输出	⑰	导风电机驱动信号 D 输出
②	接显示板	⑱	导风电机驱动信号 C 输出
③	I^2C 总线时钟信号输出	⑲	导风电机驱动信号 B 输出
④	I^2C 总线数据信号输入/输出	⑳	蜂鸣器驱动信号输出
⑤	应急控制信号输入	㉑	四通阀供电控制信号输出
⑥	ZJ 控制信号输入	㉒	换新风电机/负离子发生器供电控制信号输出
⑦	复位信号输入	㉓	压缩机供电控制信号输出
⑧	时钟振荡器输出	㉔	接显示板
⑨	时钟振荡器输入	㉕	接显示板
⑩	接地	㉖	接显示板
⑪	室内风扇电机驱动信号输出	㉗	接显示板
⑫	室内风扇电机反馈信号输入	㉘	室外风扇电机供电控制信号输出
⑬	遥控信号输入	㉙	市电电压检测信号输入
⑭	市电过零检测信号输入	㉚	室内盘管检测信号输入
⑮	导风电机驱动信号 A 输出	㉛	室内温度检测信号输入
⑯	外接电容	㉜	5V 供电输入

2. 基本工作条件电路

MB89F202 正常工作需具备 5V 供电、复位和时钟振荡正常 3 个基本条件。

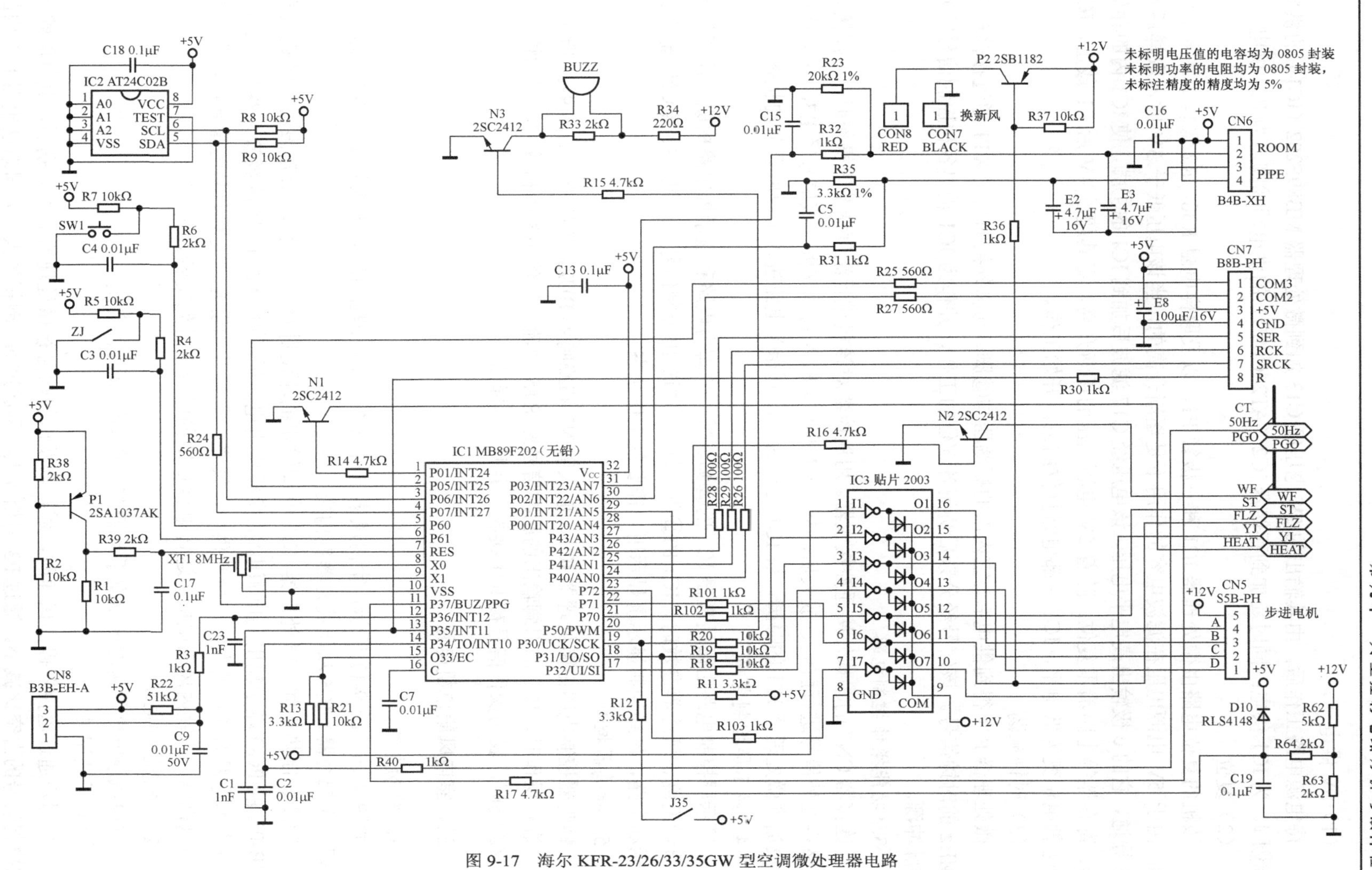

图 9-17　海尔 KFR-23/26/33/35GW 型空调微处理器电路

（1）5V 供电

待电源电路工作后，由其输出的 5V 电压经 C13 加到微处理器 MB89F202（IC1）的供电端㉜脚，为 IC1 供电；同时还加到存储器 IC2（AT24C02B）的供电端⑧脚，为 IC2 供电。

（2）复位

该机的复位电路由微处理器 IC1 和三极管 P1，以及取样电阻 R38、R2 等构成。开机瞬间，由于 5V 电源电压在滤波电容的作用下是逐渐升高的，当该电压低于 3V 时，取样后使 P1 导通，它的 c 极输出高电平电压，该电压经 C17 滤波后加到 IC1 的⑦脚，使 IC1 内的存储器、寄存器等电路清零复位。随着 5V 电源电压的逐渐升高，当其超过 4V 后 P1 截止，IC1 的⑦脚电位变为低电平，IC1 内部电路复位结束，开始工作。

（3）时钟振荡

微处理器 IC1 得到供电后，它内部的振荡器与⑧脚、⑨脚外接的晶振 XT1 通过振荡产生 8MHz 的时钟信号。该信号经分频后协调各部位的工作，并作为 IC1 输出各种控制信号的基准脉冲源。

3. 功能操作控制电路

连接器 CN7 的⑧脚外接遥控接收器。用遥控器对该机进行温度调节等操作时，遥控接收电路将红外信号进行解码、放大后，从 CN7 的⑧脚输入到电脑板。该信号经 R30、C1 低通滤波加到微处理器 IC1 的⑬脚，被 IC1 处理后，控制相关电路进入用户所调节的状态。

4. 显示屏控制电路

显示屏控制电路由微处理器 IC1 的②脚、㉔～㉗脚内电路和显示屏电路构成。需要显示屏显示温度、风速等参数时，IC1 的②脚、㉔～㉗脚输出控制信号，通过连接器 CN7 输入到显示屏电路，最终控制显示屏显示用户需要的工作状态。

5. 蜂鸣器控制

蜂鸣器控制电路由微处理器 IC1、放大管 N3 和蜂鸣器 BUZZ 等构成，如图 9-17 所示。

进行操作时，IC1 的⑳脚输出的脉冲信号经 R15 限流，再经 N3 倒相放大，驱动蜂鸣器 BUZZ 鸣叫，表明操作信号被 IC1 接收，并且控制有效。

三、室内风扇电机电路

1. 驱动电路

如图 9-16、图 9-17 所示，室内风扇电机电路由微处理器 IC1，放大管 P3、N5，固态继电器（光耦合器）IC5 和相关元器件构成。

制冷、制热期间，微处理器 IC1 ⑪脚输出的驱动脉冲信号通过 R17 限流，经连接器 B8B-PH 的 PGO 端子输出到电源电路、负载供电电路板，利用 P3 和 N5 两级放大器倒相放大，为固态继电器 IC5 内的发光二极管供电，发光二极管开始发光，使双向晶闸管导通，为室内风扇电机供电，室内风扇电机在运转电容 C26 的配合下开始旋转。

2. 转速控制电路

室内风扇电机的速度调整有手动调节和自动调节两种方式。

（1）手动调节

当用户通过遥控器提高风速时，遥控器发出的信号被微处理器 IC1 识别后，其⑪脚输出的控制信号的占空比减小，通过 P3 倒相放大，再通过 N5 倒相放大，为固态继电器 IC5 内的发光二极管提供的导通电流增大，发光二极管发光增强，致使双向晶闸管导通程度增强，为室内风扇电机提供的电压增大，室内风扇电机转速升高。反之，控制过程相反。

（2）自动调节

制热期间，当室内热交换器的温度低时，IC1 的⑪脚输出的激励脉冲的占空比较大，使室内风扇低速运转，待室内热交换器温度升高后，IC1 的⑪脚输出的激励脉冲的占空比减小，控制室内电机增加转速，实现电机转速的自动调节。

四、导风电机控制电路

如图 9-17 所示，由于该机导风电机采用的是步进电机，所以要求微处理器 IC1 利用⑮脚、⑰～⑲脚输出激励脉冲信号。

在室内风扇运转期间，需要使用导风功能时，按遥控器上的“风向”键，被微处理器 IC1 识别后，它从⑮脚、⑰～⑲脚输出激励脉冲信号，经驱动块 IC3 的①～④脚内的反相器倒相放大后，从⑯～⑬脚输出，再连接器 CN5 驱动步进电机旋转，带动室内机上的风叶摆动，实现大角度、多方向送风。

五、电加热器控制电路

如图 9-16、图 9-17 所示，电加热器控制电路由微处理器 IC1、放大管 N1、加热器及其供电继电器 K2 等元器件构成。

需要电加热器加热时，微处理器 IC1 的电加热控制端①脚输出高电平控制信号。该电压经 R14 限流，再经 N1 倒相放大后为继电器 K2 的线圈供电，使 K2 内的触点闭合，接通电加热器的供电回路，它得到供电后开始加热。当 IC1 的⑪脚输出的电压为低电平时，K2 内的触点释放，电加热器停止加热。

六、制冷/制热电路

制冷/制热电路由温度检测电路、压缩机电路、微处理器电路、风扇电机电路和四通换向阀电路构成，如图 9-15～图 9-17 所示。

1. 制冷控制电路

当室内温度高于设置的温度时，室内温度传感器的阻值减小，5V 电压通过它与 R23 取样后产生的取样电压增大，通过 R32 限流，C15 滤波后，加到微处理器 IC1 的㉛脚。IC1 将该电压数据与存储器 IC2 内部固化的不同温度对应的电压数据比较后，识别出室内温度较高，确定空调需要进入制冷状态。此时它的㉓脚、㉘脚输出高电平信号，而它的㉑脚输出低电平控制信号，同时由⑪脚输出激励脉冲信号。㉑脚输出的低电平信号经 R102 加到 IC3 的⑤脚，通过⑤脚内的倒相放大器放大后，使它的⑫脚电位为高电平，不能为继电器 K5 的线圈供电，使 K5 内的触点释放，四通换向阀的线圈没有供电电压输入，于是四通换向阀内部的阀芯使系统工作在制冷状态，即室内热交换器用作蒸发器，而室外热交换器用作冷凝器。㉓脚输出的高电平信号经 R103 加到 IC3 的⑦脚，通过⑦脚内的倒相放大器放大后，使它的⑩脚电位为低电平，通过连接器 YJ 为继电器 K1 的线圈供电，使它内部的触点闭合，接通压缩机的供电回路，压缩机在运转电容的配合下开始运转，实施制冷。IC1㉘脚输出的高电平信号经 R16 限流，再经 N2 倒相放大，通过连接器 WF 为继电器 K4 的线圈供电，使 K4 内的触点闭合，接通室外风扇电机的供电回路，启动室外风扇运转，为压缩机和室外热交换器散热。如上所述，⑪脚输出的激励脉冲信号使室内风扇电机旋转，加速室内热交换器内的制冷剂汽化吸热，实现室内降温的目的。随着压缩机和各个风扇电机的不断运行，室内的温度开始下降。当温度达到设置值后，室内温度传感器的阻值增大，5V 电压通过它与 R23 分压产生的电压减小，经 C15 滤波后加到 IC1 的㉛脚，IC1 根据该电压判断室内的制冷效果达到要求，控制㉓脚、㉘脚、⑪脚输出停机信号，切断压缩机和风扇电机的供电回路，使它们停止运转，制冷工作结束，进入保温状态。随着保温时间的延长，室内的温度逐渐升高，使室内温度传感器的阻值逐渐减小，为 IC1 的㉛脚提供的电压再次增大，重复以上过程，空调再次工作，进入下一轮的制冷循环。

2. 制热控制电路

当室内温度低于设置的温度时，室内温度传感器的阻值增大，5V 电压通过它与 R23 取样后产生的电压减小，通过 C15 滤波，为微处理器 IC1 的㉛脚提供的电压减小。IC1 将该电压数据与存储器 IC2 内部固化的不同温度对应的电压数据比较后，识别出室内温度较低，于是控制空调工作在制热状态。此时，IC1 的㉓脚、㉘脚输出的控制信号和制冷期间相同，使压缩机、室外风扇电机运转，同时它的㉑脚输出的控制信号为高电平。㉑脚输出控制信号经 IC3 的⑤脚、⑫脚内的倒相放大器放大后，经连接器 ST 为继电器 K5 的线圈供电，使 K5 内的触点闭合，为四通换向阀的线圈供电，于是四通换向阀使系统工作在制热状态，即室内热交换器用作冷凝器，而室外热交换器用作蒸发器。制热初期，室内盘管温度较低，被室内盘管温度传感器检测后它的阻值较大，5V 电压通过该传感器与 R35 分压产生的电压较小，经 C5 滤波后加到 IC1 的㉚脚，IC1 将该数据与 IC2 内部固化的室内盘管温度/电压数据比较后，确认室内盘管温度较低，控制它的⑪脚不输出激励信号，室内风扇电机不转，以免为室内吹冷风。随着压缩机和室外风扇电机的不断运行，室内盘管的温度开始升高，被室内盘管温度传感器检测后，为 IC1 提供室内盘管温度符合要求的电压，于是 IC1 的⑪脚输出激励信号，使室内风扇电机运转。随着制热的继续进行，室内温度逐渐升高，当室内温度达到要求后，室内温度传感器的阻值减小，5V 电压通过它与 R23 分压产生的电压增大，经 C15 滤波后加到 IC1 的㉛脚，被 IC1 识别后，判断室内的制热效果达到要求，控制㉓脚、㉘脚、⑪脚输出停机信号，使压缩机和风扇电机因没有供电而停止运转，制热工作结束，进入保温状态。随着保温时间的延长，室内的温度逐渐降低，使室内温度传感器的阻值逐渐增大，为 IC1 的㉛脚提供的电压再次减小到设置值，重复以上过程，空调再次进入制热状态。

七、化霜控制电路

如图 9-16、图 9-17 所示，化霜控制电路由室内盘管温度传感器、微处理器 IC1、驱动块 IC3（2003）、四通换向阀及其供电继电器等元器件构成。

化霜电路工作过程与制冷状态基本相同，不同的是压缩机运行期间，室内、室外风扇不转。当压缩机运行时间达到设置值后，压缩机停转，退出化霜状态。退出化霜状态后，经延时后对四通换向阀进行切换控制，系统恢复为制热状态。

八、换新风、空气清新控制电路

如图 9-16、图 9-17 所示，换新风控制电路由微处理器 IC1、放大管 P2、直流风扇电机、继电器 K3、负离子发生器和相关元器件构成。

当用户通过遥控器使用“健康”功能时，被微处理器 IC1 识别后，它的㉒脚输出的控制信号为高电平。该信号通过 R1 加到驱动块 IC3 的⑥脚，经其内部的倒相放大器放大后，使 IC3 的⑪脚电位为低电平。该电压一路通过 R36 使 P2 导通，从 P2 的 c 极输出的 12V 电压为换新风电机供电，实现换新风功能；另一路通过 FIZ 端子为继电器 K3 的线圈供电，K3 内的触点闭合，接通负离子发生器的供电回路，负离子发生器产生臭氧，实现净化空气、消毒和杀菌的功能。当 IC1 的㉒脚输出的控制信号为低电平时，“健康”功能关闭。

九、保护电路

为了确保空调正常工作，或在故障时不扩大故障范围，设置了多种保护电路。

1. 市电电压异常保护电路

市电电压异常保护电路由微处理器 IC1、电源电路和取样电路构成，如图 9-17 所示。

当市电正常时，低压电源电路输出的 12V 直流电压相应正常，通过 R62、R63（原图符号不清，由编者加注）取样的电压正常，再利用 R64 限流，C10 滤波后加到 IC1 的㉙脚，IC1 确认市电正常，输出控制信号使该机正常工作。一旦市电过压或欠压，导致低压电源输出的电压过高或过低时，经 R62、R63 取样后为 IC1 提供的电压过高或过低，IC1 判断市电过压或欠压，输出控制信号使该机停止工作。

2. 室内温度传感器异常保护电路

当室内温度传感器或其阻抗信号变换电路异常，不能为微处理器 IC1 的㉛脚提供正常的温度检测电压，被 IC1 确认后输出保护信号使空调停止工作，并通过显示屏显示 E1 的故障代码，提醒用户该机进入室内温度传感器异常保护状态。

3. 室内盘管温度传感器异常保护电路

当室内盘管温度传感器或其阻抗信号变换电路异常，不能为微处理器 IC1 的㉚脚提供正常的温度检测电压，被 IC1 确认后输出保护信号使空调停止工作，并通过显示屏显示 E2 的故障代码，提醒用户该机进入室内温度传感器异常保护状态。

4. 存储器异常保护电路

当存储器 IC2 异常时，不能为微处理器 IC1 提供正常的数据信号，被 IC1 确认输出保护信号使空调停止工作，并通过显示屏显示 E4 的故障代码，提醒用户该机进入存储器异常保护状态。

5. 室内风扇电机异常保护电路

室内风扇电机旋转后，它内部的霍尔传感器输出转子位置检测信号，即 PG 脉冲信号。该脉冲信号通过连接器 CN8 的②脚输入到电脑板，再通过电阻 R3 限流，C23 滤波后，加到微处理器 IC1 的⑫脚。当 IC1 识别到有正常的 PG 信号输入后，才能输出控制信号使该机正常工作；若 IC1 不能检测到正常的 PG 信号，则判断室内风扇电机旋转异常，2min 后输出控制信号使空调停止工作，并通过显示屏显示 E14 的故障代码，提醒用户该机进入室内风扇电机旋转异常保护状态。

十、故障自诊功能

为了便于生产和维修，该系统设置了故障自诊功能。当该机控制电路中的某一元器件发生故障时，被微处理器 IC1 检测后，通过室内机上的显示屏显示故障代码，来提醒故障发生部位。显示屏显示的故障代码与故障原因见表 9-4。

表 9-4　海尔 KFR-23/26/33/35GW 型空调显示屏显示的故障代码与故障原因

故障代码	故障原因	备　注
E1	室温传感器异常	室温传感器或其阻抗型号/电压型号变换电路异常
E2	室内盘管温度传感器异常	盘管温度传感器或其阻抗型号/电压型号变换电路异常
E4	E^2PROM 异常	
E14	室内风扇电机故障	开机 2min 后，压缩机停转

十一、常见故障检修

1．整机不工作

整机不工作是插好电源线后，用遥控器开机无反应，蜂鸣器不鸣叫，并且显示板上的指示灯也不亮。该故障主要是由于市电供电系统、电源电路或微处理器电路异常所致。该故障的检修流程如图 9-18 所示。

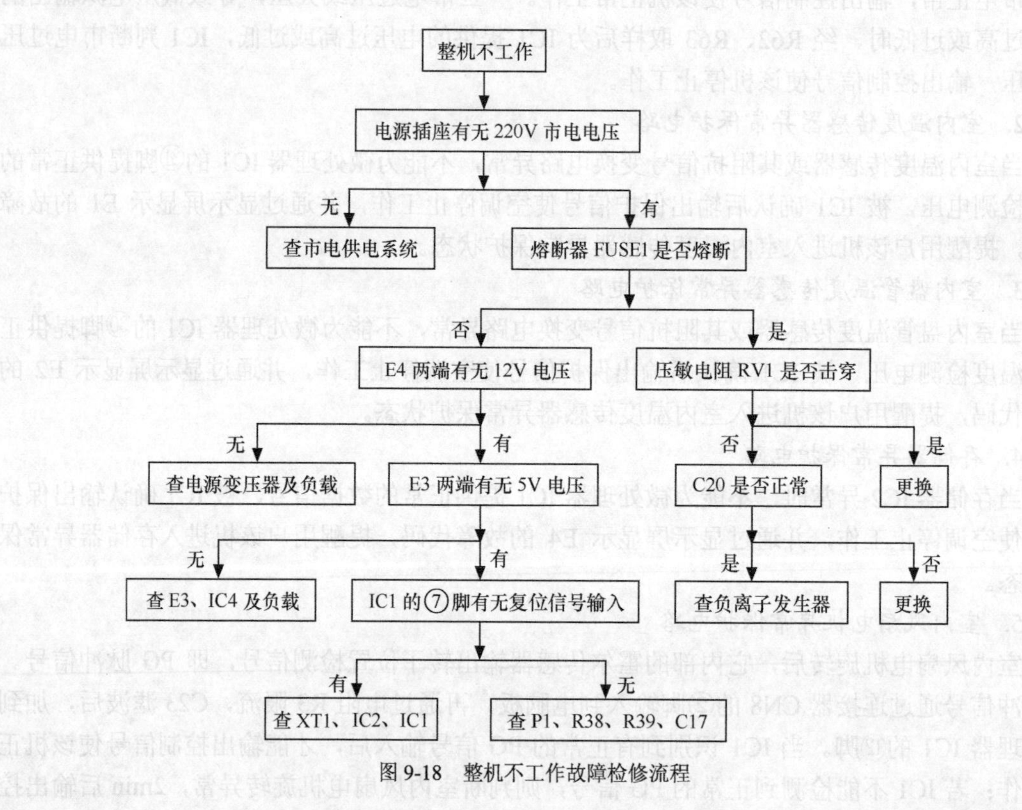

图 9-18　整机不工作故障检修流程

注意　若电源变压器的初级绕组开路，许多情况下是由于过流损坏所致。因此，维修时必须要检查 VD1～VD4、E4、C21、IC4 及 12V 供电的负载是否正常，以免更换的变压器再次过流损坏。

2. 指示灯亮，机组不工作

通过故障现象分析，故障主要是由于遥控器、遥控接收电路、市电电压异常保护电路或微处理器异常引起的。该故障的检修流程如图 9-19 所示。

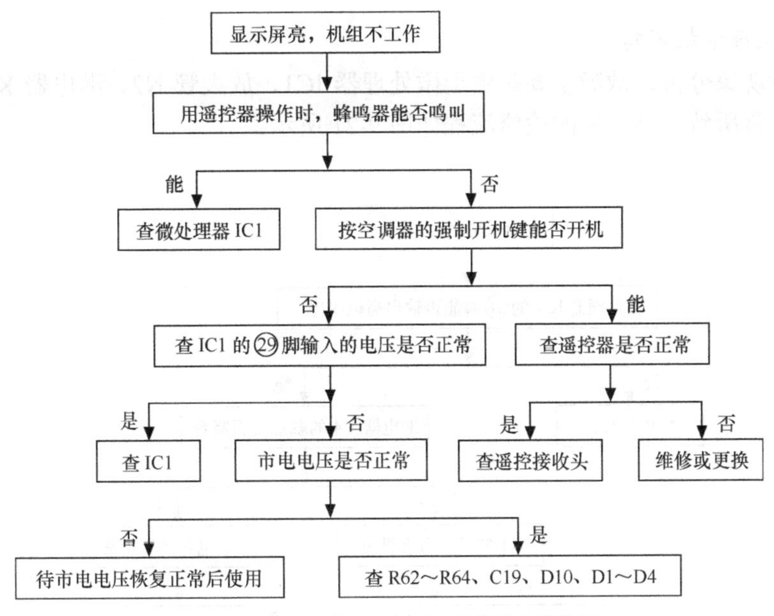

图 9-19　指示灯亮，机组不工作故障检修流程

3. 压缩机不转

通过故障现象分析，故障主要是由于微处理器 IC1、存储器 IC2、驱动块 IC3、继电器 K1、压缩机或其启动电容、过载保护器异常所致。该故障的检修流程如图 9-20 所示。

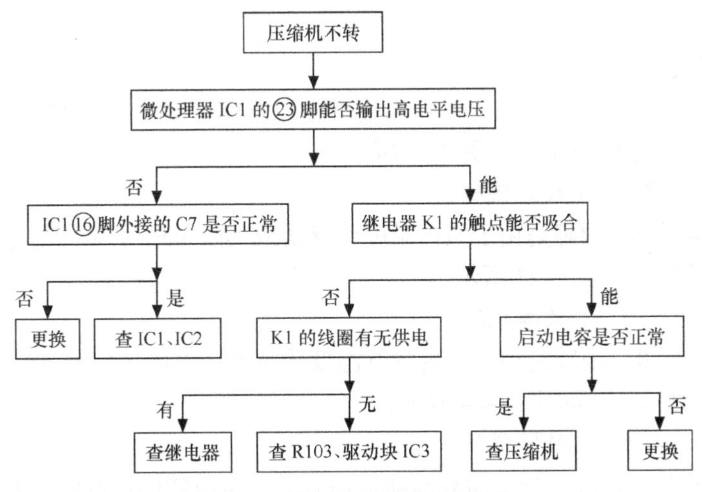

图 9-20　压缩机不转故障检修流程

方法与技巧 用导线短接继电器K1的触点端引脚后，若压缩机能运转，说明K1到IC1之间的电路异常；若不能运转，说明压缩机或其启动电容（运转电容）、过载保护器异常。

4. 室外风扇电机不转

通过故障现象分析，故障主要是由于微处理器IC1、放大管N2、继电器K4、启动电容或风扇电机异常所致。该故障的检修流程如图9-21所示。

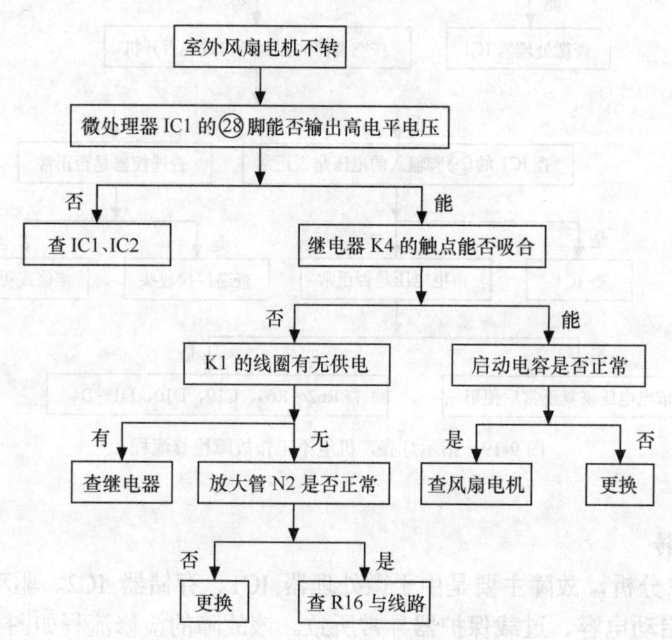

图9-21　室外风扇电机不转故障检修流程

5. 制冷效果差

通过故障现象分析，故障主要是由于温度设置、温度检测、制冷系统、通风系统或微处理器异常所致。该故障检修流程如图9-22所示。

6. 保护停机，显示E1故障代码

通过故障现象分析，故障是由于室内温度传感器或其阻抗信号/电压信号变换电路异常所致。该故障的检修流程如图9-23所示。

7. 保护停机，显示E2故障代码

通过故障现象分析，故障是由于室内盘管温度传感器或其阻抗信号/电压信号变换电路异常所致。该故障的检修流程如图9-24所示。

8. 保护停机，显示E4故障代码

通过故障现象分析，存储器或微处理器出现异常。该故障的检修流程如图9-25所示。

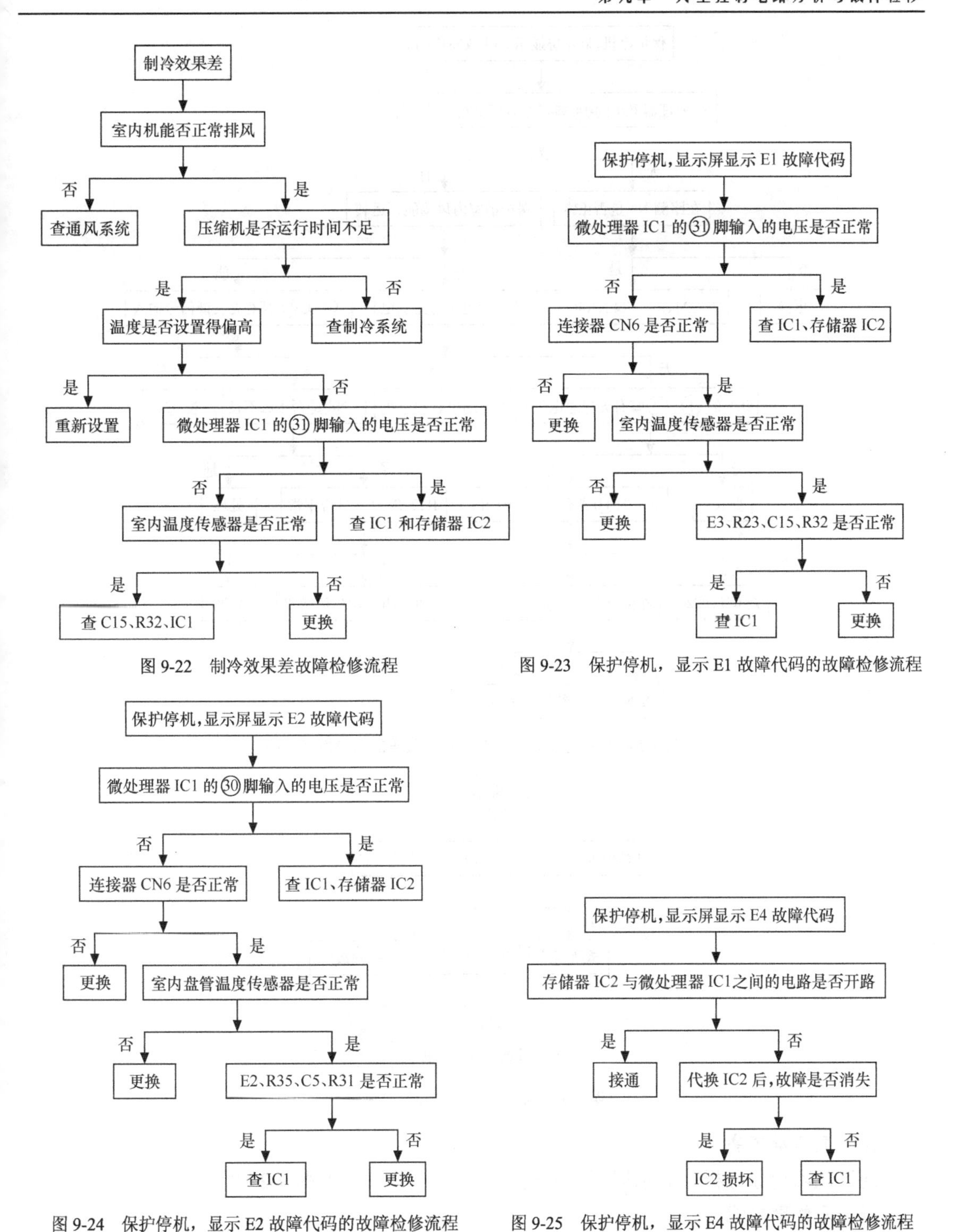

图 9-22　制冷效果差故障检修流程

图 9-23　保护停机，显示 E1 故障代码的故障检修流程

图 9-24　保护停机，显示 E2 故障代码的故障检修流程

图 9-25　保护停机，显示 E4 故障代码的故障检修流程

9. 保护停机，显示 E14 故障代码

通过故障现象分析，市电过零检测电路、室内风扇电机供电电路、PG 信号形成电路、室内风扇电机或微处理器出现异常。该故障的检修流程如图 9-26 所示。

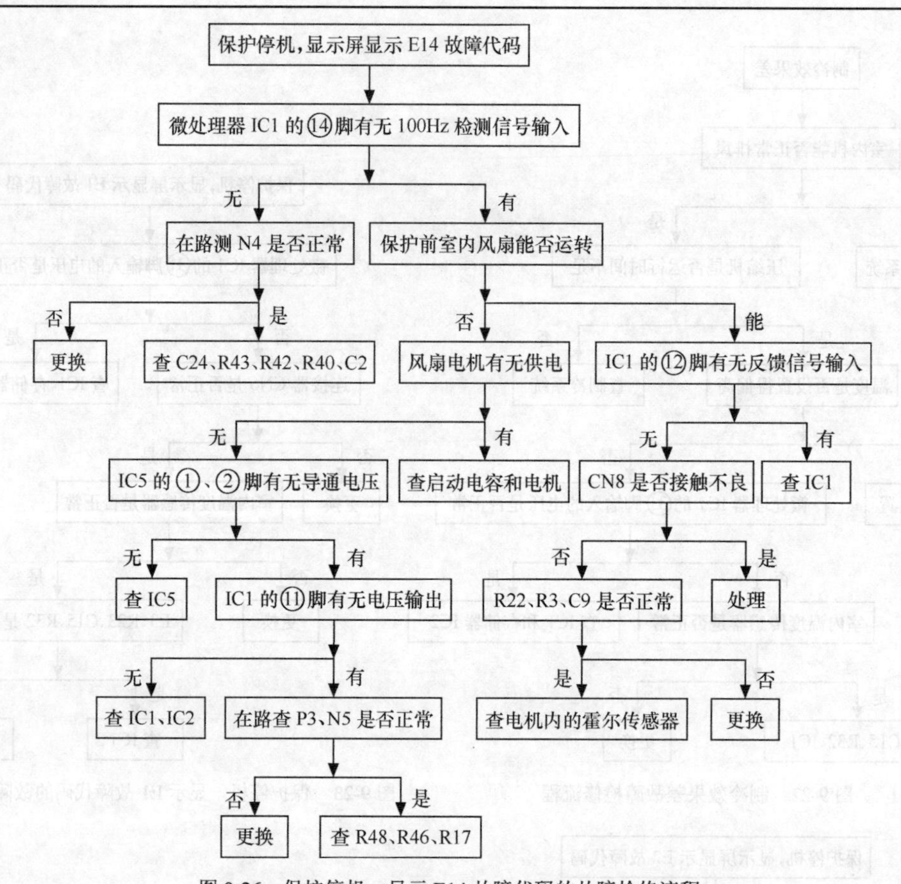

图 9-26　保护停机，显示 E14 故障代码的故障检修流程

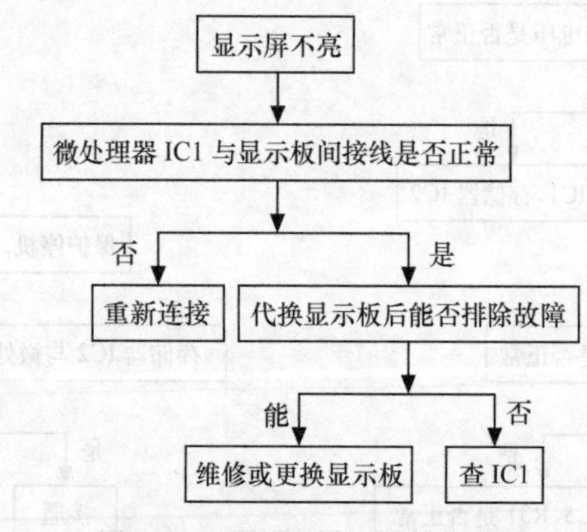

图 9-27　显示屏不亮故障检修流程

10. 显示屏不亮

通过故障现象分析，显示屏不亮或出现异常。检修流程如图 9-27 所示。

11. 无健康功能

通过故障现象分析，负离子发生器或其供电电路出现异常。检修流程如图 9-28 所示。

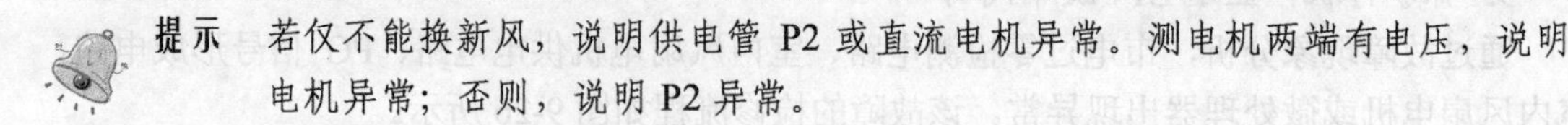

提示　若仅不能换新风，说明供电管 P2 或直流电机异常。测电机两端有电压，说明电机异常；否则，说明 P2 异常。

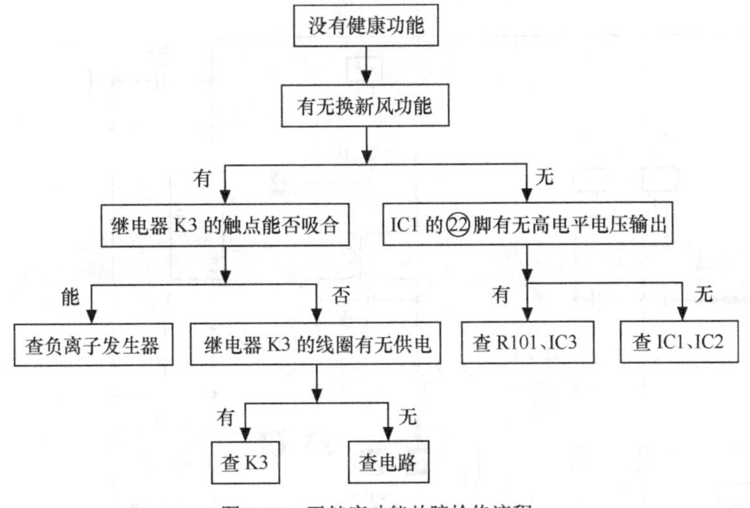

图9-28　无健康功能故障检修流程

第三节　海信KFR-46LW/27D、50LW/27D型分体式空调

海信KFR-46LW/27D、50LW/27D型空调属于27系列空调，该系列空调的电气系统连接示意图如图9-29所示，电脑板电路构成如图9-30所示。

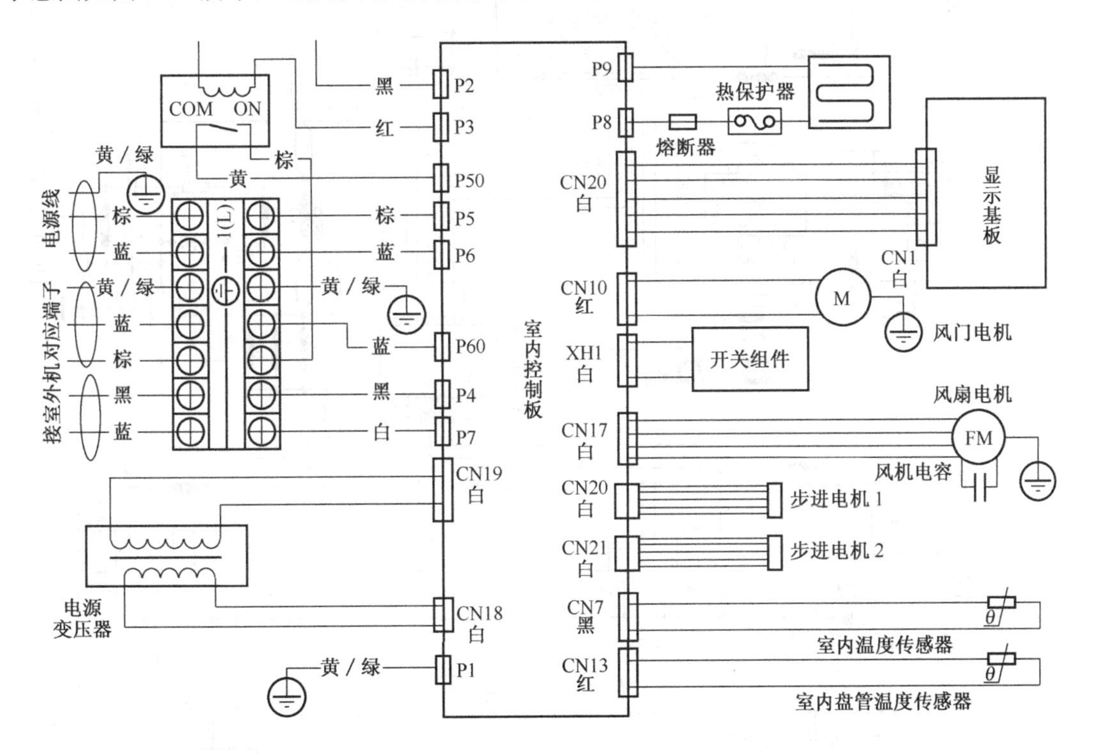

图9-29　海信KFR-46LW/27D、50LW/27D型空调电气系统连接示意图

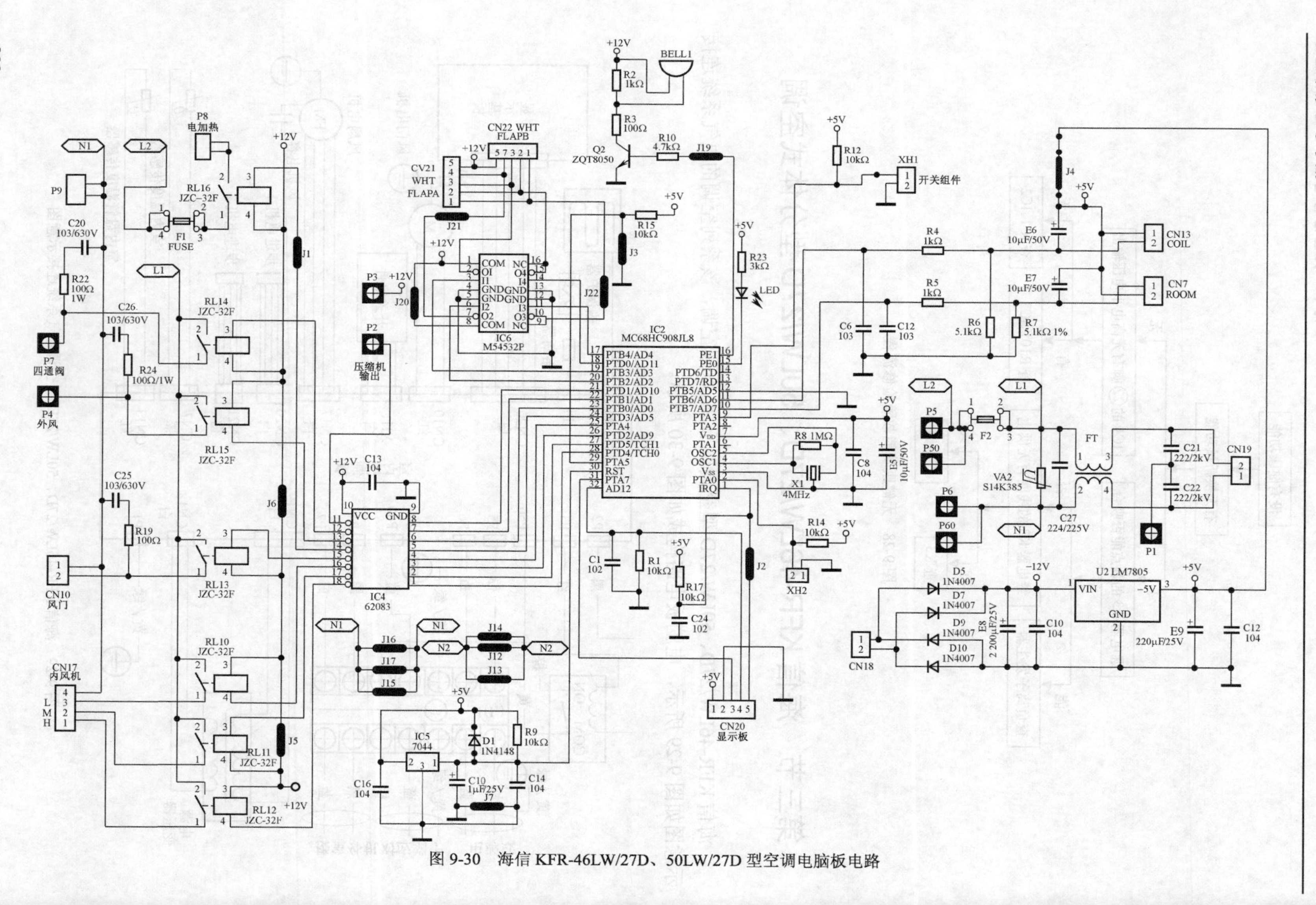

图 9-30 海信 KFR-46LW/27D、50LW/27D 型空调电脑板电路

一、电源电路

如图 9-30 所示，该机的电源电路安装在室内电脑板上，主要以变压器、稳压器 U2（LM7805）为核心构成。

插好空调的电源线后，220V 市电电压经熔断器 F2 输入到电源电路，通过 C27、C21、C22 和 FT 组成的线路滤波器进行滤波，经变压器降压输出 12V 左右的交流电压，通过 D5、D7、D9、D10 组成的桥式整流器整流，经滤波电容 E8 和 C10 滤波产生 12V 左右的直流电压。该电压不仅为电磁继电器、驱动块供电，而且通过三端稳压器 U2 稳压输出 5V 电压，通过 E9、C12 滤波后，为微处理器和相关电路供电。

市电输入回路并联的 VA2 是压敏电阻，当市电电压过高时 VA2 击穿短路，使 F2 过流熔断，切断市电输入回路，避免了电源电路的元器件过压损坏。

二、微处理器电路

该机的微处理器电路以微处理器 IC2（MC68HC908JL8）为核心构成。

1. 微处理器 MC68HC908JLI8 的引脚功能

微处理器 MC68HC908JL8 的引脚功能见表 9-5。

表 9-5　　微处理器 MC68HC908JL8 的主要引脚功能

脚位	脚名	功　能	脚位	脚名	功　能
①	IRQ	遥控信号输入	⑰	AD4	步进电机驱动信号输出
②	PTA0	控制信号输入	⑱	AD11	步进电机驱动信号输出
③	V_{SS}	接地	⑲	AD3	步进电机驱动信号输出
④	OSC1	振荡器 1	⑳	AD2	步进电机驱动信号输出
⑤	OSC2	振荡器 2	㉑	AD10	压缩机供电控制信号输出
⑥	PTA1	悬空	㉒	AD1	四通换向阀切换信号输出
⑦	V_{DD}	供电	㉓	AD0	室外风扇供电控制信号输出
⑧	PTA2	悬空	㉔	AD5	电加热控制信号输出
⑨	PTA3	开关控制信号输入	㉕	PTA4	风门电机控制信号输出
⑩	AD7	室内温度检测信号输入	㉖	PTD2	室内风扇控制信号输出 1
⑪	AD6	室内盘管温度检测信号输入	㉗	PTD5	室内风扇控制信号输出 2
⑫	AD5	接地	㉘	PTD4	室内风扇控制信号输出 3
⑬	RD	悬空	㉙	PTA5	接地
⑭	TD	悬空	㉚	RST	低电平复位信号输入
⑮	PE0	指示灯控制信号输出	㉛	PTA7	接操作显示板
⑯	PE1	蜂鸣器控制信号输出	㉜	AD12	操作键控制信号输入

2. 基本工作条件电路

微处理器正常工作需具备 5V 供电、复位、时钟振荡正常 3 个基本条件。

（1）5V 供电

如图 9-30 所示，插好空调的电源线，待电源电路工作后，由它输出的 5V 电压经 E5 滤波后，加到微处理器 IC2（MC68HC908JL8）的供电端⑦脚，为 IC2 供电。

（2）复位

如图 9-30 所示，该机的复位电路以微处理器 IC2 和复位芯片 IC5（7044）为核心构成。开机瞬间，由于 5V 电源电压在滤波电容的作用下逐渐升高，当该电压低于设置值（多为 3.6V）时，IC5 的输出端①脚输出低电平电压，该电压经 C14 滤波，加到 IC2 的㉚脚，使 IC2 内的存储器、寄存器等电路清零复位。随着 5V 电源电压的逐渐升高，当其超过 3.6V 后，IC5 的③脚输出高电平电压，加到 IC2 的㉚脚后，IC2 内部电路复位结束，开始工作。正常工作后，IC2 的㉚脚电位几乎与供电相同。

（3）时钟振荡

如图 9-30 所示，微处理器 IC2 工作后，它内部的振荡器与④脚、⑤脚外接的晶振 X1 通过振荡产生 4MHz 时钟信号。该信号经分频后协调各部位的工作，并作为 IC2 输出各种控制信号的基准脉冲源。

3. 功能操作控制电路

如图 9-30 所示，该机的功能操作电路由遥控发射、接收电路和操作键控制电路构成。

（1）遥控发射、接收电路

微处理器 IC2 的①脚是遥控信号输入端，连接器 CN20 的①脚、②脚、⑤脚外接遥控接收器。用遥控器对该机进行温度调节等操作时，遥控接收电路将红外信号进行解码、放大后，从 CN20 的⑤脚输入到电脑板，该信号经 C24 滤波加到 IC2 的①脚，被 IC2 处理后，控制相关电路进入用户所调节的状态。

（2）操作键控制电路

连接器 CN20 的④脚外接操作键电路。由于仅使用 IC2 的一个引脚，所以该操作方式属于电压模拟控制方式。通过改变 IC2 的㉜脚电压高低，就可实现不同功能的操作。

4. 蜂鸣器控制电路

如图 9-30 所示，蜂鸣器控制电路由微处理器 IC2、放大管 Q2 和蜂鸣器 BELL1 等构成。

进行操作时，微处理器 IC2 的⑯脚输出的脉冲信号经 R10 限流，再经放大器 Q2 倒相放大，驱动蜂鸣器 BELL1 鸣叫，表明操作信号被 IC2 接收。

三、室内风扇电机电路

如图 9-30 所示，该机的室内风扇电机电路由微处理器 IC2、驱动块 IC4、继电器 RL10～RL12、风扇电机和启动（运转）电容等元器件构成。其中，RL10 为低风速供电继电器、RL11 为中风速供电继电器、RL12 为高风速供电继电器。由于 3 种风速的供电电路相同，下面以低风速供电为例进行介绍。

需要室内风速电机以低风速运转时，微处理器 IC2 的㉖脚输出高电平控制电压，而㉗脚、㉘脚输出低电平控制电压。㉗脚、㉘脚输出的低电平控制电压通过 IC4 内的倒相放大器放大后，不能为继电器 RL11 和 RL12 的线圈供电，室内风扇电机的中风速、高风速供电端子无供电；而㉖脚输出的高电平电压通过 IC4 的③脚内的倒相放大器放大后，它的⑯脚电位为低电平，为继电器 RL10 的线圈供电，使 RL10 内的触点闭合，接通室内风扇电机的低风速供电端子供电回路，在启动电容的配合下，室内风扇电机按低风速运转。当 IC2 的㉖脚输出的控制信号为低电平时，电机停止低风速运转。

另外，该机还设置了风门电机。其工作原理与室内风扇电机工作原理相同，仅电路符号不同，读者可自行分析，不再介绍。

四、导风电机控制电路

如图 9-30 所示，由于该机导风电机采用的是步进电机，所以不仅要求微处理器 IC2 利用 4 个引脚输出激励脉冲信号，而且还单独设置了激励脉冲放大器 IC6（M54532P）。

室内风扇运行期间，需要使用导风功能时，按遥控器上的“风向”键，被微处理器 IC2 识别后，从⑰～⑳脚输出激励脉冲信号，经 IC6 的③、⑥、⑪、⑭脚内的反相器倒相放大，从②、⑦、⑩、⑮脚输出，经连接器 CN21、CN22 驱动步进电机旋转，带动室内机上的风叶摆动，实现大角度、多方向送风。

五、制冷/制热控制电路

如图 9-29、图 9-30 所示，制冷/制热控制电路由室内温度传感器、室内盘管温度传感器、微处理器 IC2、驱动块 IC4（62083，与 ULN2083 相同）、IC6（M54532P）、压缩机及其供电继电器、四通换向阀及其供电继电器 RL14、室内风扇电机及其供电继电器和室外风扇电机及其供电继电器 RL15 等元器件构成。

1. 制冷控制电路

当室内温度高于设置的温度时，连接器 CN7 外接的室内温度传感器的阻值减小，5V 电压通过它与 R7 取样后产生的电压增大，经 R5 限流，再经 C12 滤波，为微处理器 IC2 的⑩脚提供的电压升高，IC2 将该电压数据与其内部固化的不同室温对应的电压数据比较后，识别出室内温度，确定空调需要进入制冷状态。此时它的㉒脚输出低电平控制信号，它的㉑脚、㉓脚输出高电平信号，而它的㉖脚或㉗脚或㉘脚输出的室内风扇电机控制信号为高电平。㉒脚输出的低电平信号通过 IC4⑦脚内的倒相放大器放大后，使它的⑫脚电位为高电平，不能为继电器 RL14 的线圈供电，使 RL14 内的触点释放，不能为四通换向阀的线圈供电，于是四通换向阀使系统工作在制冷状态，即室外热交换器为冷凝器，而室内热交换器为蒸发器。IC2 的㉑脚输出的高电平信号通过 IC4⑧脚内的倒相放大器放大后，使它的⑪脚电位为低电平，为继电器的线圈供电，使它内部的触点闭合，接通压缩机的供电回路，压缩机在启动电容的配合下运转，开始制冷。IC2 的㉓脚输出的高电平信号通过 IC4⑥脚内的倒相放大器放大后，它的⑬脚电位为低电平，为继电器 RL15 的线圈供电，使它内部的触点闭合，接通室外风扇电机的供电回路，使室外风扇电机旋转，为压缩机、室外热交换器进行散热。IC2 的㉖脚或㉗脚或㉘脚输出室内风扇电机控制信号使室内风扇运转，加速室内热交换器内的制冷剂汽化吸热，实现室内降温的目的。IC2 的⑰～⑳脚输出的激励脉冲信号通过驱动块 IC6 放大后，驱动步进电机旋转，实现导风控制。随着压缩机和各个风扇电机的不断运行，室内的温度开始下降。当温度达到要求后，室内温度传感器的阻值增大，为 IC2 的⑩脚提供的电压减小，IC2 根据⑩脚电压判断室内的制冷效果达到要求，输出停机信号，使压缩机和各个风扇电机停止运转，制冷工作结束，进入保温状态。随着保温时间的延长，室内的温度逐渐升高，室内温度传感器的阻值逐渐减小，重复以上过程，空调再次工作，进入下一轮的制冷循环。

提示 该机的压缩机启动电容、室外风扇电机及其启动电容都安装在室外机电路板上，如图 9-31 所示。

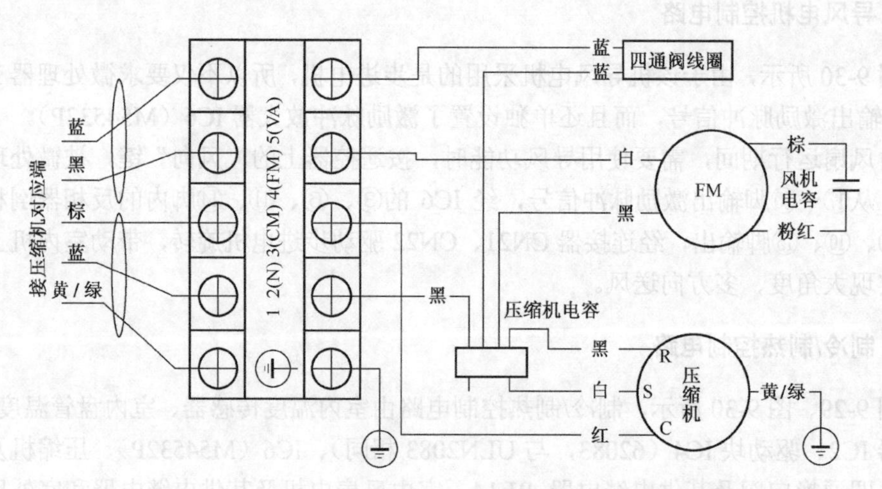

图 9-31 海信 KFR-46LW/27D、50LW/27D 型空调室外机电路板

2. 制热控制

当室内温度低于设置的温度时，室内温度传感器的阻值增大，通过与 R7 取样，再通过 C12 滤波后，为微处理器 IC2 的⑩脚提供的电压减小，IC2 将该电压数据与其内部固化的不同室内温度对应的电压数据比较后，识别出室内温度，使㉑脚、㉓脚、⑰脚～⑳脚输出的控制信号和制冷期间相同，致使压缩机、室外风扇电机获得供电开始运转。不同之处：一是，它的㉒脚输出的控制信号为高电平，该控制信号加到 IC4 的⑦脚，通过⑦脚内的倒相放大器放大后，使它的⑫脚电位为低电平，为继电器 RL14 的线圈提供电流，使 RL14 内的触点闭合，为四通换向阀的线圈供电，于是四通换向阀使系统工作在制热状态，即室内热交换器用作冷凝器，而室外热交换器用作蒸发器；二是，由于制热初期室内盘管温度较低，被室内盘管温度传感器检测后阻值较大，5V 电压通过它与 R6 取样后，再通过 C6 滤波后，为 IC2 的⑪脚提供的电压减小，IC2 将该电压数据与其内部固化的不同室内盘管温度对应的电压数据比较后，识别出室内盘管温度较低，不输出室内风扇电机控制电压，使室内风扇电机停转，以免为室内吹冷风，只有室内盘管温度达到要求后，IC2 才能输出室内风扇电机供电控制信号，使室内风扇电机运转。随着压缩机和各个风扇电机的不断运行，室内的温度开始升高。当温度达到要求后，室内温度传感器的阻值减小，通过取样为 IC2 的⑩脚提供的电压增大，IC2 根据此电压判断室内的制热效果达到要求，输出停机信号，使压缩机和风扇电机因无供电而停止运转，制热工作结束，进入保温状态。随着保温时间的延长，室内的温度逐渐降低，使室内温度传感器的阻值逐渐增大。重复以上过程，再次控制空调进入下一个制热循环状态。

六、电加热控制电路

1. 电加热条件

辅助电加热开启的条件：一是室内风扇电机处于运转状态，二是压缩机连续运转时间超过 6min，三是室内温度低于 2℃，四是用户设定的温度要高于室内温度 4℃，五是室内热交换器的温度低于 42℃。

2. 电加热控制

如图 9-30 所示，微处理器 IC2 内的计时器对压缩机连续运转时间计时，当计时的时间达到 6min 时，室内温度传感器、室内盘管温度传感器的阻值会根据温度变化，并且将变化的电压数据提供给 IC2 的⑩脚、⑪脚。IC2 根据⑩、⑪脚输入的电压，判断出需要进行加热后，从㉔脚输出高电平控制信号。该电压经驱动块 IC4⑤脚内部的倒相放大器放大后，使它的⑭脚电位为低电平，为继电器 RL16 的线圈供电，RL16 内的触点闭合，接通加热器的供电回路，加热器开始发热。当室内温度超过 2℃或室内热交换器的温度超过 42℃后，室内温度传感器或室内盘管温度传感器的阻值减小，IC2 的⑩脚、⑪脚输入的电压增大，IC2 根据该电压判断出不需要电加热时，它的㉔脚输出的信号为低电平，RL16 内的触点释放，电加热器停止加热。

3. 过热、过流保护

该加热回路串联一只热保护器，当继电器 RL16 或驱动块 IC4 异常，使电加热器温度异常升高后，当温度达到热保护器的标称值时，它动作，切断电加热器的供电回路，加热电路停止工作，实现过热保护。

另外，该加热回路还串联一只熔丝管 F1，当电加热器出现短路引起电流增大，并达到 F1 的标称值时，它内部的熔体过流熔断，切断电加热器的供电回路，加热电路停止工作，实现过流保护。

七、化霜控制电路

在制热状态下，微处理器 IC2 内的计时器对室外机组连续运行时间进行计时，若连续运行时间超过 35min，IC2 就控制空调进行化霜。首先，IC2 控制压缩机和室外风扇电机停转，经过 30s 左右的延迟后切断四通换向阀线圈的供电，切换制冷剂的走向，使系统进入制冷状态，再延迟 32s 后启动压缩机运行，使室外热交换器的温度升高，开始除霜。除霜时，IC2 内的计时器对压缩机运行时间进行计时，当计时的时间达到 6min 时，IC2 控制压缩机停转，并且延时 30s 为四通换向阀供电，使空调再次进入制热状态，并且在延时 32s 后，启动压缩机、风扇电机开始旋转，空调进入下一轮制热状态。

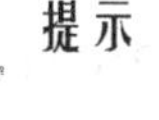

提示　以上是 27 系列空调的 2P 机的化霜电路工作原理，而该系列的 3P 机设置了室外盘管温度传感器，当室外热交换器表面结霜后使温度低于−5℃时，室外盘管温度传感器的阻值增大，经阻抗信号/电压信号变换后，将与之对应的电压提供给微处理器，微处理器根据电压确定室外热交换器需要化霜。随着化霜的不断进行，当室外热交换器表面温度超过 20℃后，室外盘管温度传感器的阻值减小，为微处理器提供相应的电压，被微处理器识别后，停止化霜。

八、故障自诊功能

为了便于生产和维修，该系统设置了故障自诊功能。当该机控制电路中的某一元器件发生故障时，被微处理器 IC2 检测后，通过电脑板上的指示灯 LED、室内机上的显示屏显示故障代码，来提醒故障发生的部位。显示屏显示的故障代码与对应的故障原因见表 9-6，指示灯显示的故障代码与故障原因见表 9-7。

表 9-6　显示屏显示的故障代码与对应的故障原因

故障代码	故障原因	备注
E0	通信异常	室内电脑板与显示板异常或它们的连线异常
E1	通信异常	室内电脑板与室外电路板异常或它们的连线异常
E2	三相电逆相	三相电相序错
E3	管路高压过高	
E4	压缩机过流	
E5	室外盘管温度传感器异常	室外盘管温度传感器或其阻抗信号/电压信号变换电路异常
E7	室内盘管温度传感器异常	室内盘管温度传感器或其阻抗信号/电压信号变换电路异常
E8	室内温度传感器异常	室内温度传感器或其阻抗信号/电压信号变换电路异常

表 9-7　指示灯显示的故障代码与对应的故障原因

故障代码	故障原因
闪 1 次	室内电路板与室外电路板通信异常
闪 2 次	室内温度传感器异常或其阻抗信号/电压信号变换电路异常
闪 3 次	室内盘管温度传感器异常或其阻抗信号/电压信号变换电路异常
闪 4～10 次	初次通电复位，2P 机按“温度减”键可清除此信息，3P 机 1min 后自动清除

注：连续秒闪说明电脑板工作正常。

九、常见故障检修

1. 整机不工作

整机不工作是插好电源线后，用遥控器开机无反应，蜂鸣器不鸣叫，并且室内电脑板上的指示灯 LED 也不亮。该故障主要是由于市电供电系统、电源电路或微处理器异常所致。该故障的检修流程如图 9-32 所示。

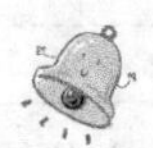

提示　因我国目前的市电电压比较稳定，所以压敏电阻 VA2 击穿后若无配件也可不安装。变压器初级绕组开路后，必须要检查整流管 D5、D7、D9、D10 或滤波电容 E8、C10 是否击穿，以免更换后的变压器再次损坏。

提示　检修复位电路时，可通过测量微处理器 IC2 的㉛脚电压进一步判断故障部位。若㉛脚电压近于 0V，则检查 R9 是否开路，C14、E10 是否击穿，若它们正常，则说明复位芯片 IC5（7044）击穿；若 IC2 的㉛脚电压近于 5V，在确认 VD1 正常的情况下，则说明 IC5 异常。

怀疑 IC5 异常，而手头没有同型号芯片代换时，可将 IC2 的㉛脚通过 200Ω电阻对地瞬间短接，若 IC2 能够工作，则说明 IC5 异常。

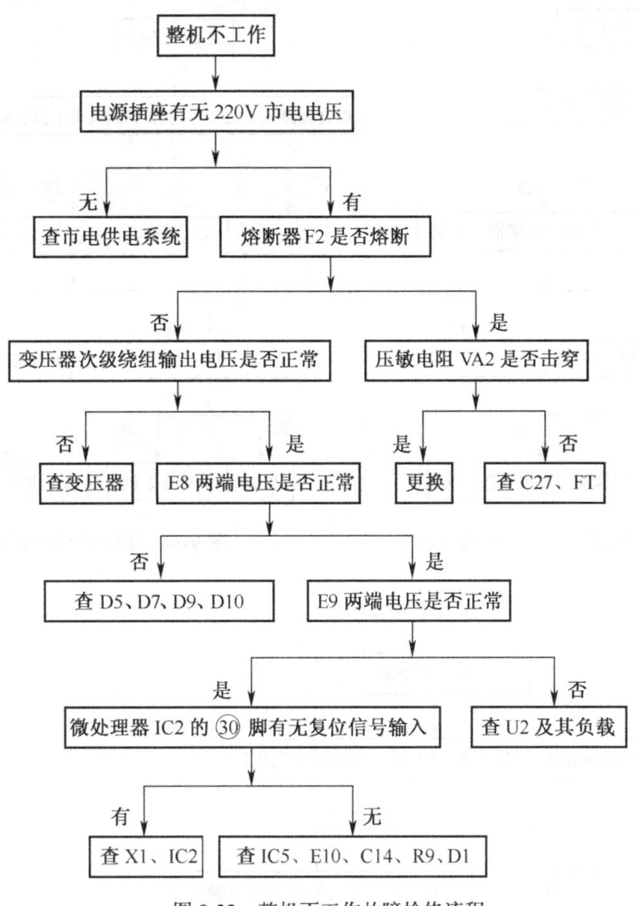

图 9-32　整机不工作故障检修流程

2. 指示灯亮，机组不工作

通过故障现象分析，故障主要是由于遥控器、遥控接收电路或操作键电路异常所致。该故障的检修流程如图 9-33 所示。

3. 压缩机不转

通过故障现象分析，故障主要是由于微处理器、驱动电路、供电电路、压缩机或其启动、保护装置异常所致。该故障的检修流程如图 9-34 所示。

方法与技巧　用导线短接继电器的触点端引脚后，若压缩机能运转，说明到 IC2 之间电路异常；若不能运转，说明启动电容（运转电容）、压缩机或其供电电路异常。

4. 室外风扇不转

通过故障现象分析，故障主要是由于驱动电路 IC4、供电电路、室外风扇电机或其启动电容异常所致。该故障的检修流程如图 9-35 所示。

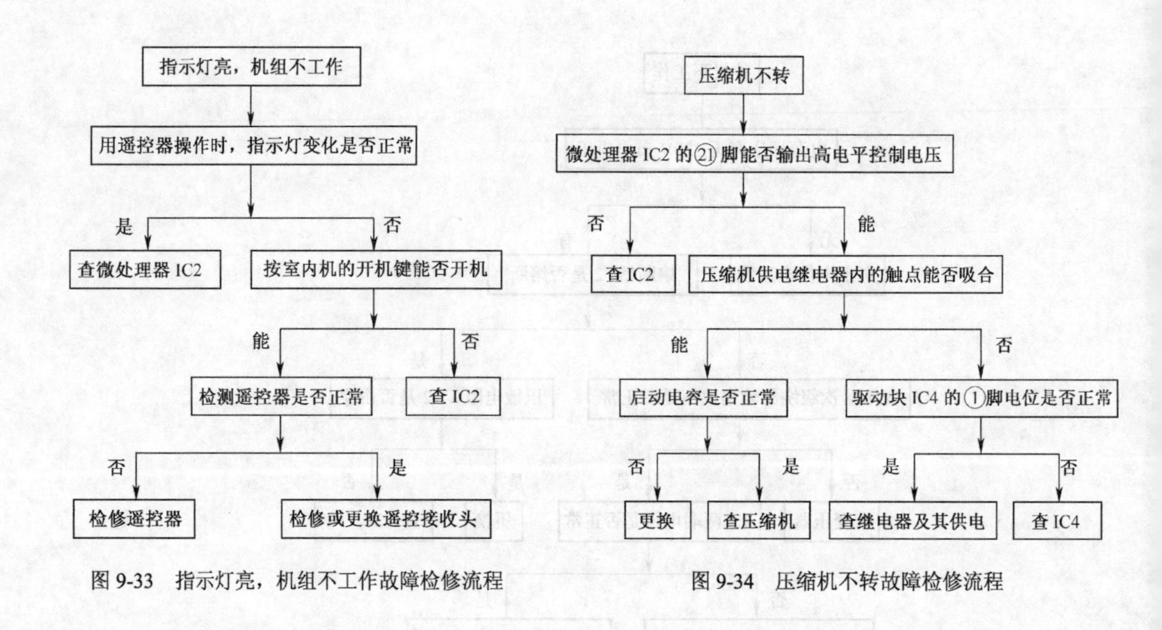

图 9-33　指示灯亮，机组不工作故障检修流程　　图 9-34　压缩机不转故障检修流程

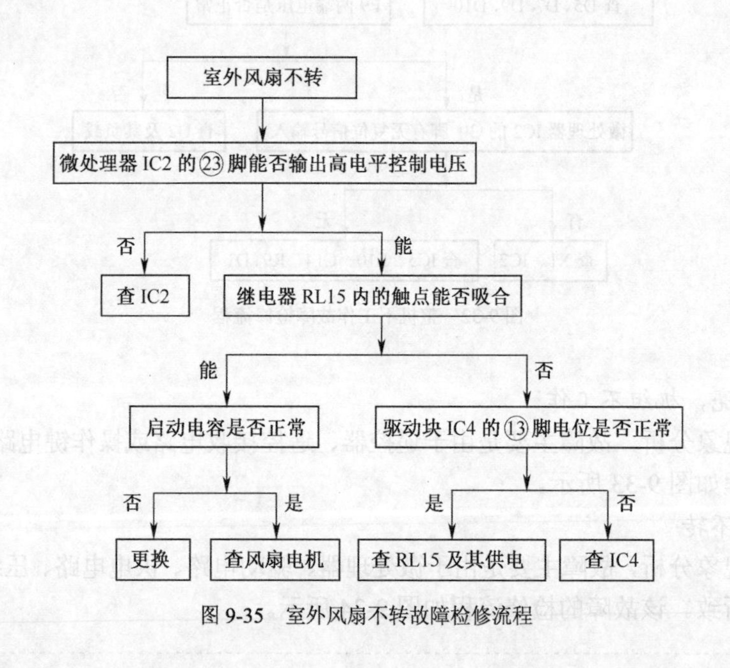

图 9-35　室外风扇不转故障检修流程

5. 室内风扇不转

通过故障现象分析，故障主要是由于驱动电路 IC4、供电电路、室内风扇电机或其启动电容异常所致。该故障的检修流程如图 9-36 所示。

6. 导风电机不转或转速异常

通过故障现象分析，故障主要是由于微处理器、驱动电路、供电电路或导风电机（步进电机）异常所致。该故障的检修流程如图 9-37 所示。

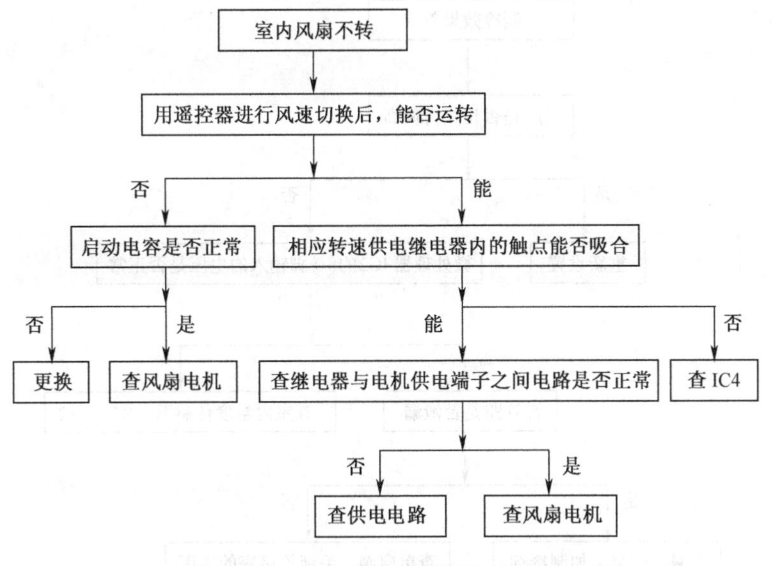

图 9-36　室内风扇不转故障检修流程

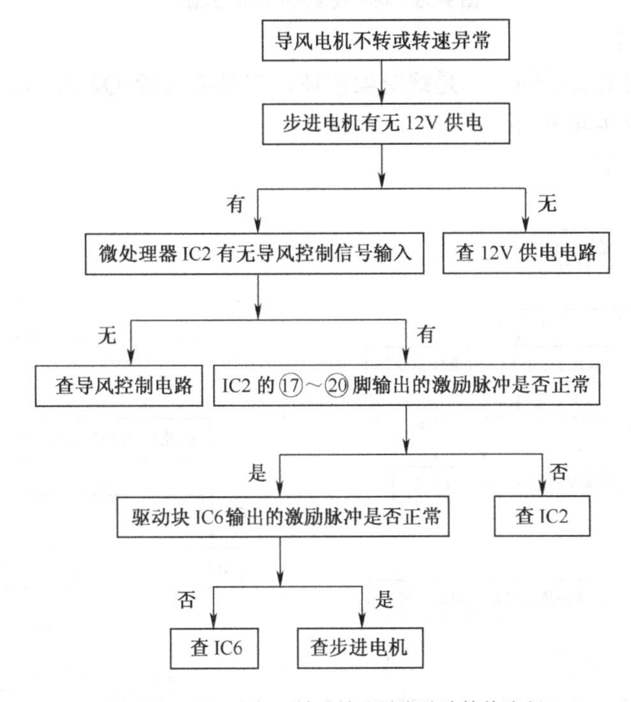

图 9-37　导风电机不转或转速异常故障检修流程

7．制冷效果差

通过故障现象分析，故障主要是由于温度设置、温度检测、微处理器或制冷系统异常所致。该故障检修流程如图 9-38 所示。

8．压缩机过流保护

通过故障现象分析，故障主要是由于通风系统、制冷系统、压缩机过流检测电路、压缩机或其启动电容异常所致。该故障检修流程如图 9-39 所示。

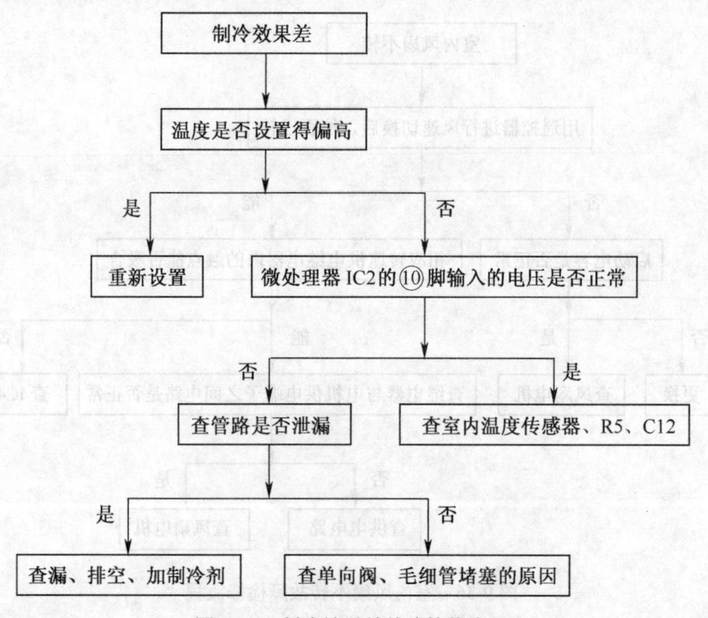

图 9-38　制冷效果差故障检修流程

9. 蜂鸣器不发音

蜂鸣器不发音的主要原因：一是蜂鸣器损坏，二是放大管 Q2 异常，三是微处理器 IC2 损坏。检修流程如图 9-40 所示。

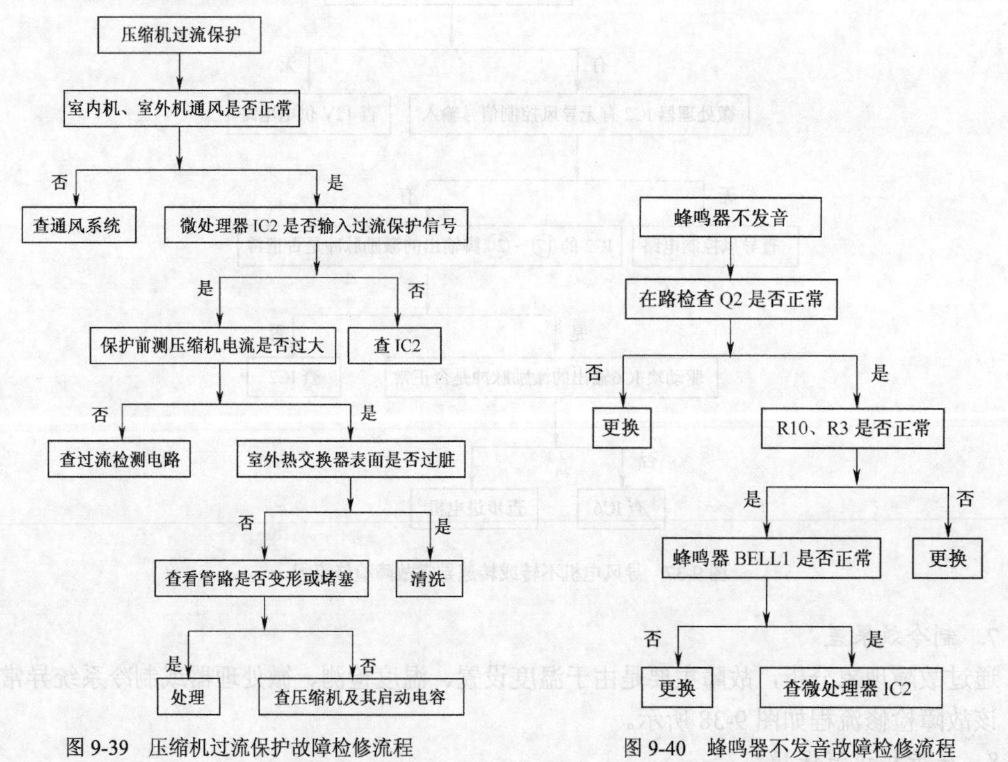

图 9-39　压缩机过流保护故障检修流程

图 9-40　蜂鸣器不发音故障检修流程

10. 保护停机，显示 E7 故障代码

通过故障现象分析，故障是由于室内盘管温度传感器或其阻抗信号/电压信号变换电路异常，被微处理器检测后使空调保护停机，并通过显示屏显示故障代码所致。该故障的检修流程如图 9-41 所示。

11．保护停机，显示 E8 故障代码

通过故障现象分析，故障是由于室内温度传感器或其阻抗信号/电压信号变换电路异常，被微处理器检测后使空调保护停机，并通过显示屏显示故障代码所致。该故障的检修流程如图 9-42 所示。

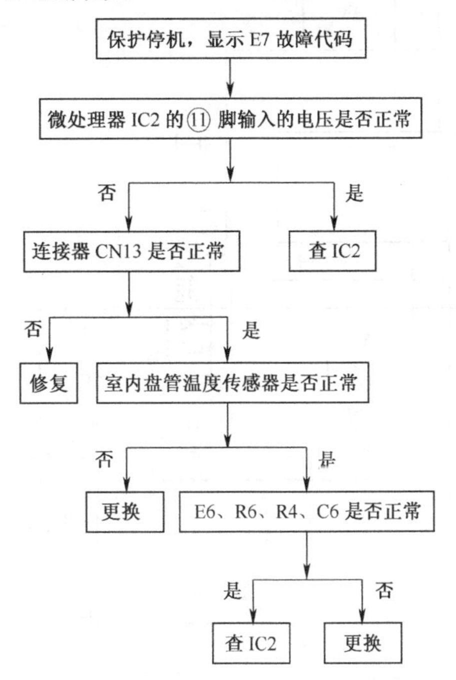

图 9-41　保护停机，显示 E7 故障代码的故障检修流程

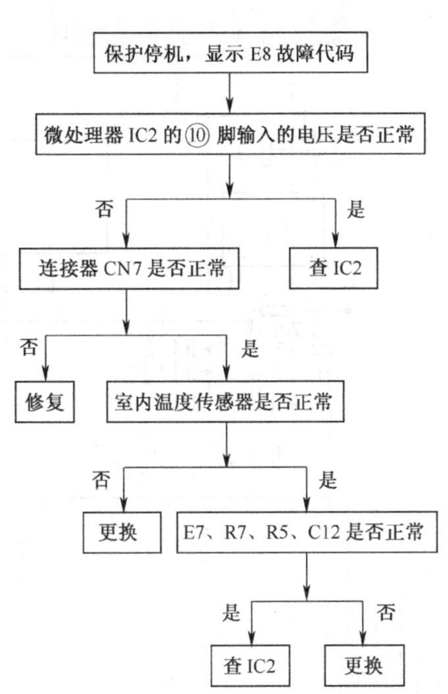

图 9-42　保护停机，显示 E8 故障代码的故障检修流程

第四节　格力 23 系列空调

格力 23 系列空调采用 GR5K-1EV1.0 型号的电脑板。该电脑板由电源电路、微处理器电路、制冷/制热控制电路、风扇电路和保护电路等构成，如图 9-43 所示。

一、电源电路

该电源电路采用以变压器、稳压器 V101 为核心构成变压器降压式直流稳压电源电路。

220V 市电电压通过熔丝管 FU101 输入到电源，再经 C101 滤除市电电网中的高频干扰脉冲，通过连接器 X109 加到变压器的初级绕组，经其降压后输出 15V、9V 左右（与市电电压高低成正比）的交流电压。15V 交流电压通过整流管 V103～V105、V107 组成的桥式整流器整流，滤波电容 C105 和 C107 滤波产生 21V 左右的直流电压。21V 电压通过三端稳压器 V101（78L12）稳压输出 12V 电压，通过 C108 和 C113 滤波后为电磁继电器、驱动块等电路供电。9V 左右交流电压通过 V109～V112 整流，C113、C112 滤波产生 12.5V 左右电压，该电压通过三端稳压器 V102（78L05）稳压输出 5V 电压，通过 C110、C111 滤波后，为微处理器和相关电路供电。

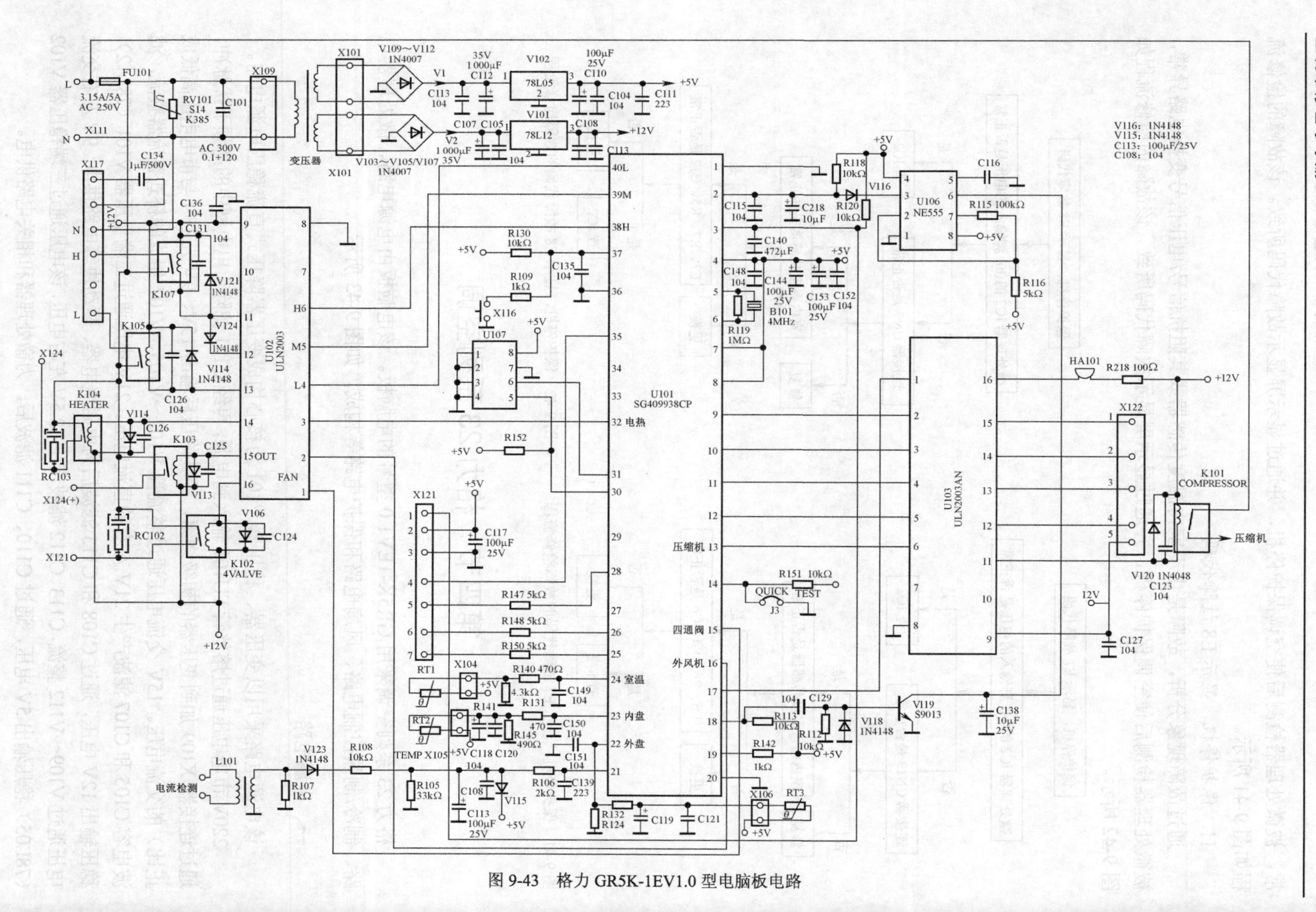

图 9-43 格力 GR5K-1EV1.0 型电脑板电路

市电输入回路并联的 RV101 是压敏电阻，当市电电压过高或有雷电窜入时 RV101 击穿短路，使 FU101 过流熔断，切断市电输入回路，以免电源电路中的元器件过压损坏。

二、微处理器电路

该机的微处理器电路以微处理器 U101（SG409938CP）为核心构成。

1. 微处理器 SG409938CP 的实用资料

微处理器 SG409938CP 的引脚功能和电压参考数据见表 9-8。电压数据是在制冷状态下测得的。

表 9-8　　微处理器 SG409938CP 的主要引脚功能和电压参考数据

脚位	功　能	电压/V	脚位	功　能	电压/V
①	接地	0	㉑	压缩机电流检测信号输入	0
②	复位信号输入	4.8	㉒	室外盘管温度检测信号输入	0
③	遥控信号输入	4.8	㉓	室内温度检测信号输入	4
④	5V 供电	5	㉔	室内盘管温度检测信号输入	2.4
⑤	时钟振荡器	0.1	㉕	指示灯控制信号输出	2
⑥	时钟振荡器	2.4	㉖	指示灯控制信号输出	3
⑦	5V 供电	5	㉗	悬空	
⑧	5V 供电	5	㉘	指示灯控制信号输出	3.8
⑨	步进电机驱动信号输出	2*	㉙	悬空	
⑩	步进电机驱动信号输出	2*	㉚	接存储器（未用，悬空）	
⑪	步进电机驱动信号输出	2*	㉛	接存储器（未用，悬空）	
⑫	步进电机驱动信号输出	2*	㉜	电加热控制信号输出	0
⑬	压缩机/室外风扇电机供电控制信号输出	5	㉝	悬空	
⑭	自检控制信号输入	4.8	㉞	悬空	
⑮	四通换向阀控制信号输出	0	㉟	指示灯控制信号输出	2
⑯	室外风扇控制信号输出	5	㊱	接地	0
⑰	蜂鸣器驱动信号输出	0	㊲	应急开关控制信号输入	5
⑱	功能设置	2.6	㊳	室内风扇高速控制信号输出	5
⑲	功能设置	5	㊴	室内风扇中速控制信号输出	0
⑳	接地	0	㊵	室内风扇低速控制信号输出	0

注：有“*”标记电压数据在导风电机工作时波动。

2. 基本工作条件

微处理器正常工作需具备 5V 供电、复位和时钟振荡正常 3 个基本条件。

（1）5V 供电

插好空调的电源线，待电源工作后，由它输出的 5V 电压通过 C152、C153 和 C144 滤波后，加到微处理器 U101 的供电端④脚、⑦脚、⑧脚，为 U101 供电。同时，5V 电压还加到存储器 U107 的⑧脚，为它供电。

（2）复位

该机的复位电路由微处理器U101和时基芯片U106（NE555）、定时电容C138等构成。由于C138在开机瞬间需要充电，所以U106的⑥脚电位由低逐渐升高，U106的⑥脚电位低于⑤脚电位时，U106的③脚电位为低电平，通过V116使微处理器U101的复位信号输入端②脚电位为低电平，于是U101内的存储器、寄存器等电路清零复位。C138两端电压随着它充电的不断进行而逐渐升高，当它两端电压超过⑤脚电位后，U106的③脚电位为高电平，使V116截止，5V电压通过R118为U101的②脚提供高电平电压，使U101内部电路复位结束，开始工作。

（3）时钟振荡

微处理器U101得到供电后，它内部的振荡器与⑤脚、⑥脚外接的晶振B101通过振荡产生4MHz的时钟信号。该信号经分频后协调各部位的工作，并作为U101输出各种控制信号的基准脉冲源。

3. 功能操作控制

（1）遥控操作

连接器X121的①脚外接遥控接收器。用遥控器对该机进行温度调节等操作时，遥控接收器将遥控器输出的红外信号进行解码、放大后，从X121的①脚输入到电脑板，经C140滤波后加到微处理器U101的③脚，被U101处理后，控制相关电路进入用户所需要的状态。

（2）应急开关控制

U101的㊲脚外接的X116是应急开关。为空调通电时按下X116并保持，U101识别到㊲脚输入低电平达到3s时，执行自检程序，此时继电器的触点轮流闭合、释放，蜂鸣器鸣叫，并且指示灯轮流发光。

空调工作后，若U101首次检测到㊲脚电位为低电平，进入自动运行程序，并根据室内环境温度高低，控制机组工作在制冷状态、制热状态或除湿状态。

4. 指示灯控制

微处理器U101的㉕脚、㉖脚、㉗脚输出指示灯控制信号，它们输出的指示灯控制信号经R147、R148、R150限流后，通过连接器X121的⑤～⑦脚输出到指示灯电路，控制指示灯发光或熄灭，实现空调工作状态的显示。

5. 蜂鸣器控制

蜂鸣器控制电路由微处理器U101、驱动块U103（ULN2003AN）和蜂鸣器HA101等构成。

进行操作时，U101的⑰脚输出的脉冲信号经驱动块U103的①脚内的倒相放大器放大后，从⑯脚输出，驱动蜂鸣器HA101鸣叫，表明操作信号已经被U101接收。

三、室内风扇电机电路

该机室内风扇电机采用改变供电端子的方式实现调速控制。虽然微处理器U101的㊳～㊵脚分别是高速、中速和低速控制信号输出端，但该机只设置了两个供电继电器，并且中速供电与高速供电采用的是同一个继电器，所以该机的室内风扇电机实际就有高速和低速两种转速。下面以低风速供电为例进行介绍。

需要室内风扇低风速运转时，微处理器 U101 的㊳脚、㊴脚输出的控制信号为低电平，而㊵脚输出的控制信号为高电平。㊳脚、㊴脚输出的控制信号为低电平时，该信号经驱动块 U102 内部的倒相放大器放大后，不能为继电器 K107 的线圈供电，它的触点不吸合，不能为电机的高速供电端子供电。而㊵脚输出的控制信号为高电平时，经 U102 的④脚、⑬脚内的倒相放大器放大后，为继电器 K107 的线圈提供电流，使 K107 内的触点闭合，为室内风扇电机的低风速供电端子供电，在启动电容的配合下，室内电机以低风速运转。

四、导风电机电路

由于该机的导风电机采用步进电机，所以要求微处理器 U101 利用⑨～⑫脚输出激励脉冲信号。

在室内风扇电机运行期间，需要使用导风功能时，按遥控器上的“风向”键，微处理器 U101 的⑨～⑫脚输出激励脉冲信号，经驱动块 U103 的②～⑤脚内的反相器倒相放大后，从⑮～⑫脚输出，再经连接器 X122 驱动步进电机旋转，带动室内机上的风叶摆动，实现大角度、多方向送风。

五、制冷/制热控制电路

制冷/制热控制电路由温度检测电路、微处理器 U101、存储器 U107、压缩机供电电路和风扇电机供电电路等构成。

1. 制冷控制

当室内温度高于设置的温度时，连接器 X104 外接的室内温度传感器 RT1 的阻值减小，5V 电压通过 RT1 与 R141 取样后产生的电压增大，通过 R140 限流，再通过 C149 滤波，为微处理器 U101 的㉔脚提供的电压增大。U101 将该电压数据与存储器 U107 内部固化的不同室温对应的电压数据比较后，识别出室内温度，确定空调需要进入制冷状态。此时它的⑮脚输出低电平控制信号，它的⑬脚、⑯脚、㊳脚或㊴脚或㊵脚输出高电平信号。⑮脚输出的低电平信号加到驱动块 U102 的①脚，通过①脚内的倒相放大器放大后，使它的⑯脚电位为高电平，不能为继电器 K102 的线圈提供电流，使 K102 内的触点释放，四通换向阀的线圈没有供电，于是四通换向阀使系统工作在制冷状态，即室内热交换器用作蒸发器，而室外热交换器用作冷凝器。⑬脚输出的高电平信号加到 U102 的⑥脚，通过⑥脚内的倒相放大器放大后，使它的⑫脚电位为低电平，为继电器 K101 的线圈提供电流，使它内部的触点闭合，接通压缩机的供电回路，压缩机在启动电容的配合下运转，开始制冷。⑯脚输出的高电平信号经 U102 的②脚内的倒相放大器放大后，使它的⑮脚电位为低电平，为继电器 K103 的线圈提供电流，使 K103 内的触点闭合，接通室外风扇电机的供电回路，使室外风扇电机在启动电容配合下旋转，为压缩机、室外热交换器进行散热。㊳脚或㊴脚或㊵脚输出的高电平信号使室内风扇电机运转，加速室内热交换器内的制冷剂汽化吸热，实现室内降温的目的。随着压缩机和各个风扇电机的不断运行，室内的温度开始下降。当温度达到要求后，RT1 的阻值增大，被 U101 识别后，判断室内的制冷效果达到要求，控制⑬脚、⑯脚、㊳脚输出停机信号，切断压缩机和各个风扇电机的供电回路，使它们停止运转，制冷工作结束，进入保温状态。随着保温时间的延长，室内的温度逐渐升高，使 RT1 的阻值减小，为 U101 的㉔脚提供的电压再次增大，重复以上过程，空调再次工作，进入下一轮的制冷循环。

提示 二极管 V120、V113、V121 是钳位二极管，以免驱动块 U103、U102 内的放大器截止瞬间，继电器 K101、K103、K107 的线圈产生的尖峰脉冲导致 U103、U102 过压损坏。实际上 U103、U102 内部设置了钳位二极管，所以它们没有实际保护意义。

2. 制热控制

当室内温度低于设置的温度时，室内温度传感器 RT1 的阻值增大，5V 电压通过 RT1 与 R141 取样后产生的电压减小，通过 R140 限流，再经 C149 滤波，为微处理器 U101 的㉔脚提供的电压增大。U101 将该电压数据与 U107 内部固化的不同室内盘管温度对应的电压数据比较后，识别出室内温度，于是控制空调工作在制热状态。此时，U101 的⑬脚、⑯脚输出的控制信号和制冷期间相同，使压缩机、室外风扇电机获得供电开始运转，而它的⑮脚输出的控制信号为高电平。⑮脚输出的控制信号经驱动块 U102 的①脚内的倒相放大器放大后，使它的⑯脚电位为低电平，为继电器 K102 的线圈提供电流，使 K102 内的触点闭合，为四通换向阀的线圈供电，于是四通换向阀使系统工作在制热状态，即室内热交换器用作冷凝器，而室外热交换器用作蒸发器。制热初期，若室内盘管温度较低时，室内盘管温度传感器 RT2 的阻值较大，5V 电压经 RT2、R145 取样后产生的电压减小，通过 R131 加到 U101 的㉓脚，U101 将该电压与 U107 内固化的室内盘管不同温度对应的电压数据比较后，确认室内盘管温度低，不输出室内风扇电机运转信号，以免为室内吹冷风，只有室内盘管温度升高到设置值后，U101 才输出控制信号使室内风扇电机运转。随着压缩机和室内、室外风扇电机的不断运行，室内的温度开始升高。当温度达到要求后，RT1 的阻值减小到设置值，为 U101 的㉔脚提供相应的控制电压，被 U101 识别后，判断室内的制热效果达到要求，控制⑬脚、⑯脚输出停机信号，使压缩机和风扇电机因没有供电而停止运转，制热工作结束，进入保温状态。随着保温时间的延长，室内的温度逐渐降低，使 RT1 的阻值逐渐增大，重复以上过程，空调再次进入下一轮制热循环状态。

六、电流检测电路

为了防止压缩机过流损坏，该机设置了以电流互感器 L101、整流管 V123 和取样电路为核心的电流检测电路。

压缩机的一根电源线穿过 L101 的磁芯，这样 L101 就可以对压缩机的电流进行检测，L101 次级绕组产生的电压经 V123 整流产生与电流大小成正比的取样电压。该电压利用 R108 和 R105 分压限流，再通过 C113、C108 滤波后，利用 R106 加到微处理器 U101 的㉑脚。这样就可获得与回路电流成正比的取样电压。

当压缩机运行电流超过设定值后，L101 次级绕组输出的电流增大，经整流、滤波后使 C108 两端产生的取样电压升高，被 U101 识别后，U101 输出压缩机停转信号，使压缩机停止工作，以免压缩机过流损坏，从而实现过流保护的目的。

V115 是钳位二极管，确保 U101 的㉑脚输入的最大电压不超过 5.4V 左右，以免 U101 过压损坏。

七、电加热管控制电路

电加热管控制电路由微处理器U101、驱动块U102（ULN2003）、继电器K104和电加热器等构成。

需要电加热管辅助加热时，微处理器U101的电加热控制端㉜脚输出高电平控制信号。该电压通过驱动块U102的③脚、⑭脚内的倒相放大器放大，为继电器K104的线圈提供电流，K104内的触点闭合，接通电加热器的供电回路，电加热器开始发热。当U101的㉜脚输出的电压为低电平时，K104内的触点释放，电加热器停止加热。

八、化霜控制电路

该机化霜控制电路由室外盘管温度传感器RT3、微处理器U101、驱动块U102、驱动块U103、四通换向阀及其供电继电器K102和压缩机及其供电继电器K101等元器件构成。

空调工作在制热状态后，室外热交换器表面温度因结霜低于-1℃。此时，连接器X106外接的室外盘管传感器RT3的阻值增大，5V通过RT3与分压电阻分压后产生的取样电压减小。该电压通过C119滤波后，再经R132加到微处理器U101的㉒脚，U101将该电压数据与其内部固化的不同温度对应的电压数据比较后，确定室外热交换器需要化霜。首先，U101控制压缩机和室外风扇电机停转，并使⑮脚输出低电平控制信号，切断四通换向阀线圈的供电，切换制冷剂的走向，使系统进入制冷状态，即室外热交换器变为冷凝器，再经1min左右的延迟，启动压缩机运行，使室外热交换器的温度升高，为其化霜。化霜时间超过8min或室外热交换器表面的温度达到5℃后，室外盘管温度传感器的阻值减小，从而使U101的㉒脚输入的电压增大，被U101识别后判断化霜达到要求，使压缩机停转，经延迟后对四通换向阀进行切换控制，使系统再次恢复为制热状态，再经延迟后控制压缩机和室外风扇电机运转。

九、保护电路

为了确保空调正常工作，或在故障时不扩大故障范围，设置了多种保护电路。

1. 制冷防冻结保护电路

制冷期间，若室内热交换器（蒸发器）表面温度低于-1℃时，被室内盘管温度传感器RT2检测后，其阻值增大，5V电压通过RT2与R145取样后产生的电压减小，通过R131限流，再通过C150滤波，为微处理器U101的㉓脚提供的电压减小，U101根据㉓脚输入电压识别出室内热交换器的温度后，控制⑬脚输出低电平控制信号，使压缩机停止工作，控制空调进入制冷防冻结保护状态。当室内热交换器的温度超过5℃后，自动进入制冷状态。

2. 制热防过热保护电路

制热期间，若室内热交换器（冷凝器）表面温度超过50℃时，被室内盘管温度传感器RT2检测后，其阻值减小，5V电压通过RT2与R145取样后产生的电压增大，通过R131限流，再通过C150滤波，为微处理器U101的㉓脚提供的电压增大，U101根据㉓脚输入电压识别出室内热交换器的温度后，控制⑯脚输出低电平控制信号，使室外风扇停止工作；若室内热交换器表面温度超过63℃，被U101识别后，控制⑬脚输出低电平控制信号，使压缩机停转，控制空调进入制热防过热保护状态。当室内热交换器表面温度低于49℃后，自动退出保护状态。

十、常见故障检修

1. 整机不工作

整机不工作是插好电源线后，蜂鸣器不鸣叫，并且显示板上的指示灯也不亮。该故障主要是由于市电供电系统、5V 供电电路或微处理器异常所致。该故障的检修流程如图 9-44 所示。

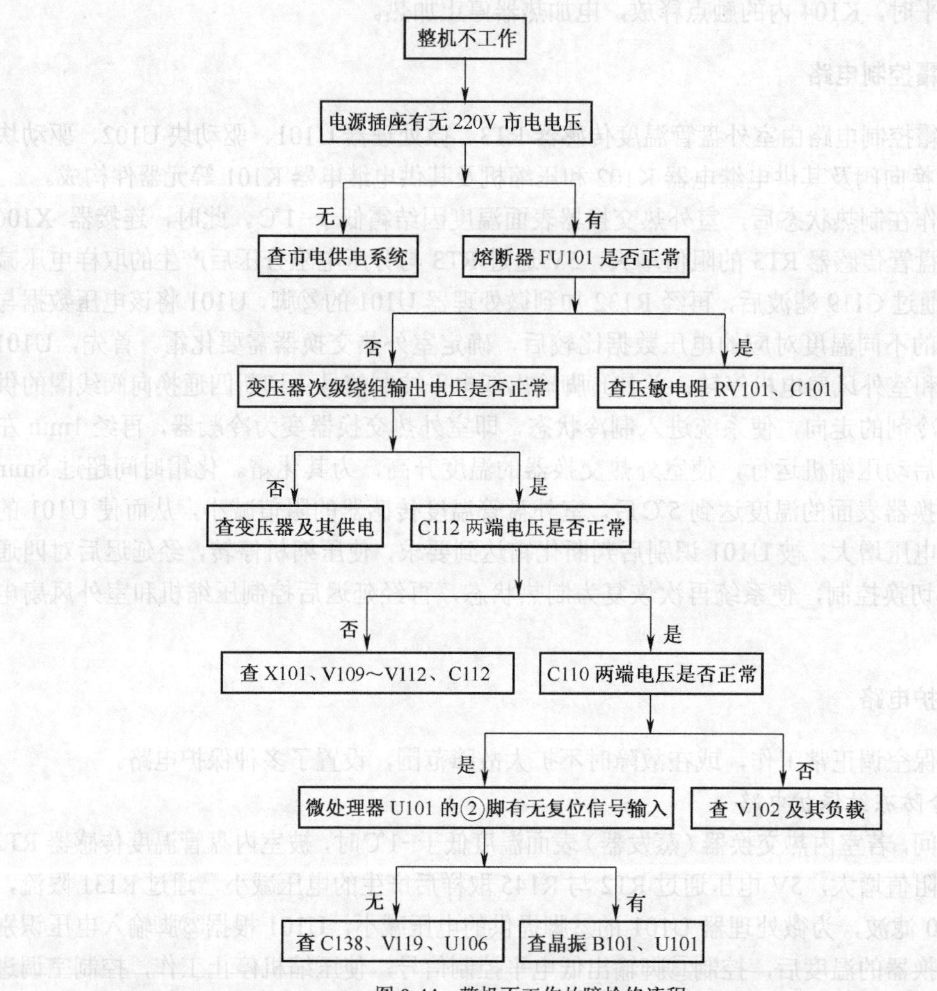

图 9-44 整机不工作故障检修流程

方法与技巧 检修复位电路时，可通过测量微处理器 U101 的③脚电压进一步判断故障部位，若③脚电压较低时，应检查 R118 阻值是否增大，V116、C218、C138、V119 是否击穿，若它们正常，查时基芯片 U106；若③脚电压为 4.9V 左右，多为 U106 异常。

怀疑 U106 异常，而手头没有 U106 代换时，可将 U101 的③脚通过 200Ω电阻对地瞬间短接，若 U101 能够工作，则说明 U106 等组成的复位电路异常。

2. 指示灯亮，机组不工作

通过故障现象分析，故障主要是由于遥控器、遥控接收电路异常引起的。该故障的检修流程如图 9-45 所示。

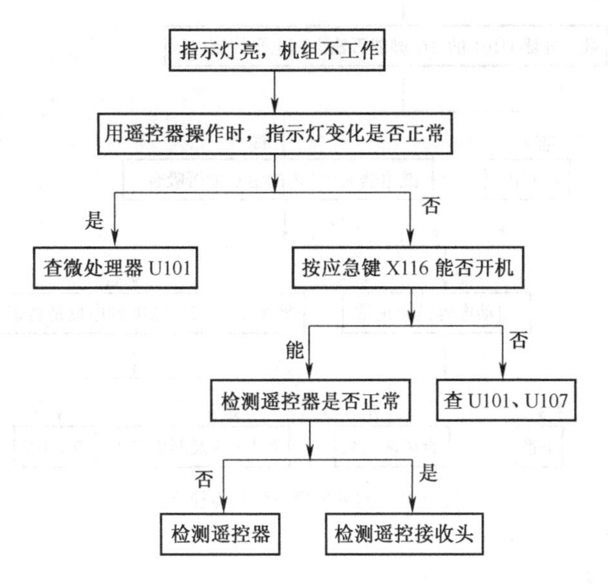

图 9-45　指示灯亮，机组不工作故障检修流程

3. 压缩机不转

通过故障现象分析，故障主要是由于微处理器、驱动电路、供电电路、压缩机或其启动电容、过载保护装置异常所致。该故障的检修流程如图 9-46 所示。

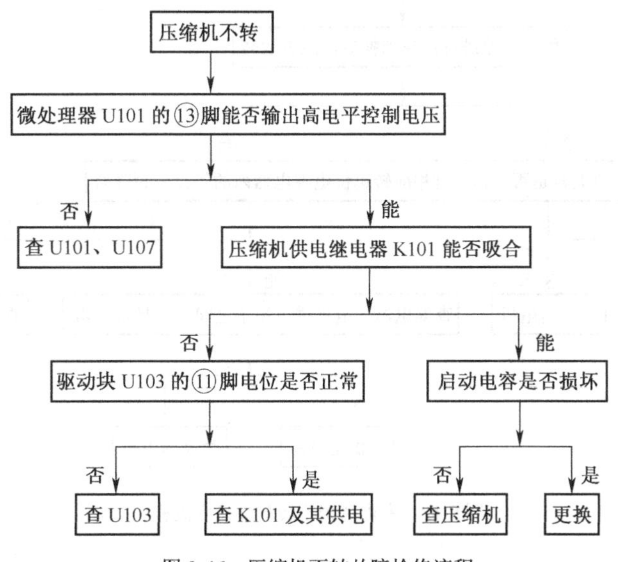

图 9-46　压缩机不转故障检修流程

4. 室外风扇不转

通过故障现象分析，故障主要是由于微处理器 U101、驱动块 U103、供电电路、室外风

扇电机或其启动电容异常所致。该故障的检修流程如图 9-47 所示。

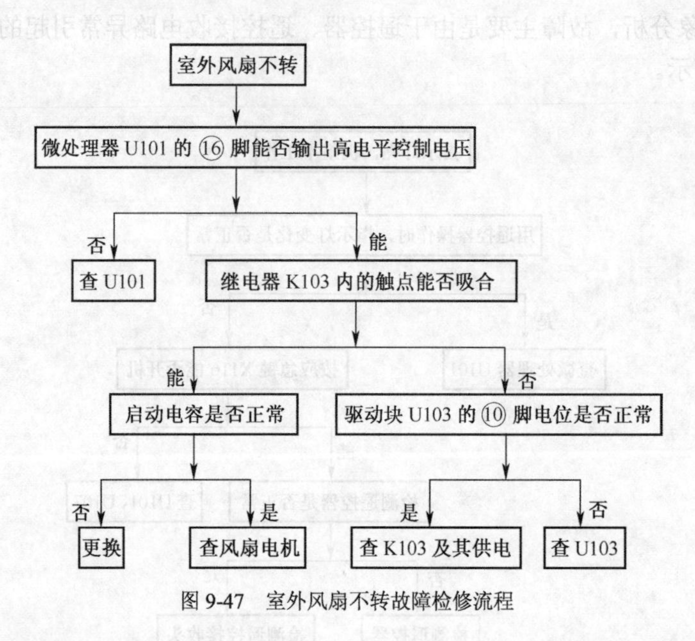

图 9-47　室外风扇不转故障检修流程

5. 室内风扇不转

通过故障现象分析，故障主要是由于驱动电路 IC4、供电电路、室内风扇电机或其启动电容异常所致。该故障的检修流程如图 9-48 所示。

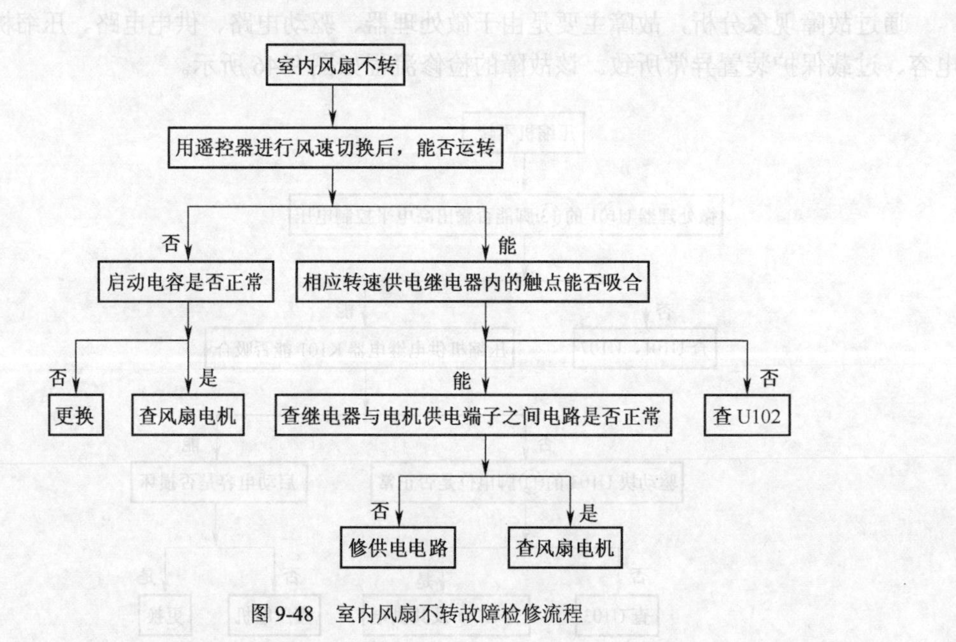

图 9-48　室内风扇不转故障检修流程

6. 导风电机不转或转速异常

通过故障现象分析，故障主要是由于微处理器、驱动电路、供电电路或导风电机（步进电机）异常所致。该故障的检修流程如图 9-49 所示。

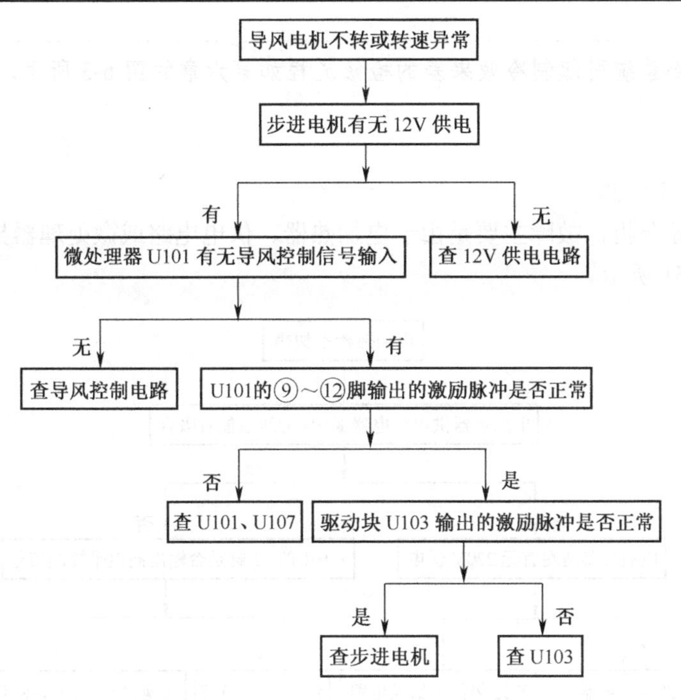

图9-49　导风电机不转或转速异常故障检修流程

7. 制冷效果差

通过故障现象分析，故障主要是由于温度设置、温度检测、通风系统、制冷系统或微处理器异常所致。该故障检修流程如图9-50所示。

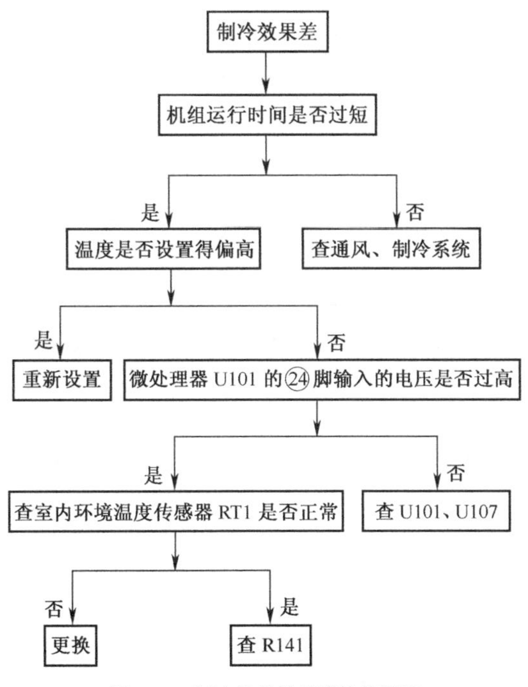

图9-50　制冷效果差故障检修流程

提示 制冷系统引起制冷效果差的检修流程如第六章的图 6-3 所示。

8. 电加热器不加热

通过故障现象分析，故障主要是由于电加热器、供电电路或微处理器异常所致。该故障检修流程如图 9-51 所示。

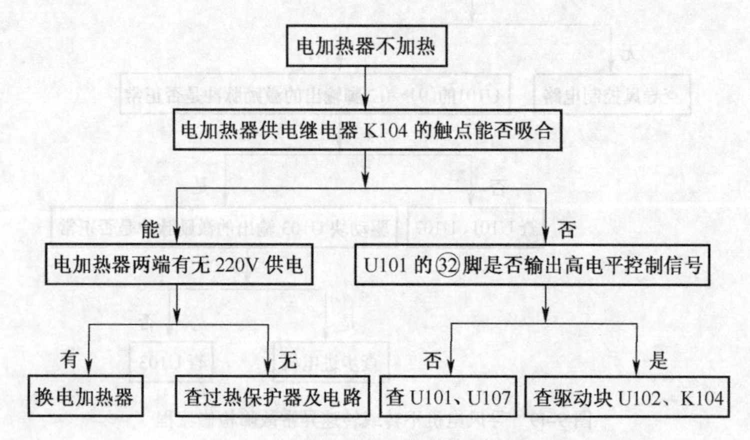

图 9-51 电加热器不加热故障检修流程

第十章　空调典型故障检修实例

第一节　不启动、保护停机故障

一、海尔空调

【例 1】　海尔 KFR-25GW 型空调不启动，按应急开关也不能开机

分析与检修：通过故障现象分析，说明市电供电系统或电脑板电路上的电源电路、微处理器电路异常。检查后，发现熔丝管熔断，说明该机有过流现象，检查压敏电阻正常，怀疑负载异常。利用开路法检查，发现室内风扇电机的阻值为 0，说明风扇电机绕组短路，更换室内风扇电机和熔丝管后，空调开始工作，并且室内风扇电机也能够旋转，但试机时发现室内风扇电机始终旋转，说明风扇电机供电电路的继电器或其驱动电路异常，检查该电路时，发现继电器的触点粘连，更换同规格电磁继电器后，故障排除。

【例 2】　海尔 KFR-25WA 型空调不启动，按应急开关也不能开机

分析与检修：按例 1 的检修思路检查，查看电脑板上的熔丝管正常，初步判断没有过流现象，测电源电路输出的 5V 电压正常，说明故障发生在微处理器电路。首先，检查微处理器基本工作条件电路，结果发现微处理器的⑳脚、㉑脚外接元器件中的滤波电容 C10 漏电，导致微处理器无复位信号输入，更换 C10 后故障排除。

【例 3】　海尔 KFR-35 型空调不启动，按应急开关也不能开机

分析与检修：按例 1 的检修思路检查，确认故障发生在微处理器电路。首先，检查微处理器基本工作条件电路，结果发现微处理器 IC1 的⑯脚外接的时钟振荡器 CX1 引脚脱焊，补焊后试机，空调工作正常，故障排除。

【例 4】　海尔 KFR-35 型空调不启动，按应急开关能开机

分析与检修：通过故障现象分析，故障是由于遥控器或遥控接收电路、操作键电路异常所致。用遥控器检测器检测遥控器正常，说明故障发生在遥控接收电路。检查遥控接收头与微处理器间的电路正常，怀疑接收头损坏，更换接收头后，故障排除。

【例 5】　海尔 RF-13WB 型 5P 柜机不启动

分析与检修：按例 1 的检修思路检查，发现熔丝管开路，说明有元器件击穿，检查发现压敏电阻击穿，检查其他元器件正常。更换压敏电阻和熔丝管后，测单相电电源为 220V，三相电电源为 380V，说明供电正常。于是换上同规格的压敏电阻和熔丝管，再启动试机，发现室内风扇电机转动不正常，并且转动时出现“哒、哒、哒”的噪声，怀疑供电异常。检测单相电时，发现电压在 100～200V 跳变，说明供电系统异常，检查后发现用户使用的配电盘上的零线接触不良，重新接好后，故障排除。

【例 6】 海尔 RF-13W 型空调不工作，室内机显示屏显示 E34 的故障代码

分析与检修：通过故障现象分析，说明进入交流接触器 52C 的次级 T 相开路的保护状态。拆开室外机发现 52C 的 T 相线因严重打火而接触不良。剪掉 T 相线的线头并处理打火痕迹后重新连接，仍然不工作，并且显示屏显示 E34 的故障代码。显示 E34，说明该机进入室外热交换器过热（温度超过 70℃）保护状态。由于开机就保护，怀疑室内盘管温度传感器或其阻抗信号/电压信号变换电路异常。检查该传感器正常，说明故障发生在电脑板上。检查电脑板电路时，发现部分铜箔被烧断，用导线连接好，检查其他元器件正常，试机，故障排除。

【例 7】 海尔 KFRD-71LW/F 型空调不工作，室内机显示屏显示 E1 的故障代码

分析与检修：通过故障现象分析，说明进入传感器 RT1 异常的保护状态。但是，拔下 RT1 的插头，测 RT1 的阻值正常，并且也能够随温度升高而减小，说明故障发生在 RT1 的阻抗信号/电压信号变换电路或微处理器。测微处理器的⑩脚电压为 0V，说明没有电压信号输入或⑩脚对地短路，测⑩脚对地阻值正常，说明信号变换电路异常。检查信号变换电路时，发现滤波电感 L2 的一端有电压，而另一端无电压，说明 L2 开路。焊下 L2 检查，过热开路，更换同规格电感后，故障排除。

提示 若手头没有同规格电感，维修时也可以采用导线短接的方法来排除故障。

二、海信空调

【例 8】 海信 KF-2511GW 型空调开机后风扇电机发出较大的噪声，约 1min 后该机就保护停机，运行指示灯闪烁

分析与检修：通过故障现象分析，说明该机进入供电过压保护状态。引起供电过压保护停机故障的主要原因是市电异常、市电检测电路异常或微处理器异常。由于该机开机后风扇电机运转时发出较大的噪声，初步判断市电供电异常。用万用表交流电压挡测供电插座的电压时，发现电压不稳定，说明供电异常。但测量用户家别的插座电压正常，说明为空调供电的插座有问题。拆开插座发现接触不良，并且该插座采用的是普通插座。更换专用插座并接好线路，市电恢复正常，故障排除。

【例 9】 海信 KFR-320/W 型空调制热时保护停机

分析与检修：通过故障现象分析，说明四通换向阀或制冷剂量异常。刚开机时，测压缩机运行电流不足 6A，并逐渐增大，当增大到 12A 时，保护性停机。检测四通换向阀的高、低端温差明显，并且为四通换向阀的线圈单独加市电电压时，四通换向阀能快速动作，能够发出清晰的阀芯动作声音，初步判断四通换向阀正常，怀疑制冷剂过多或压缩机异常，通过低压截止阀排放一些制冷剂后，压缩机运行电流降低到 6.7A，制热恢复正常，故障排除。

【例 10】 海信 KFR-46LW/27D 型空调刚开始工作正常，10min 左右保护性停机，显示 E2 故障代码

分析与检修：通过故障现象分析，说明进入室内盘管温度传感器异常保护状态。故障原因主要是室内盘管温度传感器或其阻抗信号/电压信号变换电路异常，被微处理器识别后，输出保护信号，使空调不能工作，并通过显示屏显示故障代码。当然，微处理器异常也会产生该故障。检查室内盘管温度传感器时，发现它的阻值不足1kΩ，并且不稳定，说明该温度传感器损坏。用同型号的传感器更换后，故障排除。

三、LG空调

【例11】 LG LS-A3631HAA型空调通电后整机不工作

分析与检修：通过故障现象分析，说明市电供电系统、电脑板上的电源电路或微处理器电路工作异常。测空调有220V交流供电，说明市电正常，查看电脑板上的熔丝管正常，说明电源电路基本没有过流现象。但测三端5V稳压器IC02D（LA7805）无5V电压输出，说明故障发生在电源电路。该电脑板上的电源电路采用的是电源块IC01D（LNK500PN）为核心构成的开关电源，测滤波电容C01D两端有306V电压，说明故障发生在IC01D及其外围元器件，检查外围元器件正常和开关电源输出端整流管也正常，怀疑IC01D异常，更换IC01D后，电源电路输出电压恢复正常，故障排除。

【例12】 LG LS-J0953HA型空调开机后不工作，显示屏显示C1故障代码

分析与检修：通过故障现象分析，说明进入室内盘管温度传感器异常保护状态。检查室内盘管温度传感器时，发现它的阻值不足0.5kΩ，而正常时，在室温下阻值为5kΩ左右，说明该温度传感器短路。用同型号的传感器更换后，故障排除。

【例13】 LG LS-J2321HTS型空调通电后，指示灯亮，但用遥控器不能开机

分析与检修：通过故障现象分析，说明遥控器、遥控器接收电路或微处理器电路异常。用遥控器检测器检测遥控器正常，说明故障发生在遥控接收电路（接收头）上，检查接收头与微处理器之间未断路，怀疑它异常，用正常的接收头代换后，故障排除。

【例14】 LG LS-J0752C型空调通电后整机不工作

分析与检修：通过故障现象分析，说明市电供电系统、电脑板上的电源电路或微处理器电路工作异常。测空调有220V交流供电，说明市电正常，查看电脑板上的熔丝管正常，说明基本没有过流现象。但测三端5V稳压器IC02D（7805）输出端电压不足1V输出，说明故障发生在电源电路。测三端12V稳压器IC01D（7812）的输出端有12V电压，说明故障发生在5V电源或其负载上。用吸锡器悬空IC02D的输出端引脚后，测该脚电压仍然不足2V，说明IC1D损坏，用AN7805更换后，5V电压恢复正常，故障排除。

【例15】 LG LS-B2611CT型空调工作中自动停机

分析与检修：观察故障出现前空调没有异常表现，怀疑是遥控器误发出关机信号或电脑板异常。取出遥控器的电池，使遥控器不工作，结果故障依旧，说明故障不是因为遥控器引起的，而是发生在电脑板上，当断开操作显示板后，故障现象消失，说明故障部位在操作显示板上。由于强制运行开关设置在操作显示板上，所以怀疑它损坏，焊下它测量两脚间阻值不稳定，而正常时不按压开关其阻值为无穷大，而按压开关时阻值为0，说明该开关漏电，用同样的轻触开关更换后，接好电路板，故障排除。

【例16】 LG LP-R7242DAG型空调制冷正常，而制热时待风扇电机启动，用户家的空气开关就跳闸

分析与检修：由于该机属于电加热辅助热泵型冷暖空调，所以怀疑电加热器异常，导致空调在制热状态下，室内风扇电机启动时，微处理器也会控制电加热器供电电路为电加热器供电，使其加热。检查两根电加热器管的阻值时，发现一根阻值为245Ω，另一根阻值为108Ω，并且它的供电端子与外壳的阻值不足 3kΩ，说明它已严重漏电，更换该电加热管后，制热正常，故障排除。

【例 17】 LG LP-S7151CT 型空调开机不工作，显示屏显示 CH01 的故障代码

分析与检修：通过故障现象分析，说明该机进入室内进风传感器保护状态。检测室内进风传感器阻值时，发现它的阻值不能随温度升高而减小，说明它的热敏性能变坏。用同规格的传感器更换后，故障排除。另外，该传感器的阻抗信号/电压信号变换电路异常，也会产生该故障。

【例 18】 LG LS-B0950HT 型空调整机不工作之一

分析与检修：通过故障现象分析，说明市电供电系统或电脑板上电源电路、微处理器电路异常。直观检查熔丝管正常，说明该机基本没有过流现象，测稳压器 IC3（7805）也有 5V 电压输出，说明电源电路正常，是微处理器 IC1 未工作。检查微处理器电路时，首先要检查它的工作基本条件电路。检查 IC1 的供电端㉛脚有 5V 电压，说明 IC1 的供电正常，检查它的复位信号输入端⑫脚电压为 0V，说明复位电路的电阻 R41 开路、滤波电容 C41 击穿或复位芯片 KA7038P 的③脚对地短路。检查这些元器件，发现滤波电容 C41 击穿。用 10μF/50V 的电容更换后，微处理器正常工作，故障排除。

【例 19】 LG LS-B0950HT 型空调整机不工作之二

分析与检修：按上例的思路，发现微处理器 IC1 未工作。检查微处理器 IC1 的供电端㉛脚有 5V 电压，说明 IC1 的供电正常，检查它的复位信号输入端⑫脚电压为 5V，用 220Ω电阻将⑫脚对地瞬间短接，IC1 仍不工作，说明复位电路基本正常，怀疑故障发生在时钟振荡电路。检查时钟振荡电路发现没有振荡，检查 IC1 的㊸脚、㊹脚外接的移相电容 C17、C18 正常，怀疑晶振 X01 损坏。用同型号的 4MHz 时钟晶振代换后，微处理器正常工作，故障排除。

【例 20】 LG LS-B0950HT 型空调用遥控器开机有时能工作，有时不能工作，指示灯亮

分析与检修：通过故障现象分析，怀疑遥控器或遥控接收电路异常。用遥控器检测器检查遥控器正常，说明故障发生在室内机的电路板上。按压遥控器的按键时，测连接器 CN-DISP 的②脚电压有变化，说明遥控接收头基本正常，而微处理器 IC1 的遥控信号输入端⑮脚电压没有变化，说明故障发生在遥控接收头与 IC1 之间电路上，检查发现限流电阻 R75 的一个引脚脱焊，补焊后，故障排除。

四、格力空调

【例 21】 格力 PFD12WAK（7.5WAK）型空调整机不工作之一

分析与检修：通过故障现象分析，说明市电供电系统、电脑板上的电源电路或微处理器电路工作异常。测空调有 220V 交流供电，说明市电正常，查看电脑板上的熔丝管 FS3 熔断，说明电源电路或负载有元器件击穿，导致 FS3 过流损坏。检查发现市电输入回路的压敏电阻 ZNR 击穿，检查其他元器件正常，并且市电电压也正常，更换 FS3 和 ZNR 后，电源电路输出电压正常，故障排除。

【例 22】 格力 PFD12WAK（7.5WAK）型空调整机不工作之二

分析与检修：按上例检修思路检查，发现测滤波电容 C7 两端的 5V 电压为 0V，而 C11 两端有 12V 电压，说明 5V 稳压器工作异常。测 5V 稳压器的调整管 Q4 的各引脚电压时，发现 e、b 极电压都低，说明 Q4 的供电电路异常。Q4 的供电电路由变压器 T8 和整流滤波电路构成，怀疑整流滤波电路异常。在滤波电容 C4 两端并接一只 1 000μF/35V 的电容后，Q4 的 e 极电压恢复正常，说明 C4 容量不足。更换 C4 后，5V 供电恢复正常，故障排除。

【例 23】　格力 KFR-33GII 型空调有时工作正常，有时整机不工作

分析与检修：通过故障现象分析，说明市电供电系统、电脑板上的电源电路或微处理器电路工作异常。测空调有 220V 交流供电，说明市电正常，测 5V 电源有时正常，有时下降到 3～4V，说明电源带载能力差。接着检查发现 5V 稳压器 7805 的输入端电压也较低，正常时为 11V 左右，说明整流、滤波电路异常。在路检查发现整流堆内的一个二极管导通电阻大，用同规格的整流堆更换后，电源输出电压正常，故障排除。

提示　若手头没有同规格的整流堆，也可以采用 4 只 1N4007 组成整流堆进行代换。

【例 24】　格力 KFR-70LW/（7058）型空调工作不久就保护性停机，并且显示屏显示 E1 故障代码

分析与检修：显示 E1，说明该机进入系统压力高保护状态。故障原因主要是通风系统异常、热交换器太脏、制冷剂过量、压力检测电路或压缩机异常。首先，查看该机的室外热交换器太脏，清洗干净后，故障排除。

【例 25】　格力 KFR-120LW/（1253）型空调保护性停机，并且显示屏显示 E1 故障代码

分析与检修：显示 E1，说明进入系统压力高保护状态。故障原因主要是通风系统异常、热交换器太脏、制冷剂过量、压力检测电路或压缩机异常。首先，查看该机的室外热交换器比较干净，测微处理器 OVC 端子电压，发现电压为低电平，正常时为高电平，说明微处理器有压力高保护信号输入，但检查压力开关却为接通状态，接着测光电耦合器的①脚、②脚有 1.1V 导通电压，说明光电耦合器或其供电电路异常，检查其他元器件正常，怀疑光电耦合器损坏，更换后，故障排除。

五、美的空调

【例 26】　美的 KFR-35GW/DY-T3 型空调通电后整机不工作

分析与检修：通过故障现象分析，说明市电供电系统、电脑板上的电源电路或微处理器电路异常。测空调有 220V 交流供电，说明市电正常，查看电脑板上的熔丝管正常，说明电源电路基本没有过流现象。但测三端 12V 稳压器输出电压不足 9V，摸稳压器的温度较高，说明负载异常引起它过流。逐个断开 12V 供电的负载，当断开室内电机测速插头时，蜂鸣器鸣叫、指示灯发光，并且 12V 电压恢复正常，说明故障发生在室内电机测速电路。拆下室内风扇电机检查，发现霍尔组件旁边的滤波电容漏电，更换该电容后，故障排除。

【例 27】　美的 KFR-23GW/P 型空调开机不到 1min 就保护性停机，运行指示灯快速闪烁

分析与检修：通过故障现象分析，怀疑是微处理器没有检测到室内风扇电机转速信号所致。检查微处理器的㉝脚电压不足 1V，低于正常值，说明测速电路异常。检查连接器 CZ1 的②脚电压为 3.6V，说明故障发生在 CZ1 的②脚与微处理器之间的电路。检查这部分电路时，发现滤波电容 C23 漏电，用同规格、同容量电容更换后，故障排除。

【例 28】 美的 KFR-75LW/C 型空调不工作，显示屏显示缺相或高压保护的故障代码

分析与检修：通过故障现象分析，故障原因：一是供电系统缺相或检测电路异常，二是高压检测电路异常，三是微处理器异常。检查供电系统不缺相，怀疑高压检测电路异常。检查高压检测电路时，发现高压开关 S 损坏。更换后，故障排除。

【例 29】 美的 KFR-75LW/B 型空调通电后不工作，欠压指示灯发光

分析与检修：通过故障现象分析，说明市电供电系统、市电电压检测电路或微处理器电路异常。测空调有 220V 交流供电，说明市电正常，测微处理器 U14（μPC75066）的市电电压检测端㉙脚电压为低电平，说明电压检测电路异常或㉙脚内部击穿，测㉙脚对地阻值正常，说明市电电压检测电路异常。在路检查时，发现放大器 VT 的 c、e 极击穿，用 9013 更换后，U14 的㉙脚电位变为高电平，微处理器正常工作，故障排除。

【例 30】 美的 KFR-32ADY 型空调的室内风扇转速慢，几分钟后保护性停机，运行灯以 5Hz 频率闪烁

分析与检修：通过故障现象分析，说明室内风扇供电电路、风扇电机或启动电容异常。调整风速无效，说明风扇电机或其启动电容异常。拨动室内风扇扇叶，转动灵活，测电机绕组有 220V 供电，怀疑启动电容异常，焊下测量容量，几乎没有容量，用同型号的电容更换后，室内风扇电机运转正常，故障排除。

六、格兰仕空调

【例 31】 格兰仕 KFR-50GW 型空调整机不工作

分析与检修：通过故障现象分析，说明供电系统、电源电路或微处理器异常。检查空调有市电电压输入，并且电源电路输出的电压也正常，说明微处理器电路异常。检查微处理器电路时，发现晶振异常。更换同型号的晶振后，故障排除。

【例 32】 格兰仕 KFR-50GW 型空调整机不工作

分析与检修：按上例的检修思路，检查发现市电输入回路的熔丝管熔断，说明有元器件击穿导致熔丝管过流熔断。检查发现压敏电阻的表面有裂痕，说明压敏电阻击穿导致熔丝管熔断，检查其他元器件正常，更换熔丝管和压敏电阻后，故障排除。

【例 33】 格兰仕 KFR-120LW/dsA1 型空调室内机工作，室外机不工作

分析与检修：通过故障现象分析，说明供电系统、通信电路或室外机的微处理器电路异常。直观检查发现，室外机的指示灯 DL15 闪烁，而其他 4 个指示灯不亮，说明该机进入通信异常保护状态。检查 4 个光电耦合器 IC04～IC07 的引脚电压时，发现 IC06 的各个引脚电压没有变化，而其他 3 个光电耦合器的引脚电压是变化的，说明 IC06 工作异常。而 IC06 的控制电压来自室内机，说明室内机的驱动电路异常。检查室内机电路，发现驱动 IC06 的是 IC7（ULN2003），检查 IC7 的④脚输入电压能够在 0.2～5V 变化，而它的非门输出端⑬脚电压却是 0.7V，不能变化，说明 IC7 异常。更换 IC7 后，故障排除。

七、春兰空调

【例 34】 春兰 KFR-32GW 型空调不启动，指示灯不亮之一

分析与检修：通过故障现象分析，怀疑故障发生在供电系统或电脑板上。直观检查电脑板上的熔丝管 FU1 时，发现它已熔断，说明有过流现象，接着查看发现压敏电阻 RV 炸裂，说明 RV 已损坏，检查其他元器件正常，更换 RV 和 FU1 后，测电源电路输出电压正常，并且空调工作正常，故障排除。

【例 35】　春兰 KFR-32GW 型空调不启动，指示灯不亮之二

分析与检修：按上例检修思路，直观检查电脑板上的熔丝管 FU1 正常，初步判断电源电路没有过流现象，测电源电路无 5V 电压输出，说明电源电路未工作。检测变压器的次级绕组无交流电压输出，而它的初级绕组有 218V 电压输入，说明变压器异常。断电后，测变压器的初级绕组的阻值为无穷大，说明初级绕组开路，检查其他元器件正常，怀疑变压器初级绕组内的过热保护器误熔断，拆开初级绕组更换该保护器后，电源电路输出电压正常，故障排除。

【例 36】　春兰 KFR-20GW 型空调在炎热的夏季制冷时，工作不久就关机

分析与检修：通过故障现象分析，怀疑故障发生在通风系统、制冷系统或电脑板的控制电路。直观检查发现室外机排风量较小，说明通风系统异常。拆开室外机，发现冷凝器的翅片上积满了灰尘，这肯定会影响冷凝器的散热，最终导致保护电路动作。用毛刷将冷凝器翅片间的灰尘清理干净，再用清水从冷凝器的上部开始冲洗，同时用毛刷将冷凝器翅片的内外两侧刷洗干净，试机，空调工作正常，故障排除。

提示　若冷凝器上有油污，不能用腐蚀性大的洗涤液对其冲洗，而应该用 50℃左右的温水或中性洗涤液进行冲洗。

【例 37】　春兰 KFR-50LW 型空调开机工作不久就自动停机，显示屏显示 E6 故障代码

分析与检修：通过故障现象分析，说明系统内制冷剂不足或压缩机异常等原因导致该机进入蒸发器冻结保护状态或室内盘管温度传感器 RT2 异常，为电脑板上的微处理器提供了蒸发器冻结的检测信号，使微处理器控制空调进入停机保护状态。当然，微处理器异常也可能产生该故障。

检查压缩机的运行电流小，在室外机低压截止阀上安装维修阀和压力表，发现系统的压力低，怀疑制冷剂不足或压缩机排气性能差，通过维修阀为系统加注制冷剂，待回气管的压力达到 0.48MPa 后，显示屏不再显示 E6，说明空调恢复正常。检查管路没有泄漏的部位，怀疑制冷剂是通过高压、低压截止阀泄漏的，确认高压截止阀和低压截止阀的阀芯关闭后，对螺母进行紧固，对高压、低压截止阀进行检漏，没有泄漏现象，故障排除。

提示　室内盘管温度传感器 RT2 损坏也会产生该故障，并且 RT2 的故障率较高。

【例 38】　春兰 KFD-70LW 型柜式空调开机后机组不工作，供电异常，指示灯发光

分析与检修：通过故障现象分析，说明市电异常或市电检测电路异常。检测市电电压正常，怀疑市电检测电路误动作。检查市电检测电路时，发现继电器 KR 动作，说明故障的确发生在市电检测电路。测放大管 VT5 的 b 极无电压，说明故障发生在 VT5 与继电器 KR 上，断电后，KR 内的触点能够释放，说明 KR 正常，怀疑 VT5 异常，在路检测 VT5 发现它的 c、e 极击穿，用 2SC1815 更换后，故障排除。

【例 39】 春兰 KFR-70LW 型柜式空调开机 1min 就自动停机保护

分析与检修：通过故障现象分析，怀疑供电系统异常。未开机时测三相电每相对地电压都是 220V，正常，而开机后，测压缩机的 3 个供电端子对地电压时，发现有一相电压为 0，说明供电异常。而交流接触器 KM2 的输入端三相电压正常，输出端有一相无电压，说明 KM2 内部触点损坏。更换同型号交流接触器后，故障排除。

提示 若压缩机回路的过载保护器开路也会产生该故障。

【例 40】 春兰 KFR-70LW（A）型柜式空调开机几分钟，出现自动停机保护

分析与检修：开机后发现室外机的交流接触器通电后就释放，而室内机显示正常，说明 AP1、AP2、AP3 板及控制部分正常，怀疑压缩机工作异常。检查压缩机供电电路时，发现 C 端子的横插片已损坏，与横插片的连线仅剩几根铜线，因电流小导致压缩机不能启动，被微处理器检测后，控制该机进入保护性停机状态，更换 C 端子的横插片后，故障排除。

【例 41】 春兰 KFR-70LW 型柜式空调开机后不工作，显示 E0 的故障代码

分析与检修：显示 E0 故障代码说明电路板间通信异常。检查室内机时，发现室内机电路板上的指示灯不亮，说明电源电路未工作，而该机的室内机电源的供电由室外机提供，怀疑故障部位发生在室外机。检查室外机电路板时，发现熔丝管已熔断，说明短路或漏电的元器件使它过流损坏。检查发现，整流堆击穿，检查其他元器件正常，更换整流堆和熔丝管后，室内机电路板上的指示灯发光，故障排除。

提示 由于室内机电路板不工作，不能与显示操作板进行通信，被显示操作板上的微处理器检测后，控制空调不工作，并显示不能通信的故障代码。

【例 42】 春兰 KFR-140LW/ADS 型空调开机几分钟就自动停机，显示屏显示 E2 故障代码

分析与检修：通过故障现象分析，怀疑压缩机异常或压缩机电流检测电路异常，被微处理器 U301 检测后输出保护信号，使该机进入压缩机过流保护状态，并通过显示屏显示故障代码。当然，U301 异常也会产生该故障。测 U301 的⑫脚有检测电压输入，而⑪脚无检测电压输入，说明 U301 的⑪脚与互感器 B301 之间电路异常，检查该电路时，发现整流管 VD306 开路，用 1N4007 更换后，故障排除。

八、新科空调

【例 43】 新科 KFR-23GWE 型空调不工作，3 个指示灯均发光

分析与检修：该机的 3 个指示灯都发光，说明市电过零检测电路或微处理器异常。测微处理器 IC1 的⑳脚无市电过零检测信号输入，说明市电过零检测电路异常。检查该电路时，发现倒相放大器 Q101 的 c、e 极击穿，用 9013 或 2SC1815 更换后，故障排除。

另外，该电路的 R111 异常也会产生该故障。

【例 44】 新科 KFR-23GWE 型空调有时工作正常，有时不能工作，有时红灯或黄灯亮

分析与检修：通过故障现象分析，怀疑故障发生在供电系统或电脑板上。检查微处理器的 5V 供电正常，检查它的复位电路和时钟振荡电路也正常。怀疑应急开关异常，但检查也无效，当断开连接器 CN301，用应急开关使空调开机后，一切正常，故障现象消失，怀疑 CN301 所接的电路异常，检查滤波电容 C301 和电阻 R301，R301 正常，怀疑遥控接收头 IC301 异常，用同型号接收头更换后，故障排除。

【例 45】 新科 KFR-75LW/A 型空调工作不到 10min 后停机，但指示灯亮

分析与检修：该机在停机前的制冷效果正常，并且也没有异常噪声，通风也正常，怀疑故障发生在温度检测等电路上。本着先易后难的原则，拆开室内机的外壳，取出室内盘管温度传感器检查，发现它已漏电。用同型号的负温度系数热敏电阻更换后，故障排除。

九、华宝空调

【例 46】 华宝 KCR-25 型空调整机不工作

分析与检修：通过故障现象分析，说明市电供电系统或电脑板上的电源电路、微处理器电路异常。直观检查熔丝管正常，说明该机基本没有过流现象，测稳压器 IC2（7805）没有 5V 电压输出，说明电源电路异常。测 C 两端无电压，说明变压器 T1 或其供电异常，测 T1 的初级绕组有 223V 市电输入，而 T1 的次级绕组无交流电压输出，说明 T1 的初级绕组开路，断电后，测 T1 初级绕组的阻值为无穷大，检查整流堆 UR 和 C1 两端阻值正常，说明 T1 属于自然损坏，更换同规格变压器后，故障排除。

【例 47】 华宝 KCR-25A2 型空调整机不工作

分析与检修：按上例检修思路检查，查看熔丝管正常，说明该机基本没有过流现象，测稳压器 IC2（7805）没有 5V 电压输出，说明电源电路异常。测 IC1（7812）有 12V 电压输出，说明 IC2 或其负载异常。用手摸 IC2 几乎没有温度，说明 IC2 损坏。用 LA7805 更换 IC2 后，5V 电压恢复正常，故障排除。

提示 稳压器 IC1 损坏，无 12V 电压输出或输出电压过低也会产生该故障。

【例 48】 华宝 KCFR-35A2 型空调整机不工作，按应急开关也不能开机

分析与检修：按上例检修思路检查，测电源电路输出的 12V 和 5V 供电正常，说明电源电路正常，怀疑故障发生在微处理器电路。检查微处理器电路时，首先检查它的工作基本条件电路，测 CPU 有 5V 供电，检查复位信号也正常，在检查时钟振荡电路时，发现晶振的引脚锈蚀，拆下晶振，将引脚清理干净并重新安装后，故障排除。

十、长虹空调

【例 49】 长虹 KFR-25GW/EQ 型空调整机不工作

分析与检修：通过故障现象分析，说明市电供电系统或电源电路、微处理器电路异常。直观检查 3.15A 熔丝管正常，说明该机基本没有过流现象，测电源电路电压时，发现没有电压输出，说明电源电路异常。检查电源电路时，发现开关管 VD3（BUL310EP）击穿，限流电阻 R60（4.7Ω/5W）和 1Ω贴片电阻 R4 开路，4.7V 稳压管 VD22 击穿，滤波电容 C1 的塑料皮变形，其他元器件正常。更换故障元器件后，开关电源输出电压正常，故障排除。

提示　若手头没有 BUL310EP，可采用常见的开关管 2SC3886 和 2SC3889 代换，不能采用大功率的 2SD1710 等开关管更换，否则轻则不能起振，重则会导致开关管因激励不足而损坏。若 VD22 采用 4.7V 稳压管更换后，开关变压器有轻微的高频响声，可采用 5.1V 稳压管更换，但不能采用稳压值太大的稳压管更换，否则会导致开关电源输出电压高，不仅容易使滤波电容 C6 过压损坏，而且容易使开关管等元器件过压损坏。

【例 50】　长虹 KFR-36GW 型空调工作几分钟后停机

分析与检修：按上例检修思路，测空调有正常的市电输入，接着检查电脑板电路时，在路发现二极管 VD1、VD10 击穿，检查其他元器件正常，更换后，故障排除。

十一、其他品牌空调

【例 51】　科龙 KFR-25GW/EQ 型空调整机不工作

分析与检修：通过故障现象分析，说明市电供电系统或电源电路、微处理器电路异常。直观检查熔丝管正常，说明该机基本没有过流现象，测电源电路电压时，发现没有电压输出，说明电源电路异常。检查电源电路时，发现电源变压器的次级绕组无交流电压输出，而它的初级绕组有 215V 的交流电压，怀疑变压器异常。断电后，测量变压器的初级绕组的阻值为无穷大，说明初级绕组开路，检查后面的整流管、滤波电容等元器件正常，说明变压器属于自然损坏。更换同规格的变压器后，电源输出电压正常，故障排除。

【例 52】　志高 KFR-32GW 型分体式空调不启动

分析与检修：通过故障现象分析，说明市电供电系统或电源电路、微处理器电路异常。检查发现压缩机未运转，说明故障是由于压缩机不运转所致。经询问用户得知，该机安装后就不能使用，怀疑故障是安装不当所致。检查电源线时，发现零线和地线接反了，调换后，故障排除。

【例 53】　志高 KFR-51LWQ 型空调制冷不久就会停机，并且显示 E4 的故障代码

分析与检修：显示屏显示 E4 的故障代码说明室内环境与室内盘管的温差小于 5℃，并且持续的时间达到 5min。检查温度传感器正常，接着代换电脑板也无效，怀疑供电电路异常，检查供电电路时发现电源插座内接触不良，重新连接后，故障排除。

【例 54】　华凌 KFR-72LW/HV0708S 柜机安装完毕后，只要通电空气开关就跳闸

分析与检修：由于该机采用三相电供电方式，所以怀疑供电电路连接有问题，检查供电电路连接部位时，发现将零线和地线接反了，重新连接后，故障排除。

【例 55】　松下 KF-25GW/17 型分体式空调不启动，并且定时指示灯闪烁

分析与检修：通过故障现象分析，说明该机进入室内盘管温度传感器异常保护状态。检查室内盘管温度传感器时，发现它已漏电，更换后，故障排除。

第二节　不制冷、制冷效果异常故障

一、海尔空调

【例 1】　海尔 KFR-25W/E 型空调不制冷，并且运行指示灯仅在启动瞬间亮一下，但室内风扇电机运转

分析与检修：通过故障现象分析，怀疑温度检测系统或微处理器电流异常。检查发现压缩机能够启动运转，但很快就停转，怀疑温度检测电路异常。检查温度检测电路时，发现室内盘管温度传感器漏电，阻值仅为 2.6kΩ。室内盘管温度传感器漏电后，为微处理器提供了室内热交换器温度异常信号，于是微处理器控制空调进入保护状态，从而产生该故障。用同型号的负温度系数热敏电阻更换室内盘管温度传感器后，故障排除。

【例 2】　海尔 KFR-25W/A 型空调不制冷，室内、室外风扇电机运转

分析与检修：通过故障现象分析，怀疑制冷剂完全泄漏或压缩机未运转。检查发现压缩机运转也正常，测压缩机的运行电流正常，但运行不久就停机了，说明压缩机供电电路或温度检测电路异常。检查温度检测电路时，发现室内温度传感器 ROOM TH 开路，更换同型号的传感器后，故障排除。

【例 3】　海尔 KFR-40GW/A 型空调不制冷，室内、室外风扇电机运转

分析与检修：通过故障现象分析，怀疑制冷剂完全泄漏或压缩机未运转。检查发现压缩机运转也正常，测压缩机的运行电流正常，测系统的低压压力低，怀疑系统堵塞。检查毛细管和过滤器时，发现毛细管堵塞，将毛细管内的脏物吹出，更换过滤器并排空，加注适量制冷剂后，故障排除。

二、三菱空调

【例 4】　三菱 PSH-5VG2 型空调不制冷，室内风扇电机运转

分析与检修：由于该机的室外风扇电机与压缩机采用一套供电电路，所以风扇电机旋转，说明微处理器及压缩机供电控制电路正常，故障发生在压缩机供电电路上或压缩机异常。检查供电电路时，发现一根线断路，重新连接并包扎后，故障排除。

【例 5】　三菱 SRC285CENF 型空调不制冷，室内风扇电机运转

分析与检修：通过故障现象分析，怀疑制冷系统、压缩机电路、微处理器电路异常。检查发现，压缩机没有运转，说明故障是由于压缩机未工作引起的。测室外机的压缩机供电端子有 224V 交流电压，说明压缩机供电电路正常，故障发生在压缩机及其驱动、保护装置上。检查过流保护器正常，怀疑启动电容异常，不能为压缩机的驱动绕组提供启动电流，压缩机不能启动。更换同规格电容后，压缩机运转正常，故障排除。

【例 6】　三菱 SRK285HENF 型空调制冷效果差

分析与检修：通过故障现象分析，怀疑通风系统、制冷系统或温度检测电路异常。检查通风系统正常，试机时发现压缩机运转长时间不停机，怀疑制冷剂不足。经用户介绍该机使用近 10 年从没维修过，说明系统内的制冷剂泄漏。从室外机低压截止阀加注制冷剂，使运行电流为4A后制冷正常，故障排除。

【例7】 三菱MSH-09DC型空调制冷效果差

分析与检修：通过故障现象分析，怀疑通风系统、制冷系统、温度检测系统或微处理器控制系统异常。试机时，发现通风正常，但该机排气管温度低，在低压截止阀上安装维修阀和压力表，测低压压力为0.7MPa，而正常时应为0.5MPa左右，说明低压压力高，怀疑压缩机或四通换向阀异常，检查压缩机排气正常，判断四通换向阀高压、低压窜气，从而引起该故障。更换同规格四通换向阀并焊接好管路，为系统排空，加注适量的制冷剂，并检测焊接处不泄漏，试机制冷正常，故障排除。

注意　焊接四通换向阀时，必须要利用湿毛巾为它散热降温，以免它阀体受热变形，影响空调正常工作。

三、LG空调

【例8】 LG LP-S7141DT型空调不制冷

分析与检修：通过故障现象分析，怀疑制冷剂完全泄漏、系统堵塞或压缩机工作不正常。检查发现压缩机运转，怀疑制冷系统异常，在室外机低压截止阀上安装维修阀和压力表，测系统的低压压力较低，说明制冷剂已严重泄漏。

检查连接管与室内机、室外机的连接部分正常，但在检查室外机时，发现低压管有明显的油渍，怀疑有漏点，在此处涂上洗涤灵后，有气泡，说明低压管的确泄漏，用16号波纹管更换后，将系统抽空，加注制冷剂，检查无泄漏，试机制冷正常，故障排除。

【例9】 LG LP-R7141DAB型空调不制冷

分析与检修：通过故障现象分析，怀疑制冷剂完全泄漏、系统堵塞或压缩机工作不正常。检查发现压缩机运转，怀疑制冷系统异常，在室外机低压截止阀上安装维修阀和压力表，测系统的低压压力不足0.2MPa，说明制冷剂已严重泄漏。

检查连接管与室内机、室外机的连接部分正常，但在检查室外机时，发现四通换向阀与管路连接部位明显开焊，将系统抽空，加注制冷剂，检查焊接处无泄漏，试机制冷正常，故障排除。由于四通换向阀和管路的连接部位开焊是由于振动引起的，所以为了防止故障再次发生，将四通换向阀和管路固定一下，使它们在机组运行期间不发生振动。

【例10】 LG LP-R7142DAB型空调制冷温度过低，压缩机长时间不停机

分析与检修：通过故障现象分析，说明室内温度检测电路或压缩机供电电路异常。检查发现，微处理器在发出压缩机停转信号后，压缩机仍然运转，说明压缩机供电继电器的触点粘连或它的驱动电路异常，检查发现继电器的触点粘连，用同型号继电器更换后，故障排除。

【例11】 LG LS-B0950HT型空调不能制冷

分析与检修：通过故障现象分析，怀疑制冷剂完全泄漏、系统堵塞或压缩机未运转。检查发现压缩机和各个风扇电机未运转，说明故障发生在电源电路、驱动电路或微处理器电路。检查电源电路时，发现5V稳压器IC3输出电压正常，而12V稳压器IC2输出电压不足7.3V，说明IC2或其负载异常。摸IC2的温度高，怀疑负载异常引起它过流，但断开负载无效，怀疑12V供电的滤波电容异常。检查滤波电容时，发现C03漏电。用一只正常的470μF/25V

电容更换后，机组运转正常，故障排除。

四、格力空调

【例 12】　格力 3251A 型空调不制冷，室外风扇电机运转，并且四通换向阀反复通断，运行指示灯快速闪烁

分析与检修：通过故障现象分析，说明微处理器工作紊乱。引起微处理器工作紊乱的故障原因主要是市电滤波电路、电源电路或微处理器的时钟振荡电路异常。测电脑板的电源电路输出电压不正常，接着测电源电路输入的市电电压也不稳定，说明市电供电系统异常。检查市电供电系统时，发现室内机接线端子与电脑板之间的超温熔丝管接触不良。更换同规格超温熔丝管后，电源电路输出电压恢复正常，故障排除。

【例 13】　格力 KF-25GW 型空调不制冷

分析与检修：通过故障现象分析，怀疑制冷剂完全泄漏、管路堵塞或压缩机异常。检查发现压缩机运转，怀疑制冷系统异常，在室外机低压截止阀上安装维修阀和压力表，测系统的低压压力约为 1MPa，比正常时高，说明系统未泄漏，而故障可能是由于压缩机异常所致。焊开压缩机与管路的连接处，再为空调通电，检测压缩机性能时，发现几乎不能排气，说明压缩机损坏。

更换同规格压缩机，固定并与管路焊接好，将系统抽空，加注适量的制冷剂，检查焊接部位无泄漏，试机制冷正常，故障排除。

【例 14】　格力 KFR-25GW 型空调不制冷，室内风扇电机运转

分析与检修：通过故障现象分析，怀疑制冷剂完全泄漏、系统堵塞或压缩机未运转。检查发现压缩机未运转，说明故障是由于压缩机不运转所致。由于风扇电机运转，说明微处理器基本正常，故障多发生在压缩机的供电电路、启动电路或保护电路上。

通电后未听到压缩机供电继电器发出吸合声，说明压缩机的供电电路异常。测量放大管 VT7 的 b 极有驱动电压输入，接着测 VT7 的 c 极为高电平，说明 VT7 损坏，用同规格三极管更换后，故障排除。

【例 15】　格力 KFR-32GW 型空调不制冷

分析与检修：通过故障现象分析，怀疑制冷剂完全泄漏、系统堵塞或压缩机工作不正常。检查发现压缩机运转，怀疑制冷系统异常，在室外机低压截止阀上安装维修阀和压力表，测系统的低压压力为 0，说明制冷剂已严重泄漏。

检查连接管与室内机、室外机的连接部分正常，由于该机的室外机和室内机的距离较远，所以安装时将配管接了约 2m 的铜管，检查连接部位时，发现有油渍，擦净油渍后发现有砂眼，补焊后并安装配管，将系统抽空，加注制冷剂，检查补焊部位无泄漏，试机制冷正常，故障排除。

【例 16】　格力 KFR-60LW 型空调不制冷

分析与检修：通过故障现象分析，怀疑制冷剂完全泄漏、系统堵塞或压缩机工作不正常。检查发现压缩机运转，怀疑制冷系统异常。检查制冷系统时，发现四通换向阀有较大的窜气声，说明四通换向阀损坏。查看四通换向阀时，发现它已更换过，经询问用户得知，该机已经更换过两个四通换向阀了，说明四通换向阀损坏不是质量原因，而是系统问题。检查系统时，发现室内机毛细管前的干燥过滤器脏堵。将干燥过滤器和四通换向阀一起更换，将系统抽空，加注制冷剂，检查焊接部位无泄漏情况，试机制冷正常，故障排除。

五、海信空调

【例 17】 海信 KFR-75LW/B 型空调制冷效果差，并且室内热交换器结冰

分析与检修：通过故障现象分析，怀疑故障由于通风系统异常、加注的制冷剂过多或过少、管路变形或堵塞等原因所致。经询问用户得知，该机故障是移机后出现的，怀疑故障是由于安装不当，导致管路变形或焊接时引起焊堵所致。

检查管路时，发现低压管在穿墙孔附近被折瘪，影响制冷剂流动，从而产生该故障。将制冷剂回收到室外机后，拆卸低压管，用割管器将折瘪处割掉，再用胀管器将铜管胀成杯形口，随后用气焊将对接好的铜管焊接，将低压管内的空气排空并与室外机连接好，打开截止阀，检测焊接处和连接处没有泄漏现象，试机制冷正常，故障排除。

【例 18】 海信 KFR-46LW/27D 型分体式空调不制冷

分析与检修：通过故障现象分析，怀疑制冷剂完全泄漏、管路堵塞或机组未工作。检查发现机组已工作，并且发现低压管结霜，说明制冷系统出现堵塞。在室外机低压截止阀上安装维修阀和压力表，测低压压力为负压，说明制冷系统确实发生了堵塞故障。由于管路出现堵塞部位多发生在管径较细的毛细管处，用偏嘴钳在距干燥过滤器 2cm 左右部位的毛细管上夹出一道沟，再用克丝钳夹住毛细管并晃动，直至毛细管掰断。掰断毛细管后，从管口连续排出大量的制冷剂，说明毛细管没有堵塞，焊下干燥过滤器检查，发现它的过滤网被大量污物堵塞，更换同型号过滤器，再为系统排空，注入适量的制冷剂，制冷正常，故障排除。

提示 也可以先将制冷剂回收到制冷剂钢瓶和室内机里，再掰断毛细管进行检查，这样不仅可降低维修成本，而且可减少对空气的污染。

六、格兰仕空调

【例 19】 格兰仕 KFR-25A2 型分体式空调能制冷，但 30min 后就不制冷了，且风扇电机转

分析与检修：通过故障现象分析，怀疑管路堵塞、压缩机或其供电系统异常。检查发现不制冷时压缩机停转，并且温度极高，说明压缩机过热导致过热保护器动作，切断压缩机供电回路，压缩机停转。在室外机低压截止阀上安装维修阀和压力表，待压缩机启动后，测低压管的压力不足 0.3MPa，说明系统有堵塞的部位。回收制冷剂后，用气焊焊下室外机的两根毛细管，发现一根堵塞，更换毛细管，为系统排空，并加注适量的制冷剂，制冷恢复正常，故障排除。

【例 20】 格兰仕 KFR-51GW 型分体式空调制冷效果差

分析与检修：通过故障现象分析，怀疑管路堵塞、压缩机电路或通风系统异常。首先，直观检查通风系统时，发现室内机空气过滤器表面有较厚的积尘，拆下后清洗干净，故障排除。

七、春兰空调

【例 21】 春兰 KFR-32GW 型空调不制冷，面板上的运行指示灯亮

分析与检修：通过故障现象分析，说明微处理器已输出工作指令，怀疑故障是由于制冷剂完全泄漏、系统堵塞或压缩机未运转所致。检查发现压缩机未运转，说明故障是由于压缩机不运转所致。由于风扇电机运转，说明微处理器基本正常，故障多发生在压缩机的供电电路、启动电路或保护电路上。

通电后发现压缩机供电继电器有吸合的声音，说明压缩机或其启动器、过载保护器异常。检查过载保护器正常，怀疑启动电容容量不足或开路，用同规格电容更换后，压缩机开始运转，故障排除。

【例 22】　春兰 KFR-32GW 型空调制冷差

分析与检修：通过故障现象分析，怀疑通风系统、制冷系统、温度检测系统或微处理器控制系统异常。试机时，发现通风系统正常，但该机的压缩机运行时间较短，初步判断故障多因温度检测电路或微处理器控制电路异常所致。

检测微处理器 IC1（μPD75028CW）的室内温度检测信号输入端㉖脚电压低于正常值，说明温度检测传感器或阻抗信号/电压信号变换电路异常，导致 IC1 收到温度达到需要的错误信息，于是提前输出压缩机停转指令，从而产生该故障。检查温度传感器 RT1 正常，而分压电阻 R19 阻值一般不会减小，所以怀疑滤波电容 C16 漏电，焊下 C16 后，测 IC1 的㉖脚电压恢复正常，说明故障的确因 C16 漏电所致。更换 C16 后，故障排除。

【例 23】　春兰 KFR-32GW 型空调安装几天后不制冷

分析与检修：由于安装几天后出现不制冷故障，怀疑是安装不当造成的。开机后，发现机组运转，说明故障是由于制冷剂泄漏所致。检查配管时，发现配管有油渍，擦净油渍后发现有折痕，说明安装人员在安装时，不小心将配管弄弯并折成死角，仅进行腾起处理，所以导致折痕处出现开裂，制冷剂泄漏，从而产生该故障。用割管刀将折痕处割掉，用胀管器将一根管胀成杯形口，对接并焊接后，再将系统排空、加注适量的制冷剂，故障排除。

八、长虹空调

【例 24】　长虹 KFR-25G 型空调不制冷，室内、室外风扇电机运转

分析与检修：通过故障现象分析，怀疑制冷剂完全泄漏、系统堵塞或压缩机未运转。检查发现压缩机未运转，说明故障是由于压缩机不运转所致。由于风扇电机运转，说明微处理器基本正常，故障多发生在压缩机的供电电路、启动电路或保护电路上。

通电后发现压缩机供电继电器有吸合的声音，说明压缩机或其启动器、过载保护器异常。检查过载保护器正常，怀疑启动电容容量不足或开路，更换同规格电容后，压缩机开始运转，故障排除。

【例 25】　长虹 KFR-35GW 型空调不制冷，室内、室外风扇电机运转

分析与检修：通过故障现象分析，怀疑制冷剂完全泄漏、系统堵塞或压缩机未运转。检查发现压缩机未运转，说明故障是由于压缩机不运转所致。由于风扇电机运转，说明微处理器基本正常，故障多发生在压缩机的供电电路、启动电路或保护电路上。

通电后未听到压缩机供电继电器吸合的声音，说明供电电路异常。测量驱动块 IC102 的①脚有高电平信号输入，说明微处理器正常，测 IC102 的⑯脚的电位为低电平，说明故障发生在继电器或其供电电路，检查继电器供电正常，说明继电器损坏。断电后，测继电器的线圈开路，更换同规格继电器后，故障排除。

【例 26】 长虹 KFR-32G（W）型空调头天安装，第二天就不制冷了，室内、室外风扇电机运转

分析与检修：通过故障现象分析，怀疑安装不当导致制冷剂完全泄漏、系统堵塞或压缩机未运转。查看室外机时，发现室外机低压管接头与截止阀上的螺母未对齐，而且用力过大，将螺母拧裂，重新为配管扩口，更换螺母，并抽空、加注适量的制冷剂后，故障排除。

九、科龙空调

【例 27】 科龙 KFR-71LW/B3SD3 型分体式空调不制冷

分析与检修：通过故障现象分析，怀疑制冷剂完全泄漏、管路堵塞或机组未工作。检查发现机组已工作，怀疑制冷系统异常。在室外机低压截止阀上安装维修阀和压力表，测低压压力较低，而压缩机运行电流小，说明制冷剂几乎漏净，检查配管和高压截止阀、低压截止阀连接处没有油渍，拆开室外机时，发现压缩机的高压管上有油渍，检查发现高压管在弯曲处开裂。用气焊焊好，排空并加注适量制冷剂，制冷恢复正常，故障排除。

【例 28】 科龙 KF-25GW/D 型分体式空调制冷时间短，吹风时间长，压缩机运行 10min 左右就跳停

分析与检修：通过故障现象分析，怀疑通风系统、制冷系统异常。检查室外机时，发现室温热交换器表面积尘较多，影响散热，用温水清洗热交换器后，故障排除。

十、美的空调

【例 29】 美的 KFR-48LW/Y 型空调制冷效果差

分析与检修：通过故障现象分析，怀疑通风系统、制冷系统、温度检测系统或微处理器控制系统异常。试机时，发现室内风扇转速低，说明室内风扇电机或其供电电路、启动电容异常。设置不同的风速，发现转速都低，初步判断电机或启动电容异常。检查启动电容时，发现几乎无容量，用正品的 3.5μF/450V 电容更换后，故障排除。

【例 30】 美的 KFR-75LW/B 型空调制冷效果差

分析与检修：按上例的检修思路检查，发现通风正常，但机组运行时间较短，初步判断故障多因温度检测电路或微处理器控制电路异常所致。

检测微处理器 U14 的室内温度检测信号输入端⑰脚电压低于正常值，说明温度检测传感器或阻抗信号/电压信号变换电路异常。检查温度传感器 RT3 正常，而分压电阻 R95 阻值一般不会减小，所以怀疑滤波电容 C66 漏电，焊下 C66 后，测 U14 的⑰脚电压恢复正常，说明故障的确因 C66 漏电所致。更换 C66 后，故障排除。

十一、华宝空调

【例 31】 华宝 KCR-25A2 型分体式空调指示灯发光正常，但不能制冷、制热

分析与检修：通过故障现象分析，怀疑制冷剂完全泄漏、管路堵塞或机组未工作。检查发现机组不运转，说明微处理器或驱动块 IC5（ULN2003）异常，检查 IC5 的输入端有高电平电压输入，输出端电压均为高电平，说明 IC5 损坏。用正常的 ULN2003 更换后，故障排除。

【例 32】　华宝 KCR-25 型分体式空调指示灯发光正常，但不能制冷、制热，室内风扇运转

分析与检修：按上例的检修思路检查，发现压缩机不运转，说明压缩机的供电电路、启动电路或过载保护器异常。测压缩机有 221V 供电，说明启动电容（运转电容）异常，用正常的同规格电容更换后，压缩机运转，故障排除。

提示　启动电容损坏后，容易导致压缩机运行电流超过较大的正常值，不仅容易导致过载保护器动作，还容易导致压缩机损坏。

【例 33】　华宝 KFR-33GW/G2D2 型分体式空调指示灯发光正常，但不能制冷

分析与检修：按上例的检修思路检查，发现压缩机的供电接线端击穿损坏。换上压缩机并抽空加注制冷剂，检查启动电容正常后通电，发现压缩机运行电流快速升高，更换启动电容无效，怀疑供电电路异常，检查发现插座内的零线接触不良，处理后，压缩机运转正常，故障排除。

提示　零线接触不良后，和启动电容损坏一样，也会导致压缩机运行电流快速升高，并超过正常值数倍，也容易导致压缩机损坏。

十二、其他品牌空调

【例 34】　大金 FT22L 型分体式空调不制冷

分析与检修：通过故障现象分析，怀疑制冷剂完全泄漏、管路堵塞或机组未工作。检查发现机组已工作，怀疑制冷系统异常。在室外机低压截止阀上安装维修阀和压力表，测低压压力为负压，说明制冷系统出现堵塞故障。由于管路出现堵塞部位多发生在管径较细的毛细管处，用偏嘴钳在距干燥过滤器 2cm 左右部位的毛细管上夹出一道沟，再用克丝钳夹住毛细管并晃动，直至毛细管掰断。掰断毛细管后，从管口排出大量的制冷剂，并且随着制冷剂排出了许多冷冻润滑油。

注意　未回收制冷剂，掰断毛细管时要注意，不要将管口对着自己，以免排出的制冷剂喷到手上、脸上，造成冻伤。另外，若排出的冷冻润滑油变色、有异味，则要更换冷冻润滑油。不过，若先将制冷剂回收到制冷剂钢瓶和室内机里，再掰断毛细管进行检查，这样不仅可降低维修成本，而且可减少对空气的污染。

排净制冷剂后，用气焊将毛细管和干燥过滤器焊下，关闭高压截止阀并将氮气瓶接在维修阀上，此时高压管与室外蒸发器断开，与维修阀接通。打开氮气瓶的总阀门，将减压阀调到 6.5MPa，然后打开维修阀，氮气通过室内热交换器、低压管、低压截止阀和维修阀构成回路，从维修阀排出，将系统吹通。若一次不能彻底吹通，可再吹几次，直至管路吹通并清洗干净为止。

关闭低压截止阀，为系统打压，使低压压力表保持在 0.05MPa 以内，使氮气经过室外热交换器从干燥过滤器断开处排出，对室外热交换器进行吹通清洗。随后换上新的干燥过滤器和相同内径和长度的毛细管，再为系统排空，注入适量的制冷剂，故障排除。

【例 35】 奥克斯 KFR-32GW/ED 型空调不制冷，室内、室外风扇电机运转

分析与检修：通过故障现象分析，怀疑制冷剂完全泄漏、系统堵塞或压缩机未运转。检查发现压缩机未运转，说明故障是由于压缩机不运转所致。由于风扇电机运转，说明微处理器基本正常，故障多发生在压缩机的供电电路、启动电路或保护电路上。

通电后发现压缩机供电继电器有吸合的声音，说明压缩机或其启动器、过载保护器异常。检查过载保护器开路，用同规格的过载保护器更换后，压缩机开始运转，故障排除。

【例 36】 华创 KF-61W 型分体式空调不制冷

分析与检修：通过故障现象分析，怀疑制冷剂完全泄漏、系统堵塞或压缩机未运转。检查发现压缩机未运转，说明故障是由于压缩机不运转所致。由于风扇电机运转，说明微处理器基本正常，故障多发生在压缩机的供电电路、启动电路或保护电路上。

通电后听到压缩机供电继电器吸合声音，说明供电电路正常，怀疑启动电容异常。检查启动电容 C1 开路，用一只正常的 45μF/450V 电容更换后，压缩机能够运转，故障排除。

【例 37】 华创 KF-61W 型分体式空调制冷效果差，室内风扇电机转速慢

分析与检修：通过故障现象分析，说明风扇电机供电异常或其启动电容 C2 异常。检查风扇电机的供电为 220V，说明供电正常，怀疑 C2 异常，焊下 C2 检查，容量严重不足，用一只正常的 3.5μF/450V 电容更换后，压缩机能够运转，故障排除。

第三节 不制热、制热效果异常故障

一、海尔空调

【例 1】 海尔 KFR-25GW 型空调使用一年后，制热时内风机运转，但不制热且运行灯不亮，室外机机组不工作

分析与检修：通过故障现象分析，怀疑故障为风扇供电电路异常，电脑板异常，程序错乱。经试机遥控器设定无误，查风扇供电正常，更换电脑板后试机时故障现象依旧，说明故障在遥控器上。检查遥控器，发现遥控器的微处理器程序错乱。

取下遥控器电池，重新复位或按一下电池上部的绿色按钮使其复位，重新开机后，故障排除。

【例 2】 海尔 50 柜机使用一周后，出现室内机吹热风不到 1min 就变成冷风，压缩机运转但不制热

分析与检修：通过故障现象分析，多为电脑板失控，导致程序错乱。制热开机后，检查电脑板输出信号为正常，电磁换向阀线圈、电压都正常，控制电路无故障。然后用压力表检测，当高压压力上升到 1.35MPa 时，突然下降到 0.7MPa，空调也不能制热了，并且压缩机转动时发出的声音沉重。拆开室外机后，测高压压力，发现高压压力达到 1.3MPa 时四通换向阀自动换向，说明四通换向阀窜气。更换同规格四通换向阀并将系统排空，加注制冷剂后，故障排除。

【例 3】 海尔 KRFD-50L/WB 型空调刚开始能够制热，但工作不久室外机机组就停机

分析与检修：通过故障现象分析，多为盘管温度传感器或其阻抗信号/电压信号变换电路异常。检查盘管温度传感器正常，但微处理器 IC1 的㉘脚电压低，说明阻抗信号/电压信号变换电路异常。检查发现电感 L3 的引脚脱焊，补焊后，故障排除。

二、春兰空调

【例 4】 春兰 KFR-32GW 型空调制冷正常，但不能制热

分析与检修：通过故障现象分析，说明四通换向阀及其驱动电路、微处理器电路异常。

在制热状态下，测四通换向阀的线圈有正常的供电，怀疑四通换向阀的线圈开路，断电后测四通换向阀的线圈的阻值为无穷大，说明该线圈开路。更换同规格四通换向阀并将系统排空、加注制冷剂后，故障排除。

【例 5】 春兰 KFR-32GW 型空调制冷正常，但不能制热

分析与检修：按上例检修思路检查，发现四通换向阀的线圈有正常的供电，怀疑四通换向阀的线圈开路，断电后测四通换向阀的线圈的阻值正常，说明四通换向阀内部的阀芯异常，敲击四通换向阀后，听到内部发出“咔嗒”的声音，说明阀芯能够滑动，试机制热正常，故障排除。

【例 6】 春兰 KFD-70LW 型空调制冷正常，但不能制热

分析与检修：该机采用电加热器加热方式，说明制热控制电路异常。检查发现，风扇电机也不转，说明加热电路基本正常，而是加热电路和风扇电机的供电电路异常。检查供电电路时，发现放大管 BG3 损坏。更换后，故障排除。

由于 BG3 损坏，制热继电器 J3 的触点不能吸合，致使 KA1～KA3 的触点不能吸合，KA1、KA2 的触点不能吸合后，导致室内风扇电机不转；KA3 的触点不能吸合后，导致交流接触器 KM1 的线圈无供电，它的触点也就不能吸合，不能为电加热器供电，从而产生不制热的故障。

三、LG 空调

【例 7】 LG LS-J2311HK 型空调制冷正常，制热期间室外机始终工作，但室内机的风扇不转，并且显示屏显示除霜

分析与检修：由于制冷正常，说明压缩机正常，通风系统也正常，怀疑故障是由于四通换向阀、除霜系统异常或与单向阀并联的毛细管堵塞所致。检查除霜系统正常，但检查四通换向阀时，发现在工作几分钟后就发出切换的声音，说明它已复位到制冷模式，而它的线圈有 216V 的市电电压，怀疑四通换向阀的线圈或内部机械系统损坏，断电后，测四通换向阀线圈的阻值为无穷大，说明已开路，待线圈冷却后阻值恢复为 1.4kΩ，说明线圈内部接触不良。更换同型号四通换向阀线圈后，四通换向阀工作正常，制热模式也能够正常运行，故障排除。

【例 8】 LG LP-R7242DAB 型空调制冷正常，不能制热，始终处于除霜状态

分析与检修：由于制冷正常，说明压缩机正常，通风系统也正常，怀疑故障是由于四通换向阀、除霜系统异常或与单向阀并联的毛细管堵塞所致。检查除霜系统正常，并且四通换向阀也正常，怀疑管路出现冰堵现象。为室内机里的毛细管加热后，故障依旧，说明不是由于水分大引起的冰堵，而可能是由于焊接不当引起的焊堵。将系统内的制冷剂排净后，焊开室外机的毛细管时，发现毛细管的一个管口被焊料堵塞，清理干净焊料，并为系统排空，加注适量的制冷剂后，试机，故障排除。

【例 9】 LG LP-R7112DA2 型空调制冷正常，制热初期正常，过一段时间后制热效果差，室外风扇电机也停转

分析与检修：由于制冷正常，说明压缩机正常，通风系统也正常，怀疑故障是由于四通换向阀、除霜系统异常或与单向阀并联的毛细管堵塞所致。检查除霜系统正常，并且四通换向阀也正常，怀疑管路出现冰堵现象。为室内机里的毛细管加热后，故障现象消失，说明系统内的确发生了冰堵故障。由于该机冰堵不严重，所以没必要更换毛细管，用保温套将毛细管与低压管包在一起，并捆紧。这样利用低压管的温度为毛细管加热，避免了毛细管再次出现冰堵现象，试机，制热正常，故障排除。

提示　若该方法不能排除故障，则需要将系统内的制冷剂排净后，更换毛细管、干燥过滤器，并为系统排空，加注适量的制冷剂来排除故障。

【例 10】 LG KFR-32W/L 型空调制冷正常，制热效果差

分析与检修：通过故障现象分析，怀疑四通阀异常。期间，摸四通阀两侧的毛细管，果然温度相近，怀疑四通阀窜气。回收制冷剂后，焊下四通阀检查，果然窜气。更换四通阀，抽空并加注合适的制冷剂后，制热正常，故障排除。

四、美的空调

【例 11】 美的 KFR-25G 型空调制冷正常，但不制热

分析与检修：通过故障现象分析，怀疑四通换向阀控制电路、四通换向阀异常或微处理器未对四通换向阀输出切换信号。将空调设置在制热状态，测四通换向阀的线圈无 220V 电压，说明四通换向阀没有切换电压输入，故障发生在继电器 RL1 与微处理器 IC1 之间的电路上。测 IC1 的四通换向阀控制信号输出端㊲脚电压为高电平，说明 IC1 已输出控制信号，测驱动管 Q13 的 b 极也有导通电压输入，但它的 c 极电压却为高电平，说明 Q13 未导通，怀疑它发生开路性损坏，用镊子短接它的 c、e 极后，RL1 能够吸合，说明 Q13 的确损坏，用同型号的三极管更换后，故障排除。

【例 12】 美的 KFR-32GW 型空调制冷正常，但制热效果差

分析与检修：通过故障现象分析，怀疑四通换向阀异常或与单向阀并联的毛细管堵塞。将制冷剂回收后，焊下毛细管检查正常，怀疑四通换向阀轻微漏气，更换相同的四通换向阀，再排空、加注适量制冷剂后，故障排除。

【例 13】 美的 KFR-36GW 型空调制热状态下，工作一段时间后制热效果差

分析与检修：通过故障现象分析，怀疑通风系统、温度检测系统或化霜系统异常。检查发现室外机的热交换器表面有一层较厚的霜，说明化霜电路异常。检查化霜电路时，发现化霜传感器的阻值增大，更换同型号的负温度系数热敏电阻后，化霜正常，制热也恢复正常，故障排除。

【例 14】 美的 KFR-32ADY 型空调制冷正常，不制热，并且室内机吹出的是冷风

分析与检修：通过故障现象分析，怀疑四通换向阀控制电路、温度检测电路或微处理器异常。检查温度检测电路时，发现室内盘管温度传感器的阻值不足 2kΩ，正常时为 12kΩ左右，用同型号的负温度系数热敏电阻更换后，故障排除。

提示　室内盘管温度传感器阻值变小，经信号变换电路变换，开机后就为微处理器提供了室内蒸发器温度高的错误信号，导致微处理器控制压缩机停止工作，并且提高室内风扇转速，从而产生了该故障。

五、格力空调

【例 15】　格力 KFR-36GW 型空调工作一段时间后制热效果差之一

分析与检修：通过故障现象分析，怀疑通风系统、温度检测系统、电辅助加热系统或化霜系统异常。检查通风系统正常，查看室外热交换器表面有一层较厚的霜，说明化霜电路异常。检查化霜电路时，发现化霜传感器的阻值增大，更换同型号的负温度系数热敏电阻后，化霜正常，制热也恢复正常，故障排除。

【例 16】　格力 KFR-36GW 型空调制热效果差之二

分析与检修：通过故障现象分析，说明通风系统、温度检测系统、电加热辅助系统或化霜系统异常。检查通风系统正常，查看室外热交换器正常，检查辅助电加热系统时，发现加热器不加热，说明电加热系统异常。由于该机采用 3 根加热管，所以不可能 3 根管都损坏，怀疑它们没有供电。查供电电路时，发现继电器 J4 的触点已接通，说明 J4 及其驱动电路正常。检查交流接触器的回路时发现限温器 TFU 开路，检查其他元器件正常，更换同型号限温器后，制热正常，故障排除。

【例 17】　格力 KFR-36GW 型空调制热效果差之三

分析与检修：按上例的检修思路检查，发现继电器 J4 的触点没有吸合，说明 J4 未工作。测连接器 CN3 的⑦脚电位为低电平，说明没有加热的控制信号输入，温度检测电路或微处理器异常。检查温度检测电路时，发现盘管温度传感器 TH3 几乎短路，用同型号的负温度系数热敏电阻更换后，制热正常，故障排除。

【例 18】　格力 KFD12（7.5）WAK 型空调制热效果差，室外热交换器结冰

分析与检修：通过故障现象分析，说明化霜电路异常。检查化霜电路的供电为 0，正常时为 12V，说明 12V 供电电路异常。测三端稳压器 U1（7812）的输入端也无电压，而变压器 T 的次级绕组有电压输出，说明整流堆 U2 损坏，用同型号整流堆更换后，故障排除。

若手头没有相同的整流堆更换，也可以用 4 只 1N4007 整流管组成整流堆进行更换。

【例 19】　格力 KFD12（7.5）WAK 型空调不制热，但可以除霜

分析与检修：由于除霜和制热采用一套供电电路，即双触点继电器 K1 的常闭触点为四通阀和压缩机供电，而常开触点在除霜电路，因此说明故障就发生在继电器 K1 上。检查 K1 时，发现它的常闭触点的供电电路断路，用导线接通后，故障排除。

【例 20】　格力 KFD12（7.5）WAK 型空调制热效果差，并且不能除霜

分析与检修：通过故障现象分析，说明除霜电路异常故障发生在继电器 K1 或其驱动电路上。检查驱动电路时，发现放大管 VT1 的 be 结击穿。更换后，故障排出。

六、其他品牌空调

【例 21】　海信 46LW/27D 型空调制冷正常，但不制热

分析与检修：通过故障现象分析，多为四通换向阀或其控制电路异常。在制热状态下测四通换向阀的线圈有 221V 供电，说明控制电路正常，故障是四通换向阀内部的机械器件损坏引起的。将制冷剂回收后，更换同规格的四通换向阀，再将系统排空、加注适量制冷剂后，故障排除。

【例 22】 长虹 KFR-48LW 型空调制冷正常，但不制热

分析与检修：通过故障现象分析，怀疑四通换向阀控制电路、四通换向阀异常或微处理器未对四通换向阀输出切换信号。将空调设置在制热状态，测四通换向阀的线圈无 220V 电压，说明四通换向阀没有切换电压输入，测驱动块 IC106 的⑯脚电位为低电平，说明故障发生在继电器 RY104 或其供电电路上，测 RY104 的线圈有 12V 供电，说明 RY104 损坏，用同型号继电器更换后，故障排除。

【例 23】 澳柯玛 40 柜机制热不到 10min，室内机、室外机风扇停转，但压缩机运转，管路变冷，进入化霜状态

分析与检修：通过故障现象分析，怀疑温度检测、控制系统异常。由于该机属于经济型柜机，室外机无高压保护、化霜控制系统，制冷、制热和化霜等功能都由室内机电脑板进行控制。因此，首先检查室内盘管温度传感器是否正常，结果阻值不足 1.9kΩ，而正常时，在 10℃室温下为 9.6kΩ，说明该传感器漏电。用同型号的负温度系数热敏电阻更换后，故障排除。

【例24】 华宝 KCR-25 型空调制冷正常，但不制热

分析与检修：通过故障现象分析，怀疑四通换向阀控制电路、四通换向阀异常或微处理器未对四通换向阀输出切换信号。将空调设置在制热状态，测四通换向阀的线圈有 220V 交流电压，怀疑四通换向阀的线圈开路。断电后，测四通换向阀的线圈开路，更换后，故障排除。

【例 25】 科龙 KFR-25GW/2K 型空调制冷正常，不制热，但用应急开关开机后可制热

分析与检修：通过故障现象分析，说明遥控器的制热控制键或其微处理器异常。拆开遥控器后，发现电路板和导电橡胶型按键上有大量的污垢，用酒精清洗晾干后，遥控开机制热恢复正常，故障排除。

第四节 风扇工作异常故障

一、海尔空调

【例 1】 海尔 KFR-35 型分体式空调的导风电机不能运转

分析与检修：通过故障现象分析，怀疑故障是由于导风控制键、微处理器、导风电机或它的驱动电路异常所致。测微处理器 CMC93C-0057 的⑤～⑧脚有激励脉冲输出，接着测驱动块 IC3（MC1413P）也有激励信号输出，说明故障发生在导风电机或其 12V 供电电路上。检查导风电机的 12V 供电电路时，发现供电电路开路，重新连接后，故障排除。

【例 2】 海尔 KFR-36GW/（F）型分体式空调的室内风扇电机转速低

分析与检修：通过故障现象分析，说明室内风扇电机、启动电容或风扇电机的供电电路异常。测量电机供电时，发现电压低，脱开电机后电压仍低，说明供电电路异常。测微处理器输出的控制电压正常，说明故障是由于固态继电器 TSA3100J 异常所致，检查其他元器件正常，更换 TSA3100J 后，故障排除。

二、海信空调

【例 3】　海信 KFR-500LW/D 型空调通电后，室外风扇电机就开始运转

分析与检修：通过故障现象分析，怀疑故障是由于风扇电机供电继电器或驱动电路异常所致。检查风扇电机供电继电器时，发现它的线圈两端电压为低电平，说明故障继电器的线圈无驱动电压，驱动电路正常，故障是由于继电器的触点粘连引起的，更换同规格的继电器后，故障排除。

【例 4】　海信 KFR-46LW/27D 型空调开机后室外风扇不转

分析与检修：通过故障现象分析，怀疑室外风扇电机供电电路、室外风扇电机及其启动电容异常。开机后，测量室外风扇电机有 220V 供电，说明供电电路正常，故障是由于风扇电机或其启动电容异常所致。检查启动电容的容量时，发现几乎无容量，用同规格电容更换后，室外风扇电机旋转，故障排除。

【例 5】　海信 KFR-46LW/27D 型空调的室内风扇电机不能中速运转，其他正常

分析与检修：通过故障现象分析，怀疑室内风扇电机中速供电电路、室内风扇电机中速供电绕组的接线开路。开机后，测量室内风扇的中速供电端子无 220V 交流电压，说明供电电路异常。测量继电器 RL11 的线圈供电正常，说明继电器 RL11 损坏。用同规格继电器更换后，室内风扇电机旋转，故障排除。

三、美的空调

【例 6】　美的 KFR-48LW/Y 型空调通电后，室内风扇就转

分析与检修：通过故障现象分析，说明室内风扇电机供电电路异常。在路测量室内风扇电机供电电路的 12V 直流与⑤脚继电器触点间的阻值为 0，说明触点粘连，查驱动电路正常。用正品的同规格继电器更换后，故障排除。

【例 7】　美的 KFR-48LW/Y 型空调通电后，室内风扇高速运转，其他正常

分析与检修：通过故障现象分析，说明室内风扇电机或其高速运转供电电路异常。将风速设置为高速后，测电机的高速供电端子无供电，说明供电电路异常。检查继电器的线圈无 12V 电压，说明驱动电路异常。测驱动电路的输入端有控制信号输入，说明驱动块异常。用 ULN2003 更换后，故障排除。

四、三菱空调

【例 8】　三菱 388 型分体式空调室内风扇不转，但压缩机一直运转

分析与检修：通过故障现象分析，怀疑故障是由于风扇电机供电电路、风扇电机或其启动电容异常所致。测室内风扇电机无 220V 供电，说明故障是由于没有供电所致。检查供电控制电路时，发现电阻 R23 开路，用同规格电阻更换后，室内风扇电机运转正常，故障排除。

提示　若室内风扇电机不转，而长时间为空调通电，会导致室内热交换器的温度异常，被微处理器检测后，会输出保护信号，使空调保护停机，并且使面板上的黄色指示灯长亮，而使绿色指示灯闪烁发光，表明该机进入保护停机状态。

【例 9】 三菱 RF75WB 型空调用遥控器关机后，室外风扇电机和压缩机仍然运转

分析与检修：通过故障现象分析，怀疑故障是由于室外机控制信号接收电路异常所致，检查室外机电脑板上的信号接收电路时，发现光电耦合器 PC601、PC602 损坏，用两只 TLP621 更换后，故障排除。由于室外风扇电机和压缩机始终运转，最后导致过流保护动作。

五、LG 空调

【例 10】 LG LS-A3211HT 型空调开机后室内风扇不转，蒸发器结霜

分析与检修：通过故障现象分析，怀疑风扇电机供电电路、室内风扇电机或其启动电容异常。开机后，测量室内风扇电机无 220V 供电，说明供电电路异常。检查供电电路时，发现 680Ω电阻 R03J 和 300kΩ电阻 R05D 开路。它们开路后，使双向晶闸管 TU01J 不能被触发导通，也就不能为室内风扇电机供电，从而产生此故障。更换 R03J 和 R05D 后，TR01J 能够为室内风扇电机供电，室内风扇电机旋转，故障排除。

【例 11】 LG LS-L3210HK 型空调在制热期间室外风扇不转，而制冷时正常

分析与检修：通过故障现象分析，说明故障是由于盘管温度传感器或其电阻信号/电压信号变换电路或微处理器异常所致。拔下盘管温度传感器的插头，测量它的阻值为 1.1kΩ，而正常时在室温情况下为 8kΩ左右，说明它已严重漏电，用同规格的负温度系数热敏电阻更换后，故障排除。

【例 12】 LG LS-B2331HTA 型空调开机后室外风扇不转

分析与检修：通过故障现象分析，怀疑室外风扇电机供电电路、室外风扇电机或其启动电容异常。开机后，测量室外风扇电机有 220V 供电，说明供电电路正常，故障是由于风扇电机或其启动电容异常所致。检查启动电容正常，而检查电机时，发现电机绕组开路，更换同型号电机后，室外风扇运转，故障排除。

六、志高空调

【例 13】 志高 KFR-35GW/AZ 型空调开机后室内风扇不转之一

分析与检修：通过故障现象分析，怀疑室内风扇电机供电电路、室内风扇电机及其启动电容异常。开机后，测量室内风扇电机没有 220V 供电，说明供电电路异常，检查供电电路时，发现双向晶闸管损坏，用同型号晶闸管更换后，室内风扇电机运转，故障排除。

【例 14】 志高 KFR-35GW/AZ 型空调开机后室内风扇不转之二

分析与检修：按上例检修思路检查，发现室内风扇电机有 220V 供电，说明供电电路正常，故障是由于风扇电机或其启动电容异常所致。检查启动电容几乎无容量，近于开路，更换同型号电容后，室内风扇电机运转，故障排除。

七、其他品牌空调

【例 15】 奥克斯 KFR-32GW/ED 型空调通电后，室内风扇就转，并且转速不可调

分析与检修：通过故障现象分析，怀疑室内风扇电机供电电路异常。将数字万用表置于二极管挡，在路测室内电机供电电路的双向晶闸管 BT136 时，发现它的 T1、T2 极间击穿，检查其他元器件正常，用相同的晶闸管更换后，室内风扇电机旋转正常，故障排除。

【例 16】　创华 KF-61W 型空调的导风风扇不转

分析与检修：通过故障现象分析，怀疑导风风扇电机的供电电路、导风风扇电机或微处理器异常。检查导风风扇电机的供电为 220V，说明供电电路正常，怀疑导风电机异常。断电后，测导风电机的两个供电脚间阻值为无穷大，正常时为 1.5kΩ，说明导风电机的定子绕组开路。用型号为 49TYJ 的同步电机更换后，导风恢复正常，故障排除。

第五节　噪声大、漏水故障

一、LG 空调

【例 1】　LG LP-R7112DA 型空调的室内风扇在高速运转时，发出“嗡嗡”的噪声，其他转速正常

分析与检修：通过故障现象分析，怀疑故障是室内风扇电机松动或室内机安装不实，产生共振引起的。在室内机高速运转时，用手按压室内机后背板时，噪声明显减小，说明故障的确是由于室内风扇电机与外壳产生共振所致。拆开室内机，将室内风扇电机进行减振处理并重新紧固后，故障排除。

【例 2】　LG LP-R7112DA 型空调的室内风扇运转时发出刺耳的摩擦声

分析与检修：通过故障现象分析，怀疑故障是室内风扇电机的扇叶与其他部件相碰产生的。拆开室内机外壳，触摸室内风扇电机时，发现它晃动，说明室内风扇电机不牢固，更换橡胶垫圈并重新紧固后，故障排除。

二、春兰空调

【例 3】　春兰 KFR-32GW 型空调室内机发出“嗡嗡”噪声，但制冷正常

分析与检修：通过故障现象分析，引起该故障的主要原因，一是室内机安装不当，二是空气过滤器安装不到位，三是室内风扇电机松动或它的扇叶与其他物品相碰，四是风扇电机异常。

当用手按室内机与室外机之间的管路时，噪声减小，说明故障是由于室内机安装不当，引起管路与室内机共振产生噪声，重新调整管路的位置，并用软物品填充管路与穿墙孔之间的缝隙，故障排除。

【例 4】　春兰 KFR-32GW 型空调室内机管路在穿墙孔处漏水

分析与检修：通过故障现象分析，引起该故障的主要原因，一是室内机的接水槽损坏，二是排水管堵塞、压瘪或破损。

检查排水管正常，说明故障发生在室内机，拆开室内机发现接水槽内有大量的污物，清理污物后，故障排除。

三、其他品牌空调

【例 5】　海尔 KFR-25GW 型空调室内机管路在穿墙孔处漏水

分析与检修：通过故障现象分析，引起该故障的主要原因，一是室内机的接水槽损坏，二是排水管堵塞、压瘪或破损。

检查发现排水管在穿墙孔处被压扁，将压扁处腾起后，故障排除。

【例 6】 美的 KFR-32 型空调制冷 3h 左右，开始漏水

分析与检修：通过故障现象分析，引起该故障的主要原因，一是室内机的接水槽损坏，二是排水管堵塞、压瘪或破损。

检查排水管排水正常，发现该机在制冷不到 10min 时，蒸发器的下部就开始结霜，怀疑系统制冷剂不足，在室外机的低压截止阀上安装维修阀和压力表，发现压力不足 0.25MPa，说明制冷剂的确泄漏，检查发现配管与截止阀连接松动，拆下配管检查，发现管口异常，割掉管口并重新扩口，连接后，抽空并加注适量制冷剂，故障排除。

提示 由于制冷剂不足，蒸发器结霜，压缩机停转后，蒸发器开始化霜，导致室内机漏水。

第六节 其他故障

一、海尔空调

【例 1】 海尔 KF-25GW 型空调的工作正常，但蜂鸣器在操作时不响

分析与检修：通过故障现象分析，怀疑蜂鸣器、蜂鸣器驱动电路或微处理器异常。测微处理器 IC1 的㉛脚有激励信号输出，查蜂鸣器正常，检查 R3 异常，故障排除。

【例 2】 海尔 KFR-27GW/E 型空调的遥控器功能有时不正常

分析与检修：通过故障现象分析，怀疑遥控器或室内机的遥控接收电路异常。用遥控器检测器检查遥控器有时不正常，怀疑遥控器被掉在地上摔过，导致电路板上有元器件脱焊或晶振损坏。拆开遥控器的外壳检查，没有发现有元器件引脚脱焊，怀疑晶振异常，用同型号的晶振代换后，试机遥控正常，故障排除。

【例 3】 海尔 KFR-45GW/E 型空调的遥控器功能有时不正常

分析与检修：通过故障现象分析，怀疑遥控器或室内机的遥控接收电路异常。用遥控器检测器检查遥控器正常，说明遥控接收电路异常。拆开室内机检查遥控接收组件（接收头）和微处理器之间电路没有开路的现象，用手按接收头组件与电路板的连接器插头时，发现插头松动，使它们接触良好后，遥控功能恢复正常，故障排除。

【例 4】 海尔 KFR-26GW/F、KFR-28GWBP/F 型空调的遥控器安装电池后，显示屏亮一下就熄灭

分析与检修：通过故障现象分析，说明遥控器装入的电池不合适。这两种空调随机附带的遥控器型号是 YR-D03、YL-D02，而随机附带的电池是 KF 型高能无汞电池，由于这批电池比普通 5 号电池体积大，所以安装后会产生接触不良的现象，从而产生该故障。改用 5 号南孚电池后，遥控器恢复正常，故障排除。

二、美的空调

【例 5】　美的 KFR-32GW/I1DY 型空调遥控距离短

分析与检修：通过故障现象分析，怀疑遥控器内的电池容量不足、遥控器发射管老化或遥控接收头性能差。为遥控器更换电池后，故障排除。

【例 6】　美的 KFR-32GW/I1DY 型空调工作紊乱

分析与检修：通过故障现象分析，怀疑遥控器异常、室内机的电脑板工作异常。取出遥控器的电池后无效，说明室内机电脑板工作异常。室内机电脑板工作异常的主要原因是操作键漏电、时钟振荡电路异常。但是，检查它们都正常，当用吸锡器悬空遥控接收组件的输出脚后，故障现象消失，说明遥控接收组件损坏漏电，用同型号的组件更换后，故障排除。

【例 7】　美的 KFR-50LW/HIDY 型空调工作紊乱

分析与检修：通过故障现象分析，怀疑遥控器异常、室内机的电脑板工作异常。取出遥控器的电池后无效，说明室内机电脑板工作异常。室内机电脑板工作异常的主要原因是操作键漏电、时钟振荡电路异常。当用吸锡器悬空按键开关 SW1 的一个引脚后，故障现象消失，说明 SW1 漏电，用相同的轻触开关更换后，故障排除。

三、长虹空调

【例 8】　长虹 KFR-33GW 型空调遥控距离短之一

分析与检修：通过故障现象分析，怀疑遥控器内的电池容量不足、遥控器发射管老化或遥控接收头性能差。为遥控器更换电池后，无效，说明故障与电池无关。怀疑遥控器的发射管老化，拆开遥控器外壳，更换同规格的发射管后，故障排除。

【例 9】　长虹 KFR-33GW 型空调遥控距离短之二

分析与检修：按上例检修思路，更换遥控器内的电池和发射管无效，怀疑室内机内的遥控接收头性能差。拆开室内机外壳，找到遥控接收头后，发现它的表面和遥控信号接收窗有污物，清理干净后，故障排除。

四、其他品牌空调

【例 10】　格力 KF-25GW 型空调的时间设置、显示紊乱

分析与检修：通过故障现象分析，说明操作键电路或微处理器异常。检查操作键电路时，发现放大管 Q8 的 c、e 极漏电，更换后，故障排除。

【例 11】　华宝 KF-71L/LY 型空调工作紊乱，有时自动开机，有时自动关机

分析与检修：通过故障现象分析，怀疑遥控器异常、室内机的电脑板工作异常。取出遥控器的电池后无效，说明室内机电脑板工作异常。室内机电脑板工作异常的主要原因是操作键漏电、时钟振荡电路异常。当用吸锡器悬空电源开关 POWER 的一个引脚后，故障现象消失，说明电源开关漏电，用相同的轻触开关更换后，故障排除。

附录　典型空调器故障代码

1. 海尔 KFR-33GW/M（F）、KF（R）-25/35GW/HB（F）、KFR-28GW/C（BPF）、KF（R）-25/33GW/K（F）空调器

故障代码			故障原因
运行灯	制热灯	制冷灯	
灭	亮	闪	室内风扇电机异常
闪	灭	灭	室内环境温度传感器或其阻抗信号/电压信号变换电路异常
闪	亮	亮	室内盘管温度传感器或其阻抗信号/电压信号变换电路异常
闪	闪	亮	存储器（E^2PROM）异常

2. 海尔 KFR23/26/33/35GW 空调器

故障代码	故障原因	备注
E1	室温传感器异常	室温传感器或其阻抗信号/电压信号变换电路异常
E2	室内盘管温度传感器异常	室内盘管温度传感器或其阻抗信号/电压信号变换电路异常
E4	E^2PROM 异常	
E14	室内风扇电机故障	开机 2min 后，压缩机停转

3. 海尔 KFR-26GW/B（JF）、KFR-26GW/（JF）、KFR-36GW/B（JF）、KFR-36GW/C（F）、KFR-40GW/A（JF）空调器

故障代码	故障原因
E1	室内环境温度传感器断路、短路、接触不良或其阻抗信号/电压信号变换电路异常
E2	室内盘管温度传感器断路、短路、接触不良或其阻抗信号/电压信号变换电路异常
E21	除霜温度传感器异常
E4	单片机读入 E^2PROM 数据错误
E8	面板和主控板间通信故障
E14	室内风扇电机故障
E16	电离子集尘故障
E24	压缩机运行电流异常

4. 海尔 KFRD-52LW/JXF、KFRD-62LW/F、KFRD-62LW/JXF、KFRD-71LW/F、KFRD-取 71LW/SDF、KFRD-71LW/JXF、KFRD-120LW/F 空调器

故障代码	故障原因
E1	室内环境温度传感器或其阻抗信号/电压信号变换电路异常
E2	室内盘管温度传感器或其阻抗信号/电压信号变换电路异常
E3	室外环境温度传感器或其阻抗信号/电压信号变换电路异常
E4	室外盘管温度传感器或其阻抗信号/电压信号变换电路异常

续表

故障代码	故障原因
E5	压缩机运行电流过大
E6	系统压力异常
E7	室外机供电低
E8	室内机的操作板（面板）与主板通信异常
E9	室内机、室外机通信异常

5. 海尔－三菱重工柜机

故障代码		故障原因
检测灯	显示屏	
	E1	室内机操作板与电脑板通信故障
闪1次	E6	室内环境温度传感器或其阻抗信号/电压信号变换电路异常
闪2次	E7	室内盘管温度传感器或其阻抗信号/电压信号变换电路异常
闪4次	E9、E40	室外机供电低、系统压力过高
闪5次	E57	制冷剂不足
闪6次	E8	室外机过载保护（制冷剂过多等）
	E28	操作板上SW13-6设置错误，正常时为关闭（OFF）状态
	E9	供电缺相

6. 海尔71LW/F空调器

故障代码	故障原因
E1	室内环境温度传感器或其阻抗信号/电压信号变换电路异常
E2	室内盘管温度传感器或其阻抗信号/电压信号变换电路异常
E3	室外环境温度传感器或其阻抗信号/电压信号变换电路异常
E4	室外盘管温度传感器或其阻抗信号/电压信号变换电路异常
E5	室内外电流过大
E6	高压压力保护
E7	电源欠压保护
E8	控制面板和主控板之间通信异常

7. 海信KF-2301GW、KF-2501GW、KF-25GW、KFR-2301GW、KFR-25GW、KFR-2801GW、KFR-28GW空调器

序号	故障代码				故障原因
	高效灯	运行灯	定时灯	电源灯	
1	灭	灭	灭	亮	室内环境温度传感器或其阻抗信号/电压信号变换电路异常
2	灭	灭	亮	灭	盘管（热交换器）温度传感器或其阻抗信号/电压信号变换电路异常

续表

序号	故障代码				故障原因
	高效灯	运行灯	定时灯	电源灯	
3	灭	灭	亮	亮	蒸发器（室内热交换器）冻结
4	灭	亮	灭	灭	制冷过载
5	灭	亮	灭	亮	制热过载
6	灭	亮	亮	灭	瞬间断电
7	灭	亮	亮	亮	电流过大
8	亮	灭	灭	灭	室内风扇电机或其供电电路或PG信号形成电路异常
9	亮	亮	灭	灭	室内机电脑板的E^2PROM异常

注：空调器进入保护状态后，维修人员可按下遥控器上的传感器切换键，室内机操作板上的指示灯会显示故障内容，按压传感器切换键的时间超过5s，电脑板进入故障检测和显示状态。

8. 海信KF-2510GW、KFR-2510GW空调器

故障代码（黄色指示灯）	故障原因	备注
闪2次停1次	室内环境温度传感器或其阻抗信号/电压信号变换电路异常	不停机显示
闪3次停1次	室内盘管温度传感器或其阻抗信号/电压信号变换电路异常	
闪7次停1次	室外化霜传感器或其阻抗信号/电压信号变换电路异常	
闪8次停1次	室内风扇电机或其供电电路或PG信号形成电路异常	停机显示
闪5次停5次	室外机异常	

注：闪烁是指指示灯亮0.5s，灭0.5s。

9. 海信KF-2511GW、KFR-2511GW空调器

故障代码		故障原因	备注
定时灯	运行灯		
灭	闪烁1次/8s	室内环境温度传感器或其阻抗信号/电压信号变换电路异常	关机显示
灭	闪烁2次/8s	室内盘管温度传感器或其阻抗信号/电压信号变换电路异常	
闪烁3次/8s	灭	室内风扇电机或其供电电路、启动电容异常	开、关机均显示
闪烁5次/8s	灭	室外风扇电机或其供电电路、启动电容异常	

注：闪烁是指指示灯亮0.5s，灭0.5s。

10. 海信KFR-2508GW、KFR-2518GW、KFR-3201GW、KFR-3208GW/A、KFR-3218GW、KFR-2318GW/A、KF-3218GW/A、KFR-2501GW/D、KFR-3301GW、KFR-3301GW/D、KFR-2501GW、KF-25GW/58、KFR-23GW/58、KF-4802GW、KFR-5008GW、KFR-35GW/58、KFR-2308GW、KF-23GW/56、KF-23GW/56D、KFR-25GW/56D空调器

序号	故障代码				故障原因
	高效灯	运行灯	定时灯	电源灯	
1				闪烁	室内环境温度传感器或其阻抗信号/电压信号变换电路异常
2			闪烁		室内盘管温度传感器或其阻抗信号/电压信号变换电路异常

续表

序号	故障代码				故障原因
	高效灯	运行灯	定时灯	电源灯	
3			闪烁	闪烁	制冷时室内热交换器、蒸发器冻结
4		闪烁			制热时室内热交换器过热
5		闪烁	闪烁		瞬间停电
6		闪烁	闪烁	闪烁	压缩机运行电流过大
7	闪烁				风扇电机堵转
8	闪烁	闪烁		闪烁	室内机电脑板的 E^2PROM 异常

注：空调器进入保护状态后，维修人员可按下遥控器上的传感器切换键，室内机操作板上的指示灯会显示故障内容，只有切断市电后故障代码才会消失。

KF4802GW 型空调器的电源灯和高效灯采用双色发光二极管，通过不同的发光颜色来表示相应的工作状态。

11．海信 KFR-23GW/57、KFR-23/57D 空调器

故障代码				故障原因
高效灯	运行灯	定时灯	电源灯	
亮	灭	灭	闪烁	室内环境温度传感器或其阻抗信号/电压信号变换电路异常
灭	亮	灭	闪烁	室内盘管温度传感器或其阻抗信号/电压信号变换电路异常
亮	亮	亮	闪烁	室内 E^2PROM 工作异常
亮	亮	灭	闪烁	室内风扇电机或其供电电路、启动电容异常
亮	灭	亮	亮	市电过零检测信号异常

12．海信 KFR-50LW/AD、KFR-50LW、KF-50LW、KFR-5001LW 空调器

故障代码	故障原因
E1	室内环境温度传感器或其阻抗信号/电压信号变换电路异常
E2	室内盘管温度传感器或其阻抗信号/电压信号变换电路异常
E3	室外环境温度传感器或其阻抗信号/电压信号变换电路异常
E4	室外盘管温度传感器或其阻抗信号/电压信号变换电路异常
E5	市电过压、欠压保护
E6	室内热交换器冻结
E7	室内热交换器过热
E8	室外环境温度过低保护
E9	压缩机运行电流过大

13．海信 KFR-70GW/08A 空调器

故障代码				故障原因
高效灯	运行灯	定时灯	电源灯	
亮	灭	灭	闪烁	室内环境温度传感器或其阻抗信号/电压信号变换电路异常
灭	亮	灭	闪烁	室内盘管温度传感器或其阻抗信号/电压信号变换电路异常
亮	亮	亮	闪烁	室内机电脑板的 E^2PROM 异常
灭	灭	闪烁	灭	室外盘管温度传感器或其阻抗信号/电压信号变换电路异常

注：开机时，按住应急键 5s，蜂鸣器发出 3 声鸣叫后，自动进入故障显示状态。通电后，蜂鸣器立刻鸣叫 1 声，则说明是室内电脑板上的存储器异常。

室内机电脑板还通过发光二极管（LED）型指示灯显示故障代码，若 LED 长亮，说明工作正常；若出现故障，则 LED 熄灭 5s，然后以亮 1s、灭 1s 的闪烁方式报警。每个周期内闪烁的次数代表不同的故障原因，也就是故障代码，其含义见下表。

闪烁次数	故障原因	闪烁次数	故障原因
1、2	电流过大	8	室内环境温度传感器或其阻抗信号/电压信号变换电路异常
6	制冷时室内热交换器冻结	9	室内盘管温度传感器或其阻抗信号/电压信号变换电路异常
7	压缩机过热	10	室外盘管温度传感器或其阻抗信号/电压信号变换电路异常

14．春兰 FR-28W/AS 空调器（10P 柜机）

故障代码	故障原因
电源、过/欠压灯长亮	三相供电正常（每相对地为 187～245V）
电源、过/欠压灯闪烁	三相供电欠压或过压
除霜，缺相灯长亮	空调正常除霜
除霜，缺相灯闪烁	三相电源缺相（检查信号线 H 与 LP）
延时，过载灯长亮	处于 3min 延时
延时，过载灯闪烁	热保护 K 与压控器断开（检查信号线 B）

说明：室内、外信号线接线端子的含义如下。

符号	含义	符号	含义
A	电源火线	E	输出控制线（接地）
B	压控与热保护输入控制线（接地）	F	室外/内机输出控制线（接地）
C	压缩机输出控制线（接地）	G	室外盘管温度传感器或其阻抗信号/电压信号变换电路异常
D	室外盘管温度传感器输入连接线（接地）	H	室外互感器输入控制线（直流信号）

15. 春兰 KFR-65QW/AS 嵌入式空调器

故障代码			故障原因
电源灯（红）	除霜灯（黄）	运行灯（绿）	
亮	亮	闪烁	室内环境温度传感器或其阻抗信号/电压信号变换电路异常
亮	灭	闪烁	室内盘管温度传感器或其阻抗信号/电压信号变换电路异常
亮	闪烁	亮	水泵开关异常
亮	闪烁	亮	室内机、室外机通信异常
亮	闪烁	灭	过热
闪烁	亮	亮	室内热交换器冻结（不可恢复运转）
闪烁	亮	闪烁	压缩机过流
闪烁	亮	灭	系统内压力过高、室外盘管温度传感器或其阻抗信号/电压信号变换电路异常
闪烁	灭	亮	室外环境温度过低、室外环境温度传感器或其阻抗信号/电压信号变换电路异常

16. 春兰 KFR-100/ads、KFR-100/as、KFR-120/ads 空调器（柜机）

故障代码	故障原因
E1	室内机、室外机通信异常
E2	压缩机过流
E3	三相电相序错误
E4	系统内压力过高
E5	系统内压力过低

17. 春兰 KFR-70td、KFR-70Tds、KFR-70H2d、KFR-70H2ds、KFR-50H2d、KFR-50Vd、KFR-72vd、KFR-120vds 空调器（柜机）

故障代码	故障原因
E1	压缩机排气温度过高
E2	压缩机过流
E3	三相电相序错误
E4	系统内压力过高
E5	系统内压力过低
E6	制冷时室内热交换器冻结

18. 春兰 KFR-22、32GA 空调器

故障代码	故障原因
红灯不亮	市电供电、电源电路、微处理器电路
绿灯闪烁	压力开关断开或盘管温度传感器 RT2 异常
黄灯闪烁	传感器 RT2 或其阻抗信号/电压信号变换电路异常
绿灯、黄灯同时闪烁	传感器 RT1 或其阻抗信号/电压信号变换电路异常

19. 春兰V系列空调器

故障代码	故障原因
E1	压缩机排气管过热
E2	压缩机过流
E3	三相供电相序错误
E4	系统压力过高
E5	系统压力过低
E9	室内热交换器制冷期间冻结

20. 春兰KFR-40LW/BdS、KFR-50LW/BdS、KFR-70LW/BdS、KFR-100LW/BdS、KFR-140LW/BdS空调器

故障代码	故障原因
E1	室内机、室外机通信异常（CMM对地电压在6～7V摆动）
E2	压缩机过流
E3	供电异常
E4	系统内压力过高、传感器RT5或其阻抗信号/电压信号变换电路异常
E5	室外环境温度过低
E6	制冷时室内热交换器冻结、传感器RT2或其阻抗信号/电压信号变换电路异常
E7	传感器RT1、RT2、RT3开路或其阻抗信号/电压信号变换电路异常
E8	传感器RT1、RT2、RT3短路或其阻抗信号/电压信号变换电路异常

21. 春兰FR-180/S、FR-260/S空调器（风管机）

故障代码	故障原因
E0	系统内压力过高
E1	制冷时室内热交换器二次冻结
E2	室内环境温度传感器或其阻抗信号/电压信号变换电路异常
E3	室内盘管温度传感器或其阻抗信号/电压信号变换电路异常
E4	室外盘管温度传感器或其阻抗信号/电压信号变换电路异常
E5	室内机、室外机通信异常
E6	三相电供电相序错误
E7	压缩机电流过大
E8	卸荷保护
E9	供电电压低（欠压）

22. 美的S系列、K2系列、F2系列、H1系列空调器（柜机）

故障代码	故障原因
定时灯以5Hz频率闪烁	室内环境温度传感器T1或其阻抗信号/电压信号变换电路异常
运行灯以5Hz频率闪烁	室内盘管温度传感器T2或其阻抗信号/电压信号变换电路异常
化霜灯以5Hz频率闪烁	室外盘管温度传感器T3或其阻抗信号/电压信号变换电路异常
3个灯以5Hz频率闪烁	室外机异常

注：当室外机保护和温度传感器检测口异常同时发生时，优先指示室外机保护故障；强制制冷期间发生室外机保护，故障排除后恢复到强制制冷状态。

23. 美的E系列空调器（柜机）

故障代码	故障原因
P02	压缩机过载
P03	室内热交换器制冷时过冷（冻结）
P04	制热时室内热交换器过热
P05	制热时室内机出风口温度过高
E01	温度传感器或其阻抗信号/电压信号变换电路异常
E02	压缩机过流
E03	压缩机欠流，第一次通电时检查
E04	室外机保护
E05	温度传感器或其阻抗信号/电压信号变换电路异常

注：故障期间指示灯LED以2Hz的频率闪烁，而保护期间LED发光。

24. 美的S1系列、S2系列、S3系列、S6系列、Q系列、R系列、U1系列空调器（柜机）

故障代码	故障原因	空调器状态
P3	高、低电压保护（变频空调器使用）	
P4	室内蒸发器过热或过冷	压缩机停转
P5	室外热交换器过热	压缩机停转
P7	压缩机排气温度过高（变频空调器使用）	压缩机停转
P8	压缩机顶部过热（变频空调器使用）	
P9	化霜异常或过冷	关风机
E1	温度传感器T1或其阻抗信号/电压信号变换电路异常	
E2	温度传感器E2或其阻抗信号/电压信号变换电路异常	
E3	温度传感器E3或其阻抗信号/电压信号变换电路异常	
E4	温度传感器E5或其阻抗信号/电压信号变换电路异常（变频空调器使用）	
E5	通信异常	
E6	室外机故障	
E7	加速器异常	
E8	静电除尘电路异常	
E9	自动门异常	
PAU	进风格栅异常	

25. 美的T系列、T1系列、I4系列、26Z系列、32Z系列、G系列空调器

故障代码		故障原因
工作灯	定时灯	
闪烁	灭	风扇电机转速失控（SPABF）
闪烁	亮	室内温度传感器、室内盘管温度传感器或其阻抗信号/电压信号变换电路异常（PREVP）5Hz

续表

故障代码		故障原因
工作灯	定时灯	
灭	闪烁	4次电流过大
亮	闪烁	通电时读 E^2PROM 数据出错

26. 美的T2系列、T3系列、T4系列、T5系列、T6系列空调器

故障代码		故障原因
运行灯	定时灯	
闪烁	灭	室内风扇电机转速失控
闪烁	亮	室内环境温度传感器、室内盘管温度传感器或其阻抗信号/电压信号变换电路异常
灭	闪烁	4次电流过大
闪烁	闪烁	通电时读 E^2PROM 数据出错

27. 美的Q1系列、Q2系列、U系列、V系列空调器

故障代码	故障原因
E1	通电时读 E^2PROM 数据出错
E2	市电过零检测信号异常
E3	风扇电机速度失控
E4	4次电流过大
E5	室内环境温度传感器或其阻抗信号/电压信号变换电路异常
E6	室内盘管温度传感器或其阻抗信号/电压信号变换电路异常

28. 美的I1、A系列（微处理器μPD780021）空调器

故障代码			故障原因
工作灯	定时灯	化霜灯	
闪烁	灭	闪烁	4次电流过大
闪烁	灭	灭	风扇电机转速失控
闪烁	闪烁	闪烁	市电过零检测信号异常
闪烁	闪烁	亮	通信异常
灭	闪烁	灭	室内环境温度传感器或其阻抗信号/电压信号变换电路异常
闪烁	闪烁	灭	温度保护器（FUSED）熔断
亮	亮	亮	通电时读 E^2PROM 数据出错

29. 美的I1、A系列（微处理器MC68HC908JL3）空调器

故障代码			故障原因
工作灯	定时灯	化霜灯	
闪烁	灭	闪烁	4次电流过大
闪烁	灭	灭	风扇电机转速失控
闪烁	闪烁	闪烁	市电过零检测信号异常
灭	灭	闪烁	室内温度传感器、室内盘管温度传感器或其阻抗信号/电压信号变换电路异常

30. 美的20Z、22Z战斗机（统一芯片S8M7217）系列、I2系列、I5系列、Q系列空调器

故障代码		故障原因
运行灯	定时灯	
闪烁	灭	风扇电机转速失控
闪烁	亮	室内环境温度传感器、盘管温度传感器或其阻抗信号/电压信号变换电路异常
灭	闪烁	4次电流异常
亮	闪烁	通电时读E^2PROM数据出错
闪烁	闪烁	市电过零检测信号（同步信号）异常

31. 美的全健康Q1系列空调器

故障代码	故障原因
E1	通电时读E^2PROM数据出错
E2	市电过零检测信号（同步信号）异常
E3	风扇电机转速异常
E4	4次电流异常
E5	室内环境温度传感器或其阻抗信号/电压信号变换电路异常
E6	室内盘管温度传感器或其阻抗信号/电压信号变换电路异常

32. 美的LF-8W（单相、三相）、RF-8W（单相、三相）、LF-12W、RF-12W空调器

故障代码	故障原因
LED1亮	供电电压过高
LED2	供电电压过低
LED3	系统内压力过高、压缩机过热
LED4	系统内压力过低
LED1和LED2	室外机温度检测超过80℃
LED1和LED3	室外机温度检测低于–40℃

33. 美的L（R）F-7.5WB（D）、L（R）F-12WB、L（R）F-7.5WC（D）、L（R）F-12WC、KF（R）-48LW/Y、KF（R）-61LW/Y、KF（R）-75LW/B（C）（S）（D）、KF（R）-120LW/B（C）（S）（D）空调器

故障代码	故障原因
01	室外机异常
02	电源电压过高或过低
03	制冷时室内热交换器温度过低
04	制热时室内热交换器温度过高
05	室内机出风口温度过高
06	室内机电脑板与操作显示板通信异常
07	室内机电脑板异常

说明：美的 B（C）型分体落地机故障显示代码开关板上的故障类型显示（操作显示板上 LED1 快闪），故障排除后工作正常。室外机故障时，室外指示灯 LED3 快闪，室外故障类型与指示灯（LED4、LED5、LED6）表示的故障含义见下表。

故障代码			故障原因
LED4	LED5	LED6	
亮	灭	灭	压缩机电机过流
灭	亮	灭	压缩机电机欠流
灭	灭	亮	管路压力过大
亮	灭	灭	管路压力不足
灭	亮	亮	供电电压低（欠压）
亮	亮	亮	三相电相序错（三相电 380V 压缩机）

34. 新科 KFR（d）-25GW、KFR-32GW/B、KFRd-48LW/（F、B、BF）、KFRd-75LW/3、KFRd-120LW 空调器

故障代码	故障原因	备注
16℃	不制冷	制冷剂不足、室外机是否工作
17℃	低压、缺相、相序错	缺氟、充氟过多，相位检测、电源
18℃	供电电压异常	
19℃	传感器 T1 或其阻抗信号/电压信号变换电路异常	
20℃	传感器 T2 或其阻抗信号/电压信号变换电路异常	
21℃	传感器 T3 或其阻抗信号/电压信号变换电路异常	

注：故障代码在故障灯闪烁的情况下有效。

35. 新科 KFRD-25GWE、KFR-29GWE、KFR-35GW/（F、EF、B、BF）空调器

故障代码			故障原因
L1 灯	L2 灯	L3 灯	
亮	灭	灭	制冷剂泄漏，不制冷
亮	亮	灭	传感器 T1 或其阻抗信号/电压信号变换电路异常
亮	灭	亮	传感器 T2 或其阻抗信号/电压信号变换电路异常
灭	亮	亮	传感器 T3 或其阻抗信号/电压信号变换电路异常
亮	亮	亮	电压过低（定时灯闪烁）

36. 新科 KFR-43LW（F）、KFRD-48LWH（F）、KFRD-50LW/GX 空调器

故障代码	故障原因
1	室内环境温度传感器或其阻抗信号/电压信号变换电路异常
2	室内盘管温度传感器或其阻抗信号/电压信号变换电路异常
3	室外盘管温度传感器或其阻抗信号/电压信号变换电路异常
4	系统泄漏，不制冷（开机 10min 显示判断结果，压缩机过热保护，室内盘管温度传感器异常）

37. 澳柯玛 4321 空调器

故障代码	故障原因
01	室内环境温度传感器或其阻抗信号/电压信号变换电路异常
02	室内盘管温度传感器或其阻抗信号/电压信号变换电路异常
03	系统压力异常
04	制冷时室内热交换器冻结

38. 澳柯玛 KFR-27GW/A 空调器

故障代码	故障原因	备　注
闪亮 2 次/8s	室内环境温度传感器或其阻抗信号/电压信号变换电路异常	关机
闪亮 1 次/8s	室内盘管温度传感器或其阻抗信号/电压信号变换电路异常	关机
闪亮 3 次/8s	室外盘管温度传感器或其阻抗信号/电压信号变换电路异常	关机
闪亮 3 次/8s	室内风扇电机异常	
闪亮 4 次/8s	防冻结/超负荷/过热	运行
亮 1.5s、灭 0.5s	除霜/防冷风	运行
闪亮 5 次/8s	抽湿监测区不受影响	运行
闪亮 6 次/8s	制冷剂不足	关机

39. 澳柯玛 KFR-33GW/B、KFR-35GW/A 空调器

故障代码	故障原因
闪闪灭灭灭灭灭灭灭亮	制冷剂不足
闪闪灭灭灭灭灭灭亮灭	室内环境温度传感器或其阻抗信号/电压信号变换电路异常
闪闪灭灭灭灭灭灭亮亮	室内环境温度传感器或其阻抗信号/电压信号变换电路异常
闪闪灭灭灭灭灭亮灭灭	室内盘管温度传感器或其阻抗信号/电压信号变换电路异常
闪闪灭灭灭灭灭亮灭亮	室内盘管温度传感器或其阻抗信号/电压信号变换电路异常
闪闪灭灭灭灭灭亮亮灭	室外盘管温度传感器或其阻抗信号/电压信号变换电路异常
闪闪灭灭灭灭灭亮亮亮	室外盘管温度传感器或其阻抗信号/电压信号变换电路异常
闪闪灭灭灭灭亮灭灭灭	室内风扇电机故障

注：该机利用温度指示灯的灯位（C）显示故障代码。

40. 乐华 KFR-73LW 空调器（柜机）

故障代码	故障原因	备　注
E1	串行通信信号传送错误	控制板检测到从室内机传来的异常信号
E2	串行通信信号接收错误	
P1	过热	室内机保护装置动作
P2	过热	
P3	过流、零电流、室外机保护装置动作、室内盘管温度传感器或其阻抗信号/电压信号变换电路异常	

续表

故障代码	故障原因	备　注
P4	高压开关动作	
F2	测不到室内热交换器的温度	室内传感器异常
F3	测不到外管温度	室外传感器异常
F4	室外机工作不正常，制冷、制热不良	室外机故障
F5	室外机不工作，相序错误	73 单相柜机无 F5 故障代码

41．乐华 25、32、33、35 系列壁挂式空调器（不含 DY 系列），45、50、60 系列柜机，液晶显示 125 系列（OEM 产品）柜机

故障代码	故障原因
E1	串行通信信号传送错误（控制板检测到从室内机传来的异常信号）
E2、E3	室内机检测控制板传来的异常信号
P1	制热时室内热交换器过热
P2	制冷时室内热交换器过冷
P3	压缩机过电流
P4	压力开关动作
F1	温度传感器或其阻抗信号/电压信号变换电路异常

42．新飞 KF-5LW/K/X/T、KFR-50LW/D/DK/DW/DT、KF-60LW/XK/K/X/T、KFR-60LW/DXK/DK/DX/DT 空调器（柜机）

故障代码	故障原因
E1	室内环境温度传感器或其阻抗信号/电压信号变换电路异常
E2	室内盘管温度传感器或其阻抗信号/电压信号变换电路异常
E3	室外盘管温度传感器或其阻抗信号/电压信号变换电路异常
E4	室外机故障

43．新飞 KFR-46LW 空调器

故障代码	故障原因	备　注
E1	室内环境温度传感器或其阻抗信号/电压信号变换电路异常	停机
E2	室外环境温度传感器或其阻抗信号/电压信号变换电路异常	不停机
E3	室内盘管温度传感器或其阻抗信号/电压信号变换电路异常	不停机

44．新飞 KFR-46LW/D 空调器

故障代码	故障原因
运行、制冷灯闪烁	制冷时室内热交换器冻结
运行、制热灯闪烁	制热时室内热交换器过热
运行灯闪烁	制热时长时间冷风
化霜灯闪烁	处于制热化霜状态

45. 新飞 KF-33GW/X、KF-36GW/X、KFR-36GW/X、KFR-33GW/X、KFR-36GW、KFR-33GW 空调器

故障代码		故障原因
运行灯（绿）	1 次/8s	室内环境温度传感器或其阻抗信号/电压信号变换电路异常
	2 次/8s	室内盘管温度传感器或其阻抗信号/电压信号变换电路异常
	6 次/8s	室内风扇电机或其供电电路、启动电容异常
定时灯（黄）	3 次/8s	室外盘管温度传感器或其阻抗信号/电压信号变换电路异常
	5 次/8s	室外机异常

46. 伊莱克斯 KF-23GW、KF-23GW/A、KF-23GW/B 空调器

故障代码	故障原因
每周期闪烁 1 次	室内风扇电机或其供电电路、启动电容异常
每周期闪烁 2 次	室内环境温度传感器或其阻抗信号/电压信号变换电路异常
每周期闪烁 3 次	室内盘管温度传感器或其阻抗信号/电压信号变换电路异常

注：正常运行中的防冻结保护、3min 延迟保护等保护状态，指示灯均不闪烁。

47. 伊莱克斯 KFR-23GW 空调器

故障代码	故障原因
定时灯每 10s 闪烁 3 次	室内风扇电机或其供电电路、启动电容异常
定时灯每 10s 闪烁 5 次	制冷系统异常
定时灯每 10s 闪烁 2 次	室内环境温度传感器或其阻抗信号/电压信号变换电路异常
定时灯每 10s 闪烁 1 次	室内盘管温度传感器或其阻抗信号/电压信号变换电路异常

48. 伊莱克斯 KF-25GW/A、KFR-25GW/A、KF-30GW/A、KFR-30GW/A、KFR-26GW/B、KF-33GW/B、KFR-33GW/B、KFR-33GW/C、KFR-33GW/F、KFR-35GW/B 空调器

故障代码	故障原因
定时灯亮 2 次停 2 次	进风口温度传感器或其阻抗信号/电压信号变换电路异常
定时灯亮 3 次停 2 次	室内盘管温度传感器或其阻抗信号/电压信号变换电路异常
定时灯亮 7 次停 2 次	除霜传感器或其阻抗信号/电压信号变换电路异常
定时灯亮 8 次停 2 次	室内风扇电机或其供电电路、启动电容异常
运行指示灯闪烁	防冷风、除霜

注：首次启动，制热运转时，若室内盘管温度低于 28℃，并持续 30min，则停机。另外，运转过程中，当室内盘管温度下降到 18℃时，室内风扇电机停止运转，并持续 30min，则停机。运行指示灯闪亮 6 次停 2 次，依次循环。

49. 伊莱克斯 KFR-35GW/C、KFR-52GW/C 空调器

故障代码	故障原因
P1	室内环境温度传感器或其阻抗信号/电压信号变换电路异常
P2	室内盘管温度传感器或其阻抗信号/电压信号变换电路异常

续表

故障代码	故障原因
P3	室外化霜温度传感器或其阻抗信号/电压信号变换电路异常
P5	制热期间长时间吹冷风
P6	电脑板上 E^2PROM 故障
P7	电脑板与操作显示板通信异常
P8	室内风扇电机异常（KFR-52GW/C 无）

50. 伊莱克斯 KFR-50GW 空调器

故障代码	故障原因
21℃、30℃灯亮，22℃灯闪烁	室内风扇电机或其供电电路、启动电容异常
21℃、30℃灯亮，25℃灯闪烁	制冷系统异常
21℃、30℃灯亮，23℃灯闪烁	室内环境温度传感器或其阻抗信号/电压信号变换电路异常
21℃、30℃灯亮，24℃灯闪烁	室内盘管温度传感器或其阻抗信号/电压信号变换电路异常

51. 伊莱克斯 KFR-120LW/B 空调器

故障代码	故障原因
S0	室内环境温度传感器或其阻抗信号/电压信号变换电路异常
S2	制热期间长时间吹冷风
S3	三相电相序错
S4	三相电缺相
S5	供电过低
S6	供电过高
S7	室外温度传感器或其阻抗信号/电压信号变换电路异常
S8	室内、室外机通信异常

52. 长虹 KFR-48LW、KFR-60LW、KF（R）-51LW、KFR-71LW/FS 系列空调器

故障代码	故障原因
E1	通信异常（E0 表示通信正常）
P1	制冷过载
P2	制热过载
P3	系统异常
P4	自动模式下室内温度传感器或其阻抗信号/电压信号变换电路异常
F1	高压开关保护（信号线接错或断裂，控制板上光电耦合器或 R205 损坏）
F2	室外风扇电机热保护（热保护器坏，控制板上光电耦合器或 R201 损坏）
F3	室内风扇电机热保护（热保护器坏，控制板上光电耦合器或 R209 损坏）
F7	温度传感器或其阻抗信号/电压信号变换电路异常
F8	系统异常保护

53. 长虹KF（R）-33GW/J空调器

故障代码	故障原因	备注
待机灯快速闪烁	导风电机工作异常	导风电机不工作
待机灯闪烁	室内温度传感器或其信号变换电路异常	以24℃温度运行
定时灯快速闪烁	室内风扇电机异常、市电过零检测信号异常	空调器保护性停机
定时灯闪烁	室内盘管温度传感器或其信号变换电路异常	不能制热
运行灯闪烁	室外盘管温度传感器或其信号变换电路异常	不能制热

54. 长虹KFR-25（35）GW/EQ空调器

故障代码	故障原因	备注
待机灯闪烁	室内温度传感器或其信号变换电路异常	空调器保护性停机
定时灯闪烁	室内盘管温度传感器或其信号变换电路异常	空调器保护性停机
定时灯快速闪烁	室内风扇电机异常、市电过零检测信号异常	空调器保护性停机
运行灯闪烁	室外盘管温度传感器或其信号变换电路异常	
空清灯闪烁	空气清新电路反馈信号异常	

55. 长虹KFR-25（35）GW/DC2（3）空调器

故障代码	故障原因	备注
待机灯闪烁	室内温度传感器或其信号变换电路异常	按24℃温度运行
定时灯闪烁	室内盘管温度传感器或其信号变换电路异常	不能制热
运行灯闪烁	室内风扇电机异常	空调器保护性停机

56. 长虹KFR-26（36）GW/H（D）空调器

故障代码	故障原因	备注
待机灯闪烁	室内温度传感器或其信号变换电路异常	按24℃温度运行
定时灯闪烁	室内盘管温度传感器或其信号变换电路异常	不能制热
运行灯闪烁	室外盘管温度传感器或其信号变换电路异常	不能制热

57. 长虹KF（R）-25（30/34）GW/WCS空调器

故障代码	故障原因	备注
待机灯闪烁	室内温度传感器或其信号变换电路异常	以24℃温度运行
定时灯快速闪烁	室内风扇电机异常、市电过零检测信号异常	空调器保护性停机
定时灯闪烁	室内盘管温度传感器或其信号变换电路异常	空调器保护性停机
运行灯闪烁	室外盘管温度传感器或其信号变换电路异常	空调器保护性停机
3个指示灯闪烁	存储器数据错误	空调器不工作

58. 长虹KFR-25GW/AS空调器

故障代码	故障原因
待机灯闪烁	室内温度传感器或其信号变换电路异常
定时灯闪烁	室内盘管温度传感器或其信号变换电路异常

续表

故障代码	故障原因
运行灯闪烁	室外盘管温度传感器或其信号变换电路异常
空清灯闪烁	室内风扇电机异常

59. 长虹KF（R）-51GW/WS空调器

故障代码	故障原因	备注
待机灯闪烁	室内温度传感器或其信号变换电路异常	以24℃温度运行
定时灯闪烁	室内盘管温度传感器或其信号变换电路异常	空调器保护性停机
运行灯闪烁	室外盘管温度传感器或其信号变换电路异常	空调器保护性停机
3个指示灯闪烁	存储器数据错误	空调器不工作

60. 长虹小清快系列空调器

故障代码	故障原因
00	室内机电路板保护电路动作
01	连接线及串行信号系统保护电路动作
02	室外控制板保护电路动作
03	其他保护电路动作（如压缩机过流）

61. 三洋P系列空调器

故障代码	故障原因
P01	室内风机异常
P02	室外风机异常/压缩机异常/电压异常
P03	放电温度异常
P04	高压开关异常
P05	反相或相位异常
P09	操作板电路连接异常
P10	浮动开关异常

62. 三洋H系列空调器

故障代码	故障原因
H1	压缩机电机过载
H2	压缩机电机被锁定
H3	压缩机电流检测电路异常
H9	压缩机接触器异常
H10	电压不平衡
H11	CT检测电路不正常
H12	电流值不正常，被锁定
H18	压缩机接触器振动
H19	压缩机过热

63. 三洋 BPW-V452/252GHE 空调器（柜机）

故 障 代 码	故 障 原 因
E1、E2、E3	室内机主控电脑板与操作显示板间通信异常
E4、E5	SCE 室外机异常
E6、E7	SCE 室内机异常
F1、F2	室内传感器故障（室内热交换器温度 E1 或 E2 无法监测）
F4、F6	室外温度传感器或其阻抗信号/电压信号变换电路异常
F7	C2 无法监测室外热交换器温度
F8	室外空气温度无法监测
H1	压缩机电机过载
H2	压缩机电机被锁定
H3	压缩机电流检测电路异常
P1	室内风扇电机热保护器动作
P2	室外风扇待机或压缩机热保护器动作
P3	压缩机过热保护
P4	高压开关动作
P5	三相电相序错

64. 格力 LF-70LW/ED、LF-12WAK 空调器（柜机）

故 障 代 码	故 障 原 因
E1	室外热交换器前有异物、室内温度传感器及其信号变换电路异常、三相供电缺相、压缩机电流大使保护器动作或管路高压使高压开关动作
E2	室内风扇电机不转或风口有杂物、室内温度低于 18℃、室内盘管温度传感器开路或其信号变换电路异常、电容 C7 漏电
E3	供电电压低（欠压）
E4	压缩机排气温度过高
E5	压缩机过载（堵转过流）
E6	静电除尘电路异常（LF-70LW/ED 空调器无此故障代码）

65. 华宝 KFR-50LW/A01、KFR-70LW/A01、KFR-120LW/A01 空调器

故 障 代 码	故 障 原 因
E1	三相供电相序错
E2	三相供电缺相
E3	室内机、室外机通信故障
E4	室内环境温度传感器或其阻抗信号/电压信号变换电路异常
E5	室内盘管温度传感器或其阻抗信号/电压信号变换电路异常
E6	室外盘管温度传感器或其阻抗信号/电压信号变换电路异常
E8	三相压缩机过热（过载继电器动作）
P1	系统压力过压保护
P2	制冷时室内热交换器过冷

续表

故障代码	故障原因
P3	制热时室内热交换器过热
P4	室内A机管温传感器或其阻抗信号/电压信号变换电路异常（一拖二机型）
P5	室内B机管温传感器或其阻抗信号/电压信号变换电路异常

66. 双鹿KFR-23GW（28G）、KFR-25GW、KFR-32GWC、KFR-32GWC1、KFR-32GWC1a、KFR-33GW、KFR-35GW空调器

故障代码	故障原因	备注
闪亮1次/8s	室内环境温度传感器或其阻抗信号/电压信号变换电路异常	短路时能制冷不能制热
闪亮2次/8s	室内盘管温度传感器或其阻抗信号/电压信号变换电路异常	短路时开始能制冷然后停机，不能制热
闪亮4次/8s	室内蒸发器冻结	蒸发器温度低于5℃，持续5min停机
闪亮6次/8s	室内风扇电机异常	室内风扇电机运行15min后停机